槽式太阳能光热特性

王志敏　著

中国水利水电出版社
www.waterpub.com.cn
·北京·

内 容 提 要

本书基于地区气候特点以及在槽式太阳能光热转化和输出性能等方面的长期实地考察和科学研究，协同高寒地区环境，针对槽式太阳能聚光系统光学损失特性、腔体接收器的结构设计以及光热耦合特性、匹配一定跟踪模式采用腔体接收器的槽式太阳能集热性能、地区积尘特性以及时空因素下镜面积尘对槽式系统光热性能的影响、地区自然气候环境要素对镜面积尘的迁移影响以及因地制宜的除尘技术等内容，开展系统深入的理论和应用基础研究，揭示其影响规律以及各环节中能量耦合匹配特性。该研究对提高典型地区槽式聚光集热系统的运行效率具有重要的科学意义和工程应用价值，也使得槽式太阳能技术拓展至更多的应用领域成为未来的发展趋势。

本书可供从事新能源光热方向设计及研究的科技人员阅读参考，也可作为新能源科学与工程等相关专业的教材、参考书籍。

图书在版编目（CIP）数据

槽式太阳能光热特性 / 王志敏著. -- 北京 : 中国水利水电出版社, 2024. 1. -- ISBN 978-7-5226-2347-4

Ⅰ. TK513.3

中国国家版本馆CIP数据核字第2024YQ1517号

书　　名	**槽式太阳能光热特性** CAOSHI TAIYANGNENG GUANGRE TEXING
作　　者	王志敏　著
出版发行	中国水利水电出版社 （北京市海淀区玉渊潭南路1号D座　100038） 网址：www.waterpub.com.cn E-mail：sales@mwr.gov.cn 电话：（010）68545888（营销中心）
经　　售	北京科水图书销售有限公司 电话：（010）68545874、63202643 全国各地新华书店和相关出版物销售网点
排　　版	中国水利水电出版社微机排版中心
印　　刷	清淞永业（天津）印刷有限公司
规　　格	184mm×260mm　16开本　17.75印张　432千字
版　　次	2024年1月第1版　2024年1月第1次印刷
印　　数	0001—1000册
定　　价	**78.00**元

凡购买我社图书，如有缺页、倒页、脱页的，本社营销中心负责调换

前言

《2030年前碳达峰行动方案》（国发〔2021〕23号）提出，构建新能源占比逐渐提高的新型电力系统。而随着新能源装机规模快速增长，电力系统对各类调节性电源需求迅速增长。2023年12月21日召开的2024年全国能源工作会议中强调，持续提高能源资源安全保障能力，加快建设新型能源体系、新型电力系统，聚焦落实“双碳”目标任务，持续优化调整能源结构，大力提升新能源安全可靠替代水平，加快推进能源绿色低碳转型。

太阳能光热发电是兼具灵活性和可靠性的零碳电源，同时具有调峰电源和储能的功能，可以为电力系统提供更好的长周期调峰能力和转动惯量，具备在部分区域作为调峰和基础性电源的潜力，是新能源安全可靠替代传统能源的有效手段。九部委印发的《“十四五”可再生能源发展规划》（发改能源〔2021〕1445号）提出，有序推进长时储热型太阳能热发电发展。在青海、甘肃、新疆、内蒙古、吉林等省（自治区）资源优质区域，发挥太阳能光热发电储能调节能力和系统支撑能力，建设长时储热型太阳能热发电项目，推动太阳能热发电与风电、光伏发电基地一体化建设运行，提升新能源发电的稳定性可靠性。

本书涉及的研究所在地为内蒙古中西部，平均海拔1000m左右，太阳能资源充足，年总辐射量达5000～6700MJ/m^2，年日照2600～3200h，且拥有充足的土地资源和大量的沙戈荒地区，因此具有规模化应用太阳能技术的地区优势，同时也是开展光热电站以及太阳能其他应用的良好选址地。

在光热转化研究中，槽式太阳能聚光技术较为成熟，通常被应用在光热发电以及其他工业利用领域，但仍存在若干问题。在中高温的利用中存在高寒地区气候影响下聚光集热性能以及发电性能的各种损失，中低温的利用中太阳能供暖技术以及小型化的工业用热等方面开展较少，相关的工程经验较为缺乏，探索不同跟踪模式以及集热器等该领域的基础理论研究亟待进一步完善。

同时基于光资源和土地原因，我国首批光热示范电站项目大多集中于西北高寒地区，该类地区具有海拔高、风沙大等气候特点，聚光镜长期放置户外，积尘情况严重，而镜面的洁净度对于聚光性能有直接影响，进而影响到光热转换效率及电站发电量，鉴于光热发电技术近年来的迅猛发展和面临的成本下降压力，镜面清洁成为光热利用及运营维护中极为重要的环节。但槽式聚光镜曲面结构和近距整体组装等特点，以及地区寒冷和水资源相对匮乏的恶劣自然条件使得地区槽式太阳能系统除尘技术具有其独特性。

综合以上存在的问题，本书基于地区气候特点以及在槽式太阳能光热转化和输出性能等方面的长期实地考察和科学研究中，协同高寒地区环境，针对槽式太阳能聚光系统光学损失特性、腔体接收器的结构设计以及光热耦合特性、匹配一定跟踪模式采用腔体接收器的槽式太阳能集热性能、地区积尘特性以及时空因素下镜面积尘对槽式系统光热性能影响、地区自然气候环境要素对镜面积尘的迁移影响以及因地制宜的除尘技术等内容，开展系统深入的理论和应用基础研究，揭示其影响规律以及各环节中能量耦合匹配特性，该研究对提高典型地区槽式聚光集热系统的运行效率具有重要的科学意义和工程应用价值，也使得槽式太阳能技术拓展至更多的应用领域成为未来的发展趋势。

本书的研究在风能太阳能利用技术教育部重点实验室、内蒙古可再生能源重点实验室开展，研究过程中得到了内蒙古工业大学田瑞教授和课题组多位老师的悉心指导，在此向他们表示衷心感谢。课题组在十多年间，先后有多名硕博士研究生以槽式太阳能热利用为基础开展相关和拓展方面研究，并发表了相关领域论文，科研成果已发表在*Renewable Energy*、*Solar Energy*、*Energy Sources*、《太阳能学报》《光学学报》《工程热物理学报》《可再生能源》等学术期刊，相关专利已被国家知识产权局授权或公开。本书融合了研究生产文武、杨畅、袁拓等研究内容的部分成果，撰写过程中课题组研究生邓天锐、边港兴、孔繁策、岳上郁和王星等参与了查找资料、文献整理以及格式校核等工作，在此对他们为该书所做的贡献表示诚挚感谢。

本书得到了国家自然科学基金（52166016）、内蒙古自然科学基金（2020LH05016等）以及内蒙古工业大学校级重点基金项目和博士基金项目（ZZ201907、BS201932）经费资助，在此表示感谢。同时还要感谢本书引用参考资料中的所有作者，感谢编辑出版人员对本书出版的辛勤付出。

本书撰写过程中参阅了大量的文献，主要观点均做了引用标注，如有疏漏，在此表示歉意。由于作者专业水平与写作能力有限，书中如有不妥之处，敬请批评指正！

作者

2023年11月

目录

第 1 章

槽式太阳能系统光热特性

1.1 槽式太阳能系统光热特性研究背景

能源是支撑国民经济发展和国家安全的重要战略性资源，关乎经济、政治、军事以及民生等方面[1-2]。纵观世界能源的总体消耗量，一次能源消耗基本呈逐年上升的趋势，但呈非均匀增长态势，2000—2010 年这 10 年间能源消耗量快速增长，而 2010—2020 年间增长速度相对放缓，煤炭等常规能源所占比例降低，可再生清洁能源比例增加。从世界能源的地域消耗分析，传统的能源消耗大国能源消耗放缓，甚至呈负增长。究其原因，化石能源的消耗带来了巨大的碳排放和环境污染，因此各国均针对能源消耗作出改变，逐步转向低碳环保的可再生能源[3-4]。2010 年和 2020 年世界能源消耗百分比示意如图 1－1 所示。

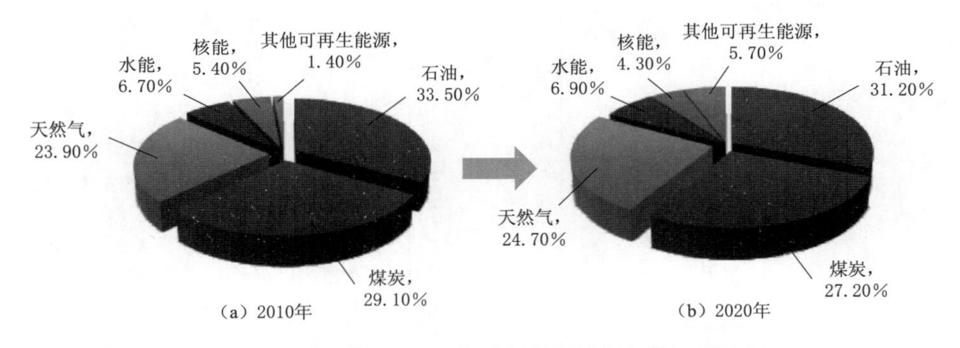

图 1－1 2010 年和 2020 年世界能源消耗百分比示意图

我国是典型的能源消耗大国，尤其随着近年来社会经济的急速发展，对能源的需求也在逐年增加[5]。由于历史和资源储量的原因，煤炭一直是我国最重要的能源之一，大量开采和使用导致了化石能源的枯竭以及越来越凸显的环境问题，自然和生态环境已然遭到严重破坏[6]。2020 年 9 月 22 日，我国向世界郑重宣布，“中国将提高国家自主贡献力度，采取更加有力的政策和措施，二氧化碳排放力争于 2030 年前达到峰值，努力争取 2060 年前实现碳中和。”我国从碳达峰到碳中和只有 30 年的时间，远低于发达国家，能源转型和碳减排承受较大压力[7]。由于能源活动产生的碳排放占我国二氧化碳排放总量的比重超过 90%，占温室气体排放总量的 70%左右，因此我国也一直在进行能源转型，不断加大污染防治以及改善生态环境等工作，并制定“十四五”期间的目标，继续执行“双碳”战略，构建清洁、低碳、安全、高效的能源体系，实施可再生能源替代行动，从而以新能源为主体的新型电力系统控制北方区域清洁取暖率在70%以上[8-9]。

太阳能是各种可再生能源中最重要的基本能源，在解决能源可及性和能源结构调整方面有独特优势，将在全球范围得到更广泛的应用[10]。太阳能资源的分布与纬度、海拔以及气候等诸多因素相关，世界太阳能资源的分布中，北非和中东均处于太阳能辐照最强烈的地区，年辐照量超过8640MJ/m^2，美国、西班牙和澳大利亚等地的太阳能资源也相对比较丰富[11-12]。

我国是太阳能资源非常丰富的国家，开发利用的潜力巨大[13]。表1-1是我国太阳辐照量等级和区域分布表[14]。我国西北高海拔地区大多处于太阳辐射总量很丰富以上等级，年累计日照时间超过3000h，且拥有充足的土地资源，因此具有规模化应用太阳能技术的地区优势。

研究区位于内蒙古地区，平均海拔约1000.00m，年平均太阳总辐照量达5000～6700MJ/m^2，年均日照时长为2600～3200h，是全国日照时长较长地区之一，属太阳能资源二类较丰富区，太阳能资源开发潜力为Ⅱ级[15-16]。我国太阳辐照度等级和区域分布表见表1-1。

表1-1　　我国太阳辐照量等级和区域分布表

辐照度分区名称	年平均太阳总辐照量/(kW·h/m^2)	年平均辐照度/(W/m^2)	占国土面积/%	主要地区
最丰富带	1750	约200	约22.8	内蒙古额济纳旗以西、甘肃酒泉以西、青海100°E以西大部分地区、西藏94°E以西大部分地区、新疆东部边缘地区、四川甘孜部分地区
很丰富带	1400～1750	160～200	约44.0	新疆大部分地区、内蒙古额济纳旗以东大部、黑龙江西部、吉林西部、辽宁西部、河北大部、北京、天津、山东东部、山西大部、陕西北部、宁夏、甘肃酒泉以东大部、青海东部边缘、西藏94°E以东、四川中西部、云南大部、海南
较丰富带	1050～1400	120～160	约29.8	内蒙古50°N以北、黑龙江大部、吉林中东部、辽宁中东部、山东中西部、山西南部、陕西中南部、甘肃东部边缘、四川中部、云南东部边缘、贵州南部、湖南大部、湖北大部、广西、广东、福建、江西、浙江、安徽、江苏、河南
一般带	1050	约120	约3.3	四川东部、重庆大部、贵州中北部、湖北110°E以西、湖南西北部

依照能量转化的方式太阳能的利用可分为光热转化、光电转化和光化学转化。在光热转化的太阳能热利用中，由于到达地面的太阳能具有分散性，即能流密度很低，因此必须用聚光装置进行收集，从而提高单位面积内的太阳辐照度。太阳能聚光分为反射聚光和折射聚光，其中利用光线在不同介质界面处，透射光线传播方向发生改变的原理聚光称为折

射聚光[17]。典型的折射聚光装置如菲涅尔透镜，其主要应用领域为聚光光伏发电，应用于太阳能光热发电系统的尚不多见。投射到一个或多个反射镜面的太阳直射辐射聚光到一点或一条线称为反射聚光，典型的反射聚光装置包括塔式点聚光、碟式点聚光、槽式线聚光和线性菲涅尔式线聚光，反射式聚光装置如图 1－2 所示。

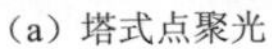
(a) 塔式点聚光

(b) 碟式点聚光

(c) 槽式线聚光

(d) 线性菲涅尔式线聚光

图 1－2　反射式聚光装置图

根据国家太阳能光热联盟统计，2023 年底，全球光热发电累计装机容量达 7550MW。我国兆瓦级规模以上光热发电机组累计装机容量 588MW，在全球太阳能热发电累计装机容量中占比 7.8%。截至 2023 年年底，我国各省（自治区、直辖市）在建和拟建（列入政府名单）光热发电项目约 43 个，总装机容量 480 万 kW，预计最晚将于 2025 年完成建设。从发电技术类型来看，截至 2023 年年底，全球光热发电装机中的技术类型占比如图 1－3 所示，其中：槽式技术路线占比约 76.7%，塔式约 19.9%，线性菲涅尔式约 3.4%。对于我国并网光热电站中，熔盐塔式占比约 64.9%，导热油槽式约 26.3%，熔盐线性菲涅尔式约 8.8%[18-19]。

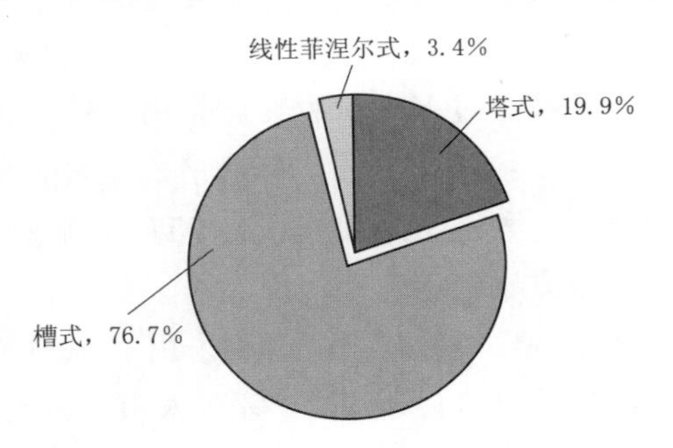

图 1－3　2023 年全球光热发电装机中的技术类型占比（统计制图：国家太阳能光热产业技术创新战略联盟）

槽式太阳能热发电技术是最早实现商业化运营的太阳能热发电技术，相对于其他太阳能热发电技术，它具有技术成熟、发电成本低和容易与化石燃料形成混合发电系统的优点，而且槽式太阳能系统在中高温领域具有良好的光热转化效率和经济优势，除太阳能热发电外，在太阳能制冷、供暖以及海水淡化等领域也有较成熟的应用[20-23]。

槽式太阳能聚光集热装置主要由抛物面反射镜、接收器、跟踪控制系统和支撑结构组成[17]。支撑结构一般由钢结构支架搭建而成，从而保证其强度和使用寿命。跟踪系统有光敏跟踪、公式跟踪和混合跟踪三种方式[24-25]，大多数槽式太阳能系统应用的是光敏跟踪，跟踪系统的精度对光线入射角有较大影响，从而影响系统光热性能。抛物面反射镜和接收器是核心部件，承载着聚光—光热转换—集热—热传递的重要功能。因此针对槽式太阳能系统聚光、光热耦合和集热性能的深入研究，可为实现该系统在典型地区高效运行提供理论基础和实际应用经验。

1.2 槽式太阳能系统光热特性研究现状

1.2.1 太阳能系统聚光特性

抛物型槽式聚光集热系统中聚光是首要条件，因此光学特性的研究意义重大。当前关于槽式聚光特性的理论和光学模拟研究包括：Zou 等[25] 根据几何原理定义，详细研究了入射角、太阳形状以及各种光学误差等非理想光学因素对抛物槽式太阳能系统性能的影响，得到的结论可为系统结构设计和优化提供参考；Zou 等[26] 基于 Monte Carlo 光线跟踪法，理论分析了入射角对槽式太阳能集热器光学性能的影响，发现入射角通过增大端部损失降低了系统光学效率，其影响效应随接收器长度的增加而减小，且光线入射角对聚光镜的反射率也有较大影响[27-28]；Hertel 等[29] 提出了一种通过拟合光线追踪曲线来获得修正入射角的新方法，与传统方法不同的是该方法需要在现场进行测试，适用于大型线聚焦集热系统；Khanna 等[30] 在已知太阳辐照度、环境温度、接收器尺寸、抛物槽光孔宽度、流体以及接收管材料性质的前提下，通过模拟计算研究了流体工质温度、光学误差、抛物槽边缘角等对于接收管温度分布和偏转的影响；Cheng[31-32] 模拟了开口宽度、焦距、边缘角、接收器直径、玻璃盖板直径和有效的接收器长度等，对槽式太阳能系统进行了敏感性分析。

光线通过聚光镜的聚焦作用形成焦面，通过焦面能流密度分布可分析光学误差的影响，包括：Song 等[33] 针对槽式太阳能系统吸收管周能流密度不均匀且计算复杂的问题，提出了一种基于降维算法的 PTC 能流密度分布的二维快速计算方法，并通过数学计算验证了该方法的正确性；许成木、李明等[34] 基于几何光学方法研究了槽式太阳能系统焦面的聚光特性，并提出了一种采用 Origin 软件中的频数统计工具对焦面能流密度分布进行计算的新方法；靳周[35] 针对太阳能聚光焦面能流提出了计算公式，研究对工程实际应用有较好的指导作用。

对于跟踪误差以及定位误差等均会对槽式系统聚光性能产生一定的影响的研究，包括 Liang 等[36] 提出了三种基于光线跟踪的 PTC 光学模型，发现跟踪误差会导致光线入射角产生偏移，从而导致光学效率降低；Zhao 等[37] 分析了安装和跟踪误差对不同太阳入射角度和几何聚光比下的能流分布，结果表明误差随着入射角度的增大或者聚光比的降低都会升高；Zhang 等[38] 以采用热管式真空管集热器的抛物线槽式系统为研究对象，采用光线追踪方法，分析了方位仰角轴的跟踪误差和接收器安装误差对系统光学性能的影响；徐涛[39] 采用 Monte Carlo 光线追踪法模拟了跟踪误差对槽式聚光系统接收管壁光学性能的影响，并结合几何光学理论分析揭示其影响规律；Dai 等[40] 针对槽式和碟式两种抛物型聚光器，应用 Monte Carlo 光线追踪法计算了不同焦距和边缘角下聚光焦面的能流密度，并模拟了跟踪误差、镜面反射误差等对接收器表面能流分布的影响；翟辉[41] 针对圆锥曲线的槽型反射镜建立了三维聚光模型，计算了焦距误差、跟踪误差以及镜面误差对聚光比和平板接收器聚光焦面能流分布的影响规律；冯志康等[42] 通过理论、模拟和实验研究了两种接收器的光学效率差异，发现垂直和平行方向定位误差的影响接近；丁林等[43] 通过 Monte Carlo 光线追踪法对南京地区槽式太阳能系统聚光特性进行了分析，发现当水平方向的误差小于 0.6cm、垂直方向的误差在－0.4～0.8cm 之间时，接收器的光学效率高于 0.75。

通过 Snell 定律[44] 可知，材质以及厚度不同的玻璃导致的折射效应是不同的，其中：陈飞等[45] 通过理论推导了玻璃厚度对焦面聚光特性的影响，发现增加玻璃厚度将会导致焦面宽度增大；张莹等[46] 在研究玻璃厚度的基础上对聚光镜折射率的影响进行了深入分析；Chan 等[47] 针对聚光镜厚度引起的折射对抛物面槽式系统的聚光性能产生的影响，采用理论模拟和实验的方法揭示了不同聚光镜厚度对焦平面的影响规律，提出了焦平面的纵向偏移可以优化系统光学性能，除了聚光镜厚度和材质的影响，聚光镜的型面误差对反射光线路径也会造成一定的影响；Mwesigye 等[48] 利用 Monte Carlo 光线追踪法对 0～5mrad 范围内的斜率误差和镜面误差进行了评价，并将光学分析得到的热流密度分布与 ANSYS 进行耦合，发现斜率误差和镜面误差对吸收管周的热流分布有较大影响；Donga 等[49] 发现在斜率误差影响的基础上，当考虑吸收管定位误差时，对光学效率的累积影响效应是显著的，并且相比斜率误差的影响，吸收管周能流密度分布对吸收管的定位误差更加敏感。Zhang 等[50] 通过 Monte Carlo 光线追踪法对抛物槽聚光镜出现整体形变、局部旋转和线性形变时系统的光学性能进行了模拟，预测了光学效率和能流分布。

除理论和模拟研究外，还有通过实验测试的研究方法，其中焦面能流密度的测量是光学性能的直接体现，包括间接测量和直接测量法。直接测量法可直接获得能流数据，测试结构简单易行，但热流计布置数量有限，测试结果为不连续散点，结果的精度和分辨率较低；间接测量法的结果分辨率高，数据采集时间短，但存在 CCD 相机、滤光片、反射面特性以及测试环境等产生的误差；直接测量法可直接获得能流数据，测试结构简单易行，但热流计布置数量有限，测试结果为不连续散点，结果的精度和分辨率低。

直接测量法是使用热流计对目标位置进行直接测量。Ballestrín J[56-57] 设计了一种带有移动杆的直接测量法，杆上安装一定数量的热流计，由电机驱动扫过测试平面，该方法应用到 PSA 的太阳能塔式聚焦面测试中，其精度依赖于热流计的数量；白凤武等[58] 利用有限热流计分时段测量碟式聚光器焦面不同点能流密度，结合数学方法获得焦面能流密度的分布，测试中热流计需配备水冷装置；王志敏等[59] 基于双轴跟踪槽式聚光系统设计了焦面能流密度测试装置，采用理论分析和实验测试的方法对由接收器的定位误差和跟踪误差引起的聚焦损失进行研究，并通过采集因子量化光学损失，从而揭示出各种误差影响的规律。

在间接测量法中，西班牙的 PSA（Plataforma Solar de Almerıa）是较早用于测试能流密度的装置（由于时代局限，CCD 相机仅为 384×286 像素[51-52]）。2002 年，Steffen Ulmer 等采用水冷朗伯靶包和 CCD 照相机结合的方法对 DISTAL Ⅱ系统和 EuroDish 系统接收面能流分布进行了测量；德国的 FATMAS 能流密度测量系统中，朗伯靶在光束内只能持续 1～2s，因此省去了水冷装置，但相机必须在极短时间同步拍摄[53]；陈飞等[54]于 2015 年对太阳能槽式系统采用 CCD 电荷耦合元件测试其聚光特性；胡明鹏等[55]设计了一种用于槽式太阳聚光器焦线能流密度测试系统，系统主要由余弦反射体、CCD 光学测量系统、导轨及调整系统等组成。

1.2.2 槽式腔体接收器光热特性

接收器是槽式太阳能系统的主要部件之一，实现光热耦合转化。当前国内外学者对各种不同结构的腔体接收器性能进行了光学和热力学方面的大量研究[60-61]；Loni 等[62-63]针对抛物槽式系统中一种采用导热油作为传热介质的矩形腔体接收器，通过光学和热力学模拟软件，深入分析腔体的几何尺寸和系统运行参数对其光热性能的影响，同时对腔体位置、孔径、高度，角度以及腔体集热管直径等几何尺寸进行了敏感性分析，在运行工况的分析中考虑了工质进口温度、流量以及压降等，通过实验验证了所建模型的准确性；陈飞[64]对 V 型太阳能线聚焦腔体进行了理论、光学和热力学模拟以及实验等研究，研究结果提出了评价腔体接收器光学性能的双重标准，并用开口宽度、宽深比以及焦距率等几何参数对 V 型腔体进行了结构优化，模拟揭示了腔体光热转换效率的影响规律；冯志康[65]针对槽式聚光腔体集热的光热特性，提出了有效孔径比率，理论分析了真空管和三角形腔体两种接收器的光学效率差异，并用 TracePro 软件验证，搭建了采用腔体和真空管接收器的槽式太阳能集热系统并进行了实验测试；翟辉[41]利用理论和模拟的方法分析了线聚焦下的半圆形、圆弧形、三角形和正方形等不同几何形状的腔体接收器的光学性能和热力学性能，在优化的基础上确定了最佳腔体接收器几何尺寸并加工了腔体，进行了热损失的实验研究；王志敏等[66-67]针对采用倒梯形腔体接收器的槽式太阳能聚光集热系统为研究对象，采用理论研究、模拟以及实验的方法对腔体结构设计中几何参数对接收器的光学性能的影响进行分析及优化，并通过实验测试和归一化的方法，对该系统不同接收位置以及不同流量工况的集热性能进行测试研究。

Barra[69]对 Boyd 提出的圆柱形吸热面腔体接收器的结构进行了优化，在腔体内部增加了吸热圆管，为了减少腔体的热损失，在腔体开口处增加了具有温室效应作用的玻璃镜；Reddy[70]针对太阳能线性菲涅尔反射器的梯形腔体接收器进行了热损失模拟研究，研究了腔体深度和宽度、保温层厚度、腔体盖板发射率以及工作温度对腔体结构和运行的影响，对其进行了优化；Sahoo 等[72]针对线性菲涅尔的梯形腔体接收器的热损失特性开展了数值模拟和实验研究，并通过 Boussinesq 近似发现热损失中两种不同外部传热系数；Moghimi 等[73]人针对线性菲涅尔反射聚光装置中的梯形腔体接收器使用 ANSYS 进行了优化，利用多目标遗传算法对腔体表面进行优化，目的是减小总热损失以及横风面积；Tsekouras 等[74]针对一种采用梯形腔体接收器的线性菲涅尔聚光集热系统，通过光学和热力学软件开展了模拟工作，深入分析该系统的光热性能；Chen 等[75] 提出了一种新型的 PTC 线性腔体接收器，并研究了几何结构对热性能的影响；Li 等[76] 提出了一种可以替代 ECTs 的腔体接收器，分析了倾斜角度、入口温度、涂层发射率和孔径宽度对热性能的影响；Liang 等[78] 对三角管簇式腔体接收器的物理参数进行了优化，发现该接收器的热力学性能得到了很大改善，最大热效率达到 64.25%；Mohamad 等[79] 研究发现腔体的几何形状和开口光孔对腔体接收器的光学效率和能流密度分布有较大的影响。腔体热损失受到表面发射率、质量流量、传热工质温度和风速等因素影响，腔内温度梯度和热应力会由于腔体多次反射而减小。

在热传递过程中，接收器受到结构特性、运行参数和环境因素的影响，导致了较大的热损失[80-81]。由热对流原理可知，强化传热过程、增大热传递速率可有效减少热损失的产生，在接收器的热传递过程中，吸收管和 HTF 都可以被作为强化对象。研究发现，在吸热管中放置翅片可以有效提高接收器的热性能[82-85]。Borunda 等[86] 研究了弯曲翅片对槽式太阳能系统热力学第一和第二定律的增强作用，发现增强作用与 HTF 质量流量成正相关；Kurşun 等[87] 进一步分析了翅片形状对吸收管内热传递的作用，发现翅片正弦侧表面可增加翅片附近的对流，使得管内 HTF 的温度分布更均匀，并且正弦几何形状的幅值变化对吸收管周向温差有较大影响；有学者也对 HTF 进行了深入研究，发现 HTF 的物理性质对热传递过程有较大影响，其中 HTF 的对流传热系数影响更为显著[88-90]；Natividade 等[91] 研究了低体积分数多层石墨烯纳米水溶液对 ECTs 热效率的影响，发现 HTF 热导率、吸收管进出口温差和质量流量是提高接收器热效率的主要参数；Qin 等[92] 对纳米流体浓度的影响进行了研究，发现纳米流体浓度与 HTF 吸收系数呈近似线性关系，但高浓度的纳米流体容易造成颗粒团聚效应，导致槽式太阳能系统不稳定性增加。

环境因素对热损失的影响较大，而外部环境难以改变，因此减小环境对接收器的传热扰动成为研究焦点之一。Huang 等[93] 在传统热管 ECTs 的玻璃管中引入了热屏蔽体，从而减少了吸热板的辐射热损失，并通过 Boltzmann 定律可知，辐射热损主要受吸收管温度影响；Zhang 等[94] 研究发现，热屏蔽体可以有效降低同轴直流式真空太阳能集热器的热损失，并且随着集热温度的升高降低热损失效果越显著；为了研究热屏蔽体高温 PTC 的作用，Wang 等[95-96] 提出了一种新的带热屏蔽体的 PTC，当工作温度达到 480℃时，热损失降低了 19.1%；对于减小腔体接收器的热损失研究，Liang 等[97] 提出了一种新型可移动盖板用于腔体接收器热性能的优化，该移动盖板用于接收器的过热保护，可有效减少 6.36%～13.55%的热损失；Mohamad 等[98-99] 针对一种用于抛物面槽式太阳能聚光系统的腔体接收器提出改进并将热镜涂层应用到腔体光孔处。这样的设计减少了运行在高温条件下的辐射损失；因此在腔体接收器中引入热屏蔽体是减少热损失的一种有效方法；宋子旭等[100] 提出一种适用于抛物槽式集热器的太阳能腔式接收器，建立了新型腔式接收器的三维传热模型，并搭建试验系统进行对比，分析了环境温度、风速等环境参数和传热工质进口温度、流量等工作参数对系统性能的影响。

1.2.3 积尘对槽式系统特性影响

在自然环境中，聚光镜镜面积尘是槽式太阳能系统亟须解决的技术问题，该问题会引起系统的较大光学损失，从而导致系统集热效率下降，因此研究积尘对槽式太阳能系统光热性能的影响有重要意义。

当前国内外的研究涉及到镜面灰尘的沉积规律、灰尘的数据收集以及模型建立并预测、积尘对透射和反射特性以及系统性能的影响、雨雪气候条件下镜面积尘的影响、积尘后的镜面清洁技术以及运行维护等[101-104]。

1.2.3.1 沉积规律及黏附机理

由于毛细力、范德华力、静电力和重力四种基本黏附力作用，空气中的积尘颗粒会选择性沉积在太阳能利用装置表面，该选择性沉积过程受积尘颗粒粒径、成分、空气湿度、环境风等多项因素的综合影响。

Suman 等[105] 通过实验深入研究了粒子沉积现象及其随时间的发展。定义了表面质量对颗粒黏附能力的影响，采用定性和定量相结合的方法对沉积粒子进行了评价；Jiang 等[106] 通过直接测量积尘工况太阳电池表面的强电场诱导的吸引力和黏附力，发现黏附力的静电力比范德华力和毛细力强 12 个数量级，室外试验发现积尘会对太阳电池表面产生持久缓慢的腐蚀作用，在日落后与水冷凝作用时影响更大；Moutinho 等[107] 为了量化太阳电池表面的污垢率，研究了灰尘颗粒与太阳电池之间的黏附机制，得出了不同相对湿度和不同粒径受范德华力和毛细力影响的结论；Isaifan 等[108] 发现在相对湿度较大的条件下，积尘颗粒的黏附机理以毛细力为主，干燥条件下以范德华力为主，并提出了一种新的修正 s 型函数，预测了积尘颗粒物沉积速率从低到高的相对湿度拐点；Ilse 等[109] 为了研究积尘颗粒的胶结作用，通过微尺度测量法对积尘颗粒进行了详细的微观结构分析，发现露珠的频繁发生会导致积尘颗粒矿物针状晶体的颗粒胶结，并会直接析出表面；Liu 等[110-111] 采用计算流体力学—离散元方法研究了灰尘颗粒和太阳电池表面的气相运动特性及带电机理，分析了粒子沉积规律的影响因素，并研究了夜间太阳电池表面流场中颗粒沉降—黏附的演化机理，讨论了风速、空气相对湿度、颗粒大小和板面安装倾角对颗粒沉降附着规律的影响；Zhao 等[112] 以实验室屋顶光伏组件为研究对象，构建了潮湿环境下粒子与太阳电池表面的碰撞—黏附模型，分别研究了基于力学平衡和基于能量的颗粒黏附机理，并提出了颗粒沉积条件；Lu 等[113] 采用离散粒子模型来跟踪积尘沉积行为，研究了不同屋顶倾角下，单分散和多分散积尘在太阳电池表面的干沉降特性及影响，发现两者在太阳电池表面的沉积特性相似，且随着积尘粒径的增大，太阳电池表面的积尘速率先增大后减小，沉降速率则随屋顶倾角的增大而增大；Liu 等[114] 发现大风和沙尘暴对大气环境和太阳电池表面覆盖物的辐射或透射率有严重影响，细小的积尘粒子会遮蔽更多的光线，积尘粒子与太阳电池表面会发生物理和化学反应。

1.2.3.2 系统特性影响以及预测模型

由于太阳能光伏系统应用的普及性，当前的研究大多集中于积尘对光伏组件性能的影响。Ali Salari 等[115] 通过数值模拟研究了积尘沉积密度对光伏组件和光伏光热系统性能的影响，还提出了电输出和热输出降低与积尘沉积密度的关系；Bouchra Laarabi 等[116] 通过实验研究了摩洛哥某地区不同地点灰尘对太阳电池透过率的影响，研究表明沉积密度和太阳电池表面透射率的损失之间存在正向线性关系，且与倾角、暴露时间和地点相关；Gholami 等[117] 研究了积尘对太阳电池表面的多种影响因素，发现安装倾角、方位角、主风向、样品放置时间等因素均与表面积尘密度和透射系数降低有关，同时推导了由积尘密度代替时间的透射系数衰减关系；Siddiqui[118] 根据印度 Lucknow 地区一年中所有季节太阳电池表面积累灰尘的数据建立了基于积尘厚度与光伏组件效率关系的方程，且该方程与测试数据有很好的相关性。Zaihidee 等[119] 对灰尘对光伏系统性能的影响进行了全面的总结与分析，指出灰尘会干扰和限制现有太阳能资源，也会导致板面温度阴影、磨损等不利影响；Ricardo[120] 利用葡萄牙南部某地区的局部灰尘颗粒沉积和太阳辐照数据，建立了一种有效辐照模型，计算了该地季节性灰尘污染效应，并提出了可预测光伏系统的清洁时间；马小龙[121] 针对杭州市某分布式光伏系统，采用实验测试研究了积尘对太阳电池性能的影响；居发礼[122] 按积灰的物理、化学性质和积灰附着太阳电池表面的形态分类提出三种模型，并将积灰系数作为积灰对光伏组件性能影响的指标；郭枭[123] 针对影响光伏组件发电效率的积尘进行了机理分析以及实验研究，并由此设计了自动除尘装置。

根据积尘对太阳能系统性能影响的规律建立预测模型，可对太阳能工程应用提供有意义的指导，因此一些学者开展了相关的预测工作。Zheng 等[124] 针对太阳电池表面积尘分布不均匀的问题，建立了灰尘颗粒黏附预测模型，通过风洞低速段的粉尘沉积实验，验证了该模型的有效性；Jiang 等[125] 根据沙尘沉降速度和沉积粉尘密度与光伏组件功率性能的关系，提出了一种简单估算沙漠地区光伏组件除尘频率的模型，预测当功率输出减少5%和颗粒物浓度为 $100\mu g/m^3$ 时，沙漠地区的光伏组件清洗频率约为 20 天；王敏[126] 针对积尘导致的平板型太阳能集热器热性能的影响开展了理论和实验研究，建立了可分析积尘影响的传热模型以及环境因素作为影响因子的全年运行性能预测模型。

物理数学模型在预测方面会受限于数据情况，而深度学习方法是利用计算机探索数据之间的数学关系来预测当下数据的一种机器智能学习方法，已被广泛用于可再生能源的预测[127]；Gao 等[128] 针对理想和非理想天气分别建立长短期记忆神经网络（LSTM）光伏发电预测模型，与传统算法［反向传播算法（BP）、最小二乘向量机（LSSVM）、小波神经网络（WNN）］预测性能相比，其对各季节的预测结果更为精确，其中在春季理想天气下 LSTM 预测方法的均方根误差可达 4.62%；陈金鑫等[129] 采用最小二乘向量积（LSSVM）作为预测算法，通过改进粒子群优化提高算法的鲁棒性，结合强相关性的自然降雨量和光伏组件的功率衰减率，建立自然降雨下的积尘预测模型；张洁等[130] 为保证光伏发电与电网电力供需的平衡，建立基于烟花算法优化 BP 神经网络的光伏发电功率预测模型，对 BP 神经网络的权值和阈值进行优化从而提高对光伏发电输出功率预测的准确性；Li[131] 等基于约旦地区自然粉尘暴露时间、环境温度以及空气流速实验数据估算光伏系统转换效率，并建立多元线性回归（MLR）模型和人工神经网络（ANN），比较其有效性和准确性并对积尘造成的性能损失进行估算。

以上关于积尘对光伏系统和平板型太阳能集热器的性能影响研究中，积尘量化的指标、环境的影响参数以及建立预测模型的方法可借鉴到槽式系统的研究中，但需关注槽式曲面结构以及聚光特性等差异。目前已有针对槽式系统展开的部分相关研究。

聚光镜表面附着积尘后，会对光线造成反射、吸收以及遮挡作用从而影响聚光镜性能。Wang[132] 等基于高寒地区聚光镜表面粉尘堆积和分布特征，研究了时间（积尘密度）和空间（聚光器倾角）对槽式聚光镜积尘分布特性和光热性能的影响，其结果显示：积尘密度从0增加到2.46g/m^{2}时，会导致20.58%的相对反射率损失；Anna等[133] 研究了灰尘颗粒对暴露在沙漠中和实验室中人工布尘的镜面散射和反射能力的影响，发现积尘引起的小角度散射明显，从而严重降低了镜面的反射率，当增加局部太阳入射角时，反射率显著下降；Usamentiaga等[134] 通过可见光和红外光谱研究了6种不同成分的积尘对槽式聚光镜镜面反射率的影响，发现积尘颗粒粒径的减小会导致更大的反射率损失；吴泽等[135] 对槽式聚光镜不同位置积尘对反射率的影响进行了研究，利用分光光度计、扫描电子显微镜和X射线衍射仪对积尘的物理化学性质进行了测试，发现相对于中心和顶部边缘的积尘，反射镜底部边缘的灰尘堆积引起的反射率降幅最大；Hachicha等[136] 研究了阿联酋气候下积尘颗粒特性及其对槽式系统性能的影响，发现风速和风向对镜面的积尘密度有较大影响，3个月户外暴露导致了63%的反射率损失，对比发现与积尘对光伏装置效率的负面影响相比，槽式太阳能系统效率下降了3～5倍。

Deffenbaugh等[137] 在已有的抛物槽式太阳能集热器的热性能预测模型中，加入了灰尘和污垢堆积修正其光学效率，将清洗频率和光学降解速率也输入到模型中，可提供更加真实的太阳能IPH系统性能预测；王志敏[138] 等基于双轴跟踪槽式太阳能系统对比实验平台，通过理论分析和实验测试的方法研究了积尘对槽式太阳能系统光热性能的影响，引入积尘反射因子和采集因子修正系数来量化积尘对系统光热性能的影响程度，建立了一种积尘对槽式太阳能系统集热性能影响的预测模型并通过实验验证；Anass等[139] 开展了物理模型和人工神经网络（ANN）模型预测抛物面槽式光热电站单位小时发电量的对比研究，初步证明人工神经网络模型的预测精度优于物理模型。

在极端天气以及雨雪气候条件下的影响研究方面，Sansom等[140] 提出了一种预测沙尘暴对槽式太阳能电站聚光镜光学性能和镜面特征影响的数学模型，该模型中考虑了风速、沙尘暴持续时间和浓度；Ahmed等[141] 研究得到了太阳电池表面归一化功率与积尘累积量之间的线性关系，并发现增加太阳电池倾斜角可有效促进重力除尘，降雨有助于改善光伏性能，降低积尘密度，但是小降雨更易导致积尘在太阳电池表面上胶结；Hussein等[142] 研究了风速、相对湿度等气候因素对灰尘积聚的影响以及多城市不同清洁效果，发现发电厂、工业冶炼厂的颗粒物和汽车尾气易造成光伏组件积尘污染，且水的针对性清洗效果较差。Ramírez等[143] 在秘鲁地区将积尘、自然风和自然降雨对太阳电池性能的影响进行了评估；Hasan等[144] 在伊拉克地区实验研究发现阴雨天平均功率和辐照度降低，并随自然风速增加光伏组件性能提高；Pero 等[145] 从理论上评估了雨水对太阳电池性能的影响作用，并进行了实验监测；Shadid 等[146] 通过实验研究了灰尘和雨水对太阳电池板性能的影响，发现在潮湿条件下光伏组件输出功率平均下降 20%左右。

Sartori 等[147] 为了表征不同类型雪的覆盖对光伏系统的影响，分析了挪威两个具有常规雪覆盖的光伏系统在冬季的数据，进一步利用光伏系统监测数据对积雪损失模型进行评估和改进，从而用于开展积雪检测；Pawluk 等[148-149] 介绍了在太阳电池表面积雪覆盖下冰的发现，并提出在积雪和太阳电池之间的冰可能会引起黏附，导致积雪长期存留，这项研究可以用来指导制定减少积雪的方法；同时该科研人员对积雪对光伏发电系统的影响进行了文献综述，研究量化了积雪的影响，确定了影响发电量损失的因素，阐述了现有的积雪影响评估技术，并确定了减少积雪影响的战略；Øgaard 等[150] 评估了基于雪深相关的积雪清除系数的 Marion 雪损失模型。为了对模型进行评估，对 7 个不同系统配置的屋顶光伏电站进行了分析。

1.2.4 槽式系统除尘方式及机理

目前除尘方式的文献研究大多基于光伏组件，分别采用手动、自动、防尘罩、静电除尘以及镜面自清洁涂层等方法。

HusseinA. Kazem 等[151] 综述了积尘本身物性、积尘对光伏组件输出性能以及当前用于光伏组件的清洁方法，并对各种清洁方法的现状、前景做出了评价。Sayyah 等[152] 研究了光伏组件在没有任何人工清洁的情况下光伏电站性能的损失，并分析了自然的、手动的、自动的和被动的各种清洁方法的特点；Guo 等[153] 研究了电动式防尘罩（EDS）对光伏组件表面除尘的影响，在卡塔尔多哈的一个太阳能测试设施中进行了 6 个月的测试，通过比较各模块温控性能与洁净模块温控性能的比值，发现 EDS 可以减少较多的积尘污染损失；Jennifer K. W. Chesnutt 等[154] 使用离散元模拟方法计算带电粒子的传输、碰撞黏附，用带电粒子代表当地尘埃，通过模拟来确定电动防尘罩参数对被沙漠灰尘污染的光伏组件的最佳清洁效率的影响，揭示了不同条件下电极排斥和吸引单个尘粒的各种方式，从而产生不同的传输模式，该研究可提高光伏组件的除尘效率；Mohammad 等[155] 利用机器人对黎巴嫩的一个光伏电站的光伏组件进行湿式清洁，发现该清洗方法能有效地减小积尘对光伏组件输出功率的影响，发电量平均增加 32.27%；Brian 等[156] 针对使用自动机器人清洁系统对光伏组件干式清洁的有效性进行研究，发现使用硅胶泡沫刷的机器人系统能够有效地减少灰尘对光伏组件功率输出的影响，与每周清洁的控制相比，增加了功率输出，同时该种刷子因其有效的清洁性能和低成本而有望应用于光伏组件的除尘，并且不会对光伏组件的表面造成损坏。

Ullah 等[157] 针对巴基斯坦拉合尔的光伏组件积尘造成的光伏电力损失，提出了结合光伏组件倾角影响的优化清洗计划，基于手动清洁，最佳方案为 30°倾角每周一次，90°倾角每三周一次；Pan 等[158] 通过实验测试，研究了不同自洁涂层对光伏组件表面的除尘效果，并将积尘沉积的形态、积尘沉积密度、光谱透射率和光伏效率退化作为电池板样例研究指标；Said 等[159] 研究了不同气候条件下积尘对光伏组件性能的影响，发现高温、湿度大和降雨量不足都会对光伏组件性能产生不利影响，此外静电清洁方法和微/纳米级表面功能化方法都可降低积尘的负面影响，特别在干旱地区两种方法的组合优势明显；Kawamoto 等[160] 基于施加低频高压电可以将附着积尘从微倾斜的光伏组件表面去除的原理，研究了提高静电除尘性能的方法，发现提高光伏组件的绝缘强度，减小盖板厚度，电极间采用小间距等方法均有效，并且利用自然风除尘也是有效的；Serkan Alagoz 等[161] 针对灰尘粒子和表面声波相互作用的脱离现象进行了理论分析，分析考虑了清洁过程中黏附力和重力影响，结果揭示了涉及颗粒分离过程的潜在机制，推导出了在表面声波相互作用的情况下从倾斜面板表面去除灰尘颗粒所需的充分条件，并证明了表面声波对光伏组件表面的清洁效果；Wang 等[162] 研究了超疏水膜降低灰尘沉积对发电效率的影响，实验结果表明，粉尘对涂有氟超疏水膜的光伏组件发电效率的影响小于涂有硅超疏水膜的光伏组件，而且超疏水膜不仅可以大大减少灰尘的堆积，还可以提高系统发电效率；Quan 等[163] 设计了实验来模拟表面与灰尘的相互作用，包括灰尘撞击实验和除尘实验等，同时高速摄像机用于捕捉气流驱动的灰尘撞击和沉积过程，在光伏组件表面可以观察到灰尘颗粒的不同运动行为，用来说明不同的污染现象，结果发现涂层的低表面能和粗糙结构共同作用能够降低颗粒和表面之间的黏附力，且该种防尘效果几乎与疏水性强弱无关；Du 等[164] 提出了一种新型真空除尘器，通过耦合计算流体动力学和离散元法仿真模型模拟粉尘颗粒—气流运动，以优化除尘器的结构及其工作角度，还进行了高速摄影测试以验证最佳工作角度并评估除尘器的功能，图像显示结果论证了真空除尘器可以显著提高光伏组件的除尘性能；Farrokhi 等[165] 研究考虑了刷式清洁系统（BCS）、静电清洁系统（ECS）、Heliotex 清洁系统（HCS）、机器人清洁系统（RCS）和涂层清洁系统（CCS）等 5 种自动清洁系统。由于湿度、风速、雨量、温度等多项环境指标，以及大气污染、灰尘堆积、鸟粪等非环境因素，选择合适的清洁系统非常重要。

Chiteka 等[166] 采用计算流体力学的模拟方法研究了风障和安装配置对光伏阵列污染的影响，结果发现，增加屏障高度可以减少污染，但也会导致光伏阵列的部分遮光，最终给出屏障高度和距离等最佳优化配置；King 等[167] 针对抛物槽防尘屏障开发建立模型并验证，选择了平面和曲面结构的两种形状防尘屏障进行研究，使用抛物型槽式镜场模拟，将灰尘引入模拟中，通过比较镜面的积尘量评估屏障的有效性；Moghimi 等[168] 通过模拟的方法优化了抛物型槽式集热装置周围的固体风屏障，以防止灰尘污染，结果表明，在本研究中最佳的固体风屏障能够引导超过 86% 的颗粒通过太阳聚光镜场，只有极少部分沉积在镜子上，而且发现屏障壁针对大颗粒更有效。

还有研究通过气流吹扫实现灰尘颗粒的移除，采用实地试验或软件模拟等方法分析去除规律。

Chiteka 等[169] 研究了光伏组件安装方式和入射角对光伏系统效率的影响，建立了模型以确定在光伏组件表面上积尘粒子的总阴影面积，使用计算流体动力学（CFD）来确定每个安装配置上的灰尘积累情况。采用 SST $k-\omega$ 湍流模型和离散相模型（DPM）分别计算空气流体和尘埃粒子的运动。

Jiang 等[170] 估算了沉积在光伏组件的灰尘颗粒被风清扫过程，在分析中考虑了黏附力、流体动力和扭矩的影响，分析了颗粒大小和成分对去除速度的影响，并对积尘粒径分布进行实验验证，发现风对粒径大于 1μm 的大颗粒有较好的除尘效果；Du 等[171] 针对光伏组件表面的积尘附着情况进行了模拟和实验研究，建立了干湿条件下光伏组件表面的颗粒迁移模型和湍流条件下的颗粒分离模型；利用 Monte Carlo 方法计算了气流去除颗粒的临界剪切速度。设计了一种串联多个膨胀腔的多级膨胀喷嘴，对喷嘴内流场进行了模拟；Figgis 等[172] 利用环境风洞和沙漠实地试验，研究了安装有单轴跟踪装置的光伏组件倾斜后表面积尘情况，并采用 CFD 模拟验证，发现迎风面的积尘颗粒随风速增大和倾斜角增大而减少，即在有风的夜晚，将光伏组件朝最大风向倾斜放置可使其表面积尘量最小；刘恩晓[173] 对基于高频气流的光伏组件表面除尘机理与装置设计进行了研究，通过借鉴经典固体表面吸附力学理论建立了不同环境下光伏组件表面颗粒吸附的力学模型，并建立了湍流作用下黏附颗粒脱离表面的计算模型，利用 FLUENT 软件对喷头内部的流场进行仿真并优化；陈泽粮[174] 针对压缩空气对光伏组件除尘展开研究，建立了灰尘颗粒黏附力学模型，基于离散单元法研究了灰尘颗粒在振动状态下的运动规律，对振动频率、颗粒数量、颗粒半径大小等条件对振动状态下颗粒的运动规律进行了分析；Li 等[175] 对利用压缩气流对光伏组件进行清洗和冷却进行了研究和试验，建立了粉尘黏附和脱附模型，得到清洁粉尘颗粒的气流速率，通过分析清洗过程中光伏组件表面的温度变化，以评价冷却效果带来的功率增加，从而建立了罐体压力的动态模型，以确定压缩空气系统的罐体容积和运行时间，最后验证了光伏组件在干旱气候下运行的有效性。

1.3 研　究　概　述

聚光集热系统在槽式太阳能利用领域发展相对成熟，针对槽式光学性能、腔体接收器光热转化性能以及槽式系统集热性能等方面已有了大量的相关科学研究，也取得了一定的研究成果，但随着槽式系统实际应用领域趋于广泛以及与选址地区气候等多因素耦合运行中逐渐凸显出来的若干问题，使得槽式太阳能系统在多方面的研究不具有普适性，仍需有针对性地深入开展，总结如下：

（1）针对槽式聚光装置光学性能的研究多采用几何光学模型的理论推导和基于 Monte Carlo 光线追踪法的模拟计算，但实际聚光过程非常复杂，所处自然环境、装置精度，操作手段以及人为因素均可影响到聚光结果，而这些因素可能在建模或模拟中被忽略，因此槽式聚光特性的研究多集中在理论与仿真分析，对光学性能实验研究以及实验中能流密度直接测试方法的研究涉及较少。

（2）对腔体接收器的设计涉及多种结构并不具有普适性，且多局限于热力学的性能分析。在腔体接收器的设计中，耦合光热机理、协同光学和热力学的系统优化方法研究较少，而且缺乏多因素评价指标。在腔体热性能的研究中，结合地区气候特点进行热损失性能剖析以及进一步的优化措施需要协同多因素开展。

（3）在抛物槽式聚光集热系统的研究中，国外对梯形腔体的研究均应用到线性菲涅尔聚光装置中，且主要侧重数学模型和模拟仿真技术的研发，实验研究多以玻璃—金属真空管作为系统的接收器；国内有针对槽式腔体的聚光集热系统进行实验研究，但跟踪方式多为单轴，较少涉及采用腔体接收器的抛物型槽式聚光集热系统在全自动跟踪平台的光热实验研究。

（4）积尘导致的表面光洁度变化是太阳能各项利用技术中均存在的现象，但基于光伏组件的积尘影响研究却占到大多数，研究手段较成熟，研究结论应用于工程实际，形成了产学研的良性循环；光伏组件为非跟踪式的平板型且发电性能主要受面板透射性能的影响，而曲面结构的槽式太阳能聚光镜与焦线处接收器以及跟踪装置配套使用，其积尘相比平面型太阳能装置有更加复杂的光学机理，目前的研究中涉及积尘对槽式系统性能影响的较少。

（5）当前针对槽式聚光镜曲面结构的积尘黏附、脱附机理研究较少，积尘颗粒黏附与脱附模型的建立多为普适性或一些适用范围有限的经验公式；地区气候对聚光镜面的光学性能影响显著，已有地区风、雨雪等自然条件对太阳能利用装置的清洁研究，但大多针对光伏电站，而且国外文献中多围绕热带、亚热带以及中东等地进行实验，所得结论有其地区适配性，针对槽式太阳能系统性能输出受高寒地区气候条件的影响研究较少。针对太阳能光热利用系统的预测方面，大多研究采用传统的物理数学模型，相对预测精度较低，在实践应用中常受限于数据情况，对相关参数要求苛刻。

（6）当前针对太阳能利用装置的除尘方式包括：防污光催化层；静电除尘；人工水洗、机械自动除尘等。槽式聚光镜面与集热器为近距整体组装成型，使得除尘难度较大，传统的人工清洗方式无法满足大型应用的需求，清洗车辆应考虑镜场的可通行性。积尘情况客观存在，除尘方式的研究需要协同槽式太阳能系统的地区积尘特性、自然气象条件以及当地资源开展。鉴于光热发电技术近年来的迅猛发展和面临的成本下降压力，光热电站的除尘技术成为行业亟待解决的问题。

1.4 本书主要内容

1. 槽式聚光焦面偏移及焦面聚光损失研究

设计抛物槽式聚光镜并搭建自动跟踪槽式聚光系统，以槽式聚光装置的光学特性为研究对象，针对聚光焦面偏移的现象，通过实验测试焦面温度场结合数学拟合的方法，量化焦面偏移距离；基于能量守恒和几何光学的方法对接收器定位误差、系统跟踪精度和聚光镜厚度误差的光学影响进行理论分析，提出一种优化方法补偿聚光镜厚度带来的光学损失，利用截距因子和焦面能流密度均匀性对影响规律进行量化，并通过实验进行验证。为腔体接收器的结构设计以及槽式集热系统的实际应用和优化运行提供数据参考。

2. 腔体接收器的结构设计及光热性能优化

以腔体结构作为优化对象，建立槽式聚光镜和腔体接收器的光学耦合模型，采用Tracepro光学软件对腔体结构的几何参数进行光学模拟，采用Ansys热力学软件模拟不同腔体结构的集热管簇换热性能，以光学效率以及能流密度标准差作为评价光学性能的指标，综合热力学模拟的结果，多目标对腔体结构寻优；搭建腔体热损失性能测试系统，实验研究系统热损失的影响因素及规律，提出多个量化指标评价不同风向对腔体接收器热性能的影响，对引入热屏蔽体提高腔体接收器热性能的优化方法进行理论和实验分析并验证，耦合地区气候因素分析腔体热性能。

3. 基于双轴跟踪的槽式腔体聚光集热系统性能研究

利用二维跟踪平台构建采用腔体接收器的槽式太阳能系统，实验测试并揭示系统热性能受运行参数的影响规律；采用量纲分析法对系统集热效率建立模型，求解并使用多元线性回归得到预测方程，利用实验数据对预测模型进行复测，从而验证模型的精度；采用动态测试以及归一化温差的方法对槽式聚光集热系统集热性能进行研究，得到总热损失系数随流量的函数关系，根据能量平衡方程建立集热效率和光学效率之间的关系，利用集热效率和光学性能参数实现系统集热性能和光学性能的相互验证及预测。

4. 镜面积尘对槽式系统光热特性影响研究

针对高寒地区槽式聚光镜表面积尘问题，基于地区积尘特性和聚光镜型面特征，采用理论与实验的研究方法，将表征空间因素的聚光镜倾角和表征时间因素的积尘密度作为变量，深入分析镜面积尘分布特性以及积尘对槽式系统光热性能的影响，并利用积尘对光学和热力学影响之间的关系提出积尘影响预测模型，选取不同工况进行实验验证。

5. 地区自然气象条件对槽式镜面清洁规律以及主动式防尘研究

针对高寒地区典型气候特征，研究槽式聚光镜表面灰尘颗粒的黏附与自然去除，揭示自然风、降雨和降雪等对槽式镜面的被动式清洁规律，基于聚光镜跟踪方式建立主动防尘的倾角实验模型；人工神经网络模型可以较好地适应复杂的影响机制，并能够处理非线性动态过程，因此可以提高预测模型的速度及精度。采用神经网络模型并通过粒子群优化算法建立积尘影响的预测模型。

6. 协同地区特点的除尘技术研究

镜面清洁是太阳能各项光热利用技术中均面临的问题，综合考虑国内高寒地区的典型气候环境特征以及资源，综述现有国内外的除尘技术，课题组提出多项适合高寒、多风沙且干旱地区的槽式系统除尘专利，形成具有自主知识产权的较为完善的地区槽式除尘技术体系，在地区太阳能产业高效利用领域具有重要的科学意义和工程应用价值。

随着双碳工作的推进，调整优化产业结构和能源结构进一步加快，构建以新能源为主体的新型电力系统目标的提出，为光热行业的发展带来了新的机遇，槽式太阳能光热系统一定可以在各领域发挥更广泛的作用。

参考文献

[1] Nicolas Boccard. Safety along the energy chain [J]. Energy，2018，150：1018－1030.

[2] Chen G Q，Wu X F. Energy overview for globalized world economy：Source，supply chain and sink [J]. Renewable & Sustainable Energy Reviews，2017，69：735－749.

[3] 余娜.《BP世界能源统计年鉴》第70版发布 [N]. 中国工业报，2021－07－13（2）.

[4] Sener S E C，Sharp J L，Anctil A. Factors impacting diverging paths of renewable energy：A review [J]. Renewable and Sustainable Energy Reviews，2017，81（pt. 2）：2335－2342.

[5] Wu J，Wu Y，Cheong T S，et al. Distribution dynamics of energy intensity in Chinese cities [J]. Applied Energy，2018，211：875－889.

[6] Li J，Hu S. History and future of the coal and coal chemical industry in China [J]. Resources Conservation and Recycling，2017，124：13－24.

[7] 中华人民共和国国务院新闻办公室. 新时代的中国能源发展 [N]. 人民日报，2020－12－22（10）.

[8] 姜江. 中国坚决打赢碳达峰碳中和硬仗 [N]. 新华每日电讯，2021－03－24（7）.

[9] 郑清涛. 双碳目标对我国经济发展方式提出新要求 [N]. 中国能源报，2021－04－05（4）.

[10] Zhang D，Wang J，Lin Y，et al. Present situation and future prospect of renewable energy in China [J]. Renewable and Sustainable Energy Reviews，2017，76：865－871.

[11] Sansaniwal，Sunil，Kumar，et al. Energy and exergy analyses of various typical solar energy applications：A comprehensive review [J]. Renewable and Sustainable Energy Reviews，2018.

[12] Kabir E，Kumar P，Kumar S，et al. Solar energy：Potential and future prospects [J]. Renewable and Sustainable Energy Reviews，2018，82：894－900.

[13] Islam Md Tasbirul，Huda Nazmul，Abdullah A. B.，Saidur R. A comprehensive review of state－of－the－art concentrating solar power（CSP）technologies：Current status and research trends [J]. Renewable and Sustainable Energy Reviews，2018，91（auga）：987－1018.

[14] 肖刚，倪明江，岑可法，等. 太阳能 [M]. 北京：中国电力出版社，2019.

[15] Zhou Z，Wang L，Lin A，et al. Innovative trend analysis of solar radiation in China during 1962－2015 [J]. Renewable Energy，2018，119：675－689.

[16] 申彦波. 我国太阳能资源评估方法研究进展 [J]. 气象科技进展，2017（1）：77－84.

[17] 黄素逸，黄树红. 太阳能热发电原理及技术 [M]. 北京：中国电力出版社，2012.

[18] 国家太阳能光热产业技术创新战略联盟. 中国太阳能热发电行业蓝皮书2023 [R/OL].

[19] Manikandan G. K.，Iniyan S.，Goic R.. Enhancing the optical and thermal efficiency of a parabolic trough collector－A review [J]. Applied energy，2019，235：1524－1540.

[20] Farjana S. H.，Huda N.，Mahmud M. A. P.，et al. Solar process heat in industrial systems－A global review [J]. Renewable and Sustainable Energy Reviews，2018，82（3）：2270－2286.

[21] Kumar L，Hasanuzzaman M.，Rahim N. A.，et al. Global advancement of solar thermal energy technologies for industrial process heat and its future prospects：A review [J]. Energy Conversion and Management，2019，195：885－908.

[22] Man Fana，Hongbo Lianga，Shijun Youa，et al. Applicability analysis of the solar heating system with parabolic trough solar collectors in different regions of China [J]. Applied Energy，2018，221：100－111.

[23] 王万乐，宋健，解云兴，等. 高精度全天候太阳能自动跟踪系统设计 [J]. 仪表技术与传感器，

2017（7）：76－78，83.

[24] 韩万里，茅大钧，魏骜，等. 基于 Cortex－M3 的槽式太阳能热发电自动追踪系统 [J]. 太阳能，2019（3）：63－68.

[25] Zou B.，Jiang Y.，Yao Y.，et al. Impacts of non－ideal optical factors on the performance of parabolic trough solar collectors [J]. Energy，2019，183（Sep. 15）：1150－1165.

[26] Zou B.，Yang H. X.，Yao Y.，et al. A detailed study on the effects of sunshape and incident angle on the optical performance of parabolic trough solar collectors [J]. Applied Thermal Engineering，2017，126：81－91.

[27] Sutter F.，Montecchi M.，von Dahlen H.，et al. The effect of incidence angle on the reflectance of solar mirrors [J]. Solar Energy Materials and Solar Cells，2018，176：119－133.

[28] Vouros A.，Mathioulakis E.，Papanicolaou E.，et al. Modelling the overall efficiency of parabolic trough collectors [J]. Sustainable Energy Technologies and Assessments，2020，40：100756.

[29] Hertel J. D.，Canals V.，Pujol－Nadal R.. On－site optical characterization of large－scale solar collectors through ray－tracing optimization [J]. Applied Energy，2020，262：114546.

[30] Khanna S，Singh S，Kedare S B. Explicit expressions for temperature distribution and deflection in absorber tube of solar parabolic trough concentrator [J]. Solar Energy，2015，114：289－302.

[31] Cheng Z. D.，He Y. L.，Cui F. Q.，et al. Comparative and sensitive analysis for parabolic trough solar collectors with a detailed Monte Carlo ray－tracing optical model [J]. Applied Energy，2014，115：559－572.

[32] Cheng Z D，He Y L，Wang K，et al. A detailed parameter study on the comprehensive characteristics and performance of a parabolic trough solar collector system [J]. Applied Thermal Engineering，2014，63（1）：278－289.

[33] Song J. F.，Tong K.，Li L.，et al. A tool for fast flux distribution calculation of parabolic trough solar concentrators [J]. Solar Energy，2018，173.

[34] 许成木，李明，季旭，等. 槽式太阳能聚光器焦面能流密度分布的频数统计分析 [J]. 光学学报，2013，33（4）：0408001.

[35] 靳周. 槽式太阳能集热器聚焦能流密度分布研究 [D]. 北京：华北电力大学，2015.

[36] Liang H. B.，You S. J.，Zhang H.. Comparison of three optical models and analysis of geometric parameters for parabolic trough solar collectors [J]. Energy，2016，96：37－47.

[37] Zhao D，Xu E，Wang Z，et al. Influences of installation and tracking errors on the optical performance of a solar parabolic trough collector [J]. Renewable Energy，2016，94：197－212.

[38] Zhang W. W.，Duan L. Z.，Wang J. B.，et al. Influences of tracking and installation errors on the optical performance of a parabolic trough collector with heat pipe evacuated tube [J]. Sustainable Energy Technologies and Assessments，2022，50：101721.

[39] 徐涛. 槽式太阳能抛物面集热器光学性能研究 [D]. 天津：天津大学，2009.

[40] Dai J，Liu Y. The study of flux distribution on focal plane in parabolic trough concentrators [J]. Acta Energiae Solaris Sinica，2008，29（9）：1096－1100.

[41] 翟辉. 采用腔体吸收器的线聚焦太阳能集热器的理论及实验研究 [D]. 上海：上海交通大学，2009.

[42] 冯志康，李明，王云峰，等. 太阳能槽式系统接收器光学效率的特性研究 [J]. 光学学报，2016，36（1）：0122002.

[43] 丁林，王军，蒋川，等. 中温槽式集热器的聚光特性模拟及误差分析 [J]. 太阳能学报，2019，40（10）：2755－2762.

[44] Zhang J.，Zhao X. H.，Zheng Y. L.，et al. Generalized nonlinear Snell's law at chi（2）modulated

nonlinear metasurfaces: anomalous nonlinear refraction and reflection [J]. Optics Letters, 2019, 44 (2): 431-434.

[45] 陈飞，李明，季旭，等. 太阳能槽式系统反射镜玻璃厚度对聚光特性的影响 [J]. 光学学报，2012，32 (12)：1208002.

[46] 张莹，李明，季旭，等. 槽式太阳能系统聚光镜面参数对聚光特性的影响研究 [J]. 云南师范大学学报（自然科学版），2013，33 (4)：14-19.

[47] Wenwu Chan, Zhimin Wang, Chang Yang, Optimization of concentration performance at focal plane considering mirror refraction in parabolic trough concentrator [J]. Energy Sources, Part A: Recovery, Utilization, And Environmental Effects, 2022, 44 (2): 3692-3707.

[48] Mwesigye A., Huan Z., Bello-Ochende T., et al. Influence of optical errors on the thermal and thermodynamic performance of a solar parabolic trough receiver [J]. Solar Energy, 2016, 135: 703-718.

[49] Donga R. K., Kumar S.. Thermal performance of parabolic trough collector with absorber tube misalignment and slope error [J]. Solar Energy, 2019, 184: 249-259.

[50] Zhang C, Xu G, Quan Y, et al. Optical sensitivity analysis of geometrical deformation on the parabolic trough solar collector with Monte Carlo Ray-Trace method [J]. Applied Thermal Engineering, 2016, 109: 130-137.

[51] Páeza A, Llanes L, Romero I, et al. PSA-Use in a Spanish Industrial Area [J]. European Urology, 2002, 41 (2): 162-6.

[52] KrögerVodde A, Holländer A. CCD flux measurement system PROHERMES [J]. Le Journal De Physique IV, 1999, 09 (PR3): 649-654.

[53] Biryukov S. Determining the Optical Properties of PETAL, the 400m^2 Parabolic Dish at Sede Boqer [J]. Journal of Solar Energy Engineering, 2004, 126 (3): 827-832.

[54] 陈飞，李明，季旭. 太阳能槽式系统焦平面能流特性及接收器结构优化 [J]. 太阳能学报，2015，36 (9)：2173-2181.

[55] 胡明鹏，刘泰秀，徐洪艳，等. 槽式太阳能聚光器能流密度测试系统研制技术 [J]. 太阳能报，2021，42 (03)：435-439.

[56] Ballestrín J, Monterreal R. Hybrid heat flux measurement system for solar central receiver evaluation [J]. Energy, 2004, 29 (5-6): 915-924.

[57] Ballestrín J. A non-water-cooled heat flux measurement system under concentrated solar radiation conditions [J]. Solar Energy, 2002, 73 (3): 159-168.

[58] 白凤武，王志峰，李鑫等. 一种太阳能碟式聚光器聚光性能测试方法及测试装置. 中国：CN102297757A [P]. 2011-12-28.

[59] 王志敏，产文武，杨畅，等. 双轴跟踪槽式聚光器的焦面能流测试与聚光特性 [J]. 光学学报，2020，40 (5)：59-66.

[60] Reza K, Touraj T G, Vahid M A. A detailed mathematical model for thermal performance analysis of a cylindrical cavity receiver in a solar parabolic dish collector system [J]. Renewable Energy, 2018, 125: 768-782.

[61] Tripathy A K, Ray S, Sahoo S S, et al. Structural analysis of absorber tube used in parabolic trough solar collector and effect of materials on its bending: A computational study [J]. Solar Energy, 2018, 163: 471-485.

[62] Loni R, Ghobadian B, Kasaeian A B, et al. Sensitivity Analysis of Parabolic Trough Concentrator using Rectangular Cavity Receiver [J]. Applied Thermal Engineering, 2020, 169: 114948.

[63] Loni R, Kasaeian A B, Asli-Ardeh E A, et al. Experimental and numerical study on dish concen-

trator with cubical and cylindrical cavity receivers using thermal oil [J]. Energy, 2018, 154: 168-181.

[64] 陈飞. 线聚焦腔体聚光系统光学特性及集热性能研究 [D]. 昆明：云南师范大学，2015.

[65] 冯志康. 槽式线聚焦腔体聚光特性优化与系统热性能研究 [D]. 昆明：云南师范大学，2016.

[66] 王志敏，田瑞，齐井超，等. 倒梯形腔体接收器的结构设计及光学性能 [J]. 光学学报，2017, 37 (12): 331-340.

[67] 王志敏，田瑞，韩晓飞，等. 基于腔体的双轴槽式系统集热特性动态测试 [J]. 太阳能学报，2018, 39 (3): 737-743.

[68] Boyd D A, Gajewski R, Swift R. A cylindrical blackbody solar energy receiver [J]. Solar Energy, 1976, 18 (5): 395-401.

[69] Barra O A, Franceschi L. The parabolic trough plants using black body receivers: Experimental and theoretical analyses [J]. Solar Energy, 1982, 28 (2): 163-171.

[70] Reddy K S, Kumar K R. Investigation of Heat Losses from the Trapezoidal Cavity Receiver for Linear Fresnel Reflector Solar Power System [C]//Ises Solar World Congress, 2011: 1-12.

[71] Natarajan S K, Reddy K S, Mallick T K. Heat loss characteristics of trapezoidal cavity receiver for solar linear concentrating system [J]. Applied Energy, 2012, 93 (5): 523-531.

[72] Sahoo S S, Varghese S M, Kumar A, et al. An experimental and computational investigation of heat losses from the cavity receiver used in linear Fresnel reflector solar thermal system [C]. International Conferences on Advances in Energy Research, 2011.

[73] Moghimi M A, Craig K J, Meyer J P. Optimization of a trapezoidal cavity absorber for the Linear Fresnel Reflector [J]. Solar Energy, 2015, 119 (1): 343-36.

[74] Tsekouras, P, Tzivanidis, et al. Optical and thermal investigation of a linear Fresnel collector with trapezoidal cavity receiver [J]. Applied thermal engineering: Design, processes, equipment, economics, 2018, 135: 379-388.

[75] Chen F., Li M., Zhang P., et al. Thermal performance of a novel linear cavity absorber for parabolic trough solar concentrator [J]. Energy Conversion and Management, 2015, 90: 292-299.

[76] Li X. L., Chang H. W., Duan C., et al. Thermal performance analysis of a novel linear cavity receiver for parabolic trough solar collectors [J]. Applied Energy, 2019: 431-439.

[77] 李雪岭，常华伟，段晨，等. 一种基于新结构的线性腔式太阳能集热器研究 [J]. 太阳能学报，2021, 42 (2): 8-13.

[78] Liang H. B., Zhu C. G., Fan M., et al. Study on the thermal performance of a novel cavity receiver for parabolic trough solar collectors [J]. Applied Energy, 2018: 790-798.

[79] Mohamad K, Ferrer P. Cavity receiver designs for parabolic trough collector [J]. arXiv preprint arXiv: 1909.11053, 2019.

[80] Navarro-Hermoso J. L., Espinosa-Rueda G., Heras C., et al. Parabolic trough solar receivers characterization using specific test bench for transmittance, absorptance and heat loss simultaneous measurement [J]. Solar Energy, 2016, 136: 268-277.

[81] Abdulhamed A. J., Adam N. M., Ab-Kadir M. Z. A., et al. Review of solar parabolic-trough collector geometrical and thermal analyses, performance, and applications [J]. Renewable and Sustainable Energy Reviews, 2018, 91: 822-831.

[82] Maytorena V M, Hinojosa J, Moreno S, et al. Enhancing the Thermal Performance of a Central Tower Tubular Solar Receiver with Direct Steam Generation by Using Internal Fins and Thicknesses Variation [J]. ASME Journal of Heat and Mass Transfer, 2023: 1-36.

[83] Jafar K. S., Arulprakasajothi M., Beemkumar N., et al. Effect of conical strip inserts in a parabolic trough solar collector under turbulent flow [J]. Energy Sources Part A - recovery Utilization and Environmental Effects, 2019: 1-13.

[84] Liu P., Lv J., Shan F., et al. Effects of rib arrangements on the performance of a parabolic trough receiver with ribbed absorber tube [J]. Applied Thermal Engineering, 2019: 1-13.

[85] Zou B., Jiang Y. Q., Yao Y., et al. Thermal performance improvement using unilateral spiral ribbed absorber tube for parabolic trough solar collector [J]. Solar Energy, 2019: 371-385.

[86] Borunda M., Garduno-Ramirez R., Jaramillo O. A.. Optimal operation of a parabolic solar collector with twisted-tape insert by multi-objective genetic algorithms [J]. Renewable Energy, 2019, 143: 540-550.

[87] Kurşun B.. Thermal performance assessment of internal longitudinal fins with sinusoidal lateral surfaces in parabolic trough receiver tubes [J]. Renewable Energy, 2019, 140: 816-827.

[88] Dugaria S., Bortolato M., Col D. D., et al. Modelling of a direct absorption solar receiver using carbon based nanofluids under concentrated solar radiation [J]. Renewable Energy, 2017: 495-508.

[89] Okonkwo E. C., Essien E. A., Kavaz D., et al. Olive leaf synthesized nanofluids for solar parabolic trough collector - Thermal performance evaluation. [J]. Journal of Thermal Science and Engineering Applications, 2019, 11 (4).

[90] Vutukuru R., Pegallapati A. S., Maddali R.. Suitability of various heat transfer fluids for high temperature solar thermal systems [J]. Applied Thermal Engineering, 2019, 159: 113973.

[91] Natividade P. S., Moura G. D., Avallone E., et al. Experimental analysis applied to an evacuated tube solar collector equipped with parabolic concentrator using multilayer graphene-based nanofluids [J]. Renewable Energy, 2019: 152-160.

[92] Qin C., Kim J. B., Lee B. J., et al. Performance analysis of a direct-absorption parabolic-trough solar collector using plasmonic nanofluids [J]. Renewable Energy, 2019: 24-33.

[93] Huang X. N., Wang Q. L., Yang H. L., et al. Theoretical and experimental studies of impacts of heat shields on heat pipe evacuated tube solar collector [J]. Renewable Energy, 2019: 999-1009.

[94] Zhang X. Y., You S. J., Ge H. C., et al. Thermal performance of direct-flow coaxial evacuated-tube solar collectors with and without a heat shield [J]. Energy conversion and management, 2014, 84: 80-87.

[95] Wang Q. L., Li J., Yang H. L., et al. Performance analysis on a high-temperature solar evacuated receiver with an inner radiation shield [J]. Energy, 2017, 139: 447-458.

[96] Wang Q. L., Yang H. L., Huang X. N., et al. Numerical investigation and experimental validation of the impacts of an inner radiation shield on parabolic trough solar receivers [J]. Applied Thermal Engineering, 2018, 132: 381-392.

[97] Liang H. B., Fan M., You S. J., et al. An analysis of the heat loss and overheating protection of a cavity receiver with a novel movable cover for parabolic trough solar collectors [J]. Energy, 2018, 158: 719-729.

[98] Mohamad K, Ferrer P. Thermal performance and design parameters investigation of a novel cavity receiver unit for parabolic trough concentrator [J]. Renewable Energy, 2020, 168: 692-704.

[99] Mohamad K, Ferrer P. Parabolic trough efficiency gain through use of a cavity absorber with a hot mirror [J]. Applied Energy, 2019, 238: 1250-1257.

[100] 宋子旭，由世俊，张欢，等．槽式太阳能新型腔式接收器的热性能研究［J］．太阳能学报，2021，42（3）：475-479.

[101] Costa S C S, Diniz A S A C, Kazmerski L L. Solar energy dust and soiling R&D progress: Literature review update for 2016 [J]. Renewable & Sustainable Energy Reviews, 2018, 82: 2504 - 2536.

[102] Kawamoto H, Guo B. Improvement of an electrostatic cleaning system for removal of dust from solar panels [J]. Journal of Electrostatics, 2018, 91: 28 - 33.

[103] Adak Deepanjana, Bhattacharyya Raghunath, Barshilia Harish C.. A state - of - the - art review on the multifunctional self - cleaning nanostructured coatings for PV panels, CSP mirrors and related solar devices [J]. Renewable and Sustainable Energy Reviews, 2022: 159.

[104] Ilse Klemens, Leonardo Micheli, Benjamin W. Figgis et al. Techno - economic assessment of soiling losses and mitigation strategies for solar power generation [J]. Joule, 2019, 3 (10): 2303 - 2321.

[105] Suman A, Vulpio A, Fortini A, et al. Experimental analysis of micro - sized particles time - wise adhesion the influence of impact velocity and surface roughness [J]. International Journal of Heat and Mass Transfer, 2020, 165: 120632.

[106] Jiang Y, Lu L, Ferro AR, et al. Analyzing wind cleaning process on the accumulated dust on solar photovoltaic (PV) modules on flat surfaces [J]. Solar Energy, 2018, 159: 1031 - 1036.

[107] Moutinho H R, Jiang C S, To B, et al. Adhesion mechanisms on solar glass: Effects of relative humidity, surface roughness, and particle shape and size [J]. Solar Energy Materials and Solar Cells, 2017, 172: 145 - 153.

[108] Isaifan R J, Johnson D, Ackermann L, et al. Evaluation of the adhesion forces between dust particles and photovoltaic module surfaces [J]. Solar Energy Materials and Solar Cells, 2019, 191: 413 - 421.

[109] Ilse K. K., Figgis B. W., Werner M., et al. Comprehensive analysis of soiling and cementation processes on PV modules in Qatar [J]. Solar Energy Materials and Solar Cells, 2018, 186: 309 - 323.

[110] Liu X, Yue S, Li J, et al. Study of a dust deposition mechanism dominated by electrostatic force on a solar photovoltaic module [J]. Science of The Total Environment, 2021, 754 (11 - 12): 142241.

[111] Liu X Q, Song Y, Lu L Y, et al. Settlement - Adhesion Evolution Mechanism of Dust Particles in the Flow Field of Photovoltaic Mirrors at Night [J]. Chemical Engineering Research and Design, 2021, 168: 146 - 155.

[112] Zhao W, Lv Y, Zhou Q, et al. Collision - adhesion mechanism of particles and dust deposition simulation on solar PV modules [J]. Renewable Energy, 2021, 176: 169 - 182.

[113] Lu H, Zhang L. Numerical study of dry deposition of monodisperse and polydisperse dust on building - mounted solar photovoltaic panels with different roof inclinations [J]. Solar Energy, 2018, 176: 535 - 544.

[114] Liu S. J., Yue Q., Zhou K., et al. Effects of Particle concentration, deposition and accumulation on Photovoltaic device surface [J]. Energy Procedia, 2019, 158: 553 - 558.

[115] Salari A, Hakkaki - Fard A. A numerical study of dust deposition effects on photovoltaic modules and photovoltaic - thermal systems [J]. Renewable Energy, 2019, 135: 437 - 449.

[116] Laarabi B, Baqqal Y E, Dahrouch A, et al. Deep analysis of soiling effect on glass transmittance of PV modules in seven sites in Morocco [J]. Journal of Energy, 2020, 213.

[117] Gholami A, Saboonchi A, Alemrajabi A A. Experimental study of factors affecting dust accumulation and their effects on the transmission coefficient of glass for solar applications [J]. Renewable Energy, 2017, 112: 466 - 473.

[118] Siddiqui R., Bajpai U.. Correlation between thicknesses of dust collected on photovoltaic module

and difference in efficiencies in composite climate [J]. International Journal of Energy & Environmental Engineering, 2012, 3: 26 (1): 1-7.

[119] Zaihidee F. M., Mekhilef S., Seyedmahmoudian M., et al. Dust as an unalterable deteriorative factor affecting PV panel's efficiency: Why and how [J]. Renewable & Sustainable Energy Reviews, 2016, 65: 1267-1278.

[120] Conceição R, Silva H G, Collares-Pereira M. CSP mirror soiling characterization and modeling [J]. Solar Energy Materials and Solar Cells, 2018, 185: 233-239.

[121] 马小龙. 光伏面板积尘特性及高效除尘方法研究 [D]. 杭州: 浙江工业大学, 2015.

[122] 居发礼. 积灰对光伏发电过程的影响 [D]. 重庆: 重庆大学, 2010.

[123] 郭枭. 光伏组件发电效率影响因子的优化研究 [D]. 呼和浩特: 内蒙古工业大学, 2015.

[124] Zheng H, Zhang Z, Fan Z, et al. Numerical investigation on the distribution characteristics of dust deposition on solar photovoltaic modules [J]. Journal of Renewable and Sustainable Energy, 2023, 15 (1).

[125] Jiang Y, Lu L, Lu H. A novel model to estimate the cleaning frequency for dirty solar photovoltaic (PV) modules in desert environment [J]. Solar Energy, 2016, 140: 236-240.

[126] 王敏. 环境因素对平板型太阳能集热器热性能的影响研究 [D]. 北京: 清华大学, 2016.

[127] 李润泽. 基于机器学习的新能源发电功率预测研究 [D]. 恩施: 湖北民族大学, 2021.

[128] Gao M, Li J, Hong F, et al. Day-ahead power forecasting in a large-scale photovoltaic plant based on weather classification using LSTM [J]. Energy, 2019, 187 (C).

[129] 陈金鑫, 潘国兵, 欧阳静, 等. 自然降雨下光伏组件积灰预测方法研究 [J]. 太阳能学报, 2021, 42 (2): 431-437.

[130] 张洁, 郝倩男. 基于烟花算法优化 BP 神经网络的光伏功率预测 [J]. 计算机技术与发展, 2021, 31 (10): 146-153.

[131] Li W, Wu X, Jiao W, et al. Modelling of dust removal in rotating packed bed using artificial neural networks (ANN) [J]. Applied Thermal Engineering, 2017, 112: 208-213.

[132] Wang Z, Deng T, Chan W, et al. Study on the influence of dust accumulation on the photothermal performance of a trough solar system based on space-time factors in alpine areas [J]. Solar Energy, 2022, 246: 45-56.

[133] Heimsath A., Nitz P.. The effect of soiling on the reflectance of solar reflector materials-Model for prediction of incidence angle dependent reflectance and attenuation due to dust deposition [J]. Solar Energy Materials and Solar Cells, 2019, 195: 258-268.

[134] Usamentiaga R., Fernández A., Carús J. L.. Evaluation of Dust Deposition on Parabolic Trough Collectors in the Visible and Infrared Spectrum [J]. Sensors, 2020, 20 (21): 6249.

[135] Wu Z, Yan S, Wang Z, et al. The effect of dust accumulation on the cleanliness factor of a parabolic trough solar concentrator [J]. Renewable Energy, 2020, 152: 529-539.

[136] Hachicha A. A., Al-Sawafta I., Hamadou D. B.. Numerical and experimental investigations of dust effect on CSP performance under United Arab Emirates weather conditions [J]. Renewable Energy, 2019, 143: 263-276.

[137] Deffenbaugh D M, Green S T, Svedeman S J. The effect of dust accumulation on line-focus parabolic trough solar collector performance [J]. Solar Energy, 1986, 36 (2): 139-146.

[138] 王志敏, 产文武, 杨畅, 等. 基于槽式太阳能系统的镜面积尘的影响及预测方法分析 [J]. 光学学报, 2020, 40 (18): 70-78.

[139] Zaaoumi Anass, Bah Abdellah, Ciocan Mihaela, et al. Estimation of the energy production of a parabolic trough solar thermal power plant using analytical and artificial neural networks models

[J]. Renewable Energy, 2021, 170: 620 - 638.

[140] Sansom C., Comley P., King P., et al. Predicting the effects of sand erosion on collector surfaces in CSP plants [J]. Energy Procedia, 2015, 69: 198 - 207.

[141] Hachicha A A, Al - Sawafta I, Said Z. Impact of dust on the performance of solar photovoltaic (PV) systems under United Arab Emirates weather conditions [J]. Renewable Energy, 2019, 141: 287 - 297.

[142] Kazem H A, Chaichan M T. The effect of dust accumulation and cleaning methods on PV panels' outcomes based on an experimental study of six locations in Northern Oman [J]. Solar Energy, 2019, 187: 30 - 38.

[143] Ramírez - Revilla S A, Milón Guzmán J J, Navarrete Cipriano K, et al. Influence of dust deposition, wind and rain on photovoltaic panels efficiency in Arequipa - Peru [J]. International Journal of Sustainable Energy, 2022, 41 (9): 1369 - 1382.

[144] Hasan D S, Farhan M S. Impact of Cloud, Rain, Humidity, and Wind Velocity on PV Panel Performance [J]. Wasit Journal of Engineering Sciences, 2022, 10 (2): 34 - 43.

[145] Pero C D, Aste N, Leonforte F. The effect of rain on photovoltaic systems [J]. Renewable Energy, 2021 (5).

[146] Shadid R, Khawaja Y, Bani - Abdullah A, et al. Investigation of weather conditions on the output power of various photovoltaic systems [J]. Renewable Energy, 2023, 217: 119202.

[147] Sartori S, Gaard M B, Aarseth B L. Identifying snow in photovoltaic monitoring data for improved snow loss modeling and snow detection [J]. Solar Energy, 2021, 223.

[148] Pawluk R E, Chen Y, She Y. Observations of Ice at the Interface Between Snow Accumulations and Photovoltaic Panel Surfaces [C]//2018 6th International Renewable and Sustainable Energy Conference (IRSEC) . 2018.

[149] Pawluk R E, Chen Y, She Y. Photovoltaic electricity generation loss due to snow - A literature review on influence factors, estimation, and mitigation [J]. Renewable and Sustainable Energy Reviews, 2019, 107: 171 - 182.

[150] Øgaard M B, Riise H N, Selj J H. Modeling Snow Losses in Photovoltaic Systems [C]//2021 IEEE 48th Photovoltaic Specialists Conference (PVSC) . IEEE, 2021: 0517 - 0521.

[151] Kazem H A, Chaichan M T, Al - Waeli A H A, et al. A review of dust accumulation and cleaning methods for solar photovoltaic systems [J]. Journal of Cleaner Production, 2020: 123187.

[152] Sayyah A, Horenstein M N, Mazumder M K. Energy yield loss caused by dust deposition on photovoltaic panels [J]. Solar Energy, 2014, 107: 576 - 604.

[153] Guo B, Javed W, Khoo Y S, et al. Solar PV soiling mitigation by electrodynamic dust shield in field conditions [J]. Solar Energy, 2019, 188: 271 - 277.

[154] Chesnutt Jennifer KW, Husain Ashkanani, Guo B., et al. Simulation of microscale particle interactions for optimization of an electrodynamic dust shield to clean desert dust from solar panels [J]. Solar Energy, 2017, 155: 1197 - 1207.

[155] Hammoud M, Shokr B, Assi A, et al. Effect of dust cleaning on the enhancement of the power generation of a coastal PV - power plant at Zahrani Lebanon [J]. Solar Energy, 2019, 184: 195 - 201.

[156] Brian P, Pablo C Z, Ali S, et al. Automated, robotic dry - cleaning of solar panels in Thuwal, Saudi Arabia using a silicone rubber brush [J]. Solar energy, 2018, 171: 526 - 533.

[157] Ullah A, Amin A, Haider T, et al. Investigation of soiling effects, dust chemistry and optimum cleaning schedule for PV modules in Lahore, Pakistan [J]. Renewable Energy, 2020.

[158] Pan A, Lu H, Zhang L Z. Experimental investigation of dust deposition reduction on solar cell covering glass by different self - cleaning coatings [J]. Energy, 2019, 181: 645 - 653.

[159] Said S A M，Hassan G，Walwil H M，et al. The effect of environmental factors and dust accumulation on photovoltaic modules and dust - accumulation mitigation strategies [J]. Renewable and Sustainable Energy Reviews，2018，82：743 - 760.

[160] Kawamoto H，Guo B. Improvement of an electrostatic cleaning system for removal of dust from solar panels [J]. Journal of Electrostatics，2018，91：28 - 33.

[161] Alagoz Serkan，Yasin Apak. Removal of spoiling materials from solar panel surfaces by applying surface acoustic waves [J]. Journal of Cleaner Production，2020，253：119992.

[162] Wang P.，Xie J.，Ni L.，et al. Reducing the effect of dust deposition on the generating efficiency of solar PV modules by super - hydrophobic films [J]. Solar Energy，2018，169：277 - 283.

[163] Quan Y.，Zhang L. Experimental investigation of the anti - dust effect of transparent hydrophobic coatings applied for solar cell covering glass [J]. Solar Energy Materials and Solar Cells，2017，160：382 - 389.

[164] Du X.，Li Y.，Tang Z.，et al. Modeling and experimental verification of a novel vacuum dust collector for cleaning photovoltaic panels [J]. Powder Technology，2022，397：117014.

[165] Farrokhi Derakhshandeh Javad et al. A comprehensive review of automatic cleaning systems of solar panels [J]. Sustainable Energy Technologies and Assessments，2021，47.

[166] Chiteka Kudzanayi，Chih - Hsiang Chien，S. N. Sridhara，et al. Optimizing wind barrier and photovoltaic array configuration in soiling mitigation [J]. Renewable Energy，2021，163：225 - 236.

[167] King P，Sansom C，Almond H，et al. Simulation of the effect of dust barriers on the reduction of mirror soiling in CSP plants [C]//SOLARPACES 2019：International Conference on Concentrating Solar Power and Chemical Energy Systems，2020.

[168] Moghimi，M. A.，G. Ahmadi. Wind barriers optimization for minimizing collector mirror soiling in a parabolic trough collector plant [J]. Applied Energy，2018，225：413 - 423.

[169] Chiteka K，Arora R，Sridhara S N，et al. Influence of irradiance incidence angle and installation configuration on the deposition of dust and dust - shading of a photovoltaic array [J]. Energy，2021，216：119289.

[170] Jiang Y，Lu L，Ferro AR，et al. Analyzing wind cleaning process on theaccumulated dust on solar photovoltaic（PV）modules on flat surfacesJ. SolarEnergy，2018，159：1031 - 1036.

[171] Du X，Jiang F，Liu E，et al. Turbulent airflow dust particle removal from solar panel surface：Analysis and experiment [J]. Journal of Aerosol Science，2019，130：32 - 44.

[172] Figgis B，Goossens D，Guo B，et al. Effect of tilt angle on soiling in perpendicular wind [J]. Solar Energy，2019，194：294 - 301.

[173] 刘恩晓. 基于高频气流的光伏组件除尘机理与多级扩张腔喷头研究 [D]. 杭州：浙江理工大学，2018.

[174] 陈泽粮. 基于压缩气流及振动的光伏电池板除尘研究 [D]. 乌鲁木齐：新疆大学，2018.

[175] Li D，King M，Dooner M，et al. Study on the cleaning and cooling of solar photovoltaic panels using compressed airflow [J]. Solar Energy，2021，221（1）：433 - 444.

第 2 章

太阳能光学理论和热工基础

2.1 概　　述

现代太阳能热利用技术中包括辐射、收集，光热转换、传输、存储以及热利用等，本章对太阳能利用中相关的光学以及热工基础理论进行介绍，并阐述开展实验研究的槽式聚光集热系统的相关内容。

2.2 太阳能聚光相关理论

2.2.1 太阳构造

太阳能是指太阳辐射出的能量。在地球上，除了原子核能和地热能外，太阳是各种能量的来源。太阳是一个炽热的气态球体，其主要组成气体为氢（约 80%）和氦（约 19%），它表面的有效温度约 6000K，中心温度估计在 800 万～4000 万℃之间，压力约为 1.96×10^{13} kPa。在高温、高压下，太阳内部持续不断地进行着核聚变反应，释放出巨大的能量，并以辐射和对流的方式由核心向表面传递热量。根据目前太阳产生核能的速率估算，其氢的储量足够维持 100 亿年，因此太阳能可以说是用之不竭的。

太阳外部有“外三层”，依次为光球层、色球层和日冕层。光球层厚约 500km，温度为 5762K，密度为 10^{-6} g/cm^3，由强烈电离的气体组成，太阳能绝大部分辐射都是由此向太空发射的。太阳辐射到地球大气层的能量仅为其总辐射能量（约为 3.75×10^{26} W）的 22 亿分之一，每秒钟照射到地球上的能量相当于500 万 t 煤。广义的太阳能所包括的范围非常大，狭义的太阳能则限于太阳辐射能的光热、光电和光化学的直接转换。太阳能既是一次能源，又是可再生能源，太阳能资源丰富，对环境无任何污染，但太阳能有两个主要缺点：一是能流密度低；二是其强度受各种因素的影响不能维持常量。这两大缺点限制了太阳能的有效利用。

2.2.2 太阳辐射

1. 太阳常数

由于太阳与地球间的距离太大（平均距离为 1.5×10^8 km），地球大气层外的太阳辐射强度几乎是一个常数，因此“太阳常数”被用来表征到达大气的太阳辐射总能量的数值。其定义为：在假设日地距离为日地平均距离的条件下，地球大气层上边界垂直于太阳辐射的平面上，单位时间内投射到单位面积上的辐射能量，用 I_{SC} 表示，单位为 W/m^2。

1981年世界气象组织仪器与观测方法委员会第八届会议将太阳常数定为 $I_{SC}=1367W/m^2$，考虑日地距离的变化因素，地球大气层上边界面处的太阳辐射强度 $I_0=(1367\pm7)W/m^2$。I_0 可通过太阳常数和地球公转轨道的偏心修正系数求得。

2. 太阳辐射光谱与衰减

“太阳辐射”是太阳以电磁波或粒子形式发出的能量，红外线、紫外线、可见光波长在 0.20～3.00μm 范围，集中了太阳总辐照量的 98.07%，因此太阳辐射也称为“短波辐射”。到达地球的太阳总辐射包括直接辐射和散射辐射。不改变方向的辐射称为太阳直射辐射，被大气层或云层反射和散射改变了方向的辐射称为散射辐射，其入射方向复杂，与当地大气状况紧密相关。

地球大气是由空气、尘埃和水汽等组成的气体层，厚约 100km。太阳辐射穿过大气层而到达地面时，由于大气中空气分子、水蒸气和尘埃等对太阳辐射的吸收、反射和散射，不仅使辐射强度减弱，还会改变辐射的方向和辐射的光谱分布。因此实际到达地面的太阳辐射通常是由直射和漫射两部分组成。

3. 大气光学质量

太阳光线穿过地球大气层的路程与太阳在天顶位置时光线穿过地球大气层的路程之比。大气光学质量与太阳高度的角关系示意如图 2-1 所示。

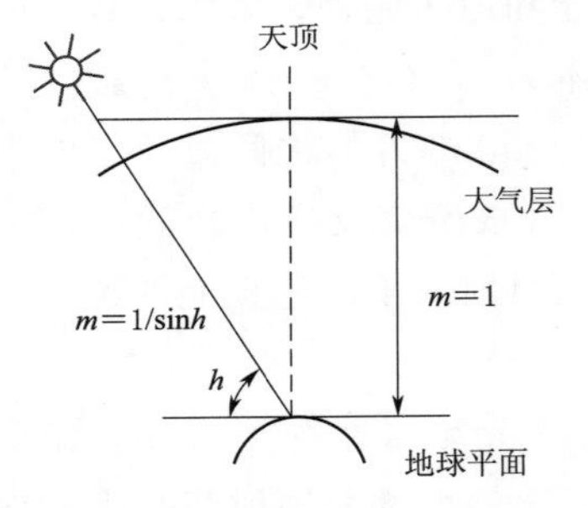

图 2-1 大气光学质量与太阳高度的角关系示意图

规定在海平面上，当太阳处于天顶位置时，太阳光线垂直照射所通过的路程为 1。

忽略地球曲率的影响，大气光学质量 m 的计算为

$$m=\frac{\int_{h_z}^{\infty}\rho_{空气}\,ds}{\int_{h_z}^{\infty}\rho_{空气}\,ds} \tag{2.1}$$

式中 $\rho_{空气}$——空气密度，kg/m^3；

s——光程，m；

h_z——海拔，m。

4. 大气透明度

大气透明度是表征太阳辐射通过地球大气层时衰减程度的参量，记为 P，其表达式为

$$P=m\sqrt{\frac{I_d}{I_u}}=m\sqrt{\frac{I_d}{\xi_0 I_{SC}}} \tag{2.2}$$

式中 m——大气光学质量；

I_d——大气层下边界面的太阳辐射强度，W/m^2；

I_u——大气层上边界面的太阳辐射强度，W/m^2。

大气透明度是大气光学特性之一，该值与入射辐射的波长、大气成分和悬浮微粒的性质、密度及通过大气光学路径的长短等因素有关。一年中，大气透明度在夏季最小，冬季

最大。主要是因为夏季天空气流运动比较强烈，使大气中的尘埃含量较高，水汽含量增大，而冬天就相对稳定。一天中，无论冬季或夏季下午的透明度都低于上午的。夏季中午前后对流扰动较大，低层大气中的水汽和尘粒增加，大气透明度最小；冬季大气透明度在一天之内变化很小，中午前后由于太阳高度增加，天气又较稳定，透明度反而增加。大气透明度随纬度的降低而降低，随海拔的增高而增大。

2.2.3 太阳角

太阳方位角、高度角、入射角以及太阳张角均属于太阳角的范畴，其含义分别如下：

太阳方位角是地球表面某点和太阳连线在地平面的投影与正南向（当地子午线）的夹角，用 γ_s 表示，规定该角度偏东为负，偏西为正，计算公式为

$$\cos\gamma_s=\frac{\cos\alpha_s\sin\varphi-\sin\delta}{\cos\alpha_s\cos\varphi} \tag{2.3}$$

式中 α_s——太阳高度角；

δ——赤纬角；

φ——当地纬度。

太阳高度角指太阳与地球某点的连线与水平面的夹角，用 α_s 表示，即

$$\sin\alpha_s=\sin\varphi\sin\delta+\cos\varphi\cos\delta\cos\omega \tag{2.4}$$

式中 ω——时角。

太阳入射角为太阳入射光线与平面法线的夹角，用 θ 表示，即

$$\cos\theta=\sqrt{1-(\cos\{\alpha_s-\alpha_{col}\cos[1-\cos(\gamma_s-\gamma_{col})]\})^2} \tag{2.5}$$

式中 α_{col}——斜面倾角，北半球平面朝南为正，南半球反之；

γ_{col}——斜面方位角，偏东为负，偏西为正。

对于地球表面的任一点，太阳并非是点光源，而是一个发光的球体。因此，入射到地球表面的太阳光线之间存在一个微小夹角，该夹角称为太阳张角。已知太阳直径为 1.39×10^6 km，地球的直径为 1.27×10^4 km，太阳张角的几何关系如图 2-2 所示，计算太阳张角 $2\delta_s$ 为

$$\sin\delta_s-\frac{6.95\times10^5}{1.5\times10^8}=0.00465 \tag{2.6}$$

故 $\delta_s=16'$

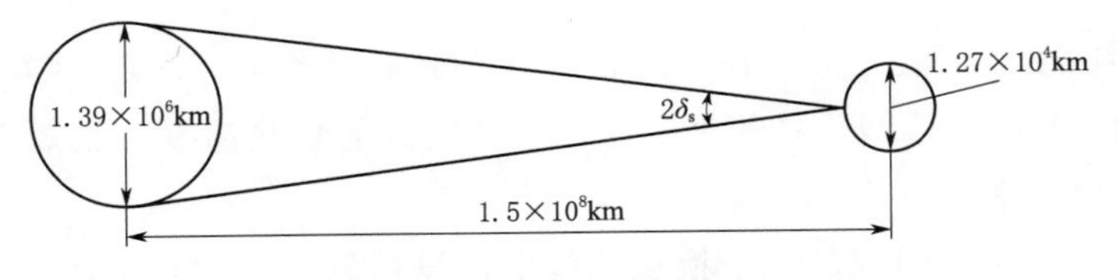

图 2-2 太阳张角的几何关系

2.2.4 太阳聚光原理

为了提高太阳能的光热转化效率，采用具有一定反射率的镜面做成反射镜，照射到反

射镜的太阳光经会聚后成为一点或一条线，从而提高太阳的能流密度，提供多元的高品位热能。由于太阳张角的存在，太阳光经抛物面聚光镜会聚后不是焦点或焦线而是具有一定面积的焦斑或者焦带。实际的太阳光线经过一个理想的抛物面反射镜后的聚光特性如图2-3所示。

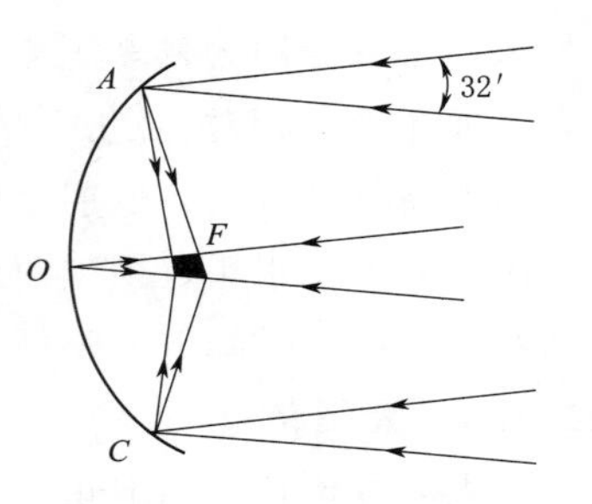

图2-3 抛物面反射镜后的聚光特性

2.2.5 聚光比及其理论极限

1. 几何聚光比

衡量聚光装置的聚光效果有以下两种聚光比：几何聚光比 C_G 定义为聚光器光孔面积与接收器接收面积的比值，计算公式为

$$C_G=\frac{A_a}{A_\gamma} \tag{2.7}$$

式中 A_a——聚光器光孔面积；

A_γ——接收器接收面积。

理论分析，几何聚光比越高，可获得的聚光焦面温度也越高，但几何聚光比仅是几何尺寸的概念，若要进一步考量能量的聚焦程度，需用能量聚光比表示。

2. 能量聚光比

能量聚光比 C_E 定义为接收器上的平均太阳辐射强度与入射太阳辐射强度的比值，即

$$C_E=\frac{G_r}{G_a} \tag{2.8}$$

式中 G_r——接收器平均太阳辐射强度；

G_a——聚光器光孔的入射太阳辐射强度。

一般情况下，对所有聚光器，总有 $C_G>C_E$，因为聚光器存在镜面误差损失和型线误差损失，也不存在绝对完美的理想聚光器，因此投射到聚光器采光口上的入射太阳辐射不能全部到达接收器，造成了一定的反射能量损失。能量聚光比常用于太阳能聚光器的传热分析。几何聚光比 C_G 和能量聚光比 C_E 之间的关系为

$$C_E=\eta_0 C_G \tag{2.9}$$

式中 η_0——聚光器的光学损失因子。

3. 聚光比的理论局限

聚光集热器的基本问题是如何使均匀投射在聚光器光孔 A_a 上的太阳辐射集中到较小的接收器表面 A_γ 上，以得到较高的聚光比，达到较高的集热温度。聚焦系统可能达到的聚光比，有热力学的和光学上的限制。

在由表面1和表面2组成的辐射换热系统中，设系数 f_{12} 表示表面1发出的辐射通过直接辐射、反射或折射到达表面2的百分数。根据辐射换热原理，在太阳与聚光器光孔、太阳与接收器表面之间存在的关系为

$$A_s f_{sa}=A_a f_{as} \tag{2.10}$$

$$A_s f_{s\gamma}=A_\gamma f_{\gamma s} \tag{2.11}$$

式中 $f_{\gamma s}$——系数，其中下角 a 表示聚光器光孔，γ 表示接收器表面，s 表示太阳（辐射源）。

于是，几何聚光比 C_G 可进一步表示为

$$C_G=\frac{A_a}{A_\gamma}=\frac{f_{sa}f_{\gamma s}}{f_{as}f_{s\gamma}} \tag{2.12}$$

对于理想的聚光集热器，进入聚光器光孔 A_a 的太阳辐射将全部到达接收器表面 A_γ，即

$$f_{sa}=f_{s\gamma} \tag{2.13}$$

由于 $f_{\gamma s}\leqslant 1$，所以

$$C_G\leqslant\frac{1}{f_{as}} \tag{2.14}$$

在图 2-4 所示的太阳辐射聚光系统中，设聚光器光孔距太阳辐射源中心的距离为 R。当 r/R 不变时，$A_a/R^2\to 0$。若假设该系统处于一个无限的真空空间，或由绝对零度的黑体壁面构成的封闭空间，根据热力学第二定律，则系数 f_{as} 本质上就是两个黑体表面之间的辐射角系数 F_{as}。因此，$C_G\leqslant 1/F_{as}$，或表示为

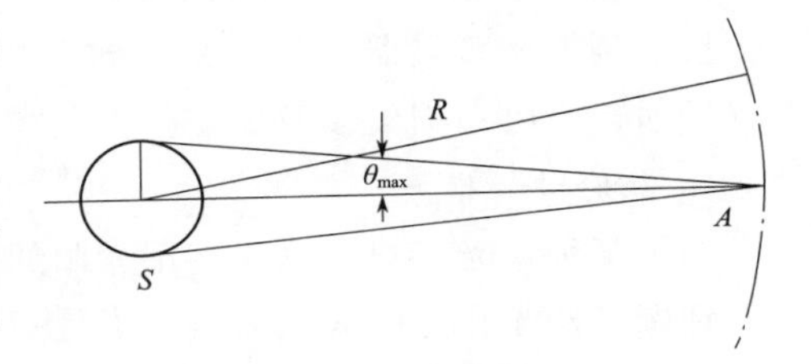

图 2-4　太阳辐射聚光系统示意图

$$C_{Gmax}=\frac{1}{F_{as}} \tag{2.15}$$

式（2.15）表明，热力学第二定律所许可的最大聚光比为辐射角系数 F_{as} 的倒数。

由式（2.10），还可得

$$f_{as}=f_{sa}\frac{A_s}{A_a} \tag{2.16}$$

若将角 $2\theta_{max}$ 定义为：在此角度内，均匀投射到聚光器光孔上的太阳辐射全部都能到达（包括直接到达及经过反射或折射到达）接收器表面上的最大角度，称为采光角。

由图 2-3 所示的几何关系，对于线聚焦的二维聚光集热器，可求几何聚光比为

$$C_{Gmax.2D}=\frac{1}{\sin\theta_{max}} \tag{2.17}$$

同理，对于点聚焦的三维聚光集热器，几何聚光比有

$$C_{Gmax.3D}=\frac{2}{\sin^2\theta_{max}} \tag{2.18}$$

式中 θ_{max}——采光半角，表示辐射可被接收器收到的角度范围的一半。

实际的采光角 $2\theta_{max}$ 范围可由太阳圆面张角到 180°。在光学上，聚光集热器采光角的最小值取决于太阳圆面张角。

2.2.6 太阳辐射测量

太阳辐射是气象观测指标中的重要内容，国内外在太阳能辐射观测方法和设备方面都有相应的标准和规范。根据世界气象组织（WMO）和观测方法委员会（CIMO）发布的《气象仪器和观测方法指南》，其中包括辐射测量、日照时数测量以及仪器专业人员培训等内容，相关的我国行业标准包括《太阳能资源等级 总辐射》（GB/T 31155—2014）和《太阳资源测量 总辐射》（GB/T 31156—2014）。

太阳辐射监测系统有固定式观测站、小型气候观测、流动气象观测哨、短期科学考察和季节性生态监测等开发生产的多要素便携自动气象站。

2.3 槽式太阳能系统光学和热力学理论基础

2.3.1 聚光集热器的聚光损失分析

投射到聚光集热器上的太阳辐射在聚焦过程中的损失可以分为散射辐射损失、光反射（透射、吸收）损失以及聚焦损失三类。

1. 散射辐射损失

如果某种聚光集热器只能利用太阳的直射辐射，即散射辐射全部损失，则能量平衡中投射到聚光器光孔上的太阳辐射应当是 G_bR_b，其中 G_b 为直射太阳辐照度，R_b 为倾斜面上和水平面上直射太阳辐照度的比值。

但是采光角较大的聚光集热器仍可收集相当一部分散射辐射。若假定在聚光器光孔上的散射辐射是各向同性，则投射到聚光器光孔上的散射辐射中至少有 $1/C_G$ 可以到达接收器。

2. 光反射（透射、吸收）损失

光反射损失的大小常用镜反射比 ρ 来评定。镜反射比 ρ 的定义为；投射到反射面上的平行光符台反射角等于投射角的百分数。它是表面性质及表面光洁度的函数。

当接收器具有透明盖层时，透明盖层的影响可以用透射比 τ 来考虑。接收器表面的性能也可以用吸收比 α 表示。当使用腔体接收器时，α 可接近于 1（黑体）。τ 与 α 都和太阳辐射对于透明盖层与接收器表面的平均投射角有关。反射光束对于接收器的投射角取决于光束在镜面上反射点的位置和接收器的形状。$\tau\alpha$ 是对通过透明盖层和镜面各点反射到接收器上的辐射作积分求得的平均值。

3. 聚焦损失

由镜面反射的辐射通常会有一部分不能投射到接收器上，该种情况在镜面和接收器不匹配时发生。这种光反射损失的大小可以用截距因子 γ 表示。“截距因子”表示镜面反射的辐射落到接收器上的百分数。

接收器表面太阳像的辐射流分布不均匀。太阳像断面上的辐射流，如图 2－5 所示，可以假定是正态分布。分布曲线下的总面积是镜面反射的总能量，可以由 G_b、R_b、α、τ、ρ 确定。如果接收器的尺寸分布由 A 到 B 的宽度，则阴影面积表到接收器上的能量，

截距因子 γ 可以表示为

$$\gamma=\frac{\int_A^B I(W_m)\mathrm{d}W_m}{\int_{-\infty}^{+\infty} I(W_m)\mathrm{d}W_m} \tag{2.19}$$

式中　W_m——接收器中心到边缘的距离，mm；

I——能流密度，kW/m^2。

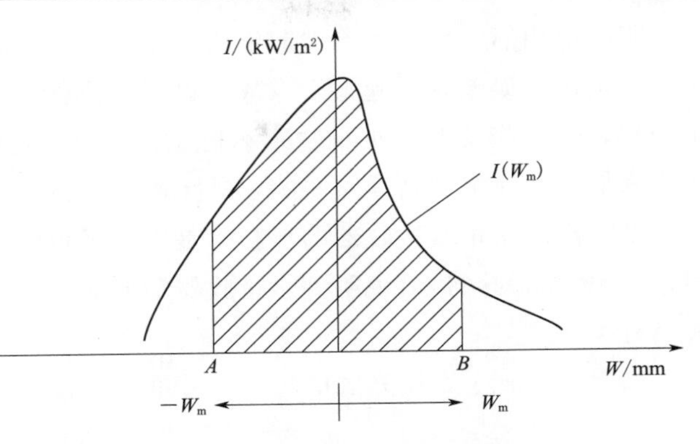

图 2-5　接收器太阳像断面上的能流密度分布

当聚光器的光学性能一定时，增大接收器尺寸可以减小光学损失，但会引起热损失的增大，因此接收器的尺寸应综合考量光学和热力学损失。

当然，聚光器的精密程度也影响截距因子的大小。对光学损失的影响，通常考虑有以下因素：

（1）聚光器反射表面的光洁度。投射在光洁度不理想的反射表面上的平行光束经反射后，反射光束的扩散角增大。此角分散是表面小尺度不规则性的函数，其影响是增大在焦点处太阳像的尺寸。这种影响可以认为是减小了镜反射比 ρ 而增加了散射。

（2）聚光器反射表面的型面误差。在低聚光比或中等程度聚光比的系统中，引起太阳像变形的最重要因素是聚光器反射表面的型面误差。型面误差取决于聚光器的制造过程、支撑结构的刚度以及影响聚光器形状的其他因素。

（3）接收器的定位误差。接收器相对于反射表面的定位误差也引起太阳像放大和位移，使聚焦表面上的能流密度降低。同一接收器，安装偏差越大，截距因子 γ 越小。

（4）集热器的定向误差。聚光比较大的集热器都需要适当的跟踪太阳的机构。跟踪方式的不完善，将引起投射到光孔上的太阳辐射能量减少。减少的程度可以用入射角 i 的余弦表示。抛物型槽式集热器在不同跟踪方式下的入射系数见表 2-1。

表 2-1　抛物型槽式集热器在不同跟踪方式下的入射系数

光孔平面跟踪方式	入射系数
水平的固定平面	$\sin\varphi\sin\delta+\cos\delta\cos\omega\cos\varphi$
在春秋分日正午垂直于太阳光线的固定倾斜平面	$\cos\delta\cos\omega$
绕东西向水平轴转动的平面，每日调整一次，使平面法线在每日正午都与太阳光线重合	$\sin^2\delta+\cos^2\delta\cos\omega$
绕东西向水平轴转动的平面，作连续调整，以获得最大的投射能量	$(1-\cos^2\delta\sin^2\omega)^{1/2}$
绕南北向水平轴转动的平面，作连续调整，以获得最大的投射能量	$[(\sin\varphi\sin\delta+\cos\varphi\cos\delta\cos\omega)^2+\cos^2\sigma\sin^2\omega]^{1/2}$
绕平行于地轴的轴转动的平面，作连续调整，以获得最大的投射能量	$\cos\delta$
分别绕互相垂直的两轴转动的平面，做连续调整，使平面法线随时都与太阳光线重合	1

跟踪机构不够精密也将引起定向角误差，即引起在光孔的转动平面上跟踪太阳的角度误差。定向角误差既引起太阳像放大也引起位移。对于尺寸一定的接收器，由于存在定向角误差，使一些反射辐射漏过而不投在接收器上，使截距因子 γ 减小，聚焦面上的能流密度降低。如果定向角误差一定，截距因子 γ 的变化量是系统焦距和聚光比的正函数。

抛物面的张角及接收器的形状，是影响截距因子进而影响集热器光学性能的两个重要因素。抛物面的张角可说明到达接收器辐射的方向角范围，因而接收器形状与抛物面张角大小有关。

如果以垂直于太阳光线的辐射为基准，则抛物型槽式集热器的光学效率可表示为

$$\eta_0=\tau\alpha\rho\gamma F(\theta_i)f_i[(1-a_i\tan i)\cos i] \tag{2.20}$$

式中 α——考虑作为接收器的吸热管两端受到阴影或反射光超出管端而引起的能量系数；

η_0——集热器的光学效率；

i——光孔上太阳光线的入射角；

γ——理想定向系统的截距因子；

$F(\theta_i)$——截距因子的修正系数；

f_i——反镜面不受接收器支架遮蔽而有效利用的面积百分数；

$\alpha_i\tan i$——当入射角为 i 时的光孔面积的不可利用率；

$\cos i$——入射系数。

2.3.2 热力学分析方法

从热力学角度对动力循环分析的目的一方面可以分析循环的能量转换、计算其热效率，另一方面可以分析影响动力装置工作性能的主要因素，指出提高热效率的途径。

在太阳能光热利用中涉及到的热力学分析可以有两种途径，即采用热力学第一定律或热力学第二定律进行分析。前者以热力学第一定律为基础，从能量的数量出发，评价能量的利用程度和循环的经济性，通常以热效率作为其评价指标；后者以热力学第二定律为基础，从能量的“品质”出发，评价循环的经济性和合理性。通常用㶲效率或有效能损失系数作为其评价指标。后续的研究会基于以上的评价指标开展分析。

2.3.2.1 热力学第一定律分析方法——热效率

实际循环通常存在各种不可逆因素，其效率较相应的理论可逆循环低。实际循环中能量的损失除去散热、泄漏等因素外，可归结为工质内部损失和外部损失，其实质是传热存在温差以及运动有摩擦。不可逆循环的热效率中实际做功量和循环加热量之比为循环的内部热效率 η_i，即

$$\eta_i=\frac{W_{实际}}{q_{实际}}=\eta_t\eta_T=\eta_c\eta_r\eta_T \tag{2.21}$$

$$\eta_c=1-T_0/T_1$$

$$\eta_r=\eta_t/\eta_c$$

式中 η_c——某高温热源温度 T_1（假定其不变）、环境温度 T_0 为低温热源时卡诺循环的

热效率；

η_t——实际循环相应的内部可逆循环的热效率；

η_r——相对热效率，反映该内部可逆理论循环因与高、低温热源存在温差（外部不可逆）而造成的损失；

η_T——循环内部效率，是循环中实际功量和理论功量之比，反映了内部摩擦引起的损失。

2.3.2.2 热力学第二定律分析法——㶲效率

该分析法是通过对热力循环中的各个过程建立㶲平衡方程，计算过程中的㶲损失，以评价循环㶲效率，揭示用能过程的薄弱环节。对动力循环进行分析法的主要内容有：①以各个设备或整个循环装置为系统建立㶲平衡方程，确定循环中各过程的㶲损失；②计算设备或整个循环装置的㶲效率。

效率就是收益量与支出量之比。因此㶲效率 η_{Ex} 是㶲的收益量与㶲的支出量之比，表明了系统中㶲的利用程度。㶲效率高，表示系统中不可逆因素引起的㶲损失小。对可逆过程，㶲效率 $\eta_{Ex}=1$。由于对收益和支出的理解不同，因此㶲效率的含义也有所不同。目前已提出的㶲效率表达式为

$$\eta_{Ex}=\frac{\text{离开系统的各 }Ex\text{ 之和}}{\text{进入系统的各 }Ex\text{ 之和}} \tag{2.22}$$

$$\eta_{Ex}=\frac{\text{系统实际利用 }Ex\text{ 之和}}{\text{向系统提供 }Ex\text{ 之和}} \tag{2.23}$$

第二种㶲效率显然更为直观和方便。例如，热力循环中的㶲效率为

$$\eta_{Ex_q}=\frac{W}{Ex_q} \tag{2.24}$$

式中 W——系统对外输出的有用功。

在热力装置中，系统的热效率为实际做出的有用功与所提供的热量之比，即 $\eta=\frac{W}{Q}$。而卡诺循环的热效率最大，即 $\eta_{tc}=\frac{Ex_q}{Q}$，故有

$$\eta_{Ex_q}=\frac{\eta_t}{\eta_{tc}} \tag{2.25}$$

可见，㶲效率是一种相对效率，它反映实际过程偏离理想可逆过程的程度。它从质量上说明了应该转变成的㶲中有多少被实际利用了，而热效率只从数量上面说明了有多少热能转变成了功。

为了衡量能量的可利用，提出了能级 Ω 的概念。其定义为能量中㶲与能量数量的比值。显然，机械能和电能的能级 $\Omega=1$。对热能，有

$$\Omega=\frac{Ex_q}{Q}=1-\frac{T_0}{T_1} \tag{2.26}$$

能级越高，能量的可利用度越大；能级越小，能量的可利用度越小。在不可逆过程

中，能量的数量虽然不变，但㶲损失使㶲减小了，能级降低了，做功能力下降了，即能量的品质下降了，这就是能量贬值原理。

2.3.3 聚光集热器的热性能分析

2.3.3.1 聚光集热器基本理论

根据能量守恒定律，在稳定状态下，聚光集热器在规定时段内的有效能量收益，等于同一时段内接收器得到的能量减去接收器对周围环境散失的能量，即

$$Q_u = Q_r - Q_L \tag{2.27}$$

式中 Q_u——聚光集热器在规定时段内的有效能量收益，W；

Q_r——同一时段内接收器得到的能量，W；

Q_L——同一时段内接收器对周围环境散失的能量，W。

聚光集热器的效率可定义为在稳态（或准稳态）条件下，集热器传热工质在规定时段内的有效能量收益与聚光器光孔面积和同一时段内垂直投射到聚光器光孔上太阳辐照量的乘积之比，即

$$\eta_c = \frac{Q_u}{G_a A_a} = \frac{Q_r}{G_a A_a} - \frac{Q_L}{G_a A_a} = \eta_0 - \frac{U_L(T_r - T_a)}{G_a A_a} \tag{2.28}$$

式中 η_c——聚光集热器的效率，无因次；

G_a——同一时段内投射到聚光器光孔上太阳辐照量，W/m^2；

A_a——聚光器光孔面积，m^2；

η_0——聚光集热器的光学效率，无因次；

U_L——集热器总热损失系数，$W/(m^2 \cdot K)$；

T_r——接收器温度，℃；

T_a——环境温度，℃。

考虑几何聚光比的聚光集热器瞬时效率方程为

$$\eta_c = \eta_0 - \frac{1}{C_G}\frac{U_L(T_r - T_a)}{G_a} \tag{2.29}$$

当接收器向环境散热的表面积小于聚光器光孔的面积，则有利于减小集热器的散热损失，即

$$\eta_0 = \frac{Q_r}{G_a A_a} \tag{2.30}$$

式中 η_0——光学效率，聚光集热器的光学性能。

由于在聚集太阳辐射的光学过程中，聚光器的性能不可能达到理想化程度而引起的光学损失要比平板集热器的情况显著；同时，聚光器一般只能利用太阳辐射的直射分量，只有聚光比很小的聚光集热器才能利用小部分漫射分量。因此，在聚光集热器的能量平衡中，必须考虑光学损失及漫射分量的损失。

2.3.3.2 聚光集热器热性能分析

对于聚光集热器来说，计算接收器热损失的方法不像非聚光的平板集热器和真空管集

热器所概括的那样容易，尽管计算原理相同。这是因为聚光集热器的接收器形状多样、表面温度更高、边缘影响更严重、热传导损失有时可能相当大，并且由于接收器上的辐射流不均匀，因而接收器表面可能存在显著的温度梯度。因此要提出一个简单而通用的估算热损失的方法十分困难，必须针对具体的接收器形状进行讨论。

以某个接收器为裸露吸热管的槽形抛物面集热器为例。假设接收器圆管沿着圆周没有温度梯度，圆管外侧的热损失系数为 U_L。由于有反射表面的存在，所以 U_L 中的辐射项本质上是对天空的辐射，热损失系数 U_L 为

$$U_L=\left(\frac{1}{h_w}+\frac{1}{h_r}\right)^{-1} \tag{2.31}$$

式中 h_r——辐射热损失系数，可用辐射的平均温度来计算；

h_w——对流热损失系数。

如果沿着接收器管内传热介质流动方向的温度梯度较大而不宜取单一的 h_r 值时，可以将集热器分成两段或多段来考虑，每一段取一个恒定的 h_r 值。

由于聚焦系统的热流可能很高，所以从接收器圆管外表面到传热介质的热阻中应考虑管壁的热阻。从周围环境到传热介质的总传热系数 U_o（以圆管外径为计算基准）为

$$U_o=\left(\frac{1}{U_L}+\frac{D_o}{h_iD_i}+\frac{D_o\ln\frac{D_o}{D_i}}{2\lambda}\right)^{-1} \tag{2.32}$$

式中 D_o——圆管的外径；

D_i——圆管的内径；

h_i——传热介质与圆管内侧之间的换热系数；

λ——圆管材料的导热系数。

单位长度的聚光集热器有用能量收益 q_u，可以用接收器温度 T_r 计算

$$q_u=\frac{A_a}{L}G_bR_b\eta_o-\pi D_oU_L(T_r-T_a) \tag{2.33}$$

式中 G_b——直射太阳辐照度；

R_b——倾斜面上和水平面上直射太阳辐照度的比值。

当然，q_u 也可以用圆管传递给传热介质的能量来表示

$$q_u=\frac{\pi D_o(T_r-T_f)}{\frac{D_o}{h_iD_i}+\frac{D_o\ln\frac{D_o}{D_i}}{2\lambda}} \tag{2.34}$$

式中 T_f——传热介质温度。

综合以上各式可得

$$q_u=\frac{U_o}{U_L}\frac{A_a}{L}\left[G_bR_b\eta_o-\frac{\pi D_oL}{A_a}U_L(T_f-T_a)\right] \tag{2.35}$$

或

$$Q_u = F'A_a\left[G_b R_b \eta_o - \frac{A_r}{A_a}U_L(T_f - T_a)\right] \tag{2.36}$$

$$A_r = \pi D_o L$$

集热器效率因子 F' 的表达式为

$$F' = \frac{U_o}{U_L} \tag{2.37}$$

进一步可得聚光集热器的瞬时效率方程为

$$\eta_c = F'\left(\eta_o - \frac{A_r}{A_a}U_L \frac{T_f - T_a}{G_b R_b}\right) \tag{2.38}$$

依照平板集热器和真空管集热器所用的类似方法，可得

$$\eta_c = F_R\left(\eta_o - \frac{A_r}{A_a}U_L \frac{T_i - T_a}{G_b R_b}\right) \tag{2.39}$$

式中 F_R——集热器热转移因子；

T_i——传热介质进口温度。

集热器流动因子 F'' 的表达式为

$$F'' = \frac{F_R}{F'} = \frac{\dot{m}C_p}{A_r U_L F'}\left[1 - \exp\left(-\frac{A_r U_L F'}{\dot{m}C_p}\right)\right] \tag{2.40}$$

式中 m——传热介质的流量；

C_p——传热介质的定压比热容。

上述同样的分析方法，也可应用于有透明套管的接收器，但光学效率 η_o 中 $\tau\alpha$ 应当是有效的透射比与吸收比的乘积，并在 U_L 中考虑附加的热阻。

2.4 槽式太阳能聚光集热装置

基于内蒙古工业大学风能太阳能利用技术教育部重点实验室以及内蒙古可再生能源重点实验室开展的科研课题，槽式太阳能聚光集热系统由可调节跟踪方式的自动跟踪平台、聚光镜、接收器、支撑结构以及其他构建循环的部件组成，同时实验室平台还包括运行达10年以上的太阳能辐射监测系统以及满足开展试验的各种测试设备。

2.4.1 跟踪装置

跟踪装置是太阳能聚光集热系统中聚光器能随时接受垂直照射的机械动力部件，可显著提高太阳能聚光装置的光学效率。单轴跟踪装置常被应用于槽式系统，但由于只能在高度角或方位角某方向跟踪，余弦效应明显，导致系统整体光热特性较低，若采用同时跟踪太阳方位角与高度角的双轴跟踪装置，则可最大限度减小余弦效应的产生，从而提高槽式系统的聚光集热效率。

实验室现有某气象科技公司生产的双轴自动跟踪实验平台，跟踪装置由传感器、控制系统、机械传动系统组成，详细参数见表2-2。装置中跟踪探测器属于光电式，其原理

是将感光度转变为弱电信号传输到控制系统中，机械传动部分由东西水平方向和水平垂直方向的仰角驱动电机及高精度的减速器组成，用于确保系统跟踪精度。具体体现在机械传动部分中水平方位驱动电机与减速器相连接，带动槽式聚光器东西水平方向旋转，即太阳方位角的跟踪；仰角驱动电机与减速器连接，带动槽式聚光器在太阳高度角方向跟踪，从而实现二维跟踪。在实际运行中，步进电机的负荷一直随着实验装置的转动而变化，当接收平面与地面完全垂直时，电机负荷达到最大，双轴跟踪装置如图 2-6 所示。跟踪控制方式包括手动和自动模式，手动模式可通过人为控制东西、南北转动，自动模式可通过跟踪探测器（光敏电阻）进行实时调整。

表 2-2　　二维全自动跟踪平台技术参数

序号	名　称	技术参数	序号	名　称	技术参数
1	机械精度	齿间隙＜0.3°	5	电压	220VAC（50Hz）
2	跟踪方式	双轴跟踪	6	聚光器旋转最大角度	水平 180°，垂直 90°
3	跟踪精度	＜±0.625°	7	晴天搜索角度	＞90°
4	跟踪驱动功率	＜15W			

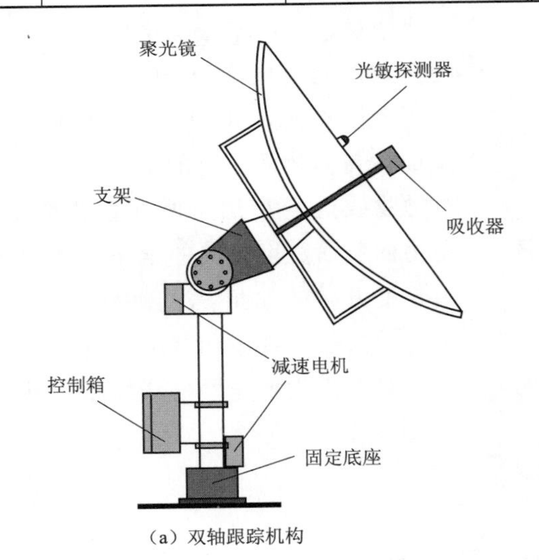

（a）双轴跟踪机构

（b）光敏电阻和跟踪控制器

图 2-6　双轴跟踪装置

2.4.2　聚光镜

聚光镜放置在一定的结构支架上，在跟踪机构作用下，使得镜面反射的太阳光会聚到放置在焦线位置的太阳能接收器上。反射率是聚光镜最重要的光学表征性能之一，且一般会随聚光镜使用时间增加而降低，其主要原因是由灰尘、废气和粉尘等引起的污染，另外考虑紫外线照射引起的老化以及风力和自重等引起的变形或应变等。基于以上分析，聚光镜需具有洁净、良好的耐候性、质量轻、强度高等特点，此外还具备自身的价格优势。

槽式太阳能系统一直使用厚玻璃抛物面反射镜作为聚光设备，与桁架结构形成整体聚光器。例如 LUZ 公司的 LS 系列槽式聚光器，由厚 2.5～5mm 的低铁浮法玻璃热成型制成。基于厚玻璃反射镜成本昂贵，加工工艺复杂以及易碎的缺点，替代研究一直在进行。表2-3列举了几种反射镜的光学特性。

表2-3　几种反射镜的光学特性

名　称	太阳光加权平均反射率/%	成本/(美元/m^2)	耐候性	耐水洗性	存在问题
厚玻璃镜	94	40	非常好	好	成本高、易破碎
薄玻璃镜	93～96	15～40	非常好	好	加工困难、易破碎
全聚合体镜	99	10	较差	差	抗紫外能力差
Reflectech复合层镜	>93	10～15		差	
FSM	95			好	
超薄玻璃	95	10	较好	好	没有规模生产
Alanod铝反射镜	>93	<20	较好	好	反射率稍低

槽式抛物线型的设计依赖于聚光镜几何光学理论，同时要考虑太阳张角、跟踪装置精度以及搭建条件等情况。

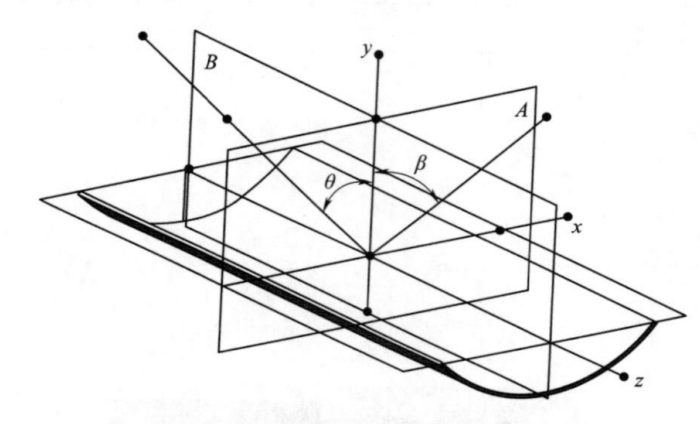

图2-7　抛物型槽式反射镜散焦现象光路图

理论上抛物线型面都可以发生精确的线聚焦，但由于跟踪精度和太阳张角的存在，光线会在A和B两个面内产生两个倾斜角，如图2-7所示，其中A面为与抛物面垂直的平面，B面为通过抛物线远点和焦点所在直线的平面；抛物面截面宽度方向的偏角θ和抛物面沿长度方向的偏角β，会引起实际焦面出现“散焦”现象和“余弦效应”。

对于槽式聚光器母线线型，其一般方程为

$$4fy=x^2 \tag{2.41}$$

式中　f——焦距，mm。

抛物线平面几何关系如图2-8所示。焦距计算过程为

$$h=\frac{W^2}{16f} \tag{2.42}$$

$$(f-h)\tan\varphi_{\text{rim}}=\frac{W}{2} \tag{2.43}$$

$$PQ=QM \tag{2.44}$$

$$QM=f+\frac{x^2}{4f} \tag{2.45}$$

式中　h——抛物线顶点和边缘处的高度差，mm；

f——抛物线的焦距，mm；

W——抛物线开口宽度，mm；

φ_{rim}——抛物线的边缘角，mrad。

联立式（2.51）～式（2.54），可得焦距 f 为

$$f=\frac{W}{4}\cot\frac{\varphi_{rim}}{2} \tag{2.46}$$

由跟踪误差引起实际光线与聚光器法平面呈非垂直关系，偏角的存在使光线经过反射后出现偏差，即为图 2-8 中的距离 PN。

$$PN=PQ\sin\theta=QM\sin\theta=\frac{f+x^2}{4f}\sin\theta \tag{2.47}$$

联立上面公式，可得

$$PQ=\frac{W}{4}\cot\left(\frac{\varphi_{rim}}{2}\right)+\frac{x^2}{W\cot\left(\frac{\varphi_{rim}}{2}\right)} \tag{2.48}$$

$$PN_{max}=\frac{W\sin\theta}{2\sin\varphi_{rim}} \tag{2.49}$$

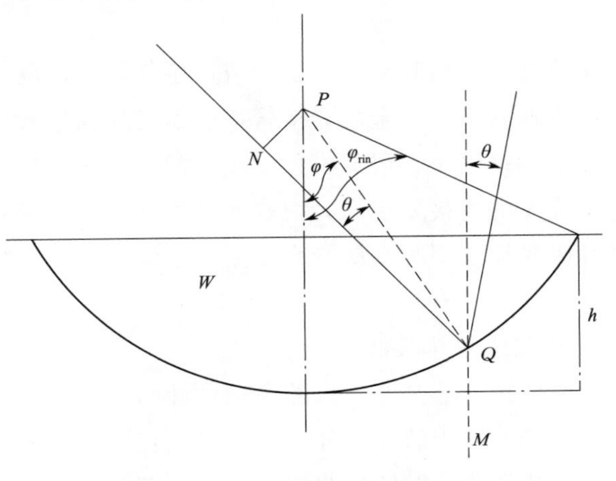

图 2-8 抛物线几何关系图

对于一个外径尺寸大于 PN_{max} 的接收器，从聚光器反射的太阳光线能够完全被接收；当接收器尺寸小于 PN_{max} 时，反射光线则不能完全落到接收器上。

据此可设计出不同的抛物线型，综合考量其他因素，从而适应不同场合的需求。

2.4.3 接收器

槽式抛物面反射镜为线聚焦装置，阳光经聚光器聚焦后，在焦线处呈一线型光斑带，集热管放置在此光斑上，用于吸收聚焦后的阳光，加热管内工质。因此，集热管必须满足以下条件。①吸热面的宽度要大于光斑带的宽度，以保证聚焦后的阳光不溢出吸收范围；②具有良好的吸收太阳能性能；③在高温下具有较低的辐射率；④具有良好的导热性能；⑤具有良好的保温性能。目前，在槽式太阳能热利用中，主要使用的是直通式玻璃—金属真空管接收器，另外还有热管式真空管接收器和腔体式接收器。

1. 直通式玻璃—金属真空管接收器

典型的真空管接收器结构如图 2-9 所示。接收器由一根表面具有选择性吸收涂层的金属吸热管和一根同心玻璃管外套组成，玻璃管和金属管密封连接（包括可伐合金和膨胀节），玻璃管和金属管中间抽真空。太阳辐射能经过聚光镜反射后形成高能流密度，玻璃-金属真空管接收器能够收集热量并通过传热介质将热量传递从而达到热利用的目的。

该结构的真空集热管通常需要考虑以下问题：①金属与玻璃之间的连接问题；②高温下的选择性吸收涂层性能；③金属吸收管与玻璃管膨胀量不一致问题；④如何最大限度提

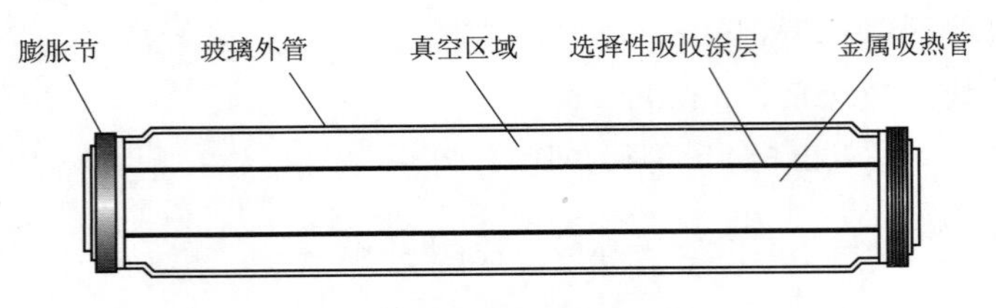

图 2-9 真空管接收器结构图

高集热面；⑤消除夹层内残余或产生气体的问题。

直通式玻璃—金属真空管接收器已经在槽式太阳能热利用中得到广泛使用，它的主要优点是热损失小、可规模化生产，需要时进行组装。它的主要缺点有：①运行过程中，金属与玻璃的连接要求高，很难做到长期运行过程中保持夹层内的真空；②反复变温下，选择性吸收涂层因与金属管膨胀系数不统一而易脱落；③高温下，选择性吸收涂层存在老化现象。

2. 槽式腔体接收器

腔体接收器是基于黑腔原理设计的装置，仅有单一开口的空腔便可使反射光线得到很好的聚焦，即光线在腔体内经过多次直射、反射和漫反射，最终被腔体的集热元件吸收并实现光热转化。腔体接收器的主要优点有：①结构上避开了玻璃管和金属管的封接难点；②腔体内壁不需要涂镀选择性涂层；③集热管性能可以长期保持稳定。但也存在以下缺点：①机械结构和加工工艺相对比较复杂；②配置长距离抛物面聚光器，集热管重心高，运行稳定性相对较差；③长焦距聚光器难以自动翻转，抗风性能较差。常见的腔体接收器包括环套结构和管簇结构。

腔体接收器的结构显著影响着槽式系统光热耦合性能以及进一步的集热性能，当前国内外提出的腔体形式多样。其中 Reynolds 等提出的梯形腔体接收器具有较好的光热转换性能，但因其通光孔大，溢出光线较多，黑腔效应不理想。

2.4.4 太阳辐射监测系统

太阳辐照数据以及其他环境气象参数对于太阳能的利用意义重大，后续的科学研究中太阳辐射、环境气象数据的记录是采用重点实验室现有的 BSRN 3000 辐射观测系统。整个太阳辐射监测系统由带传感器的支架、内置 GPS 的 Solys2 型太阳跟踪器、荷兰 KIPP-ZONEN 太阳辐射（直接辐射、散射辐射、总辐射、紫外辐射、长波辐射）监测设备仪表、各种传感器（压力传感器、温度湿度传感器、风速风向传感器）、美国 SCI 数据记录仪及云雷达系统组成，实现了全自动辐射观测与数据统计。

该系统达到世界气象组织（WMO）及《太阳能—半球面总日射表和太阳直射表的规范与分类》（ISO 9060—1990）的标准，符合 BSRN（国际太阳辐射监测）的高精度、稳定性技术要求。设备跟踪精度可以达到 0.1°以下，工作温度为 −40～50℃，辐射响应的时间为 5s，辐射精度为 5W/m²。该系统能精确测量辐射参数和日照时数等环境气象参数。同时，系统能够对大气中总云量或不同云层的局部云量进行监测，系统的太阳光度计仪器也能测得相关光谱数据，包括：光学厚度、散射系数、气溶胶分布、能量分布和过大气的吸收率等参数。

1. 直接辐射、总辐射、散射辐射观测系统

太阳辐射是用来描述可见光和近可见（紫外和近红外）辐射的阳光。常用到的直接辐射、散射辐射、总辐射属于可见光，即短波，所属波段范围为 0.39～0.78μm。BSRN 辐射观测系统如图 2-10 所示，其左图仪器侧面的对准天空的筒状的表为直接辐射表，其视场角最大不超过 15°；位于跟踪器上面有 3 个表，中间的是总辐射表，两边上面有小黑球遮挡物的分别为左散射辐射表和右长波辐射表。可知地面接收到的太阳直接辐射有 99% 以上的能量集中在 0.3～3μm 光谱波长范围内。各辐射表的基本参数见表 2-4。

图 2-10　BSRN 辐射观测系统

表 2-4　　**辐射表基本参数**

类型	型号	灵敏度 /[μV/(W/m²)]	响应时间 /s	方向性响应 /(W/m²)	倾斜响应 /%	零度偏移 /(W/m²)	工作温度 /℃	非稳定性 /%	非线性 /%
直接辐射表	CHP1	7～14	<5	—	—	<1	−40～+80	<0.5	<0.2
总辐射表	CMP21	7～14	<5	<10	<0.2	<7	−40～+80	<0.5	<0.2
散射辐射表	CMP22	7～14	<5	<5	<0.2	<1	−40～+80	<0.5	<0.2
日照时数	CSD3	—	$<10^{-2}$	—	—	—	−40～+70	<2	—
净辐射表	CNR4	5～15	<18	—	—	—	−40～+80	—	<1
紫外辐射表	UVS-AB-T	—	<1.5	<2.5	—	—	−40～+80	<3	<1
长波辐射表	CGR4	5～15	<18	—	—	—	−40～+80	<1	<1
反射辐射表	CMA11	14	<5	<10	<0.2	<7	−40～+80	<0.5	<0.2

2. 净辐射及紫外辐射观测系统

该系统由四分量净辐射、紫外 AB 辐射、地面反射、大气压力及数据截距器组成，实

现野外自然条件下免维护高精度的测量。通过测量地球表面的接收和发散的短波及长波能量，能够计算出净辐射所得，进而用于相应的光能研究；通过高精确度的波长还能够区分材质，测量出紫外辐射A段和B段的能量，并测算出传感器的自身温度。

3. 光谱仪

光谱仪由PGS100光谱传感器和全自动太阳跟踪器组成，对于太阳光350～1050nm之间的可见光进行能量测试。即对于测量范围之内的辐射进行每纳米能量的测算，可设置为定时测量或者手动即时测量，根据测量数据和标定系数转化为特定波长的光能量，通过调整快门打开时间及测量次数平均来提高精确度。

2.5 本 章 小 结

本章节介绍了关于太阳能聚光的相关理论知识，并进一步介绍了槽式聚光集热的光学、热力学和传热学等理论基础，最后介绍了本专著研究的基本测试平台和组成部件，以上介绍对下文研究工作的开展奠定了理论基础。

参 考 文 献

[1] 肖刚，倪明江，岑可法，等. 太阳能 [M]. 北京：中国电力出版社，2019.
[2] 何梓年. 太阳能热利用 [M]. 合肥：中国科学技术大学出版社，2009.
[3] 刘鉴民. 太阳能利用原理技术 [M]. 北京：电子工业出版社，2010.
[4] 李明，季旭. 槽式聚光太阳能系统的热电能量转换与利用 [M]. 北京：科学出版社，2011.
[5] 黄素逸，黄树红. 太阳能热发电原理及技术 [M]. 北京：中国电力出版社，2012.
[6] 杨世铭，陶文铨. 传热学 [M]. 北京：高等教育出版社，2007.
[7] 傅秦生，等. 工程热力学 [M]. 北京：机械工业出版社，2020.

第3章

槽式太阳能系统聚光性能研究

3.1 概　　述

槽式太阳能聚光装置是由太阳光源、反射式聚光镜以及接收器组成的光学系统。其中，光源即自然环境下的太阳光，聚光器以反射的方式将到达聚光器光孔上的太阳辐射会聚，接收器接收焦面能流并实现光热转换，由传热工质带出热量进行热利用。因此，聚光装置是光热利用的先决条件，对优化接收器的结构以及提高太阳能聚光集热系统的光热转化效率有重要意义。

本章设计并搭建抛物型槽式聚光系统，针对系统运行中出现的焦面偏移现象，接收器的定位误差和系统跟踪误差以及聚光镜的结构和特性引起的型面误差，采用理论分析、模拟以及实验测试焦面温度场和能流密度分布的方法对双轴跟踪槽式聚光系统的光学性能进行研究，揭示聚光误差影响下焦面聚光特性的变化规律。

3.2 聚 光 镜 设 计

为了进行特定的槽式太阳能系统聚光特性的研究，在“风能太阳能教育部重点实验室”已有搭建条件的基础上，同时考虑太阳张角、自动跟踪平台精度等多因素下设计了抛物型槽式反光镜。

安装位置是指聚光镜能够正常运转的空间，结合太阳能跟踪装置的承载量以及实验室楼顶可供布置的空间，确定该抛物面聚光镜的开口宽度为1500mm，长度为1500mm。同时在抛物线型设计时还考虑了以下情况：①存在跟踪精度和太阳张角的前提下，设计的抛物型聚光器应尽可能有高的几何聚光比；②考虑到安装和后续实验操作的难度，聚光器可选用焦距较小的抛物线型。

根据太阳能光学理论和热工基础中阐述过的槽式抛物线型设计理论，以跟踪误差角度以及最大偏移距离为综合变量，得出对应几何关系下的焦距（图3-1），从而可获得不同的抛物线型。随着焦面偏移光轴的距离增大，对应焦距增大，而不同的跟踪误差也会对抛物线的设计有较大影响。实验室太阳能全自动跟踪平台的跟踪精度为±0.625°，在满足跟踪误差的前提下，选取最大偏移距离 $d=20$mm，得到焦距较小的线型，最终聚光器理论设计焦距 $f=455$mm，对应母线线性方程为

$$y=\frac{x^{2}}{1.82} \tag{3.1}$$

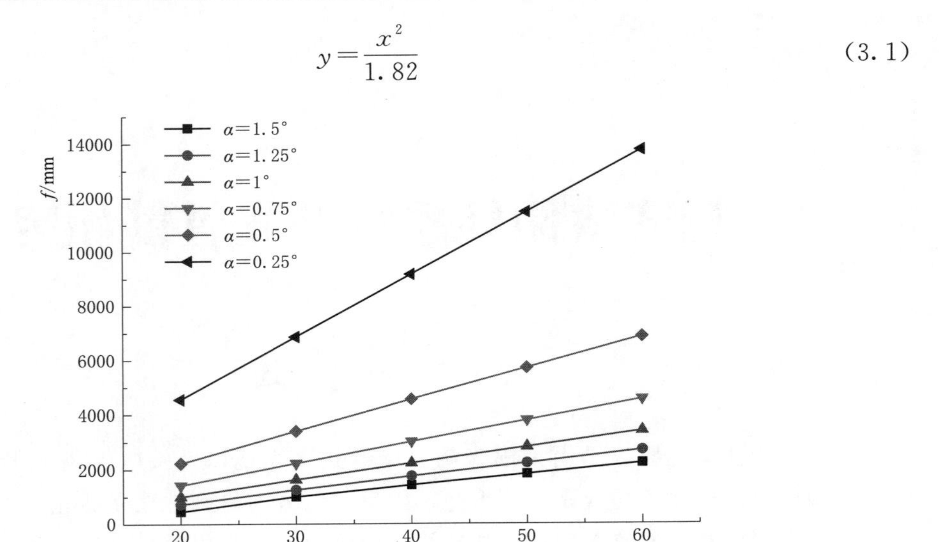

图 3-1 焦距随跟踪误差和偏移距离关系

此线型理论上能满足光线在直径尺寸为 20mm 以上的接收器在 1.5°的偏差范围内可全部被接收的条件，整个抛物面聚光器尺寸见表 3-1。

表 3-1 抛物面聚光器尺寸

序号	中文名称	变量符号	数值
1	聚光器开口宽度/mm	W	1500
2	聚光镜长度/mm	L	1500
3	聚光镜开口面积/m^2	S	2.25
4	焦距/mm	f	455

根据已设计的抛物线型相关参数加工槽式聚光镜，镜面材料选用反射率为 93%的镀银浮法玻璃，按照设计的抛物型线采用热弯钢化一次成型，保证其曲率精度，考虑到后期可能开展对比实验，加工两片一样的抛物槽式聚光镜，由于加工模具的限制，实际加工的聚光镜由宽度 1500mm、长度 1500mm 的四片镜面拼接组成。聚光镜面的厚度同样是重要参数。若厚度越小，会聚光线的能力越强，自身吸收的光线越少，且自重小，可降低支撑部件的要求；厚度越大，聚光性能越差且增加系统自重，当聚光镜及支撑机构整体重量超出跟踪平台要求，跟踪精度无法保证，综合考虑性价比，聚光镜的实际厚度选为 5mm。镜面拼接安装需保证在一个抛物型面下，为了方便后续的实验操作镜面间留有一定间距。

支撑部件是聚光镜的承载机构，除支撑的作用外还可防止镜面变形带来的型面误差，因该地区全年平均风速较大，设计中除外部支撑框架外还设计了若干背部支撑肋片如图

3-2所示。在与聚光镜接触的部分，肋片要尽量保证贴合，结合当地气候环境，在肋片上附有中性硅酮耐候胶，有效预防跟踪过程中发生聚光镜脱落、偏移等事故，提高系统运行性能及寿命。

图3-2　支撑肋片

为了便于开展实验测试，在外部支撑框架的两边安装可调支架，调节支架的中心位置有丝杠，可用于接收器安装位置的调节。为保护接收器在支架和集热器的接触处夹有橡胶垫片，最终加工完成的槽式抛物面聚光器以及支架结构如图3-3所示，其能够满足后续光学性能和热力学性能的测试研究，同时也便于开展各种对比实验。

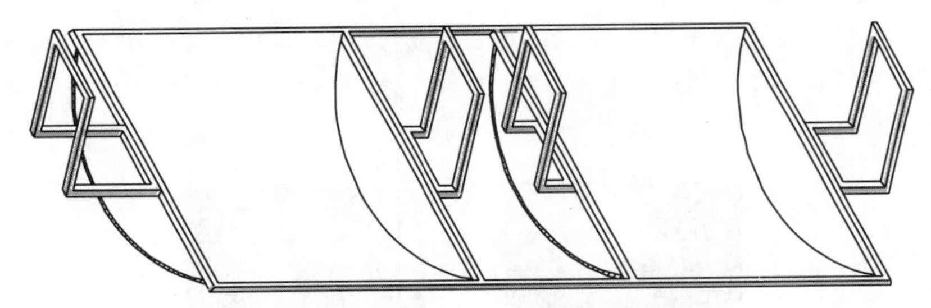

图3-3　槽式抛物面聚光器以及支架结构

3.3 聚光焦面研究

3.3.1 焦面宽度的测量与研究

型面误差、安装误差以及跟踪误差等存在使得槽式太阳能聚光实际呈一定宽度的聚焦光带，即焦面将会在焦距的垂直和水平方向偏离理论设计值，为了后续接收器的结构设计以及位置安装，需考察聚光器实际运行过程中的焦面光学特性。

双轴跟踪槽式聚光系统的光斑宽度采用精测和粗测两种方法进行，所用测量设备分别为Fluke Ti55FT红外热成像仪以及自行设计的带有刻度的测量靶，Fluke Ti55FT红外热成像仪技术指标见表3-2。

表3-2　Fluke Ti55FT红外热成像仪技术指标

参　数	技术指标	参　数	技术指标
视场角	不小于46°×34°	光谱带	8～14μm
测试距离	0.15～100m	测量温度	−20～2000℃
热灵敏度	在30℃时，不大于0.05℃		

图 3-4 测试靶及实际测试情况

太阳能聚光装置的焦面温度通常较高，在设计测量靶前先用手持式高温红外线测温仪在 300～900W/m² 区间的直射辐照下对焦面水平方向进行测量，发现焦面中心最高温度不超过 300℃，且在水平方向焦面宽度大于 140mm 之后温度接近环境温度，因此采用可耐此温度的石棉板作为测试用基材，在其水平方向标记 −70～70mm 刻度用来度量，测试靶固定在一根长度为 1800mm 的金属杆上，金属杆与槽式聚光器两端支架的丝杠连接，测试靶及实际测试情况如图 3-4 所示。

该抛物型聚光镜的设计焦距为 455mm，定义从抛物型槽式最低点到测试靶石棉板平面的垂直距离为 Z，考虑到各种误差，以设计焦距为中心，以 5mm 作为间隔垂直上下移动，查看不同接收位置下焦面的情况，Fluke Ti55FT 红外热成像仪焦面拍摄结果如图 3-5 所示。

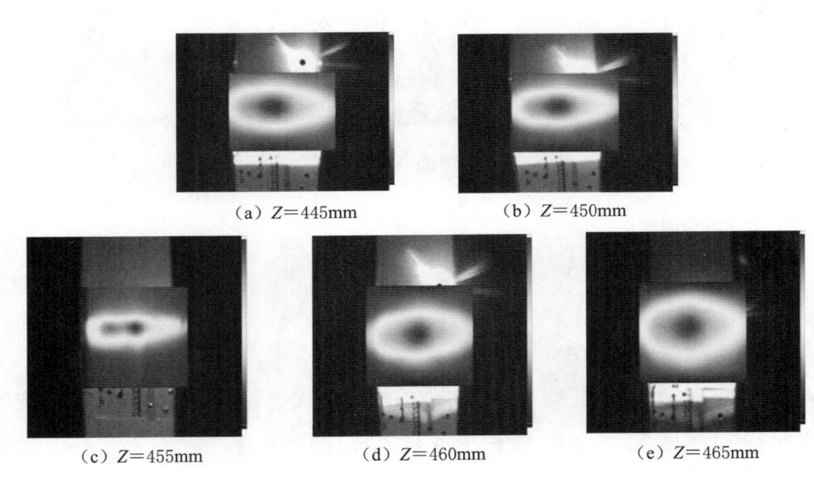

(a) Z=445mm　(b) Z=450mm　(c) Z=455mm　(d) Z=460mm　(e) Z=465mm

图 3-5 红外热成像仪焦面拍摄结果

图 3-5 中，由于太阳张角的存在，太阳光线呈圆锥形状，因此通过聚光器反射后在焦平面处形成椭圆的焦面，右侧显示不同颜色的温度度量尺，随着距离 Z 的增大焦面由发散到会聚再到发散的状态，同时焦面的宽度以及相应温度也发生变化，当距离 Z＝455mm 即焦距位置时，焦面呈线性，其聚焦效果最佳，中心最高温度在实验测试条件下可达 229℃，表明该聚光镜的型面误差以及安装误差较小；在偏离焦距的位置，聚焦光斑呈不同程度的发散状态，其中心最高温度降低，焦面宽度增大，整个温度场趋于均匀；根据测试靶的刻度值可直接读取以上 5 个位置下对应的焦面宽度分别为 81mm，63mm、

45mm、86mm、108mm。

以上实验数据仅表征该聚光器的性能，若在上述不同焦面放置对应面积的平板接收器，则接收器位置误差对几何聚光比的影响如图 3-6 所示。

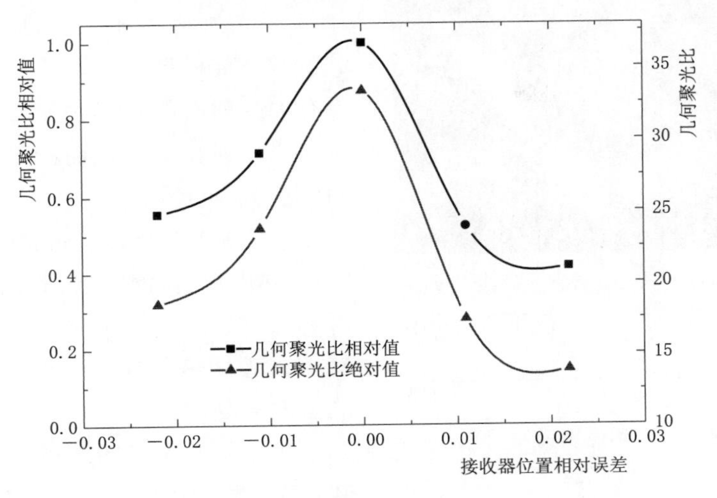

图 3-6　接收器位置误差对几何聚光比的影响

图 3-6 中，横坐标的负值表示接收器位置小于焦距，正值则相反，几何聚光比表示聚光器的聚光效果，可见随着接收器位置偏移焦距的值增大，几何聚光比降低，焦面能流下降，聚焦温度降低，且当聚光器尺寸一定时，降低的聚光比意味着接收器接收面积增大，若为腔体接收器，则开口宽度的增大将导致热损失的增加。拟合接收器位置相对于焦距的误差与几何聚光比之间的函数关系为 $y=0.479+0.572\times\exp\{-0.5\times[(x+0.003)/0.006]^2\}$，定量得到若几何聚光比相对值不小于设计值的 90%，则接收器的位置相对误差应在焦距的−0.77%～0.17%之间，具体到本聚光器接收器位置需在 452～456mm。该结论具有普适性，可为后续腔体接收器开口宽度的确定以及设计提供参考。

3.3.2　焦面中心偏移的研究

根据理论分析，双轴跟踪系统可以同时跟踪太阳高度角和方位角，但实际运行中，由于跟踪误差以及其他环境因素的存在且不可避免，以至于入射光线与聚光器法平面并非垂直关系，而是存在一定的夹角 θ，从而产生焦面中心的偏移现象，偏焦量以及偏移的方向对接收器的安装位置以及聚光集热系统的光热转化效率影响较大，因此对偏焦量的研究有重要意义。通过实验和几何光学理论的方法对焦面偏移量展开研究，在此忽略聚光镜厚度的折射作用对光线的偏移影响。

3.3.2.1　焦面温度场测试装置

为了将焦面偏移的现象在双轴跟踪槽式聚光装置运行中体现出来，本实验采用测试焦面温度场的方法，在测试焦面宽度的测试靶上，沿焦面宽度方向布置一定数量的热电偶并固定于耐高温石棉板，石棉板上设置固定支架，用来保证热电偶温度探头与槽式聚光镜光

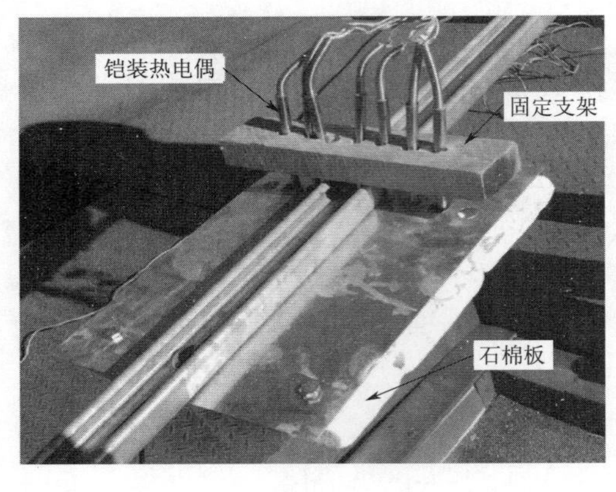

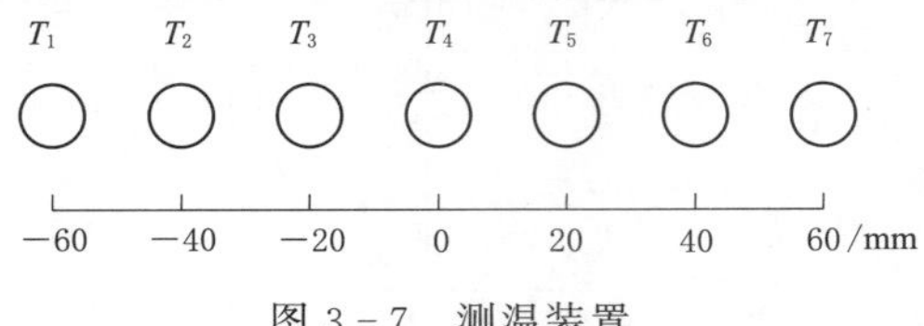

图 3-7 测温装置

$T_1 \sim T_7$—热电偶温度

孔平面垂直，防止测温过程中可能出现的探头活动或偏移，其中根据焦面宽度布置 7 根热电偶，其相互间隔为 20mm，测温装置如图 3-7 所示，测试出对应的温度为 $T_1 \sim T_7$。将一定长度的金属杆安装在焦面位置，带有刻度的石棉板可固定在该金属杆长度方向的任何位置，从而测试聚光镜长度方向的焦面分布情况。

实验所用铠装热电偶的型号为 WRNK-291，热电偶丝材料为镍铬-镍硅，外围套管材料为 CH3030 合金钢，内部绝缘材料为 MgO，其导热系数、比热容、黑度等热性能参数见表 3-3。

在焦面温度场的测试中，将双轴跟踪装置开启自动跟踪模式，热电偶标定后按前述过程安装在某焦面位置，温度测试结果通过 TP700 多路型温度记录仪输出，焦面温度场测试现场如图 3-8 所示。风速会使铠装热电偶的精度下降，同时也会增大跟踪装置的误差，因此实验选择环境风速相对较小且平稳的工况进行。实验过程中的环境参数如直射辐射、环境温度以及风速等通过实验室同平台下的 BSRN 3000 气象观测系统实时记录。

表 3-3　CH3030 合金钢的热性能参数

热性能参数	温度/K								
	373	473	573	673	773	873	973	1073	1173
导热系数/[W/(m·K)]	15.1	16.3	18	19.3	20.9	22.2	23.4	25.1	26.4
比热容/[J/(kg·K)]	507.7	598.7	674.1	741.1	820.6	971.3	1020.7	1106.2	1191.7
黑度	0.17	0.17	0.18	0.18	0.19	0.27	0.51	0.52	0.53

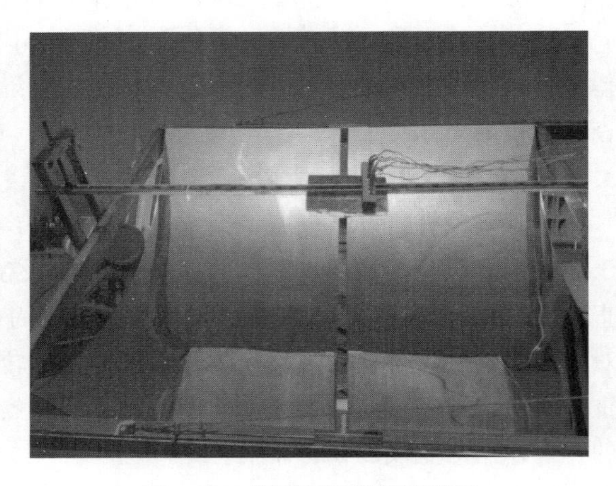

图 3-8 焦面温度场测试现场

3.3.2.2 焦面偏移量结果及分析

测试不同接收位置的焦面温度分布，为了排除太阳辐照度以及风速等不同引起的跟踪精度差异，实验选择该地区 8 月 11：30—13：30 时间段进行，测试期间风速很小且太阳直接辐射 DNI 和其他环境参数几乎保持一致。焦面温度测试数据见表 3-4，不同接收位置焦面温度分布示意如图 3 - 9 所示。

表 3 - 4　　　　焦面温度测试数据表

接收位置 Z /mm	辐照度 DNI /(W/m^2)	T_1 /℃	T_2 /℃	T_3 /℃	T_4 /℃	T_5 /℃	T_6 /℃	T_7 /℃
445	816.15	44.92	58.96	81.77	143.91	112.36	64.13	53.06
450	817.27	45.873	57.407	85.6	158.66	98.947	62.02	54.207
455	773.19	45.642	55.658	91.133	173.533	82.767	58.175	53.267
460	818.89	48.41	61.555	119.139	158.377	85.961	60.226	53.358
465	819.73	51.403	59.858	143.968	121.239	82.035	66.826	53.852

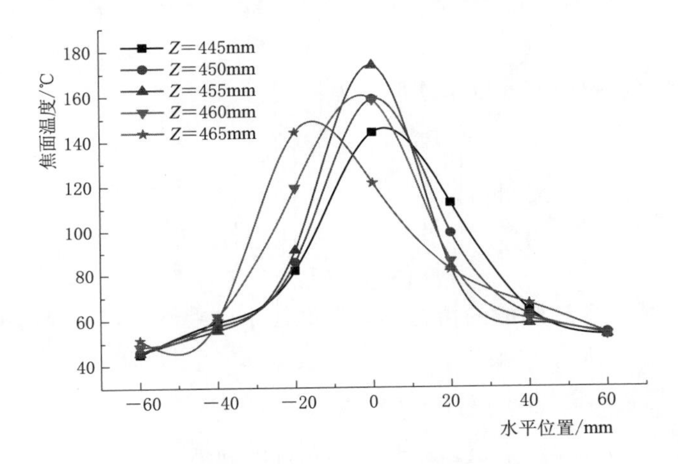

图 3 - 9　不同接收位置焦面温度分布示意图

由图 3 - 9 可知，不同接收距离 Z 对应的焦面均发生一定程度的偏移，但偏移方向和偏移量各不相同，445mm、450mm 的接收位置焦面向右偏移，455mm、460mm、465mm 的接收位置焦面向左偏移，为了定量得出焦面的偏移量引入一数学方法，在高斯函数特征数中，峰位置 x_c 为函数分布的中心位置，而实验测试的焦面中心温度点 T_4 值一般处于最高值，因此将测试所得温度值作为基础数据，将 x_c 定义为焦面中心，其值表示焦面偏移量，负值表示焦面中心向左偏移，正值表示焦面中心向右偏移，通过函数拟合可量化偏移特征量。

设有一组数据可以用高斯函数描述，即$(x_i, y_i)=(i=1,2,3,\cdots,N)$，则其函数表达式为

$$y_i = y_{\max}\exp\left[-\frac{(x_i - x_{\max})^2}{s}\right] \tag{3.2}$$

式中　$y_{\max}$——峰高，mm；

$x_{\max}$——峰位置，mm；

s——半宽度，mm。

将式（3.2）两边取自然对数，化为

$$\ln y_i = \ln y_{\max} - \frac{(x_i - x_{\max})^2}{s} \tag{3.3}$$

$$\ln y_i = \left(\ln y_{\max} - \frac{x_{\max}^2}{s}\right) + \frac{2x_{\max}x_i}{s} - \frac{x_i^2}{s} \tag{3.4}$$

令 $\ln y_i = z_i$，$\ln y_{\max} - \frac{x_{\max}^2}{s} = b_0$，$\frac{2x_{\max}}{s} = b_1$，$-\frac{1}{s} = b_2$，将式（3.3）化为二次多项式拟合函数，则

$$z_i = b_0 + b_1 x_i + b_2 x_i^2 = (1 \quad x_i \quad x_i^2)\begin{bmatrix} b_0 \\ b_1 \\ b_2 \end{bmatrix} \tag{3.5}$$

考虑全部数据和量测误差，以矩阵形式为

$$\begin{bmatrix} z_1 \\ z_2 \\ z_3 \end{bmatrix} = \begin{bmatrix} 1 & x_1 & x_1^2 \\ 1 & x_2 & x_2^2 \\ \vdots & \vdots & \vdots \\ 1 & x_n & x_n^2 \end{bmatrix}\begin{bmatrix} b_0 \\ b_1 \\ b_2 \end{bmatrix} + \begin{bmatrix} \in_1 \\ \in_2 \\ \vdots \\ \in_n \end{bmatrix} \tag{3.6}$$

在不考虑总量测误差 E 影响的情况下，根据最小二乘原理，可求得拟合常数 b_0、b_1、b_2 构成的矩阵 $\boldsymbol{B}$ 的广义最小二乘解，即

$$\boldsymbol{B} = (\boldsymbol{X}^{\mathrm{T}}\boldsymbol{X})^{-1}\boldsymbol{X}_{\mathrm{T}}\boldsymbol{Z} \tag{3.7}$$

即可求出特征数 $y_{\max}$、$x_{\max}$、s，从而得到相应的高斯函数。

采用图表和数据分析软件 Origin，用非线性曲线拟合（Nonlinear Curve Fit）中内置的高斯函数，对实验测得的不同接收位置焦面温度场分布进行拟合，其中各参数已自动赋予了初始值，在拟合中，迭代算法选取 Orthogonal Distance Regression。耦合系数 R 可以表示出拟合结果的精度，峰位置 x_c 表示焦面偏移量，FWHM 为高斯函数分布曲线的半峰宽，拟合特征参数结果见表 3-5。

表 3-5　拟　合　结　果

Z/mm	R	y_0	X_c/mm	W	A	$FWHM$
445	0.998	48.670	4.101	37.770	4568.815	44.471
450	0.997	50.843	2.168	32.899	4458.274	38.736
455	0.997	51.151	−0.244	28.886	4422.370	34.010
460	0.999	51.366	−3.050	34.416	4676.491	40.522
465	0.996	56.725	−8.531	27.818	3745.195	32.753

由表 3-5 可知，5 个不同测试位置下的焦面温度通过非线性拟合中的高斯函数拟合，其耦合系数 R 均达到 0.996 以上，表明该拟合结果精度较高，达到分析要求，焦面温度场分布符合高斯函数曲线变化。根据前述分析，拟合结果中的峰位置 x_c 即焦面偏移量分

别为 4.101mm、2.168mm、−0.244mm、−3.050mm、−8.531mm。

通过不同接收平面下焦面宽度的测量可知该聚光镜在 $Z=455$mm 距离处线聚焦特性最佳，与理论设计焦距较为吻合，因此将测试靶放置到 $Z=455$mm 的焦平面处进行连续测试，排除偶然因素的影响，将相同辐照度下的数据进行加和平均以减小实验误差，测试结果形成的不同辐照度焦面温度分布示意如图 3-10 所示。

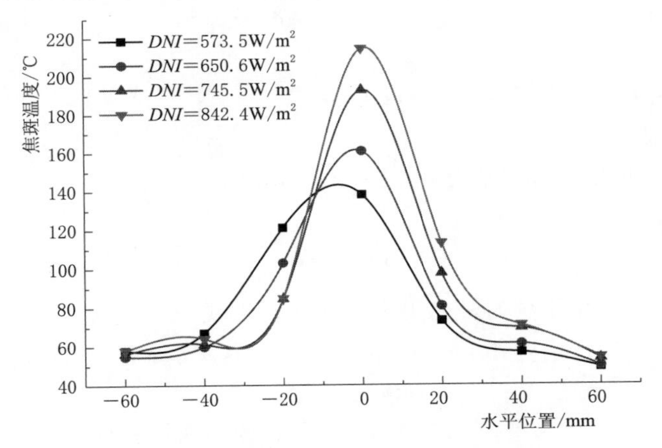

图 3-10 不同辐照度焦面温度分布示意图

图 3-10 中，455mm 处的焦面的温度分布并非以抛物型槽式聚光镜的中心对称，而是距离中心有一定的偏移，且在不同的辐照度下对应的偏移量不同。在太阳直射辐射为 500～700W/m² 之间，光斑向左偏移，而太阳直射辐射 700～900W/m² 之间光斑向右偏移。根据所用双轴跟踪装置的跟踪原理，实验过程中不同的太阳辐射以及环境因素均会导致一定的跟踪误差，体现在入射聚光器的光线会与垂直方向存在一定的夹角，而夹角的大小会产生不同的偏焦量。通过上述测试温度值作为基础数据采用高斯函数拟合的方法，同样可获得实验工况下的焦面偏移量，见表 3-6。

表 3-6　　拟　合　结　果

DNI/(W/m²)	R	y_0	X_c	W	A	$FWHM$
573.5	0.998	53.499	−7.637	33.153	3840.358	39.035
650.6	0.998	53.444	−2.004	31.145	4203.737	36.671
745.5	0.997	56.576	2.937	28.813	4979.232	33.925
842.4	0.997	58.070	3.487	28.704	5730.460	33.796

通过分析发现焦面偏移受到接收位置以及入射光线与槽式聚光镜焦面垂直方向夹角的共同影响，通过焦面温度场的实验测试结合高斯函数拟合将焦面偏移量量化，为了验证该方法的正确性，可以从几何光学理论进行推导。

3.3.2.3 几何光学焦面偏移量推导

跟踪的最佳状态是光线在聚光器上的垂直入射，但图 3-11 中实际光线以夹角为 θ 入

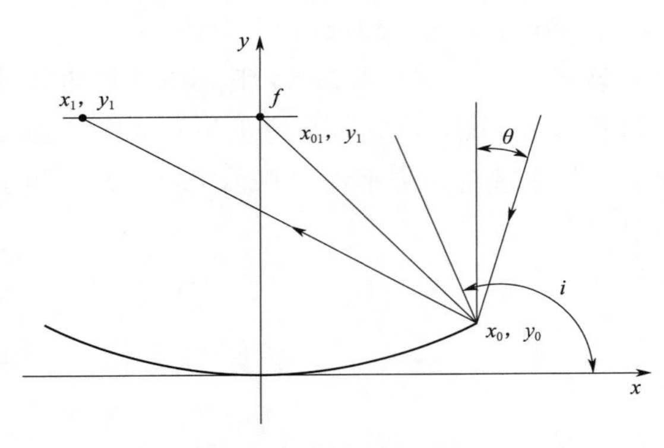

图 3-11 槽式抛物型聚光器光线示意图

射，根据抛物线的数学几何关系，抛物线上随机的一点为（x_0，y_0），通过该点并存在夹角的入射光线的方程为

$$y-y_0=\tan(90°-\theta)(x-x_0) \tag{3.8}$$

通过（x_0，y_0）点的抛物线切线对应方程为

$$y-y_0=x_0\frac{x-x_0}{2f} \tag{3.9}$$

通过（x_0，y_0）点的抛物线法线对应方程为

$$y-y_0=-2f\frac{x-x_0}{x_0} \tag{3.10}$$

通过（x_0，y_0）点并存在入射夹角为 θ 的反射光线的方程为

$$y-y_0=\tan(90°+\theta-2i)(x-x_0) \tag{3.11}$$

$$\tan i=-2f/x_0$$

式中 θ——太阳光入射光线与 y 轴夹角，此处不考虑太阳张角，则该角度为跟踪误差，mrad。

令抛物型槽最右侧边缘的入射光线的方程为

$$y-\frac{W^2}{16f}=\tan(90°-\theta)\left(x-\frac{W}{2}\right) \tag{3.12}$$

式中 W——抛物线开口宽度，mm。

则与之对应的反射光线的方程为

$$y-\frac{W^2}{16f}=\frac{\tan\theta+\left(\frac{W}{8f}-\frac{2f}{W}\right)}{1-\tan\theta\left(\frac{W}{8f}-\frac{2f}{W}\right)}\left(x-\frac{W}{2}\right) \tag{3.13}$$

而最右侧光线沿 y 轴方向垂直入射时过焦点的反射光线方程为

$$y=\left(\frac{W}{8f}-\frac{2f}{W}\right)x+f \tag{3.14}$$

若测试焦平面位置一定，即当 $y=Z$ 时，Z 为抛物线最底端到测试焦平面的距离，入射夹角为 θ 的边缘入射光线和无夹角垂直入射的光线分别与式（3.13）和式（3.14）的交点对应的坐标为（x_1，y_1）和（x_{01}，y_1），则焦平面的焦斑偏移距离 d 为

$$d=x_1-x_{01} \tag{3.15}$$

当测试焦面位置在焦距处时，即 $x_{01}=0$，则此时 x_1 为焦面的焦斑偏移距离。式（3.13）可进一步表示为

$$Z-\frac{W^2}{16f}=\frac{\tan\theta+\left(\frac{W}{8f}-\frac{2f}{W}\right)}{1-\tan\theta\left(\frac{W}{8f}-\frac{2f}{W}\right)}\left(x_1-\frac{W}{2}\right) \tag{3.16}$$

将接收位置 Z 分别为 445mm、450mm、455mm、460mm、465mm 的实验工况代入基于几何光学理论的数学推导，则可获得一定跟踪误差角时不同焦面接收位置和焦斑偏移量之间的关系，与实验值使用高斯函数拟合的方法得到的焦斑偏移量进行对比，结果如图 3-12 所示。

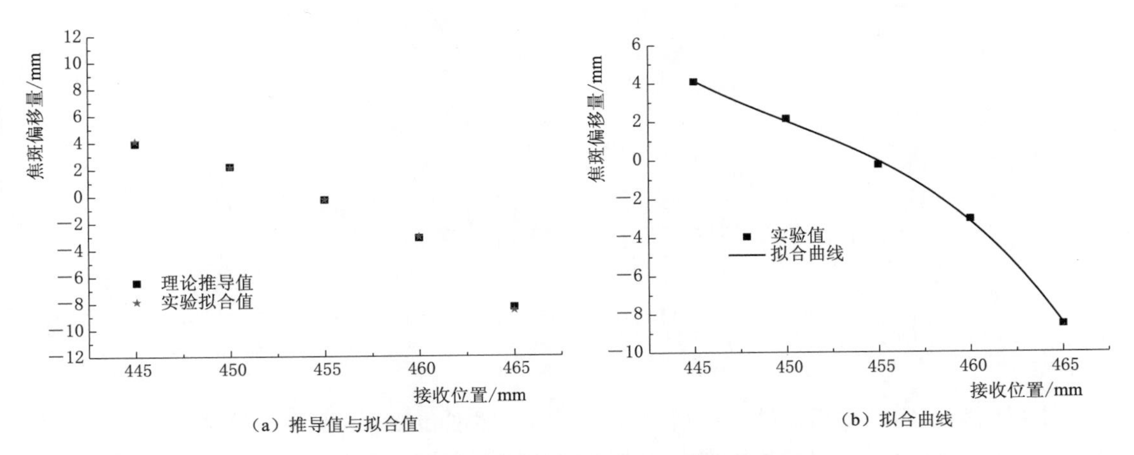

(a) 推导值与拟合值　　(b) 拟合曲线

图 3-12　焦斑偏移量与接收位置之间关系

图 3-12 中，为保证基于不同接收位置的单因素变化，实验测试中的跟踪误差很小，因此理论推导值中跟踪误差角取小于 0.1°的范围，可见实验拟合方法获得的焦斑偏移量与几何光学的理论推导值吻合度高，略有差别之处是因为实验量测中无法保证包括太阳辐射以及风速等外界环境因素的绝对一致，同时函数拟合的方法也存在误差，但总体来说理论推导和实验拟合值之间的相对误差最大不超过 6.6%，以此表明采用焦面温度场测试组合高斯函数拟合获得光斑偏移量的方法可靠有效。光斑偏移量和接收位置可拟合函数关系式为

$$y=134943.316-898.519x+1.995x^2-0.001x^3 \tag{3.17}$$

由此拟合的 Adj R-Square 值为 0.999，拟合精度高。将实验测试中接收位置 Z 固定于焦距 455mm 处，即 $Z=455$mm，通过几何光学推导的方法可得跟踪误差角和偏移量之间的关系，如图 3-13 所示。

由图 3-13 可知，跟踪误差角和焦斑偏移量之间呈线性关系，随着跟踪误差角的增大，偏移量增大，而不同几何聚光比受到焦斑偏移的影响不同，图中抛物槽聚光镜的几何聚光比为 30，当跟踪误差角为±0.3°，焦斑偏移量达到 40%以上，而当跟踪误差角超过±0.6°时，偏移量接近 90%，若该抛物槽的接收器为腔体，则光线几乎完全偏移腔体采光孔，导致光学效率极差，且随着聚光比的增大，偏移量对跟踪误差角的敏感性越高。

以上分析是基于理论推导，对于实验拟合的结果，由于实验中无法精确获取跟踪误差角，太阳辐射强度成为跟踪误差的间接体现，但该误差角受到诸多因素的综合影响，若将太阳直射辐射与焦斑偏移量直接建立关系则并不严谨，需进一步对跟踪装置的误差进行

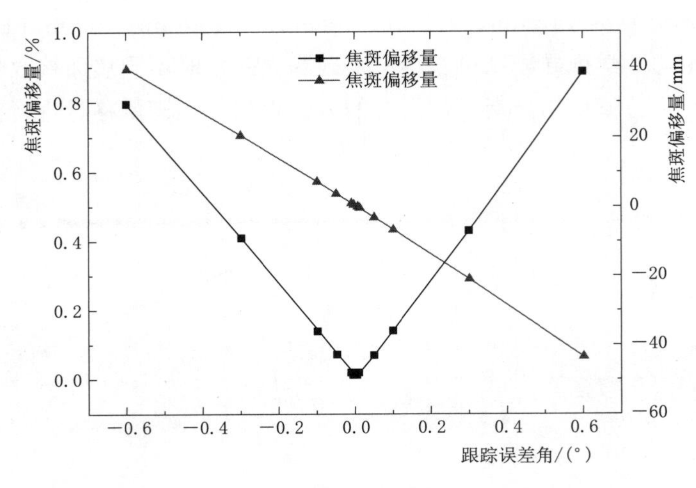

图 3-13　焦斑偏移量与跟踪误差角之间的关系

分析。

由以上两组实验数据的结果分析发现，不同辐照度和接收位置都会产生程度不同的焦面偏移，间接反映出所用跟踪装置存在着一定的定向误差。根据该跟踪装置的跟踪原理，跟踪探测器（光敏电阻）感光的误差、电机以及减速器的机械传动误差和由于跟踪过程中不同方向受力不均导致的误差或者传感器信号滞后等因素都可能产生该误差角。实验尽可能在风速较小的稳定状态下进行，因此风速和风向的影响较小，此误差应主要来自辐照度引起的光敏电阻误差以及随着聚光镜的转动，不同时刻变化的力矩对电机的负荷不同所产生的误差。

3.3.3　聚光焦面能量研究

温度只是聚光焦平面能量的间接反映，任何实际的聚光装置都存在一定的聚焦损失，要想具体考察双轴跟踪装置下聚光系统焦面的光学效率以及能量截距因子，评估实际应用中所需的精度，防止焦面产生可能损坏接收器的能量峰值，则需进一步研究焦面上的能流密度分布。通过文献综述可知，焦面能流密度可通过几何光学的方法计算，例如常见的“光锥法”和“Monte Carlo 光线追踪”法，往往存在公式复杂、计算量大且耗时长等缺点，理论性强而工程实际分析应用性不强；实测的方法中通过朗伯靶、CCD 相机等进行间接测量，但其设备投资大，后期的数据处理难度也大；直接测量方法对传感器的精度和耐热性等要求很高。因此，结合实验室现有设备，焦面能流分布采用光电式能流密度计进行直接测量。

3.3.3.1　能流密度测试装置

在已有双轴跟踪槽式聚光系统实验平台上，利用 MEDTHERM 公司生产的能流密度计，自行设计并加工聚光焦面能流密度测试装置，能流密度测试实验现场如图 3-14 所示，能流密度测试实验系统如图 3-15 所示。采用高强度、耐高温的塑钢加工 1500mm×300mm 的矩形边框作为支撑架及导轨，矩形边框两端用丝杠固定以实现测试装置的纵向

图 3-14 能流密度测试实验现场

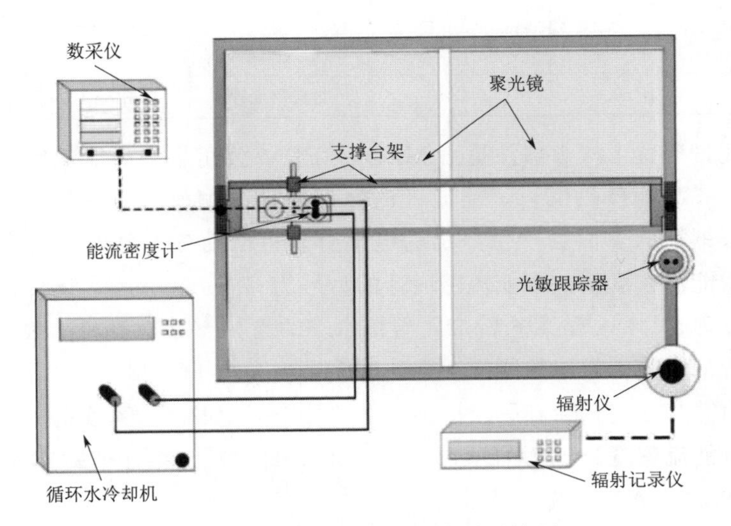

图 3-15 能流密度测试实验系统图

移动，安装位置调节丝杠如图 3-16 所示。在图 3-17 中分别在纵向两侧边框上安装滑动模块并标定刻度，滑动模块上进行开槽可实现钢尺来回滑动，钢尺上固定能流密度计并标定刻度，从而实现能流密度计模块在焦面水平方向和沿槽式聚光镜焦线方向自由移动及准确定位。测试中以矩形边框的中心作为能流密度计横杆上的 0 点，根据理论分析结果，测试范围选择为−40～40mm，综合考虑测试精度以及操作的可行性，从 0 点位置分别沿径向上下每间隔 5mm 测试一次，并定义上边为负，下边为正。焦面能流密度中所使用的仪器及相关参数见表 3-7。

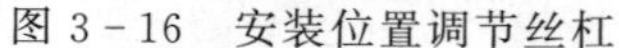

图 3-16 安装位置调节丝杠

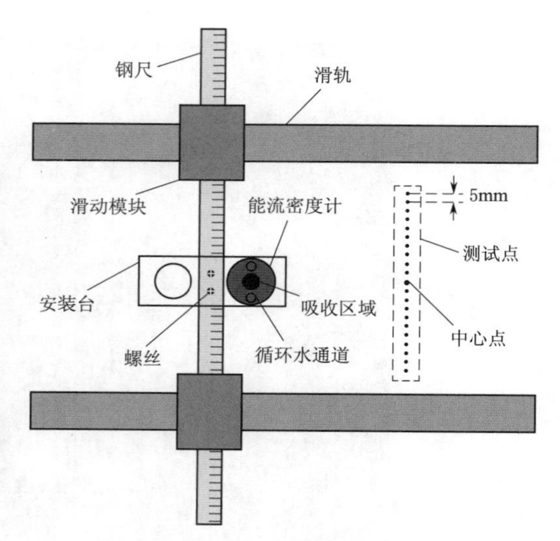

图 3-17 能流密度测点布置图

表 3-7 主要仪器仪表

仪器名称	型号	精度	仪器名称	型号	精度
热电偶	K	0.75%	辐射观测系统	BSRN	5W/m^2
数采仪	TP700	0.2%	能流密度计	Gardon Gage	3%

焦面能流测量装置中核心部件是由 MEDTHERM 公司生产的能流密度计，其结构组成为低传导康铜膜与铜质热沉，该能流计的测试原理为铜丝与康铜箔组成 K 型热电偶，当光能照射到康铜箔的表面会产生一定的电动势，将电动势、温差以及能流密度建立关系，从而可获得能流密度值。该能流密度计的型号为 Gardon Gage，吸收率为 0.92，相应的扩展不确定度为±3%，覆盖率 $k=2$，置信水平约为 95%，对其校准根据国家标准和行业相关标准执行。实验中使用的能流密度计的序号为 192914，型号为 64-100-20。能流密度计在使用前需要标定，会有厂家提供不同的校正标定曲线。本实验中所用的能流密度计输出电压对应能流密度为 102.1kW/(mV·m^2)，即将输出电压值转换成能流密度。

电动势 E 和温差 ΔT 的关系为

$$E=0.318\Delta T+0.444\times10^{-4}\cdot\Delta T^2 \tag{3.18}$$

能流 q 和温差 ΔT 的关系为

$$\Delta T(1+0.00115\Delta T)=1.152q\frac{R^2}{S} \tag{3.19}$$

式中 R——圆箔半径，mm；

S——圆箔厚度，mm。

实验测试中的太阳直射辐射值以及其他环境气象参数由 BSRN 3000 气象数据采集系统提供。实验中能流密度计在每一位置点的测试时间为 1min，因测试时间短，可保证不同测试点的外界环境参数基本保持一致。实验中将数据采集仪的通道设置为每 5s

记录一次数据，因此1min包括12组数据，在后期实验数据处理中为防止偶然数据的出现影响实验结果，需剔除数据里出现概率极少且异常的值再取平均，从而确保实验的准确性。由于聚焦光斑温度较高，能流密度计需要配备相应的冷却水循环避免高温灼伤损坏。

3.3.3.2 焦面能流分布的影响分析

在研究聚光镜的聚光特性中，由于各种影响因素会导致太阳像尺寸和焦面位移的变化，但通过聚光器聚焦后的能量往往比较集中，即能量的损失与太阳像放大和位移并不成正比例影响关系。而接收器的定位误差、系统跟踪精度以及聚光镜厚度的影响都会导致焦面宽度或位置发生变化，对于腔体接收器，当光孔宽度一定时，一部分光线因光学误差的影响不能会聚到腔体内部，因此若要从能量聚集的角度更加准确的评定聚光特性，需引入截距因子 γ 的概念。截距因子是指聚光镜反射的辐射能够落到接收器的百分比，是光反射聚焦损失的体现。任何形式的接收器在焦面所接收到的辐射都是非均匀的，槽式聚光镜反射的总能量通过数学理论可定义为能流密度分布曲线的积分，当接收器的光孔宽度固定时，阴影部分面积可积分为接收器实际接收的总辐照度，截距因子的数学定义为式(2.40)，实验中所使用的能流密度计支架较窄，因此忽略其遮挡效应。

实验测试焦面能流数据为不连续的散点，在截距因子的计算中，为了使积分结果更准确，采用插值和外推的方法将数据点充实。外推数据的边界条件是接近实验时间和地点对应的太阳直射辐照度。

对于聚光镜的光学损失，主要受到槽式系统中接收器的定位误差、跟踪误差、型面误差以及聚光镜反射表面的光洁度等多方面的影响。接下来将讨论定位误差、跟踪误差和聚光镜厚度引起的光学损失，通过焦面能流密度量化聚焦能量找出影响规律，从而指导工程实际应用。

3.4 定位误差影响研究

由于受安装精度和环境影响，接收器的实际安装位置与理论焦距会有一定误差，即为定位误差。当接收器为腔体接收器时，定位误差会导致光孔处焦面宽度及能流密度分布发生变化。

3.4.1 接收器定位误差影响理论计算

当接收器的垂直安装位置偏离焦距出现误差时，聚光焦面能流密度分布发生变化，不同接收器位置下槽式聚光系统光路示意如图3-18所示。

图3-18中，z、f、W 是槽式聚光镜的出厂参数，其中 z 为聚光镜纵深，f 为聚光镜焦距，W 为聚光镜开口宽度。h 为接收器位置垂直方向偏移量，W_f 为焦面宽度，实际运行中 h 和 W_f 会随环境和人为因素成为变量，两者之间的关系为

$$W_f=\frac{hW}{f-z} \tag{3.20}$$

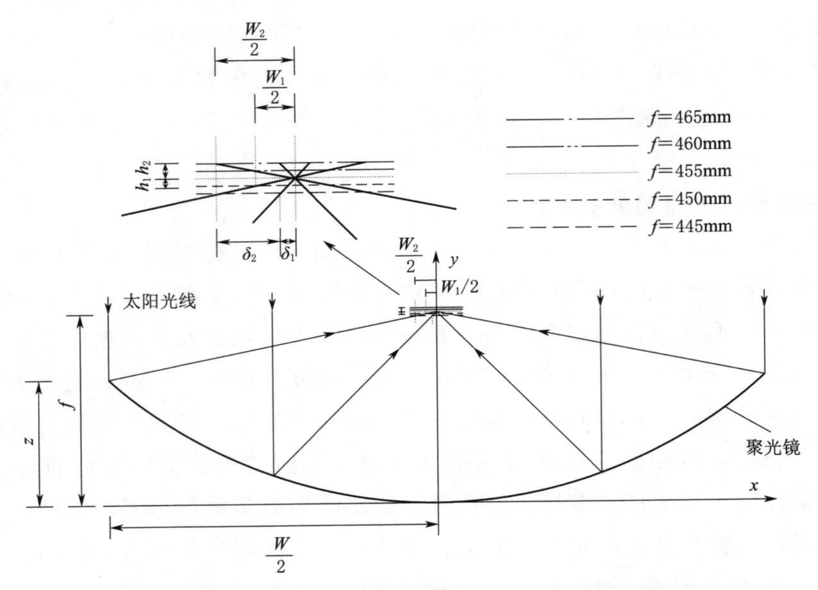

图 3-18 不同接收器位置下槽式聚光系统光路示意图

当接收器位置在垂直方向发生偏移时，焦面宽度会随之发生变化，对应的焦面能流密度也会发生变化。设定入射光线能流密度为 I_0，将聚光镜宽度平均分成 n 段，每段宽度为 i，聚光焦面也会对应成 n 段，每段宽度分别为 δ_1，δ_2，δ_3，…，δ_n，每段的平均能流密度分别为 I_1，I_2，I_3，…，I_n；在理想状态下，根据能量守恒定律可得

$$IWL_m\rho_m = L_m(I_1\delta_1 + I_2\delta_2 + I_3\delta_3 + \cdots + I_n\delta_n) \tag{3.21}$$

因此聚光镜上光线聚光到焦面上对应的每段能量都相等，即

$$I_1\delta_1 L_m = I_2\delta_2 L_m = I_3\delta_3 L_m = \cdots = I_n\delta_n L_m \tag{3.22}$$

研究的聚光镜母线线型方程为 $x^2=4fy$，m 表示 n 段中的任意某一段，且 $m \leqslant n$，因此可得聚光镜左边任意反射光线方程为

$$y = \frac{4f^2 - i_m^2}{4fi_m}x + f \tag{3.23}$$

由三角形相似定理可得

$$\delta_m = \frac{h}{f - i_m^2/4f}(-i_m) = \frac{-4fhi_m}{4f^2 - i_m^2} \tag{3.24}$$

设定 $n=20$，入射光线能流密度 $I_0=800\text{W/m}^2$，接收器垂直安装位置偏移量 h 分别为 5mm、10mm 和 15mm，可得到对应的聚光焦面能流密度分布如图 3-19 所示。

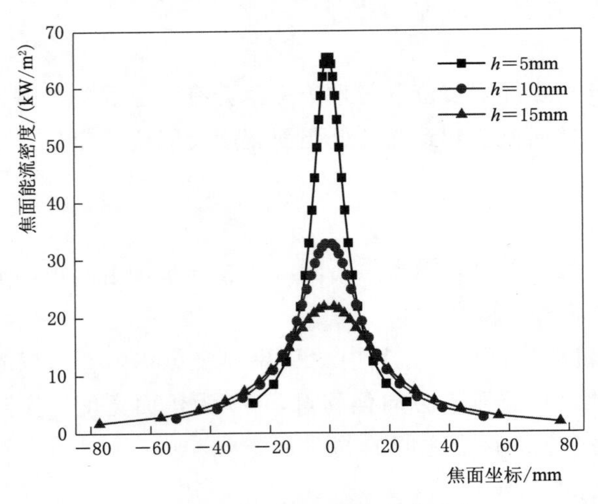

图 3-19 聚光焦面能流密度分布

从图 3-19 中可以看出，当单独考虑接收器定位误差的影响时，随着定位误差增大，焦面呈发散状态，宽度增大，聚光比减小；当定位误差从 5mm 增加至 10mm，最大能流密度下降了 50%，当定位误差从 10mm 增加至 15mm，最大能流密度下降了 33.3%，由此可以看出定位误差对焦面能流集中性的影响较大。

3.4.2 接收器定位误差影响实验研究

聚光器在实际运行中，若接收器相对于反射表面存在一定的安装误差，则会引起太阳像的放大和位移，进而导致聚焦光带变宽，焦面能流密度降低，聚光效果变差。为了研究接收器的定位误差，实验前将聚光镜面擦拭干净以排除表面光洁度的影响，同时随时监测跟踪状况以确保跟踪精度。实验中测试了接收器位置 Z 分别为 435mm、440mm、445mm、450mm、455mm、460mm、465mm、470mm、475mm 时的焦面最大能流密度，也测试了 445mm、450mm、455mm、460mm、465mm 5 个位置的焦面能流分布，进而研究截距因子受接收器位置误差的影响。

由图 3-20 可知，在直射辐射变化较小的情况下，不同接收位置焦面最大能流密度相差较大，当接收位置在焦距 455mm 处，焦面能流密度高于其他位置下的能流密度；当远离焦距时，焦面最高能流密度随之降低。当偏离距离在±10mm 以上时，从各位置最大能流密度占焦距处最大能流密度的比值分析，小于 445mm 或大于 465mm 的位置可获得的最大能流密度仅为 455mm 处最大能流密度的 50%甚至更低，因此对于定位误差的研究将选取有意义的区间段，即 445～465mm。

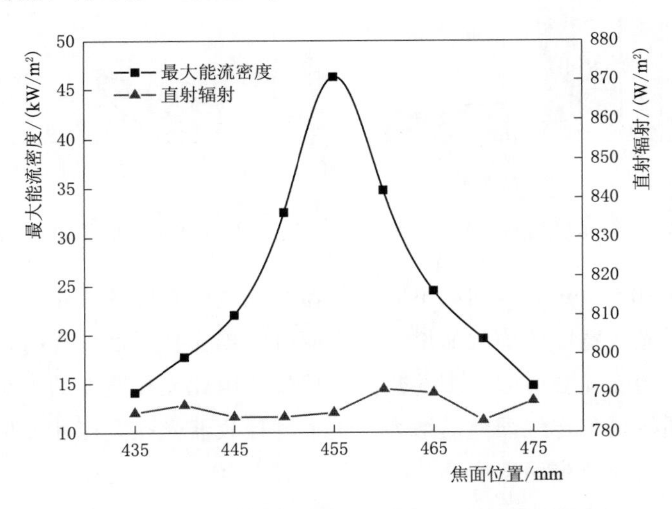

图 3-20 不同接收位置对应的最大能流密度曲线

实验前对该地区气象情况进行调查和分析，以便于合理安排实验时间和周期。根据 BSRN3000 气象数据监测系统记录数据进行分析和总结，发现该地区 7—9 月的晴天中 11：00—14：00 时段，太阳直接辐照度大多处于 650～800W/m^2，如图 3-21 所示。并且该时段的风速多小于 2m/s，温度变化范围也较小，可以为室外实验提供较稳定的实验条件。因此，选择该时段开展实验，测试前将聚光镜面擦拭干净以排除表面光洁度的影响。

该过程中随时查看跟踪状态，以确保系统的跟踪精度。

由图3-22可知，在测试的5个不同位置，最大能流密度值的规律与图3-20具有重复性和归一性，接收位置定位误差对焦面能流分布影响明显。不同接收器位置下最大能流密度值的规律与理论分析结果相似。接收器在焦距455mm位置时，其聚焦能量主要集中在−15～15mm之间，光带体现为最窄，当接收器位置偏离焦距时，随着偏离的距离增大，光带的宽度增加，聚焦后的能流密度降低且能量趋于分散，能流分布在较宽范围趋于均匀，这与前面不同接收位置的焦面宽度的测量结果吻合。任何接收器都有一定的光孔开口尺寸，而不同的光孔直径下聚焦损失不尽相同，采用截距因子分析聚光性能中聚焦损失的程度。区别于理论分析，实验测试结果在偏移量相同时表现出非严格对称性，且焦距垂直向上偏移的能流值均大于向下偏移的值，究其原因，聚光镜型面存在误差，实际焦距位置大于设计位置，从而导致此结果。

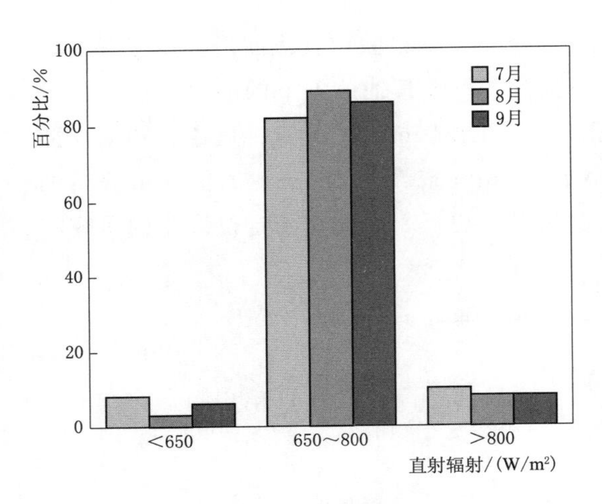

图3-21　7—9月地区辐照情况

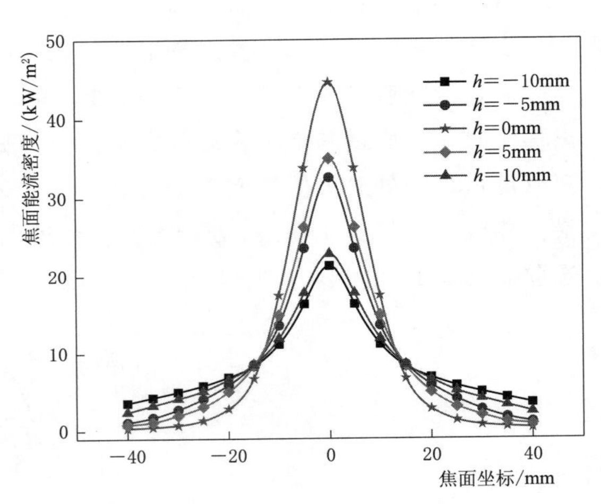

图3-22　不同接收位置焦面能流密度分布曲线

图3-23表示10～80mm区间的不同接收器光孔宽度对应的截距因子变化规律。发现截距因子随接收器光孔宽度的增大而增大，表明接收器光孔宽度较大时，进入光孔的反射光线越多，但较宽的光孔会引起更多的热力学损失，因此光孔宽度的大小需综合权衡光学和热力学性能。同样随着定位误差的增大，更大的接收器光孔宽度才能保证较高的截距因子，因为定位误差会导致焦面宽度增大。当接收器位置在455mm时，50mm的接收器光孔宽度可保证截距因子达到97.4%。

从图3-24中可以看出50mm接收器光孔宽度时定位误差对截距因子的影响规律。当接收器的定位误差在−5～6mm之间，截距因子可达到90%，即表明接收器的定位误差控制在焦距的1.1%以内，可保证反射光线损失小于10%。该方法可有效指导接收器的截距因子与安装位置精度之间的关系，其拟合函数公式为

$$\gamma=0.96813+0.0018h-0.0021h^2+0.00003h^3 \tag{3.25}$$

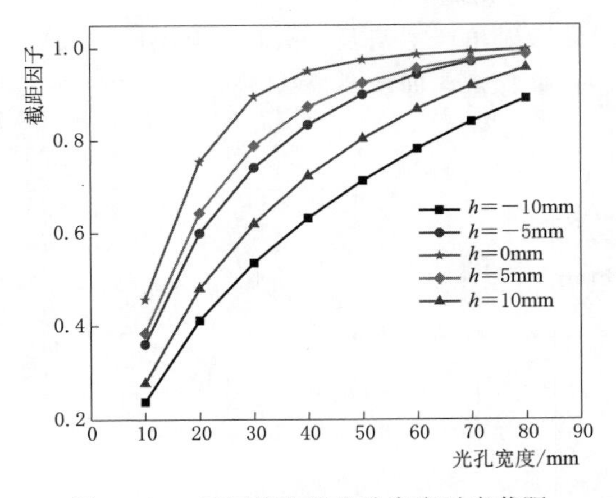

图 3-23　不同接收器光孔宽度对应截距因子变化规律

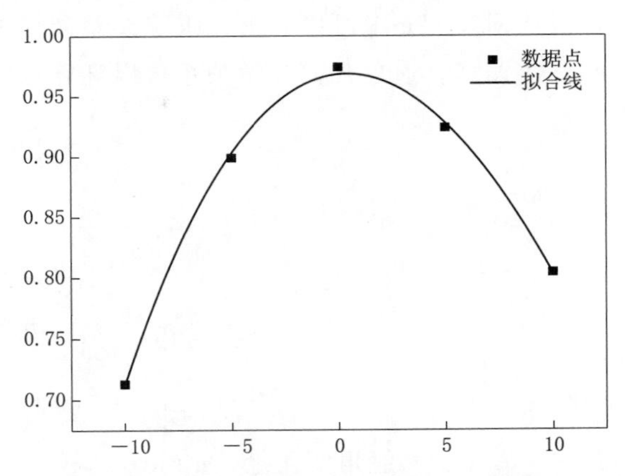

图 3-24　给定接收器光孔宽度对应截距因子

3.5　跟踪误差影响研究

3.5.1　系统跟踪误差影响理论计算

实验中采用的双轴跟踪槽式聚光系统的跟踪精度较高，当聚光镜因太阳方位角进行跟踪转动时，其重心不会发生变化，因此方位角跟踪精度较高且稳定；但当聚光镜因太阳高度角进行跟踪转动时，其重心会在不停变动，因此会导致高度角跟踪精度下降；当风速等外界环境因素波动较大时，因聚光镜受外力影响会使高度角跟踪误差增大，从而高度角跟踪误差会直接导致入射光线入射角发生变化。不同跟踪误差下槽式聚光系统光路示意如图 3-25 所示。

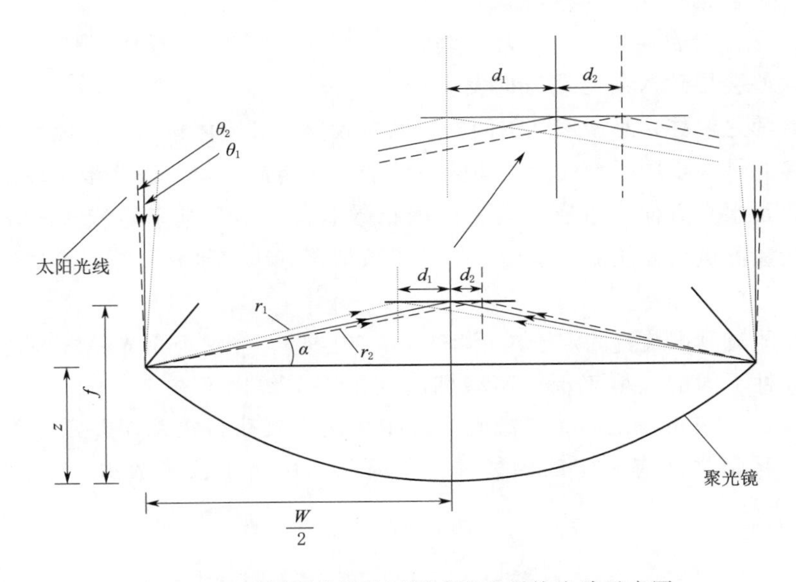

图 3-25　不同跟踪误差下槽式聚光系统光路示意图

从图 3-25 中可以看出，跟踪误差会直接导致入射角产生偏差，从而影响实际焦面中心发生偏移。通过几何光学关系可以计算焦面中心偏移量，即

$$\alpha=\arctan\frac{f-z}{W/2} \tag{3.26}$$

$$r_i=\frac{f-z}{\sin\left(\theta_i+\arctan\dfrac{f-z}{W/2}\right)} \tag{3.27}$$

$$d_i=\frac{W}{2}-\sqrt{\left[\frac{f-z}{\sin\left(\theta_i+\arctan\dfrac{f-z}{W/2}\right)}\right]^2-(f-z)^2} \tag{3.28}$$

式中 θ_i——入射角变化量，mrad；

d_i——实际焦面中心到设计焦面中心的偏移量，即焦面中心偏移量，mm；

r_i——入射光线在聚光镜上的入射点到实际焦面中心的距离，mm。

图 3-26 为跟踪误差对焦面中心偏移的影响，表示不同跟踪误差下实际焦面中心偏离设计焦面中心的距离，可知两者呈线性关系，焦面中心偏移随跟踪误差的增大而增大。基于测试中使用的腔体接收器，当跟踪误差达到 6.53mrad 时，焦面中心偏移至光孔边缘，此时接收器接收的能量为聚光镜反射能量的一半，即截距因子为 0.5。

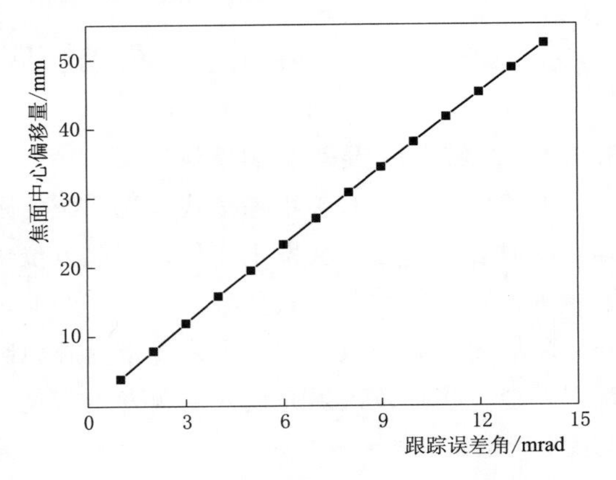

图 3-26 跟踪误差对焦面中心偏移的影响

3.5.2 系统跟踪误差影响实验验证

双轴跟踪装置也存在一定跟踪误差，该跟踪误差受跟踪系统自身以及外界环境综合作用，跟踪误差会导致入射光线方向发生偏移，焦面位置随之偏移，对于聚光焦面安装的接收器尤其腔体接收器，偏移的焦面直接影响其光学性能并进一步影响槽式聚光集热系统的光热转换性能，因此量化该偏移量对于接收器的设计以及水平方向定位有工程实际的指导意义。本书基于能流密度计自行设计支架，通过直接法测试焦面能流，采用洛伦兹函数拟合方法，研究跟踪误差对焦面中心偏移的影响。

实验前将能流测试装置固定于焦距 455mm 的位置，在保证聚光镜镜面清洁的前提条件下，选取 5 种不同的环境工况，实验期间太阳直射辐照度在 730～800W/m^2 的范围，环境风速在 0.8～3.5m/s 之间。考虑到实验中无法直接获得跟踪误差角，而跟踪误差角与焦面中心偏移量之间有一定的函数关系，因此采用洛伦兹函数拟合方法处理测试数据，即

$$y=y_0+\frac{2A}{\pi}\frac{d_s}{4(x-x_c)^2+\omega^2} \tag{3.29}$$

式中 y_0——待估参数；

A——洛伦兹函数的积分面积，mm^2；

d_s——半峰宽，mm；

x——自变量；

x_c——峰值位置，mm。

利用 Origin 软件中的非线性拟合工具，对 5 种工况下的焦面能流密度分布数据进行洛伦兹函数拟合，拟合使用的迭代算法为 Levenberg - Marquardt 优化算法，且 5 种工况的耦合系数均大于 0.996，表明拟合结果较为精准。不同跟踪误差下焦面能流分布如图 3 - 27 所示。从中看出，不同工况的焦面中心偏移设计中心的距离不同，这是由于不同工况的环境差异引起的跟踪误差导致的。跟踪误差导致的焦面中心偏移量用 x_c 表示，其中正负号表示偏移方向，偏左为负，偏右为正，5 种工况的焦面偏移量 x_c 分别为－4.947mm、－1.944mm、－1.799mm、5.421mm、8.705mm，可通过式（3.28）进一步计算出对应的跟踪误差角，分别是－0.40mrad、－0.44mrad、－1.10mrad、＋1.20mrad、＋1.94mrad。跟踪误差导致焦面能流密度分布产生变化，从而对接收器的光学效率造成影响。

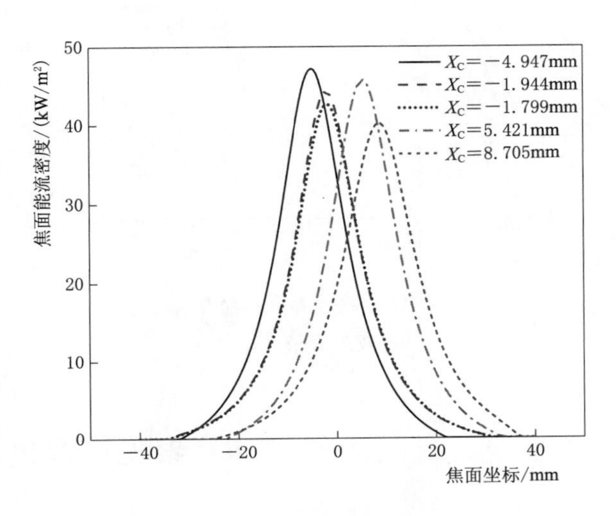

图 3 - 27　不同跟踪误差下焦面能流分布图

不同接收器光孔宽度对应截距因子如图 3 - 28 所示，表示 10～80mm 区间的接收器光孔宽度在不同跟踪误差下对应的截距因子变化规律。随着接收器光孔宽度的增大，截距因子逐渐增大并趋向于 1，而跟踪误差会减缓截距因子趋向于 1 的过程。因为跟踪误差会引起焦面中心发生偏移，从而导致进入接收器光孔的反射光减少。－0.40mrad 跟踪误差下，40mm 的接收器光孔宽度可保证截距因子达到 95%，当跟踪误差扩大至 1.94mrad 时，若想保证 95%以上的截距因子，接收器光孔宽度需扩大 25%，表明截距因子对跟踪误差的敏感性较为显著。

给定接收器光孔宽度对应截距因子如图 3 - 29 所示，从中看出 50mm 接收器光孔宽度时跟踪误差角对截距因子的影响规律。随着跟踪误差角的增大，截距因子呈下降趋势，截距因子曲线的切线斜率越来越大。当跟踪误差角从 0.40mrad 增至 1.20mrad，截距因子下降了 0.008；当跟踪误差角从 1.20mrad 增至 1.94mrad，截距因子下降了 0.022。后者的变化速度接近前者的 3 倍。因此，在实际运行中应尽量减小跟踪误差角，从而保证较高的光学效率。给定接收器光孔宽度对应截距因子的函数公式为

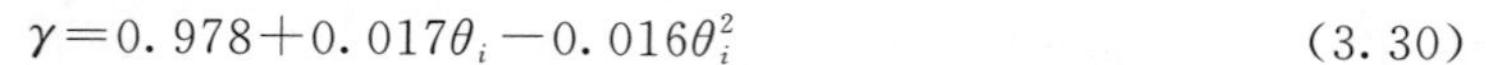

$$\gamma=0.978+0.017\theta_i-0.016\theta_i^2 \tag{3.30}$$

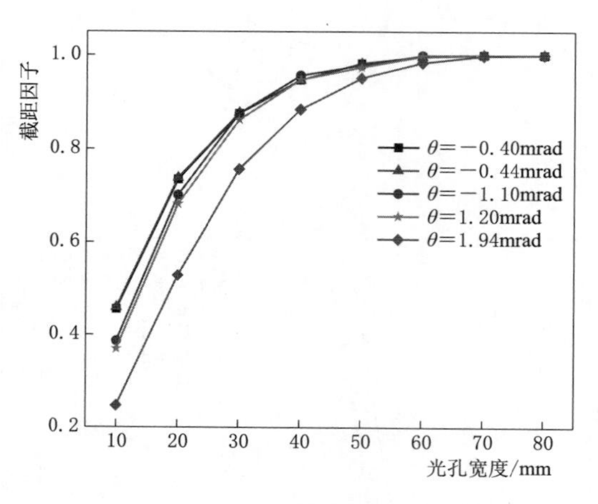

图 3-28 不同接收器光孔宽度对应截距因子

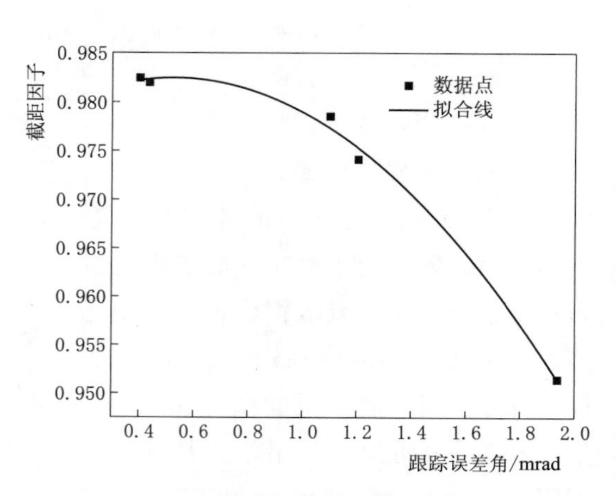

图 3-29 给定接收器光孔宽度时跟踪误差角对应截距因子

3.6 聚光镜厚度影响研究

太阳光通过聚光镜会聚到接收器上，为了确保聚光镜具有一定强度能够抵抗外界受力，必须保证聚光镜具有一定厚度。目前的聚光镜主要由高透光率的玻璃和高反射率的涂层制造，因此受玻璃折射效应的影响，所反射的太阳光路径会发生一定的偏差，从而导致焦面聚光特性发生变化。研究这一问题对于优化焦面聚光特性具有重要意义。

3.6.1 聚光镜厚度对聚光焦面的影响理论分析

在实际应用中，由于聚光镜厚度处于一定范围，因此聚光镜表面一支光线的入射点和反射点之间的距离较近，如图 3-30 中 AF 所示。因此，可对聚光镜进行微元化分析。将聚光镜沿着抛物线分割成长度相等的众多小段，视一段微元内的聚光镜玻璃表面与反射面是一对平行线段。

图 3-30 反映了槽式聚光镜的折射效应原理。它由反射面 RS、玻璃表面 GS 和吸收面 AP 组成。太阳光被 RS 反射到 AP 上，在此期间它需要穿过 GS 两次。然而，在这一过程中，由于玻璃的折射率与空气的折射率不同，太阳光的路径发生了微小变化。

曲线 RS 的顶点为坐标原点，其曲线方程可表示为

$$4fy=x^2 \tag{3.31}$$

而聚光镜的厚度为 D_m，因此聚光镜玻璃表面即曲线 GS 的方程为

$$4f(y-D_m)=x^2 \tag{3.32}$$

假设玻璃的折射率和空气相等，则光线的方向不会改变。设某一条入射光线距离 y 轴的距离为 α，则落在反射面即曲线 RS 上的点为 $B\left(\alpha,\ \frac{\alpha^2}{4f}\right)$，落在玻璃表面即曲线 GS

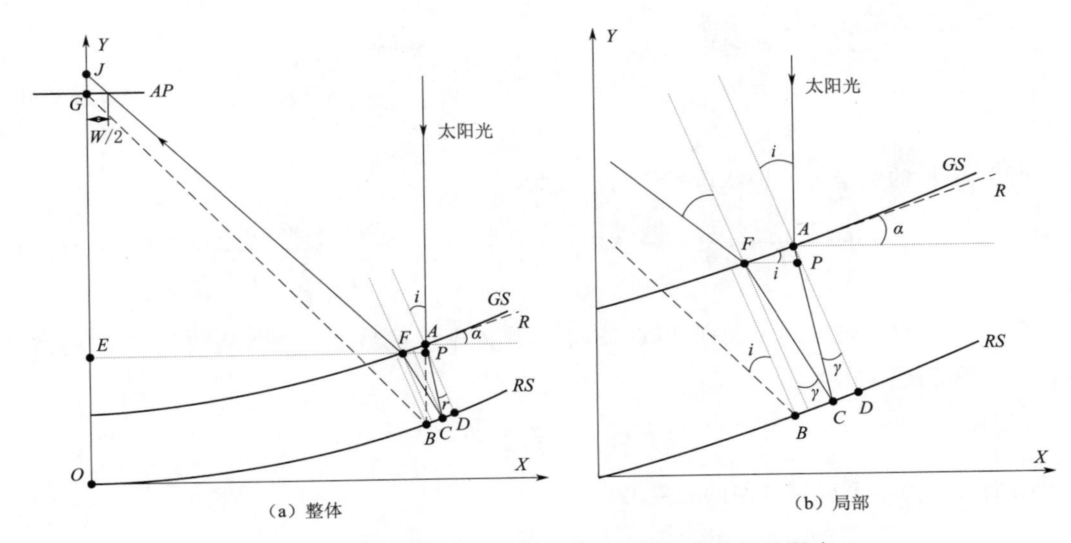

(a) 整体　　(b) 局部

图 3-30　抛物槽式系统聚光镜厚度对光线路径的影响

上的点为 $A\left(\alpha, \dfrac{\alpha^2}{4f(y-D_m)}\right)$。

点划线 R 为曲线 GS 在点 A 处的切线，故切线 R 在点 A 处的斜率为

$$k=\frac{\alpha}{2f} \tag{3.33}$$

切线 R 的切角 α 与入射光线的反射角相等，则该入射光线的反射角 θ_t 为

$$\theta_t=\arctan\frac{\alpha}{2f} \tag{3.34}$$

由 Snell 定律可知

$$n=\frac{\sin\theta_t}{\sin\theta_r} \tag{3.35}$$

故该入射光线的折射角 θ_r 为

$$\theta_r=\arcsin\frac{\sin\left(\arctan\dfrac{\alpha}{2f}\right)}{n} \tag{3.36}$$

由正弦定理可知

$$\frac{D_m}{\sin\left(\dfrac{\pi}{2}-\theta_r\right)}=\frac{CD}{\sin\theta_r} \tag{3.37}$$

$$\frac{AP}{\sin\theta_t}=\frac{AF}{\sin\dfrac{\pi}{2}} \tag{3.38}$$

线段 AF 和 CD 存在以下的关系

$$AF=2CD \tag{3.39}$$

线段 AP 的长度可被表示为

$$AP=\frac{2\delta\sin\theta_{t}\sin\theta_{r}}{\sin\left(\frac{\pi}{2}-\theta_{r}\right)} \tag{3.40}$$

所以点 F 的纵坐标，即线段 OE 的长度为

$$OE=\frac{\alpha^{2}}{4f(y-D_{m})}-AP=\frac{\alpha^{2}}{4f(y-D_{m})}-\frac{2D_{m}\sin\theta_{t}\sin\theta_{r}}{\sin\left(\frac{\pi}{2}-\theta_{r}\right)} \tag{3.41}$$

且点 F 在聚光镜玻璃表面即曲线 GS 上，代入聚光镜玻璃表面方程得到点 F 的横坐标，即线段 EF 的长度为

$$EF=\sqrt{4f(OE-D_{m})} \tag{3.42}$$

根据几何关系可得到焦面的宽度 W_{f} 为

$$W_{f}=2\left|\frac{\frac{\alpha^{2}}{4f(y-D_{m})}-\frac{2\delta\sin\theta_{t}\sin\theta_{r}}{\sin\left(\frac{\pi}{2}-\theta_{r}\right)}+\tan\left(\frac{\pi}{2}-\theta_{t}-\arctan\frac{\sqrt{4f(OE-D_{m})}}{2f}\right)\sqrt{4f(OE-D_{m})}-f}{\tan\left(\frac{\pi}{2}-\theta_{t}-\arctan\frac{\sqrt{4f(OE-D_{m})}}{2f}\right)}\right| \tag{3.43}$$

3.6.2 聚光镜厚度对聚光焦面的影响模拟分析

为研究镜面折射对焦面聚光特性的具体影响，通过光学模拟软件 TracePro 对槽式聚光镜聚光效果进行模拟，聚光镜相关参数见表 3-1。本分析中视空气折射率为 1。

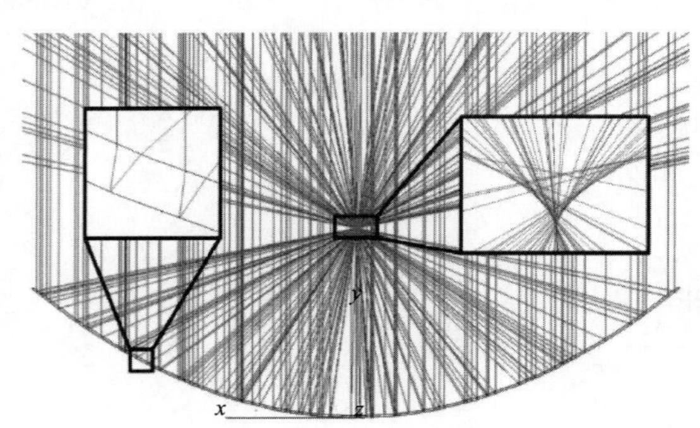

图 3-31 光线路径模拟结果

光线路径模拟结果如图 3-31 所示，根据其中的光线路径可知，光线先到达 GS，然后通过 RS 的反射聚焦在 AP 上，光线在通过 GS 的过程中会发生偏转，这种行为被称为玻璃的折射效应，在这个过程中发生了两次折射。由于聚光镜的折射效应，反射的太阳光偏离设计焦点，在 AP 处产生焦平面。

在光学模拟中，对厚度分别为 1mm、2mm、3mm、4mm、5mm 的 5 种聚光镜进行了模拟分析。在软件中进行建模时，除了聚光镜厚度，其他聚光镜的特性都保持不变。由于入射的辐照度设置为 800W/m^{2}，所以聚光器每次接收到的总能量是恒定的。为了避免 AP 的特征对分析产生影响，将其大小设置为 1500mm×40mm。由于聚光器的会聚作用，AP 上形成条形焦面，图 3-32 为 5 种聚光镜厚度下 AP 上能流密度分布模拟结果，图 3-33～图 3-36 为聚光特性各种分析的结果。

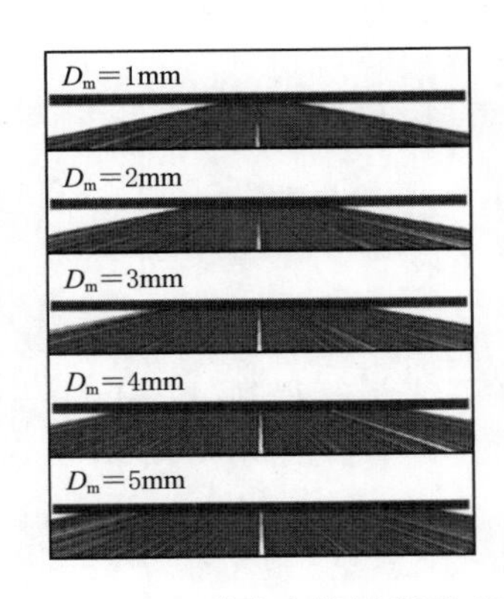

图 3-32　5 种聚光镜厚度下 *AP* 上能流密度分布模拟结果

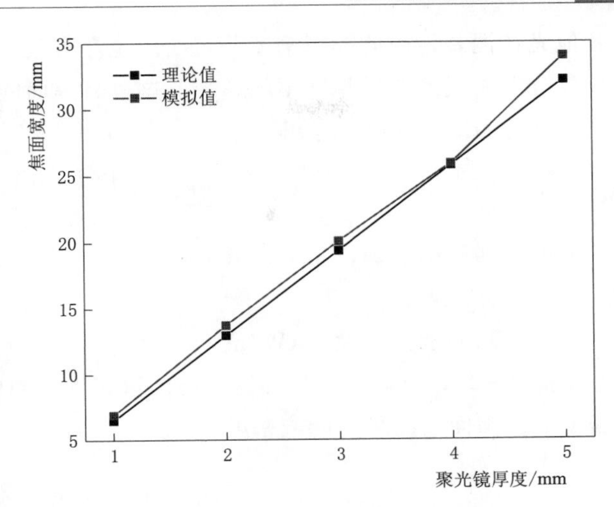

图 3-33　聚光镜厚度对焦面宽度影响的理论与模拟结果对比

由图 3-32 中可以看出，随着聚光镜厚度的增加，聚光镜的折射效应增强，反射光线会聚在焦面上的位置偏离设计焦面中心的距离增大，反射光线逐渐分散，从而导致焦面宽度逐渐增加。图 3-33 是焦面宽度随聚光镜厚度变化的具体模拟结果和理论计算结果，模拟结果与理论计算结果相比最大误差为 5.96%，吻合度较好，说明该模拟研究的结果可靠性较高。结果表明，当聚光镜厚度从 1mm 增加至 5mm 时，焦面宽度从 3.07mm 增加至 39.89mm，焦面宽度增大了约 13 倍，图 3-32 中可明显看出焦面宽度的变化，当聚光镜厚度为 1mm 时，焦面上形成了较窄的集中光带，当聚光镜厚 5mm 时则为较宽的分散光带。

图 3-34 是不同厚度聚光镜的焦面能流密度分布模拟结果，随着聚光镜厚度的增大，焦面宽度在增大，而入射光线总能量是不变的，由能量守恒定律可知，焦面能流密度也会发生对应的变化。从图 3-34 中可以看出，聚光镜厚度越小，焦面宽度越窄，焦面能流密度分布越集中，能流密度最大值越大。当聚光镜厚 1mm 时，焦面能流密度最大值达 378.39kW/m^2，当聚光镜厚 5mm 时焦面能流密度最大值为 76.12kW/m^2，即当焦面宽度增大了 5 倍，焦面能流密度最大值缩小约 5 倍。

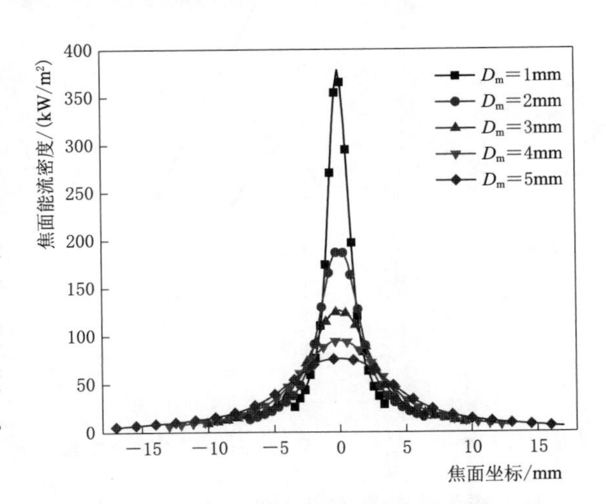

图 3-34　5 种聚光镜厚度焦面能流密度分布模拟结果

由图 3-34 可知，焦面能流密度分布曲线类似于正态分布，且该分析中未考虑其他光学误差，因此能流密度分布曲线是左右关于焦面中心对称的。不同的聚光镜厚度会导致分布曲线的变异程度不同，因此这里将焦面能流密度分布曲线的峰度绝对值定义为能流密度分布非均匀性 N，即

$$N=|\mathrm{Kurt}[I]|=\left|E\left[\left(\frac{I-\mu}{\sigma}\right)^4\right]\right|=\left|\frac{\mu_4}{\sigma^4}\right| \tag{3.44}$$

式中 μ_4——四阶中心矩；

σ——标准差；

I——焦面能流密度，$\mathrm{kW/m^2}$。

基于图 3-34，可以根据焦面宽度与能流密度之间的关系来计算得到 AP 上某一点的能流密度 I_j。焦面上的平均能流密度 I_{ave} 为

$$I_{ave}=\frac{\int_{-\frac{W_f}{2}}^{\frac{W_f}{2}} I_j \mathrm{d}W_f}{W_f} \tag{3.45}$$

图 3-35 显示了 5 种聚光镜厚度下的能流密度均匀性。当焦面宽 6.9mm，即聚光镜厚 2mm 时，非均匀性最小为 0.488；当焦面宽 25.88mm，即聚光镜厚 4mm 时，非均匀性达到最大为 0.756。这说明能流密度非均匀性对焦面宽度的变化较为敏感。焦面宽 6.9mm 时，非均匀性的主要趋势是随着焦面宽度的增大而增大。当非均匀性较大时，焦面的能流密度分布会过于分散，不利于对接收器内流体进行加热。同时，焦面宽度对最大能流密度的影响趋势呈非线性。结果表明，随着焦面宽度的增大，曲线的斜率趋于 0。这意味着最大能流密度对焦面宽度的灵敏度逐渐在减小。因此，研究聚光镜厚度对聚光镜性能的影响以及如何降低接收器焦面能流密度的非均匀性具有重要意义。

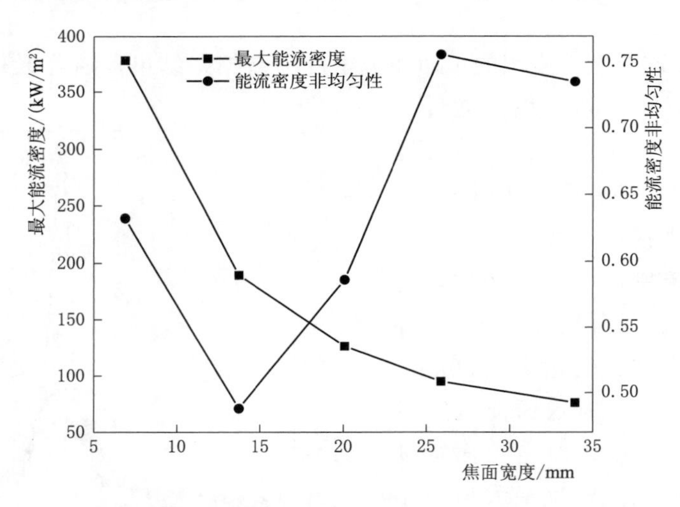

图 3-35 焦面宽度对能流密度非均匀性和最大能流密度的影响

聚光镜的接收能量由接收面积和辐照度决定。其中一部分能量会被聚光镜吸收或反射到空气中，大部分能量则能被吸收面吸收，该部分能量被定义为有效能量。光学效率即为

吸收面吸收能量与聚光镜接收能量之比，即

$$\eta_0 = \frac{\int_{-\frac{W_f}{2}}^{\frac{W_f}{2}} I(W_f)\mathrm{d}W_f}{I_0 A_a} \tag{3.46}$$

式中 η_0——光学效率；

W_f——焦面宽度，mm；

I_0——直射辐射，W/m^2；

A_a——聚光器光孔面积，m^2。

由图 3-36 可以看出，不同聚光镜厚度下 *AP* 宽度对光学效率和几何聚光比的影响较为明显。光学效率随聚光镜厚度的增加而降低，当 *AP* 宽 20mm，即几何聚光比为 75 时变化趋势尤为明显。当聚光镜厚度为 1mm、2mm 或 3mm 时，*AP* 宽度对光学效率的影响呈线性减小趋势且关联性相对较弱。当聚光镜厚度分别为 4mm 和 5mm 时，光学效率会出现不同的变化趋势，即当 *AP* 宽度分别小于 25mm 或 30mm 时，光学效率随 *AP* 宽度的增加而增加。这一现象表明，较厚的聚光镜需要匹配较宽的 *AP* 宽度和较低的几何聚光比。在商业化生产中，大型聚光镜是未来的发展趋势，而大型聚光镜需要更大的厚度来维持其强度，因此研究聚光镜厚度对光学效率的影响是较有意义的。

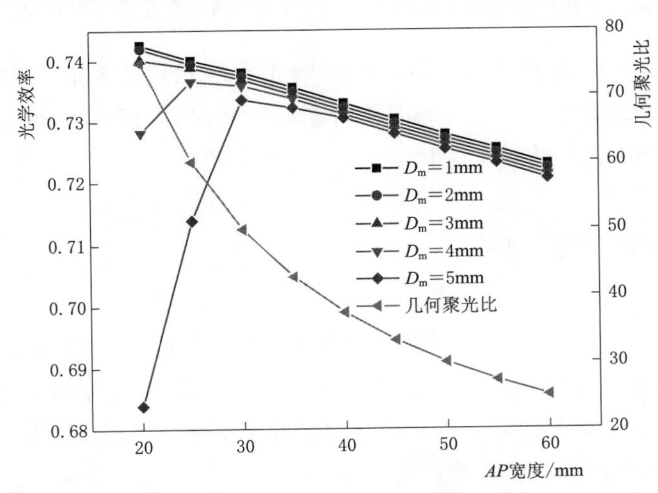

图 3-36 聚光镜厚度对光学效率和几何聚光比的影响

3.6.3 光学优化对聚光焦面的影响模拟分析

虽然聚光镜厚度较薄，但对焦面聚光特性也存在较大的影响。从图 3-33 和图 3-34 可以看出，当聚光镜厚 1mm 时，几何聚光比达 217，最大能流密度达 378.39kW/m^2。在这种情况下，很容易造成吸收器局部过热，从而损坏吸收器或降低其使用寿命。当聚光镜厚 5mm 时，其几何聚光比为 44，最大能流密度为 76.12kW/m^2。在该情况下，焦面宽度过大，焦面能流密度分布过于分散，导致系统的光学效率下降。如何通过优化聚光镜的折射效应，将焦面宽度和最大能流密度控制在一个合适的范围内，是一个重要的研究课题。

图 3-37 显示了不同聚光镜厚度下焦面宽度随 AP 纵向偏移量的变化。其中垂直轴上的“0”位置表示聚光镜的设计焦点位置。观察到不同聚光镜厚度下 AP 在垂直方向上的偏移距离对焦面宽度的变化都是相似的，5 种聚光镜均有使焦面宽度呈最小的 AP 位置，同样 AP 纵向偏移对焦面宽度的影响都接近对称分布。由图 3-38 可以看出，聚光镜厚度对最小焦面宽度的影响趋势呈线性变化，最小焦面宽度随聚光镜厚度的增加而增大。

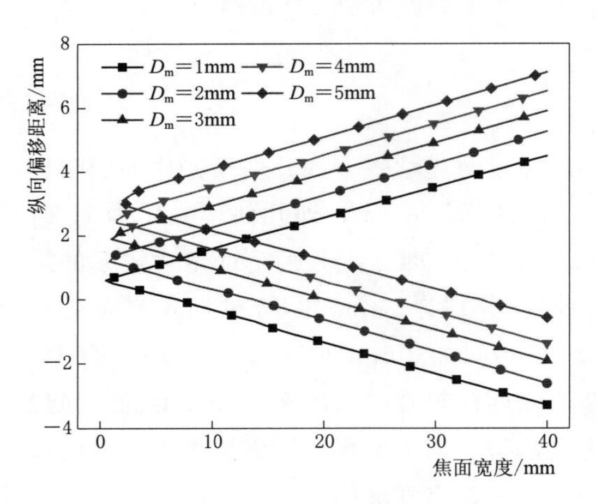

图 3-37 AP 纵向偏移对焦面宽度的影响

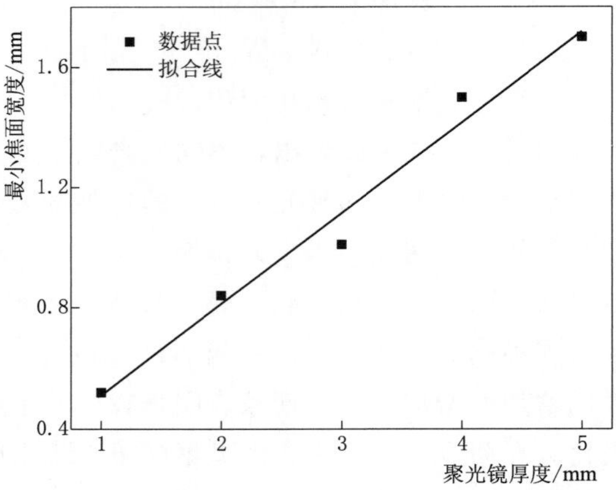

图 3-38 聚光镜厚度对最小焦面宽度的影响

除了光学效率外，能流密度的非均匀性对吸收器的光热转换能力也有较大影响。首先，更高的光学效率是重要的，其次需要降低能流密度的非均匀性。因此，利用光学优化因子量化焦面的光学特性，将光学优化因子定义为 ξ，即

$$\xi=(1-N)\eta_o \tag{3.47}$$

式中 N——能流密度非均匀性；

η_o——光学效率。

从图 3-39 可以看出，光学优化因子并没有随着焦平面宽度的增加而一直增加或减少。当焦面宽 13.72mm，即聚光镜厚 2mm 时，光学优化因子达到最大值，为 0.385。当焦面宽度分别为 28.88mm 和 33.94mm 时，两者的光学优化因子十分接近。

因此，可以利用焦面纵向偏移来优化聚光镜折光效应引起的影响，从而将焦面宽度控制在 13.72mm 左右。

不同聚光镜厚度下焦面纵向偏移范围如图 3-40 所示，当聚光镜厚 1mm 时，最小焦面宽度出现在 0.6mm 的位置，若控制焦面宽度在 13.72mm 以内，AP 位置的移动范围为 −0.69～1.96mm。当 AP 分别移动到 −0.69mm 和 1.96mm 时，焦面宽 13.72mm。当聚光镜厚 5mm 时，最小焦面宽度出现在 3.1mm 位置若控制焦面宽度在 13.72mm 以内，AP 位置的移动范围在 1.81～4.46mm 之间。AP 移动到 1.81mm 和 4.46mm 位置时，焦面宽 13.72mm。即使聚光镜厚度不同，焦面宽度的优化范围都为 2.65mm 左右。由于聚光镜的折射效应随聚光镜厚度的增加而增大，优化范围逐渐向设计焦点以上偏移。

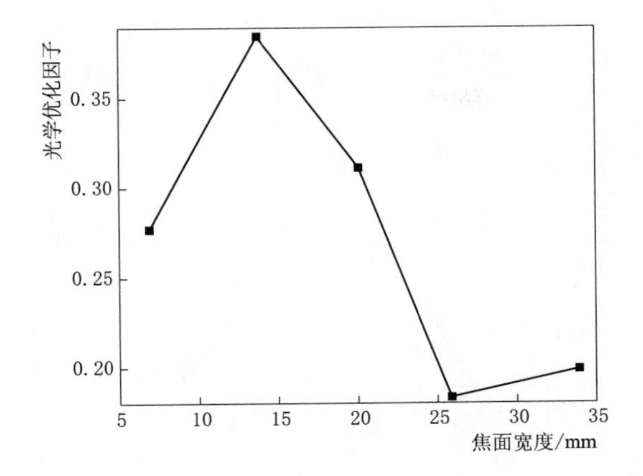

图 3-39 焦面宽度对光学优化因子的影响

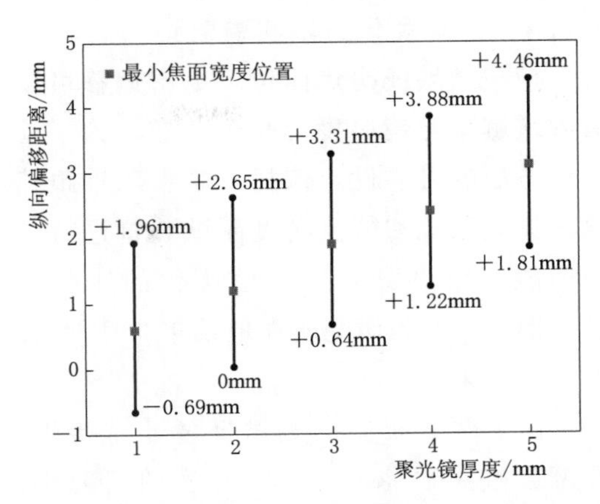

图 3-40 不同聚光镜厚度下焦面纵向偏移范围

图 3-41 为优化后的焦面能流密度分布。虽然聚光镜的厚度不同，但焦面能流密度分布十分接近。优化后，5 种聚光镜厚度的焦面宽度均为 13.72mm，最大能流密度约为 188kW/m^2。

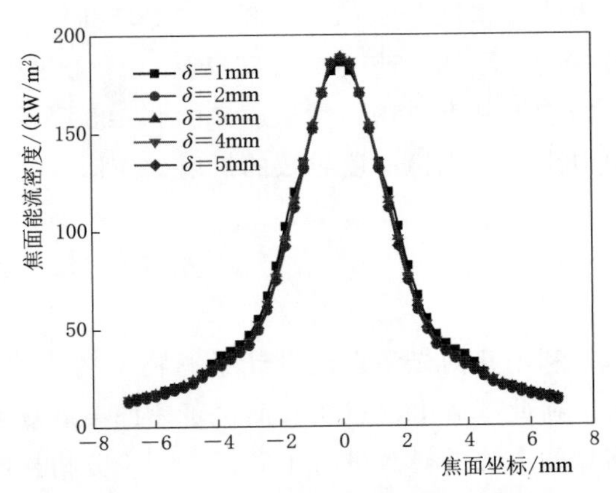

图 3-41 优化后焦面能流密度分布图

聚光镜厚度对光学优化因子的影响优化前后对比如图 3-42 所示。随着聚光镜厚度的增加，优化效果整体呈增加趋势。当聚光镜厚 5mm 时，光学优化因子的增加了 39.13%。与未优化时的光学优化因子变化趋势相比，优化后的光学优化因子最少增加了 34.37%。因此，通过优化 AP 位置可以有效提高焦面的光学性能。

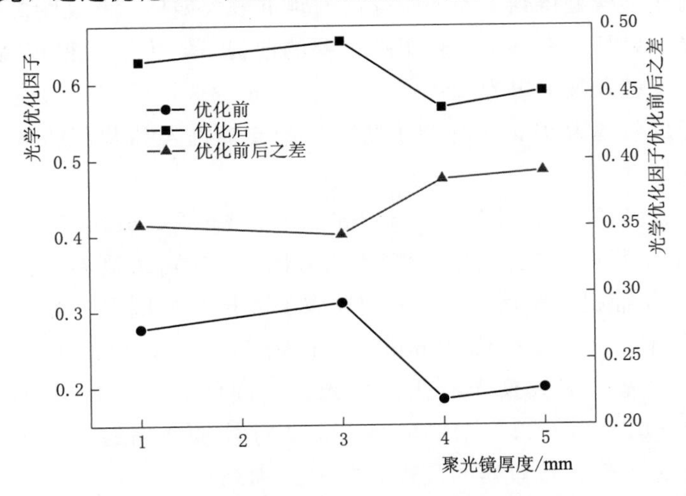

图 3-42 聚光镜厚度对光学优化因子的影响优化前后对比图

3.6.4 光学优化方法实验验证

模拟结果证明焦面位置纵向偏移可以有效缓解聚光镜厚度的折射效应，为了验证该方法的可靠性，依托实验室双轴跟踪槽式聚光系统和能流密度测试装置进行了焦面能流密度分布实验值优化的实验验证，图3-43为研究所在地某年9月12日的实验结果。

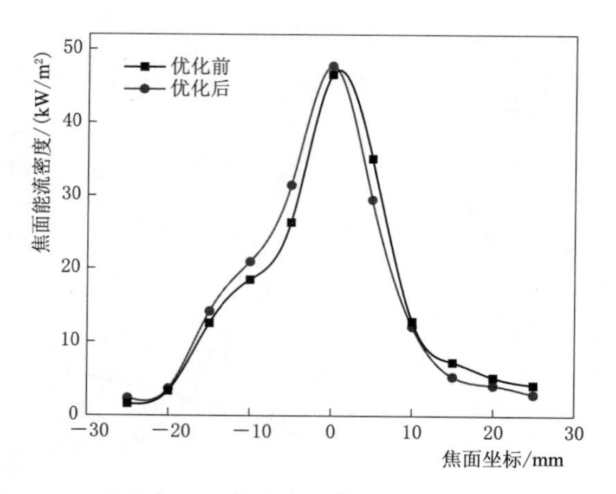

图3-43 焦面能流密度分布实验值优化前后对比图

由于两个实验的测试环境非常接近，环境影响可以忽略不计。在实验研究中，优化位置为1.5mm。优化后的光学效率和最大能流密度分别从69.68%和46.58kW/m² 提高至72.05%和47.76kW/m²。优化后的能流密度非均匀性从原来的0.485降低至0.409。实验验证发现，通过优化AP位置可以降低聚光镜厚度导致的折射效应影响。

3.7 本章小结

利用几何光学理论设计了抛物型槽式聚光装置，加工并搭建了双轴跟踪槽式聚光平台，在此基础上通过实验测试了焦面温度场及焦面能流密度分布，提出了计算焦面中心偏移量的方法并对其进行了验证，理论分析接收器定位误差、系统跟踪精度和聚光镜厚度对焦面聚光特性的影响规律，并通过双轴跟踪槽式聚光测试平台和光学模拟软件进行实验或模拟验证，得到以下结论：

(1) 根据几何光学模型得到了不同跟踪误差角下最大偏移量和焦距之间的关系，可指导抛物反射镜的光学设计，在满足双轴跟踪误差的前提下，为了获得较高的几何聚光比，该槽式的抛物型母线方程被确定为$y=x^2/1.82$；聚光镜选用镀银玻璃通过工业模具热弯加工成型，其镜面反射率为91%，加装了防变形的支撑框架和背部肋板，安装了固定接收器位置的可调支架。

(2) 实验测量了445mm、450mm、455mm、460mm、465mm 5个接收器位置的焦面宽度，其中455mm即焦距位置的焦面聚焦效果最佳，中心最高温度在实验条件下达到229℃，红外热成像仪捕捉图像呈线性，其他位置呈发散的椭圆形，测试靶读取的对应位置焦面宽度分别为81mm、63mm、45mm、86mm、108mm；根据实验数据建立了接收器位置相对于焦距误差与槽式聚光器几何聚光比之间的关系，并拟合函数方程为$y=0.479+0.572\exp\{-0.5[(x+0.003)/0.006]^2\}$，对于实验所用的聚光器，若保证几何聚光比不小于设计值的90%，接收器的位置应在452～456mm之间；

(3) 接收器定位误差对能流密度分布影响较大，随着定位误差增大，焦面宽度增加，焦面最大能流密度降低且能量趋于分散，能量聚光比减小，且更大的接收器光孔宽度才能保证较高的截距因子；当接收器光孔宽度为 50mm，接收器的定位误差控制在焦距的 1.1%以内时，可保证反射光线损失小于 10%。

（4）跟踪误差受环境参数综合影响，随着跟踪误差的增大，焦面中心偏移量增加，进入接收器光孔的反射光减少。跟踪误差从 1.20mrad 增至 1.94mrad 的截距因子的变化量约为从 0.40mrad 增至 1.20mrad 的 3 倍，因此截距因子对跟踪误差增幅速度愈加敏感。－0.40mrad 跟踪误差下，40mm 的接收器光孔宽度可保证截距因子达到 95%，当跟踪误差扩大至 1.94mrad 时，若想保证 95%以上的截距因子，接收器光孔宽度需扩大 25%。

（5）聚光镜厚度导致的镜面折射对焦面聚光特性有较大影响，随着聚光镜厚度的增加，焦面能流密度分布逐渐分散，焦面宽度增加，焦面能流密度最大值减小。当聚光镜厚度从 1mm 增加至 5mm，焦面宽度扩大了约 5 倍，焦面能流密度最大值减小了约 5 倍，光学效率下降了约 0.24%。模拟研究发现通过焦面位置纵向偏移对聚光镜镜面折射导致的影响进行优化补偿具有明显效果，可有效防止焦面宽度过小或过大导致的吸收管局部过热或能流密度分布发散问题。通过实验进行了验证，优化后的最大能流密度增大了 2.53%，光学效率提高了 2.37%，非均匀性降低了 15.67%。

参 考 文 献

[1] 周军，顾耀林．有理高斯函数曲线模拟技术计算［J］．计算机工程．2005，31（19）：186－188.

[2] 唐冲，惠辉辉．基于 matlab 的高斯曲线拟合求解［J］．计算机与数字工程．2013，41（8）：1262－1264.

[3] 周希正，李明，魏生贤，等．组合跟踪的槽式聚焦集热器太阳辐照量的研究［J］．能源工程，2006（6）：32－35.

[4] 陈维，李戬洪．抛物柱面聚焦的几种跟踪方式的光学性能分析［J］．太阳能学报，2003，24（4）：477－482.

[5] 叶卫平．ORIGIN 9.1 科技绘图及数据分析［M］．北京：机械工业出版社，2016.

[6] 何梓年．太阳能热利用［M］．合肥：中国科学技术大学出版社，2009.

[7] 何雅玲．工程热力学［M］．北京：高等教育出版社，2006.

[8] 李树臣，齐欣．“图形与几何”学习内容研究［J］．山东教育，2017（Z3）：78－80.

[9] Tao T.，Zheng H. F.，He K. Y.，et al. A new trough solar concentrator and its performance analysis［J］．Solar Energy，2011，85（1）：198－207.

[10] Maliani O. D.，Bekkaoui A.，Baali E. H.，et al. Investigation on novel design of solar still coupled with two axis solar tracking system［J］．Applied Thermal Engineering，2020，172：115144.

[11] Zou B.，Jiang Y. Q.，Yao Y.，et al. Optical performance of parabolic trough solar collectors under condition of multiple optical factors［J］．Applied Thermal Engineering，2019，160：114070.

[12] 孟晶晶，余锦，貊泽强，等．激光光斑照度的散射成像测量方法［J］．光学学报，2019，39（7）：0712004.

[13] Chen F.，Li M.，Zhang P.．Distribution of energy density and optimization on the surface of the receiver for parabolic trough solar concentrator［J］．International Journal of Photoenergy，2015，2015（5）：1－10.

[14] Zou B., Jiang Y. Q., Yao Y., et al. Hongxing Yang. Impacts of non-ideal optical factors on the performance of parabolic trough solar collectors [J]. Energy, 2019, 183: 1150-1165.

[15] Qiu Y., He Y. L., Cheng Z. D., et al. Study on optical and thermal performance of a linear Fresnel solar reflector using molten salt as HTF with MCRT and FVM methods [J]. Applied Energy, 2015, 146: 162-173.

[16] Yang X., Guo J., Yang B., et al. Design of non-uniformly distributed annular fins for a shell-and-tube thermal energy storage unit [J]. Applied Energy, 2020, 279: 115772.

[17] Wang Q. L., Yang H. L., Hu M. K., et al. Optimization strategies and verifications of negative thermal-flux region occurring in parabolic trough solar receiver [J]. Journal of Cleaner Production, 2021, 278: 123407.

[18] Widyolar B., Jiang L., Ferry J., et al. Theoretical and experimental performance of a two-stage (50X) hybrid spectrum splitting solar collector tested to 600℃ [J]. Applied Energy, 2019, 239: 514-525.

[19] Gong J. H., Wang J., Lund P. D., et al. Improving the performance of a 2-stage large aperture parabolic trough solar concentrator using a secondary reflector designed by adaptive method [J]. Renewable Energy, 2020, 152: 23-33.

第4章

槽式太阳能系统腔体接收器光学性能研究

4.1 概　　述

接收器是槽式太阳能聚光集热系统中光热转化的重要部件，如果说聚光器的聚光特性决定着系统光学效率，接收器则负责有效接收聚焦能量并将其转化为热能进一步利用。目前槽式太阳能系统的接收器主要分为真空管式和基于黑腔效应的腔体式，其中腔体接收器具有制造工艺简单和稳定性好等优势。腔体接收器的结构以及与聚光镜之间的光学耦合关系直接影响槽式系统的光学性能，因此对腔体接收器的结构进行优化设计以及光学性能分析对槽式太阳能系统有重要意义。

接下来将对适用于抛物槽式聚光系统的腔体接收器进行设计并从光学性能和热力学性能多角度对腔体结构优化，可采用光学效率、能流标准差以及传热性能构建评价腔体结构性能的多标准体系，并对腔体接收器安装位置在垂直和水平方向的偏移进行仿真分析，搭建一种适用于槽式太阳能系统的倒梯形腔体接收器热性能测试平台，通过理论分析和实验测试研究不同因素对系统热性能的影响。

4.2 腔体接收器结构设计

腔体接收器是基于黑腔原理设计，其结构设计显著的影响着系统整体的性能，当前国内外提出的腔体形式多样，其中 Reynolds 等提出的梯形腔体接收器具有较好的光热转换性能，但其通光孔大，溢出光线较多，黑腔效应不理想，因此本书设计了一种复合倒梯形管簇式结构的腔体接收器，其剖面结构如图 4 - 1 所示，腔体接收器外部呈长方形，中间为保温材料，内部为复合倒梯形结构。为使腔体接收器的光热耦合能力提高，该设计中采用管簇式布置；腔体内壁设置为反射壁面，即倒梯形内壁面贴高反射率的反射膜，腔内布置有一定数量的集热管簇用来接收入射光

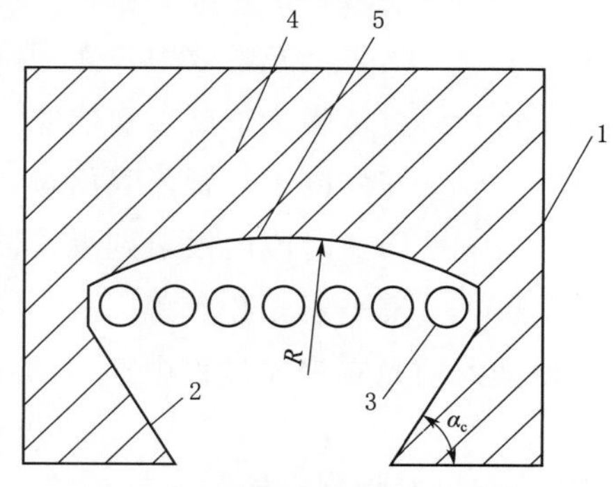

图 4 - 1　腔体接收器的剖面结构图

1—外壳；2—内反射面；3—集热管；4—保温层；5—圆弧反射面

线，集热管簇与腔体内壁不接触；腔体内部并不是严格意义的倒梯形结构，而是将倒梯形上壁面由平面改为了圆弧面，因此称为复合倒梯形腔体。

通过对聚光装置在一定遮挡宽度下焦面能量的影响研究，确定腔体外壳的宽度为120mm，高度为100mm，长度与聚光镜相同为1500mm，考虑到中间填充保温材料的厚度，腔体内壳倒梯形的上表面宽度即可确定为90mm。因所设计的腔体为管簇式，研究其光学效率需确定集热管的尺寸及布置型式，此处集热管径若太大无法很好地接收聚焦入射的光线，若管径太小则流动工质的流动阻力太大，综合考虑聚光镜和腔体的尺寸集热管直径选定为10mm，考虑到实际运行中的膨胀变形，集热管簇之间留有一定的间距，以上腔体接收器的结构参数汇总见表4-1。其几何结构尺寸与现有抛物型槽式聚光器匹配。

表4-1　腔体接收器的结构参数

参　数	数值	参　数	数值
腔体外壳宽度/mm	120	集热管外径/mm	10
腔体外壳高度/mm	100	集热管数量/支	7
腔体长度/mm	1500		

4.3　腔体接收器光学性能研究

4.3.1　光学理论分析

槽式太阳能聚光系统的光学效率是其在没有热损失的理想条件下所能达到的最大能量采集效率，体现腔体接收器能够捕获聚光镜反射太阳辐照度的大小，是衡量腔体接收器性能的重要指标，其定义为接收器吸收的太阳辐照度与进入聚光器采光面的太阳辐照度的比值，具体对于研究的管簇型腔体又可写成

$$\eta_0=\frac{\iint_{A_r}G(x,y)\mathrm{d}x\mathrm{d}y}{G_aA_a}\tag{4.1}$$

式中　η_0——接收器光学效率，无因次；

$G(x,y)$——腔体集热管簇表面的能流密度分布函数，W/m^2；

A_r——腔体内集热管簇表面积，m^2；

G_a——同一时段内投射到聚光器采光面上的太阳辐照度，W/m^2；

A_a——聚光器光孔面积，m^2。

根据太阳光在聚光过程中经历的各个环节也可写成

$$\eta_0=\rho(\gamma\tau\alpha_{\mathrm{eff}})_nK(\theta)\tag{4.2}$$

式中　ρ——抛物聚光镜的反射率；

γ——接收器对于汇聚光线的采集因子；

τ——当接收器有玻璃盖板时的玻璃透射率；

α_{eff}——接收器的有效吸收率；

n——会聚光线在腔内的反射次数；

$K(\theta)$——入射太阳光以 θ 角倾斜入射时的综合影响因子。

以上参数中对于已有的抛物面聚光镜以及一定精度下保证太阳光垂直入射的双轴跟踪系统，不予考虑 ρ 和 $K(\theta)$ 的影响；设计中腔体接收器未采用玻璃盖板，因此 $\tau=1$；γ 采集因子表示镜面反射的辐射落到接收器的百分数，是光线聚焦损失的体现，其值受接收器开口宽度以及聚光镜表面光洁度、聚光镜型面误差、接收器定位误差和跟踪误差等综合影响；设计中管簇式腔体接收器内表面为反射面，其有效吸收的太阳辐射能体现在集热管簇表面最终获得的能流，因此腔体接收器的有效吸收率 α_{eff} 由腔内表面反射率、会聚光线在腔内的反射次数 n 以及集热管壁的涂层吸收率共同决定。

4.3.2 光学性能影响因素分析

Guo 等在对风速、传热流体流量和环境温度，太阳入射角以及接收器的直径对接收器性能的影响研究后发现，比起接收器的热损失，光损失占到能量损失的主要部分。而接收器的结构形状、几何参数以及所用材料属性又决定着其光学性能，因此针对腔体结构和材料进行优化设计，能够有效提高腔体接收器的光学特性。

对于所设计的复合倒梯形腔体接收器，在已确定的参数和集热管簇布置方式一定的情况下，影响腔体接收器光学性能的几何参数包括：腔体开口宽度、反射圆弧半径 R 以及倒梯形开口角度 α_c；而影响腔体接收器光学性能的材料属性包括腔体内壁的反射率以及集热管簇壁面的吸收率。

腔体开口宽度同时影响着腔体的光学性能和热损失性能，在槽式聚光镜一定的情况下，腔体开口宽度越大越有利于接收聚焦光线，采集因子越大，光能的聚焦损失越小；腔体开口宽度越小，则越有利于减少对流和辐射换热损失。而不同的腔体开口角度 α_c 和反射圆弧的半径 R 都将导致进入腔体的光线传播路径发生改变，光线路径如图 4-2 所示。

由图 4-2（c）可知，随着倒梯形开口角度 α_c 的减小，通过聚光镜反射进入腔内的光

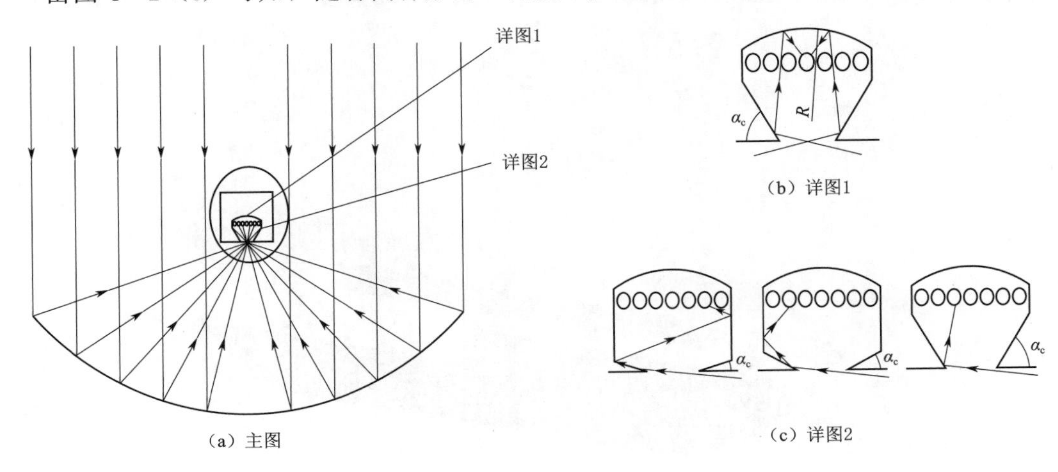

图 4-2 光线路径图

线在到达集热管簇壁面时光路的反射次数增加，而入射光线每经历一次反射，就伴随着能量被吸收和反射衰减损耗，从而降低了到达集热管壁的能流密度，因此光学效率减小；由于接收器的遮挡作用，集热管簇位于中心处会存在一定的能流遮蔽区，导致腔体内并列分布的集热管簇表面能流具有较大的不均匀性，进而导致光热转化效率降低。为了解决该问题，该结构中加入圆弧反射面，其作用类似于均光罩，如图 4-2（b）所示，可将更多光线聚焦到遮蔽区集热管的上表面，在增大腔体内表面积同时使集热管簇壁面能流分布更加均匀，从而提高光学效率，不同半径的圆弧反射面对光线路径的改变作用不尽相同，因此对于光学效率的影响程度也不同。

以上分析中，腔体开口宽度、倒梯形腔体开口角度 a 和圆弧反射面半径 R 均会引起系统光学效率的改变，若通过几何光学理论进行计算，过程较为烦琐，因此在腔体结构的寻优中采用基于 Monte Carlo 光线追踪法的 TracePro 软件进行模拟研究。

4.3.3 光学性能模拟研究及优化

4.3.3.1 光学模拟物理模型及参数设置

TracePro 是基于 Monte Carlo 光线追踪的一种统计采样的随机模拟方法，认为每个单元（面元或体元）发射一定量的光束，跟踪、统计每束光束直到它被吸收或逸出系统，然后再跟踪下一束光线。

利用 ANSYS 中的 DM 绘制复合倒梯形腔体的三维模型导入 Tracepro 软件中，再插入抛物型槽式聚光镜，槽式聚光腔体集热系统的三维物理模型如图 4-3 所示。本模拟研究中的物理模型根据表 4-1 确定，其中倒梯形开口宽度、开口角度 α_c 和反射圆弧半径 R 为可变参数，腔体内壁反射面的反射率和管簇式集热管的外表面吸收率均作为变量成为可优化的参数。模拟过程中忽略太阳角的影响，且认为系统跟踪设备为理想状态不存在跟踪误差，聚光镜厚度导致的太阳光线偏移效应在此也不予考虑。材料属性的设置分别为：抛物面槽式聚光镜为镀银镜面反射率设置为 0.91，腔体内反射壁面的反射率设定为 0.7，漫反射率为 0.13，管簇式集热管对光线的吸收率设定为 0.8，在 TracePro 中，物体表面的

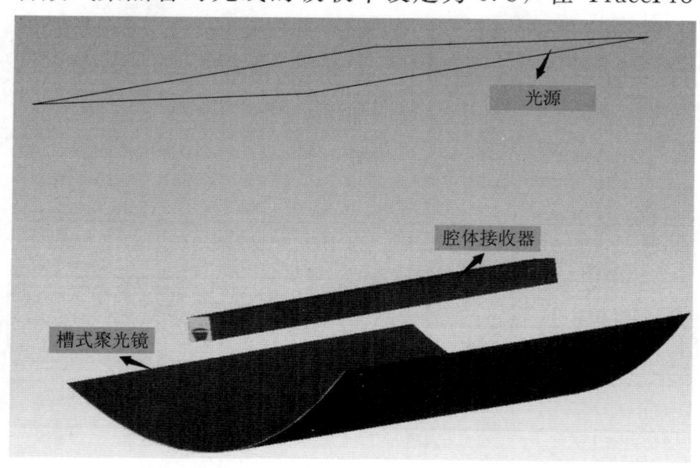

图 4-3 槽式聚光腔体集热系统的三维物理模型图

吸收率、反射率和漫反射率等参数的设定通过 ABg 模型实现；光源设置采用格点光源，在聚光器正上方 2000mm 处设置矩形发射面作为光源，光线数量为 1×10^4 条且均匀分布，根据实验室现有 BSRN 太阳辐射监测系统多年的太阳辐照规律，模拟中太阳辐照度设定为 850W/m^2，以接近实际工况。

4.3.3.2 腔体接收器几何结构参数的优化

开口宽度用 W_c 表示，假定开口角度 $\alpha_c=65°$不变，腔体深度以及其他参数均不变，只有开口宽度作为单一变量，参考双轴跟踪槽式聚光系统焦面宽度测试结果，开口宽度变化区间定为 45～65mm，以 5mm 作为步长分别建立物理模型进行模拟，不同开口宽度下的光线追迹如图 4-4 所示，开口宽度 W_c 对光学效率 η_0 及光通量的影响模拟结果如图 4-5 所示。

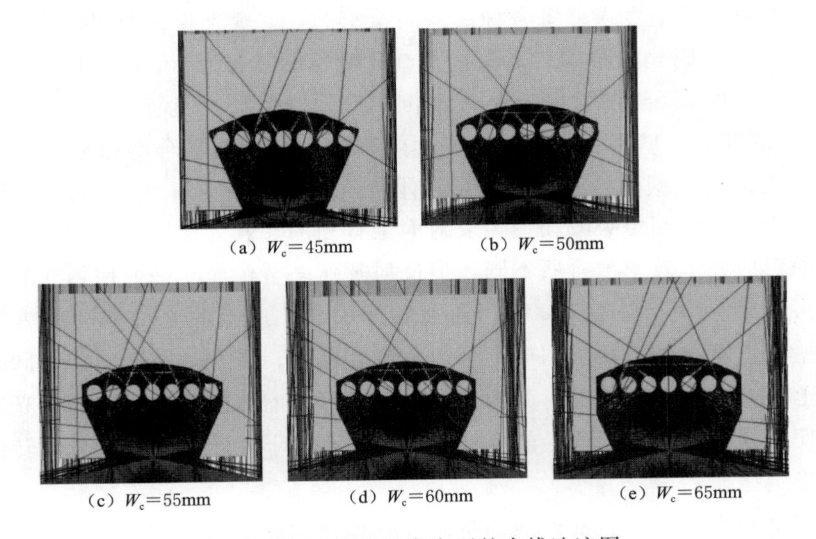

(a) W_c=45mm (b) W_c=50mm

(c) W_c=55mm (d) W_c=60mm (e) W_c=65mm

图 4-4 不同开口宽度下的光线追迹图

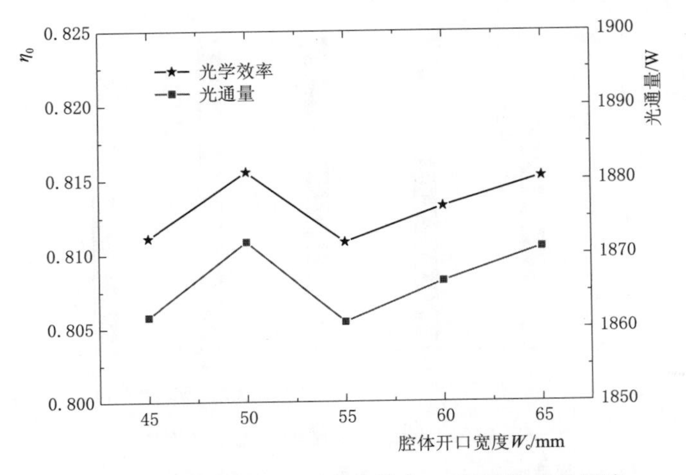

图 4-5 开口宽度 W_c 对光学效率 η_0 及光通量的影响

如图 4－5 中，开口宽度在 45～55mm 之间变化时，管簇式集热管表面入射的光通量先增大后减小，当腔体接收器的开口宽度为 50mm 时光通量达到最大；当开口宽度在 55～65mm 之间时光通量逐渐增大，对应光学效率的变化与光通量的变化趋势一致，整体变化幅度较小。分析出现此趋势的原因在于：当开口宽度增大时，腔体内反射壁面的面积增加，在一定的反射率下壁面的光学损失增加，该种情况尤其在反射率较低时损失更加明显；同时由于到达管簇集热管壁面的反射次数增加，反射损失也增加，但是开口宽度的增大会增加光线不经反射而直接入射集热管的光线数，三种因素共同作用影响光通量和光学效率的变化。若从光学考虑腔体接收器开口宽度越大，腔体的光学聚光比就越小，随之能流密度就会降低，从热力学考虑开口宽度的增大会引起较大的热损失，所以腔体的开口宽度不能太大。而通过聚光器焦面宽度实验测量值可知，在太阳张角、跟踪误差、聚光镜面误差、定位误差以及光洁度误差等各种误差的累积下，本聚光装置中实际的焦平面焦面宽度均在 45mm 以上，因此本腔体的采光孔开口宽度设计值选为 50mm，其对应的光学效率是 81.55%，接下来以反射圆弧半径 R 以及倒梯形开口角度 α_c 为主要变量进行分析优化。

图 4－6 表示腔体上壁面不同结构对光学效率的影响。当复合倒梯形腔体接收器的开口角度 $\alpha=55°$ 时随着上壁面结构的变化对腔体接收器光学效率 η_0 的影响，在该倒梯形腔体结构的设计中，上壁面由吸收面变为反射面是有利的，其光学效率提高近 5%，而不同半径反射弧面对应光学效率虽有所不同，但反射圆弧面替代原有平面使得光学效率均明显提高，最高可达 80.2%。分析其原因当通过腔体采光孔进入的光线未被集热管吸收而直接照射到内壁时，若被内壁吸收则会产生内壁温度升高，造成热损失增大，同时也会减少落到集热管上的光通量；圆弧反射面的加入一方面可以增加集热单元上的总光通量，另一方面也可以使管簇式的集热管壁上能流分布均匀，有利于腔体接收器的光热转化性能以及长期使用的稳定性。

考虑到理论和实际加工的可行性，本研究选取了合适的反射圆弧半径 R 以及倒梯形

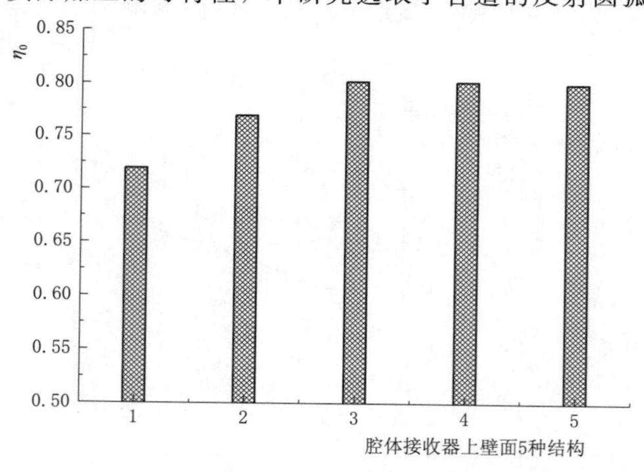

图 4－6　腔体上壁面不同结构对光学效率的影响

1—平面吸收面；2—平面反射面；3—R＝90mm 弧面反射面；
4—R＝100mm 弧面反射面；5—R＝80mm 弧面反射面

开口角度α的变化范围进行单因素研究，模拟结果如图4-7和图4-8所示。由图4-7可知，随着开口角度α的增大，光学效率先缓慢波动，在$\alpha_c=45°$之后明显增大，分析其原因，除反射次数增加导致的能量衰减损耗外，开口角度的增大也使得入口反射面增加，其内表面反射光线的临界逸出角增大，逃逸光线减少；而圆弧反射面的设计增大了腔体内表面积，从而增加了集热管簇上的总光通量，同时使集热管壁能流分布均匀，提高了光学效率。图4-8可见随着圆弧半径的增大，光学效率呈现先增大后缓慢降低的趋势，在$R=$90mm处出现最大值，这是因为太小的圆弧半径会导致腔体深度减少，影响集热管簇表面的能流均匀性，同时减少了光通量，何况腔体重心的升高会影响系统运行稳定性；而圆弧半径太大又会减小反射弧面，改变了入射光线的光程，不利于集热管簇对光线的吸收。

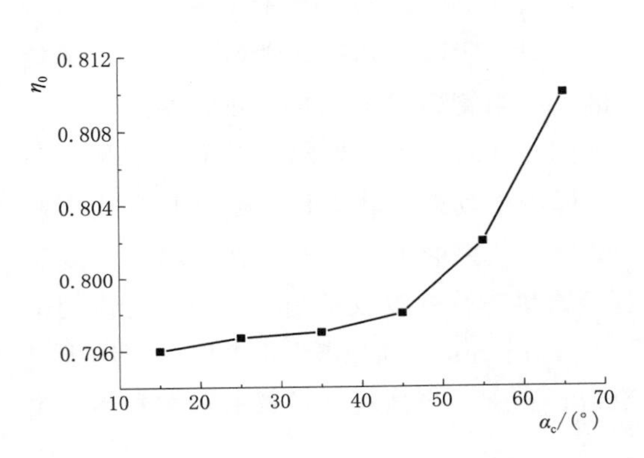

图4-7 开口角度α_c对光学效率η_0的影响

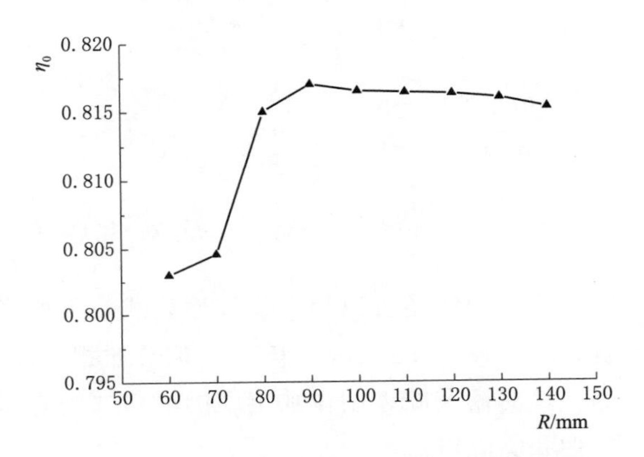

图4-8 反射圆弧半径R对光学效率η_0的影响

为了获得最优腔体结构，针对上述分析结果，选取倒梯形开口角度（$\alpha_c=65°$、$\alpha_c=55°$、$\alpha_c=45°$）和反射圆弧半径（$R=$80mm、$R=$90mm、$R=$100mm）的组合形式展开进一步研究。由图4-9可见当开口角度相同时，圆弧反射面结构的腔体接收器光学效率η_0明显均高于平面反射面；随着倒梯形开口角度的增大，光学效率均增大，不过圆弧反射面半径和开口角度对腔体接收器光学性能的影响程度不同，对于圆弧反射面半径从$R=$80mm到$R=$90mm再到$R=$100mm的变化中对应只产生0.3%的效率增大和0.05%的效率减小；而对于开口角度从$\alpha=65°$变化到$\alpha=45°$则导致4.3%的效率下降，综合以上组合结构得出，当开口角度$\alpha=65°$，反射圆弧半径为$R=$90mm时，该腔体接收器的光学效率可以达到最高。

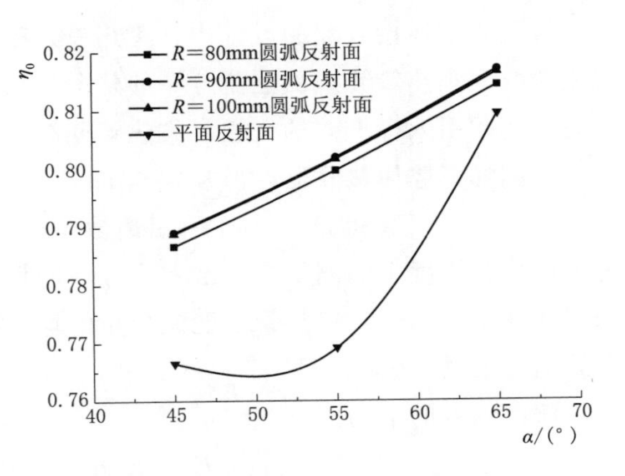

图4-9 不同开口角度α的不同圆弧反射面对光学效率η_0的影响

4.3.3.3 腔体接收器材料属性的优化

以上的研究基于腔体结构几何参数的优化，但是当结构几何参数一定时，应用不同的材料制作腔体会体现出差别较大的材料属性，例如腔内表面反射率和管簇集热管壁面接收率，为了定量的研究其对光学性能的影响，对不同的材料属性进行模拟仿真研究。

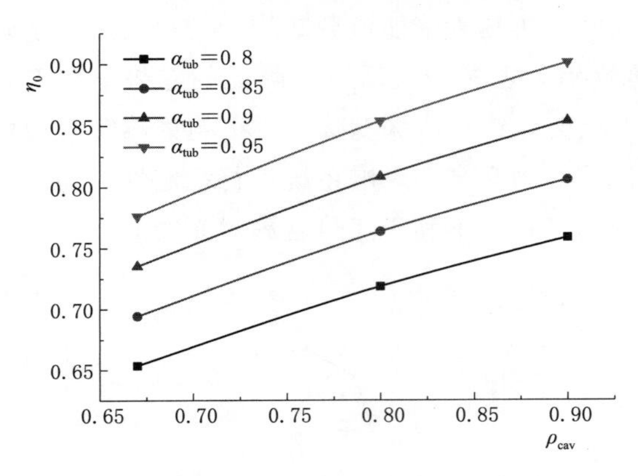

图 4-10 腔体管壁反射率对光学效率的影响

腔体管壁反射率对光学效率的影响如图 4-10 所示，当集热管壁吸收率 α_{tub} 一定，随着腔体内壁反射率的增大光学效率随之增大，定量的分析当腔体内壁反射率 ρ_{cav} 从 0.8 增大到 0.9 时，光学效率 η_0 平均增大 4.37%；而当腔体内壁反射率 ρ_{cav} 一定时，吸收率越高光学效率越大，定量的分析当管簇式集热管壁吸收率从 0.8 增大到 0.9 时，光学效率增大了 8.88%，即腔体内壁反射率和集热管壁吸收率均为影响光学效率的因素，但两者影响的程度不同。根据曲线还可以拟合出线性公式，例如当管簇式集热管壁吸收率为 0.8 时，对应的拟合公式为 $y=0.348+0.458x$，拟合的相关性系数 Pearson′s 为 0.998，相关性好，结果可靠，针对后期腔体制作加工中的材料选用有理论指导意义。当然材料的选取还需权衡材料属性和其经济成本。

4.3.4 腔体集热管壁能流均匀性研究

管簇式腔体接收器的设计中，集热单元布置为一定数量的集热管，腔体接收器结构的变化会改变集热管簇壁面能流分布的状况，而能流分布的不均匀程度直接影响集热管的热损失，因此引入标准差的概念对集热管壁能流的均匀性进行分析。

将倒梯形腔体接收器内部从左至右 7 根集热管壁上的能流密度分别定义为 E_1、E_2、E_3、E_4、E_5、E_6 和 E_7，对于一组离散型的随机数列，在概率统计中经常使用标准差作为统计分布程度上的测量。标准差为方差的算术平方根，反映组内个体间的离散程度，此处用标准差表示多根集热管上能流分布的均匀程度，通过该数学方法分析集热管壁能流分布的均匀情况。

随机数列的平均值 $\overline{E}$ 为

$$\overline{E}=\frac{E_0+E_1+E_2+E_3+E_4+E_5+E_6}{7} \tag{4.3}$$

标准差 σ 为

$$\sigma=\sqrt{\frac{\sum_{i=0}^{6}(E_i-\overline{E})^2}{7}} \tag{4.4}$$

图 4-11 可直观地显示不同腔体结构内集热管壁能流密度 E 分布差异较大，而图

4-12中通过计算标准差 σ 将不同结构下管簇能流密度 E 的均匀性量化，可知所研究组合结构中开口角度 $\alpha_c=65°$ 与反射圆弧 $R=80mm$、$R=90mm$、$R=100mm$ 这三组能流密度 E 分布相对较为均匀，当开口角度 $\alpha_c=65°$ 和反射圆弧半径为 $R=90mm$ 的组合结构时对应能流标准差为最低，即该种腔体接收器结构下集热管壁能流密度 E 分布最为均匀。

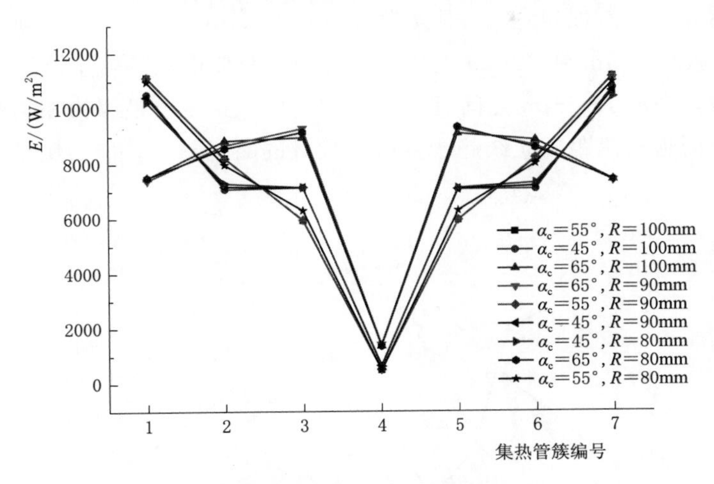

图 4-11 不同腔体结构集热管壁能流密度 E 的分布

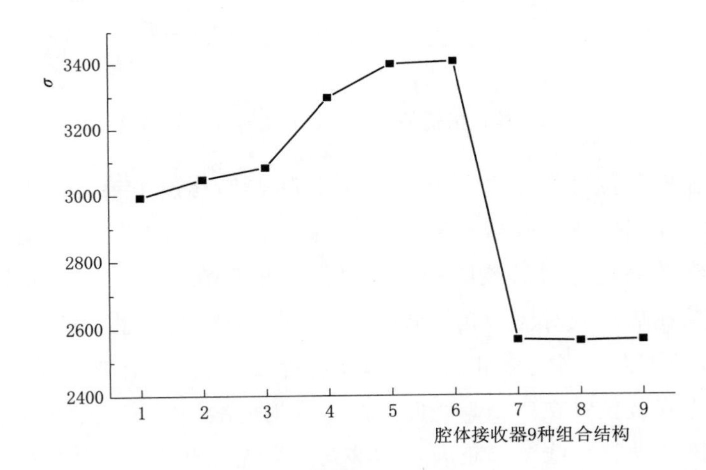

图 4-12 不同腔体结构集热管壁能流标准差

1—$\alpha_c=45°$，$R=80mm$；2—$\alpha_c=45°$，$R=90mm$；3—$\alpha_c=45°$，$R=100mm$；4—$\alpha_c=55°$，$R=80mm$；5—$\alpha_c=55°$，$R=90mm$；6—$\alpha_c=55°$，$R=100mm$；7—$\alpha_c=65°$，$R=80mm$；8—$\alpha_c=65°$，$R=90mm$；9—$\alpha_c=65°$，$R=100mm$

4.3.5 腔体接收器位置偏移光学性能研究

对于槽式太阳能聚光系统，由于聚光镜面误差、安装误差以及跟踪误差等存在，聚焦光线实际中是在垂直和水平方向上有一定偏移量的光带，因此研究偏移量对系统光学性能的影响对实际运行中腔体接收器的安装位置有理论指导意义。

4.3.5.1 垂直位置偏移对接收器光学性能的影响

定义腔体接收器采光孔安装位置等于聚光镜焦距时，垂直位置偏移即垂直偏焦量为零。当腔体接收器采光孔安装位置大于聚光镜焦距时，偏焦量为正值，反之为负值，垂直偏焦量用 Δz 来表示。

腔体接收器垂直位置偏焦量 Δz 对光学效率 η_0 的影响如图 4-13 所示，可以看到随着垂直偏焦量 Δz 从-30mm 到 30mm 变化的过程中，腔体内集热管壁能流标准差 σ 整体呈逐渐下降的趋势，在-5～5mm 之间有一个小的起伏，这主要是因为在焦距以及焦距附近焦斑相对集中，而远离焦距处光线趋于发散，发散的路径越多，能流则越均匀；

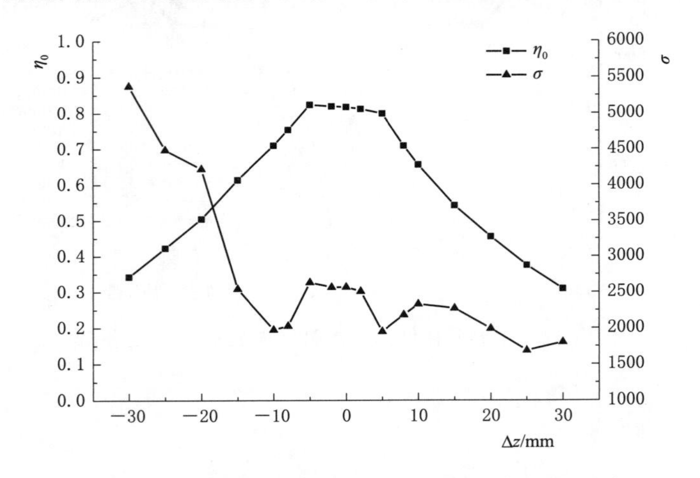

图 4-13 垂直位置偏焦量 Δz 对光学效率 η_0 的影响

当腔体接收器安装位置的偏焦量 $\Delta z>0$ 时，随着偏移焦距垂直向上的距离增大，光学效率逐渐降低，而当腔体接收器安装位置的偏焦量 $\Delta z<0$ 时，随着偏移焦距垂直向下的距离增大，光学效率呈先增后减的趋势，最大值出现在 $\Delta z=-5$mm 处光学效率可达 82.3%，高于安装在焦距处对应的光学效率 81.7%；图中偏焦量 $\Delta z=-5$～5mm 范围内时光学效率 η_0 波动不大，当偏焦量 $\Delta z>5$mm 或者 $\Delta z<-5$mm 时，光学效率 η_0 快速下降。究其原因，当安装位置在焦距垂直向上时，入射光线通过聚光器反射会聚后易从腔体采光孔溢出，且随着偏移焦线距离越大，能够到达采光孔并进入腔体的光线越来越少，导致光学效率下降；而当安装位置在焦距垂直向下时，聚光器会聚的光线全部通过采光孔进入腔体且光线不易溢出，可以提高光学效率，但是若偏移量较大，聚光器会聚光线还没有达到最大量就已经进入腔体内部，从而损失掉一部分光线。

4.3.5.2 水平位置偏移对接收器光学性能的影响

定义腔体接收器采光孔水平中心线位置与聚光镜会聚焦线重合时，水平位置偏移即水平偏焦量为零，当腔体接收器采光孔水平中心线在焦线左边时，水平偏焦量为负值，反之为正值，偏焦量用 Δx 来表示。研究中的水平位置偏焦量 Δx 对能流标准差 σ 的影响如图 4-14 所示，水平位置偏焦量 Δx 对光学效率 η_0 的影响如图 4-15 所示。

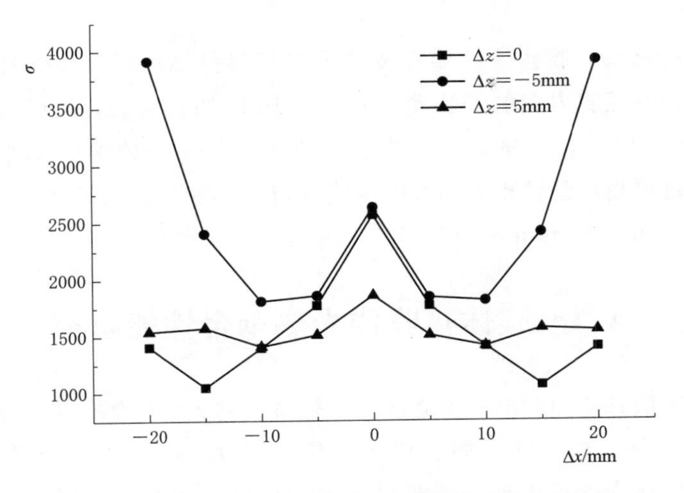

图 4-14 水平位置偏焦量 Δx 对能流标准差 σ 的影响

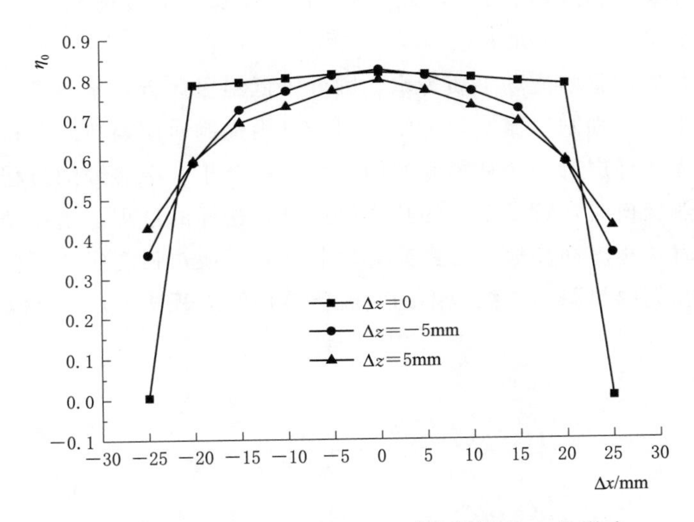

图 4-15 水平位置偏焦量 Δx 对光学效率 η_0 的影响

图 4-14 和图 4-15 中的模拟结果以 $\Delta x=0$ 左右两边对称。由图 4-14 得当水平偏焦量增大时，标准差逐渐减小又增大，在垂直偏焦量 $\Delta z=0$ 时，标准差在水平偏焦量 $\Delta x=\pm 15$mm 处最低，即 7 根集热管壁能流密度最为均匀，在垂直偏焦量 $\Delta z=\pm 5$mm 时，标准差在水平偏焦量 $\Delta x=\pm 10$mm 处为最低，垂直偏焦量 $\Delta z=5$mm 处，水平方向的偏移对标准差影响最小。由图 4-15 得当 $\Delta x>0$ 时，随着水平偏焦量的增大，光学效率 η_0 在不同的垂直偏焦量工况下均发生一定的减小，当 $\Delta z=0$ 时，$\Delta x=0\sim 20$mm 范围内光学效率 η_0 波动不大，此时可以允许的水平偏移量为 20mm，但在 25mm 处时发生骤降接近为 0，这是因为本次设计的腔体接收器的开口孔宽度为 50mm，因此当腔体接收器放置于水平偏移 25mm 处时，腔体几乎无法截获聚光镜的会聚光线；当 $\Delta z=\pm 5$mm 处时，随着水平偏移量增大光学效率下降幅度较缓；综合以上分析，水平偏焦量对光学效率的影响弱于

垂直偏焦量。

结合实际运行状态，腔体接收器安装在垂直偏焦量 $\Delta z=-5\text{mm}$ 处光学效率达到最高，$\eta_0=82.3\%$；在垂直方向的安装允许有±5mm 的偏移误差，光学效率波动较小；当垂直偏焦量 $\Delta z=0$ 时，在水平方向的安装允许有±20mm 的偏移误差，在水平偏焦量±15mm 处可以获得集热管壁较为均匀的能流分布，当垂直偏焦量 $\Delta z=\pm5\text{mm}$ 时，水平方向的安装最多不超过±5mm 的偏移量。

4.4 腔体接收器光热耦合性能研究

以上的光学模拟只能说明槽式聚光腔体集热系统的光学性能，为了更全面地对倒梯形腔体接收器结构寻优，需考虑不同结构下的传热特性，因此采用计算流体动力学软件 Fluent 对倒梯形腔体内工质流动和传热过程进行分析。考虑到已研究的结论中倒梯形开口角度对腔体光学效率的影响明显，此处热力学模拟采用最优角度 65°下对应的 $R=80\text{mm}$、$R=90\text{mm}$ 和 $R=100\text{mm}$ 三种反射圆弧半径开展。

设计中腔体集热铜管内流动工质为水，因处于低温段运行，集热管簇壁面能流与管内工质的传热方式主要以强制对流换热为主。对于管内强制对流换热问题特征在于：在流体进入圆管后，流体边界层有一个从零开始增长直到汇合于管中心线的过程。相似地，当流体与管壁之间有热交换时，管子壁面的热边界层也有这样的过程。当流动边界层和热边界层汇合于中心线时，称流动和换热已经充分发展，此后换热强度保持不变。通常可以将不可压缩、常物性和无内热源的二维模型的对流传热控制方程式表示为质量方程、动量方程和能量方程。

质量方程为

$$\frac{\partial u}{\partial x}+\frac{\partial v}{\partial y}=0 \tag{4.5}$$

动量方程为

$$\begin{aligned}\rho\left(\frac{\partial u}{\partial \tau}+u\frac{\partial u}{\partial x}+v\frac{\partial u}{\partial y}\right)&=F_x-\frac{\partial p}{\partial x}+\eta\left(\frac{\partial^2 u}{\partial x^2}+\frac{\partial^2 u}{\partial y^2}\right)\\ \rho\left(\frac{\partial u}{\partial \tau}+u\frac{\partial v}{\partial x}+v\frac{\partial v}{\partial y}\right)&=F_y-\frac{\partial p}{\partial y}+\eta\left(\frac{\partial^2 v}{\partial x^2}+\frac{\partial^2 v}{\partial y^2}\right)\end{aligned} \tag{4.6}$$

能量方程为

$$\frac{\partial t}{\partial \tau}+u\frac{\partial t}{\partial x}+v\frac{\partial t}{\partial y}=\frac{\lambda}{\rho C_p}\left(\frac{\partial^2 t}{\partial x^2}+\frac{\partial^2 t}{\partial y^2}\right) \tag{4.7}$$

式中 u——流体在 x 方向的速度，m/s；

v——流体在 y 方向的速度，m/s；

ρ——密度，kg/m^3；

τ——时间，s；

F_x——体积力在 x 方向的分量，N；

F_y——体积力在 y 方向的分量，N；

p——压力，Pa；

η——动力黏度，Pa·s；

t——温度，℃；

λ——导热系数，W/(m·K)；

C_p——比定压热容，J/(kg·K)。

4.4.1 仿真参数设置

此处基于腔体几何参数的结构寻优，其物理模型为腔体内部的管簇式集热管，集热管为金属材质，基本尺寸如前所述外径为 10mm，壁厚 1mm，长度为 1500mm。将集热管壁面能流作为热流边界，模拟不同热流边界条件相同入口参数下，管壁能流与管内流动工质的强制对流换热过程。

该处的热力学模拟的边界条件包括热流边界条件、工质进口边界条件以及工质出口边界条件。系统的光热转化中，集热管壁能流是分析腔体接收器传热性能的重要边界条件，以往的模拟中通常将管壁能流密度赋予定值使得过程简化，但是对于本研究的管簇式集热管而言，不同结构的腔体内不同位置的集热管壁能流密度分布各不相同，而对于同一根集热管在不同的腔体结构下沿管壁圆周方向的能流密度分布也并不相同，若以定值赋值则模拟结果无法准确反映光热转换特性，因此将前面关于开口宽度为 50mm，开口角度为 65°以及对应的 R=80mm、R=90mm、R=100mm 反射圆弧半径的三种模型在 TracePro 光学模拟中集热管壁能流密度分布的模拟结果进行处理，然后输入给定的热流边界，从而实现太阳能槽式聚光集热系统的光学和热力学的耦合。三种模型集热管壁能流密度分布的模拟结果曲线如图 4-16 所示。图中显示了腔体内管簇式集热管分别沿圆周方向能流密度分布的规律，其中横坐标为沿集热管壁的圆周方向从 0°到 360°，具体示例如图 4-17 所示，将 y 轴的负方向定义为 0°，顺时针以 20°作为步长旋转一周，从而描述管壁能流密度 E 的分布。腔体水平放置时集热管簇从左到右对应管 1～管 7。图中三种结构下的集热管壁能流密度分布趋势基本相同，每只集热管以 180°为分界两边基本对称分布。在 0°～90°和 270°～360°之间富集了大部分能流，而 90°～270°范围由于集热管布置距离狭窄只有少量光线通过腔体内壁的反射入射，因此只具有少量的能流；对于本研究的管簇式集热管，按照其布置方式，其中管 4 即中间的集热管由于腔体外表面的遮蔽作用导致整体收获能流最少，而左右两边的管 1、管 2、管 3 和管 5、管 6、管 7 由于所处位置不同得到的能流也存在一定的差异。

其他边界条件设置：进口边界条件设置为速度进口 0.1m/s，温度进口 300K，相对压力为 0，工质出口边界条件设置为 outflow，可以获得表面传热系数以及工质出口温度；验证和计算过程中采用湍流模型和 SIMPLE 算法。

4.4.2 腔体接收器优化结果分析

努塞尔数 Nu 是表征对流换热强度的相似准则数，此处通过 Nu 表示不同腔体结构下

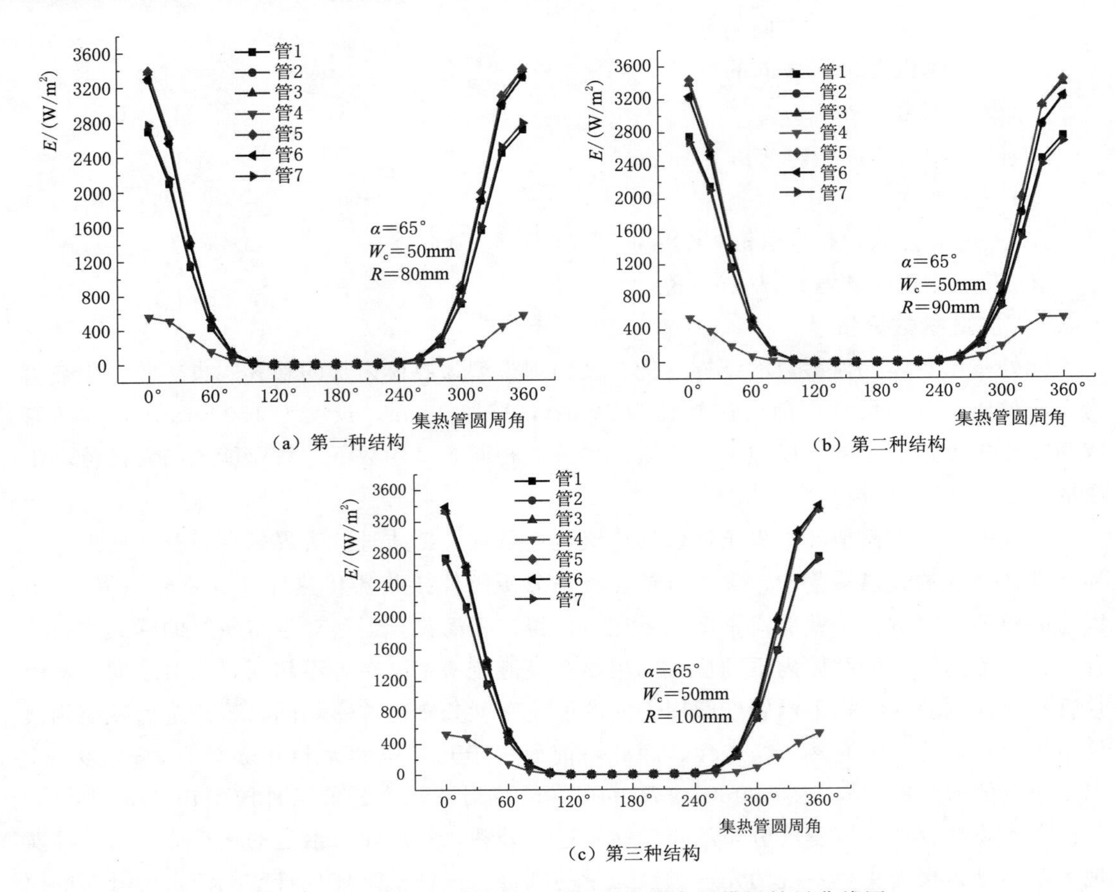

图4-16 三种模型集热管壁能流密度分布的模拟结果曲线图

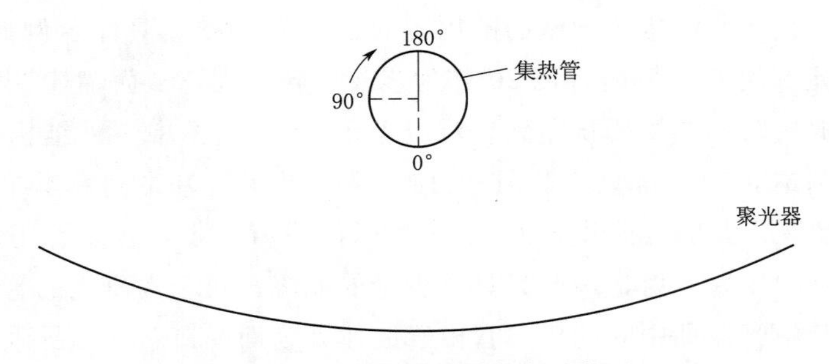

图4-17 集热管圆周角度示意图

集热管内工质强化对流换热的效果，其中用到的公式为

牛顿冷却公式

$$Q=A_{\mathrm{conv}}h\Delta T \tag{4.8}$$

努塞尔数 Nu

$$Nu=\frac{hL}{\lambda} \tag{4.9}$$

式中 Q——对流换热量，W；

h——接收器与环境的对流传热系数，W/(m^2·K)；

A_{conv}——接收器与环境的对流传热面积，m^2；

ΔT——接收器与环境之间的温差，K；

λ——外界空气导热系数 W/(m·K)；

L——接收器对应部件的直径，m；

Nu——以接收器集热管直径为特征长度的努塞尔数。

图 4-18 表示腔体接收器开口角度为 65°时内部 7 根集热管在不同反射圆弧半径下对应的最大 Nu，由图 4-18 可以看到，不同反射弧面对集热管内工质的对流换热效果影响不同，反射圆弧半径为 R=90mm 时对应的 Nu 更大，意味着该种弧面结构更有利于强化对流换热。

综合光学模拟、能流标准差及热力学模拟的研究结果，最终将腔体结构优化为开口角度 α_c=65°和反射圆弧半径 R=90mm 的组合，为了验证腔体接收器的光学性能和热力学性能，需要制作加工腔体，并搭建采用腔体接收器的抛物型槽式聚光集热系统。在保证其光学和热力学性能的基础上，腔体接收器的整体质量应尽可能小且能够满足较高温度下正常运行，应用地区冬季气温低于 0℃，传热工质为水时需设置自动排水装置。

结合实验室现有加工设备，使用厚 0.3mm 的铁皮按照已有设计分别加工出腔体的内部和外表面，为保证腔体接收器刚度的要求，腔体的内外壳体都通过起筋处理；腔内集热管选用外径为 10mm 的黄铜直管，壁厚 1mm，将 7 只集热管并排布置，管间距为 2.5mm，将汇流管打排孔与集热铜管对接，采用铜焊连接为一体，两者呈 90°关系，如图 4-19 所示。考虑到集热管在焦面会发生的热变形，加工时在集热管的半长处设计并安装固定支架，在腔体的内外壳体之间填充玻璃棉作为保温材料，两端制作上下分盖铆接的端盖。接下来的研究将基于该腔体结构开展。

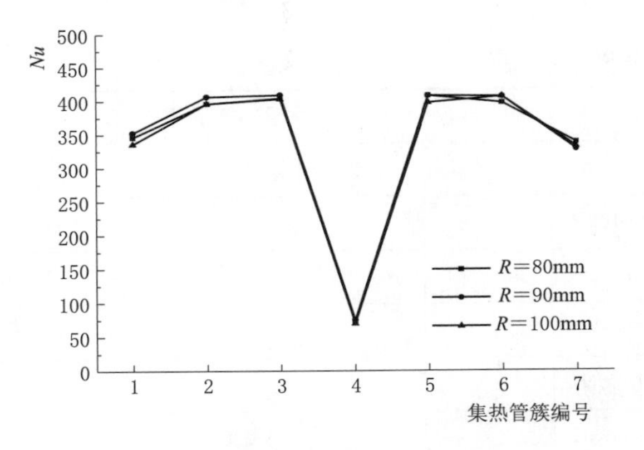

图 4-18 不同腔体结构集热管对应的最大 Nu

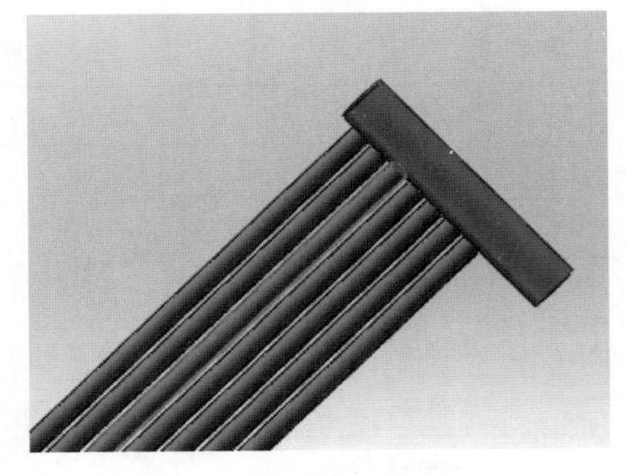

图 4-19 腔体接收器设计图

4.5 腔体接收器热力学性能研究

影响腔体接收器热损失的因素有很多，在此需考虑腔体接收器与玻璃—金属真空管接收器的显著区别，即玻璃—金属真空管接收器因其外表为玻璃且为圆形，具有各向同性，而对于腔体其外表为不透光的金属材料，具有各向异性，只有单一采光孔可通过入射光线，在跟踪装置中腔体接收器跟随聚光器同步转动，从而与地面存在一定倾角，因此该倾角是腔体热性能影响因素之一；其次，因腔体的设计中有采光孔的存在，从传热机理分析可知，实际运行中环境风会对腔体接收器热性能造成较为明显的影响，且随着腔体接收器在实际工作中与地面所夹倾角的变化，风的矢量关系即风的速度和方向均会对腔体接收器腔内的气流造成扰动，从而影响腔体接收器与环境之间的热传递过程。基于以上分析，针对已加工的腔体接收器，搭建腔体热性能测试平台，对影响系统热性能的因素进行实验研究。

4.5.1 腔体接收器热性能测试流程

由于室外环境中风速和风向具有较大的不确定性，且其他的环境参数受不确定干扰因素较大，对腔体接收器的热扩散过程影响明显，因此选择该实验在封闭宽敞的室内进行。腔体接收器热性能测试实验流程如图4-20所示。测试系统由复合倒梯形腔体接收器、风幕机，恒温加热水箱、泵、浮子流量计、循环管路以及包括风速仪、阀门和温度传感器等在内的测量仪器共同组成。其中腔体接收器的结构参数见表4-1，恒温加热水箱用来设定腔体接收器入口温度，风幕机可以控制风速和风向，并且出口风速较为稳定，通过风速仪测量风幕机出口风速和接收器周围环境风速，恒温加热水箱的功率为1500W，且保温效果较好，测试平台可以实现对腔体接收器的热损失和传热过程进行单变量研究。该实验测试使用水作为流动工质。其中所用测量仪器误差范围见表4-2。

测试过程中，数据采集记录间隔为10s，腔体接收器进出口温度数据均以1min为单元，取单元时间内的平均值。

表4-2　　主要仪器仪表误差范围

设备名称	型号	误差范围
浮子流量计	LZB-25	20L/h
磁力循环泵	MP-100R	
温度传感器	K	0.75%
数据采集仪	TP700	0.2%
风幕机	FM-1220N-2	
风速传感器	As856s	(2.5%±0.1)m/s
紫外分光光度计	UV-3600	

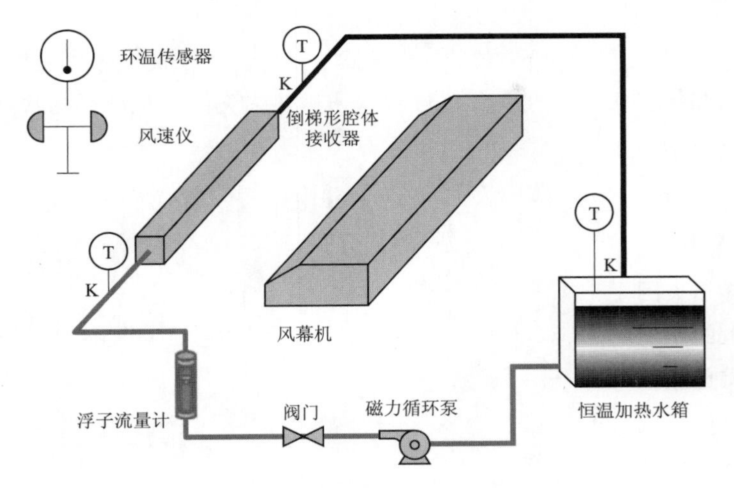

图 4-20 实验流程示意图

实验测试中，固定风幕机，通过改变腔体接收器倾角达到改变风向的目的。腔体接收器倾角变化范围为 $-90°\sim90°$，每隔 15°变化一个角度，0°时接收器光孔与风向平行，如图 4-21 所示，共 13 个倾角，其中负倾角下接收器光孔是背风的，正倾角下接收器光孔是迎风的。腔体接收器的重心与风幕机出风口中心线处于同一水平面上，为保证风幕机吹出的风充分发展成一个风场，两者距离设定为 90cm。实验中将风幕机风速开启最大为 11m/s，在腔体接收器处的风速为 5m/s 左右。

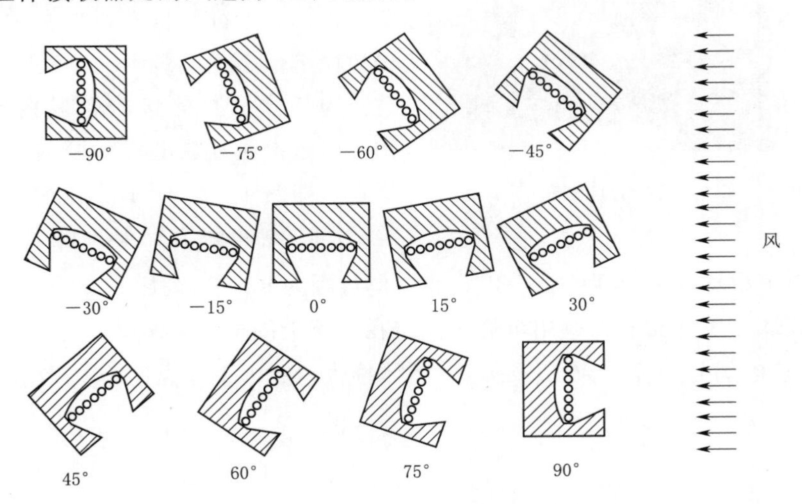

图 4-21 不同倾角下的腔体接收器

4.5.2 腔体接收器热性能理论基础

实验中利用 K 型热电偶和 TP700 数据采集仪对腔体接收器进出口温度进行实时监测，每一组风向测试时间为 80min，为避免不同组实验之间互相干扰，取中间 50min 数据进行分析，热损失因子为损失能量与输入能量之比，即

$$\eta_h = \frac{C_p m (T_{out} - T_{in})}{Q_{in}} \tag{4.10}$$

对于完整的腔体接收器热性能测试过程，通过热损失因子积分平均数进行评价，其数学公式为

$$\overline{\eta_h} = \frac{\int_0^t \eta_h(t)\mathrm{d}t}{t} \tag{4.11}$$

式中 η_h——热损失因子；

C_p——水的定压比热容，J/(kg·℃)；

m——质量流量，kg/s；

T_{out}——出口温度，K；

T_{in}——进口温度，K；

Q_{in}——进入系统能量，W；

$\overline{\eta_h}$——热损失因子的积分平均数；

t——测试时间，s。

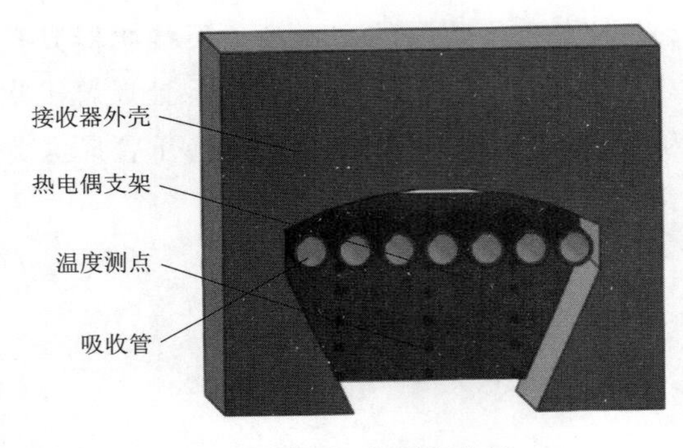

图4-22 温度测点布置

由图4-21可知，腔体接收器倾角的改变会导致光孔表面处风速和风向发生变化，腔体接收器腔内的空气流动也会随之受到扰动，从而影响对流换热过程。因此腔体接收器腔内部温度分布指数可以来表示热传递过程的稳定性。

为了分析腔体接收器腔内空气温度变化，实验中通过热电偶对腔内温度分布进行监测，如图4-22所示。利用硬度较大的铁丝制作热电偶固定支架，将15根热电偶分成5行3列固定后置入腔体接收器腔内，热电偶行距为8mm，列距为22mm。图4-23是实验系统现场图，腔体接收器倾角可通过固定在凳子上的角铁来调整。

对15根热电偶分别标号为T_1～T_{15}，腔体接收器腔内平均温度为15个测点的平均值T_{ave}，即

$$T_{ave} = \frac{1}{15}\sum_{i=1}^{15} T_i \tag{4.12}$$

腔内温度分布指数σ被定义为腔内不同温度点的标准差，数学公式为

$$\sigma = \sqrt{\frac{1}{15}\sum_{i=1}^{15}(T_i - T_{ave})^2} \tag{4.13}$$

为了对完整测试过程的温度分布指数进行评价，提出了温度分布指数的积分平均数$\overline{\sigma}$来评价，即

图 4-23 实验现场

$$\overline{\sigma}=\frac{\int_0^t \sigma(t)\mathrm{d}t}{t} \tag{4.14}$$

4.5.3 腔体接收器热性能实验分析

对入口温度分别为 323K、343K 和 363K 的工况进行实验，得到图 4-24 热损失因子变化曲线。

从图 4-24 中可以看出，处于不同入口温度下，不同接收器倾角的热损失因子差异较为明显。当接收器倾角大于 0°时，热损失因子较大，这是由于倾角大于 0°时接收器光孔迎风，风穿过光孔与吸收管壁面接触，强制对流换热增强。当接收器倾角小于 0°时，接

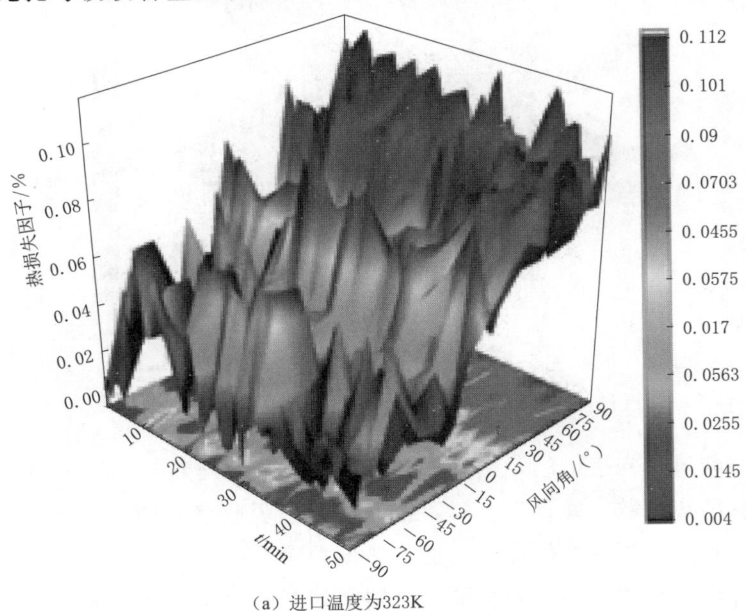

(a) 进口温度为323K

图 4-24（一） 不同倾角下热损失因子对比图

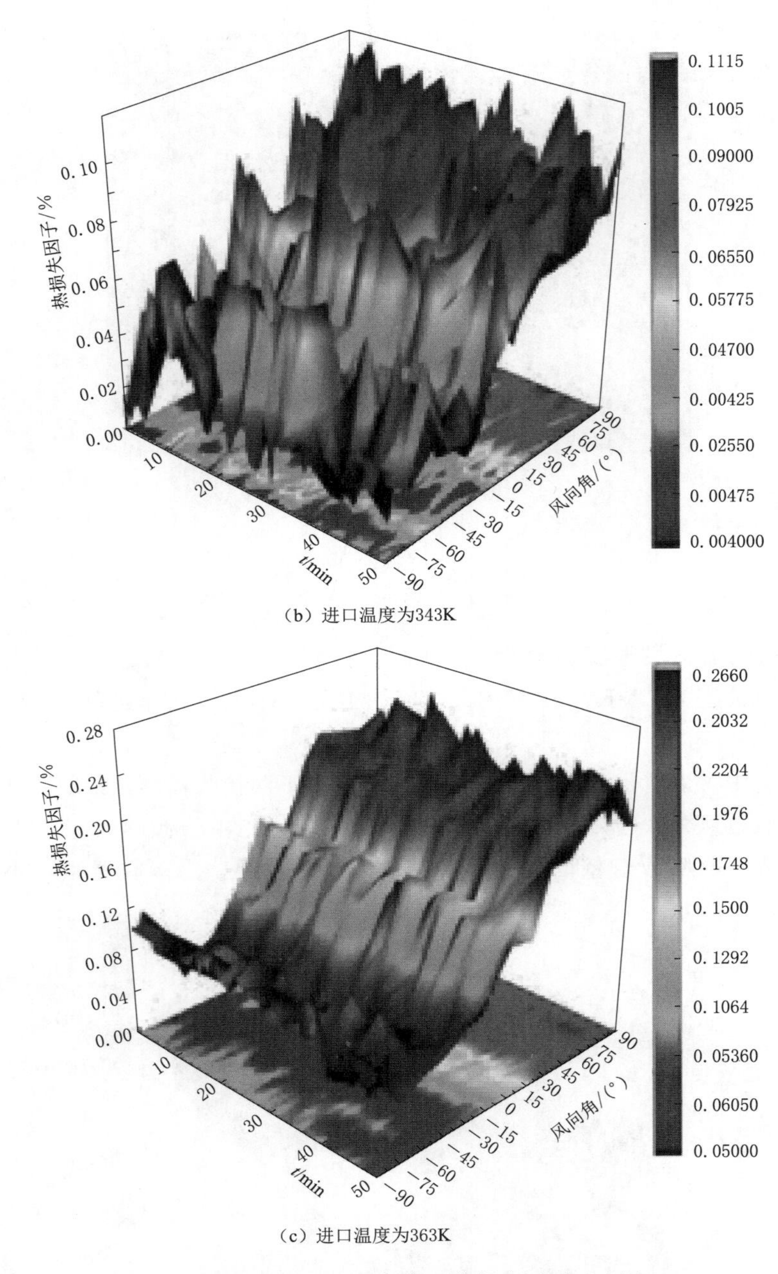

（b）进口温度为343K

（c）进口温度为363K

图4-24（二） 不同倾角下热损失因子对比图

收器光孔背风，与风首先接触的是接收器外壳，而接收器外壳与腔内之间存在保温层，可有效减少吸收管的热扩散。并且当入口温度升高时，吸收管表面与环境之间的温差增大，因此两者之间的对流和辐射换热强度增加，热损失因子增大。

完整测试过程的热损失因子积分平均值结果如图4-25所示。所有工况测试过程中环境温度平均值都在289～293K之间，稳定的环境温度对结果影响较小。腔体接收器倾角大于0°和小于0°的热损失因子积分平均值变化趋势是不同的，当接收器倾角大于0°时，热损失因子积分平均值随倾角的增大波动增加，当接收器倾角小于0°时，热损失因子积分平均值在一定范围内波动变化，热损失因子积分平均值最小值出现在倾角-45°情况下。由此可见风向对腔体接收器的热传递过程影响较大，并且随着入口温度的增大，热损失因子积分平均值的变化速率逐渐增大，这是由于大温差会导致更强烈的对流换热过程。

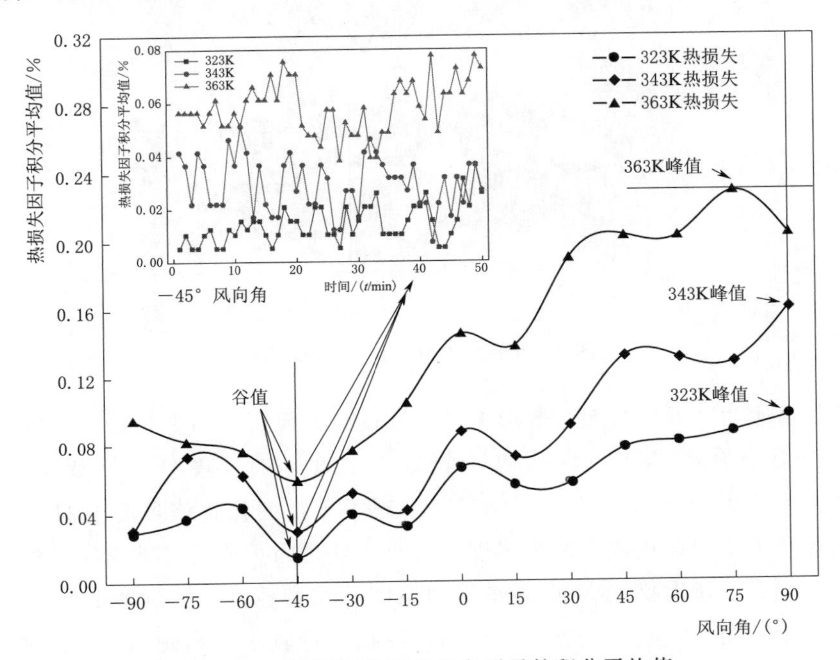

图4-25　不同倾角下热损失因子的积分平均值

-45°倾角下腔体接收器的热损失因子都较小，最大不超过0.08%。还发现该倾角下热损失因子对入口温度的增加愈发敏感，323K时热损失因子瞬时值最大为0.036%，363K时热损失因子瞬时值最大为0.078%，343K增至363K的热损失因子差是323K增至343K的1.9倍。

腔体接收器倾角在0°～90°之间和-90°～0°时，光孔分别是正对着风和背对着风，接下来对0°、90°和-90°等特殊倾角进一步分析。

倾角为0°、90°和-90°在不同入口温度下的热损失因子对比结果如图4-26所示。可以发现，倾角为90°时，入口温度增加导致的热损失因子差异更加显著。倾角为-90°时，不同入口温度下的热损失因子在三个角度下都是最小的，并且当入口温度为323K和343K时，两者的热损失因子较为接近。当倾角为0°时，入口温度为323K和343K的热损失因子差异也较小。实验说明了腔体接收器腔内气流扰动较大时，热损失因子对工质入口温度更加敏感。

4.5.4　腔体接收器腔内温度分布特征分析

通过对腔内热电偶监测数据进行分析，得到不同倾角下腔内温度分布变化。由图4-27可

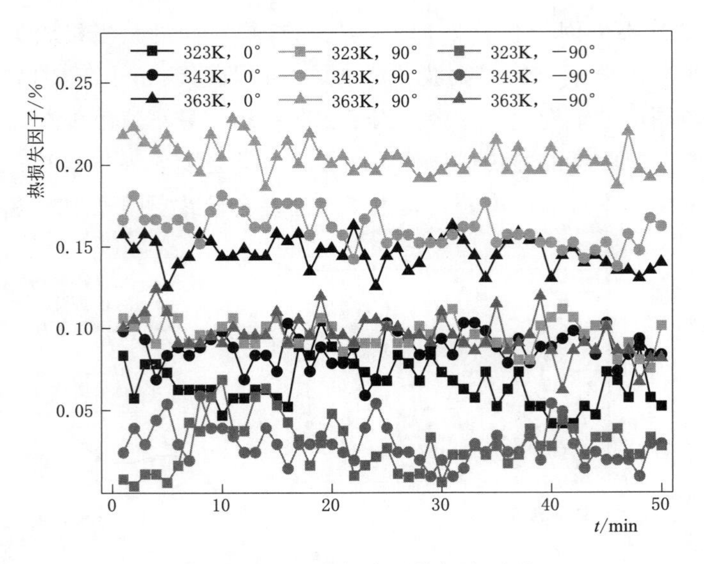

图 4－26 所选倾角下热损失因子

知，不同接收器倾角对温度分布指数影响的差异性较为显著。当聚光镜倾角较大时，热均匀性较小，并且背风倾角下（即接收器倾角小于 0°）的温度分布指数多大于迎风倾角（即接收器倾角大于 0°），当倾角为 90°时出现了异常变化，该角度下的温度分布指数较小，说明该角度下腔体接收器腔内温度差较小，这是因为该角度下风向正对光孔，接收器腔内的气流受到了过度扰动。60°倾角下的温度分布指数最小，说明此时腔内温度场温差较小，不利于腔内空气与环境进行热传递，热损失量较小；当倾角为 15°时，温度分布指数最大，说明此时腔内温度场温差较大，利于腔内空气与环境进行热传递，增大热损失量。

随着入口温度的升高，导致吸热管与环境之间的温度差增大，腔内温度分布指数逐渐增大，进一步推动腔体接收器与环境之间的热传递，增大热损失量。

对图 4－27 不同倾角下温度分布指数瞬时值进行处理，得到整个测试过程的温度分布指数积分平均值，如图 4－28 所示。不同倾角下温度分布指数积分平均值的变化曲线接近正态分布，峰值出现在 15°倾角下，随着入口温度的增大，温度分布指数积分平均值峰值变化速率减小。当倾角为 60°和－45°时，温度分布指数积分平均值分别为正负倾角的最低值。并且随着入口温度的增大，温度分布指数积分平均值的极差逐渐增大，323K 时其极差为 3.21，363K 时其极差增至 7.03，说明了入口温度对完整测试过程的腔内温度分布影响较为显著。通过与图 4－25 比较可以看出，负倾角下的温度分布指数积分平均值与热损失因子积分平均值变化趋势相似，正倾角下两者变化关系不是单一呈正相关或负相关，说明了当风正对光孔吹时，温度分布差大并不能说明热损失一定大，这是由于正倾角下腔内的空气受风扰动导致的。

其中－45°倾角下温度分布指数随入口温度增大而越发增大，323K 时温度分布指数最

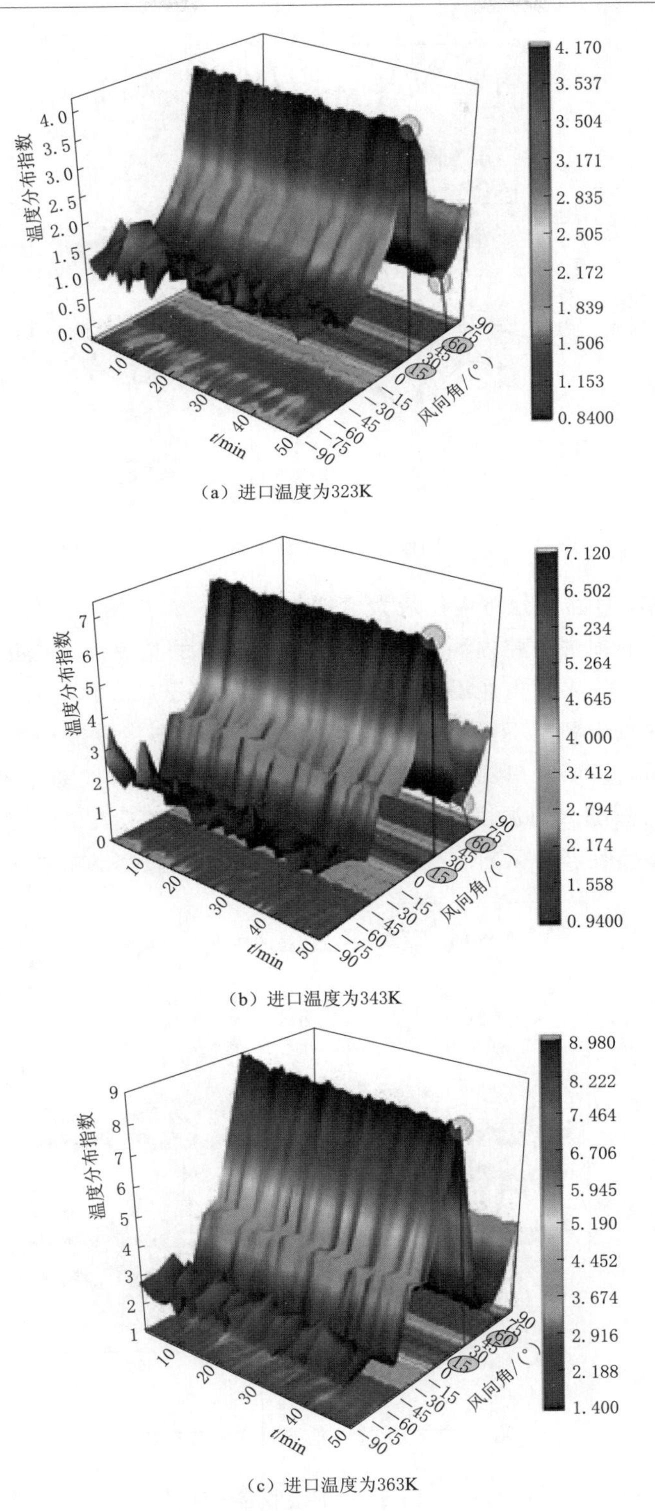

(a) 进口温度为323K

(b) 进口温度为343K

(c) 进口温度为363K

图 4-27 不同倾角下温度分布指数对比图

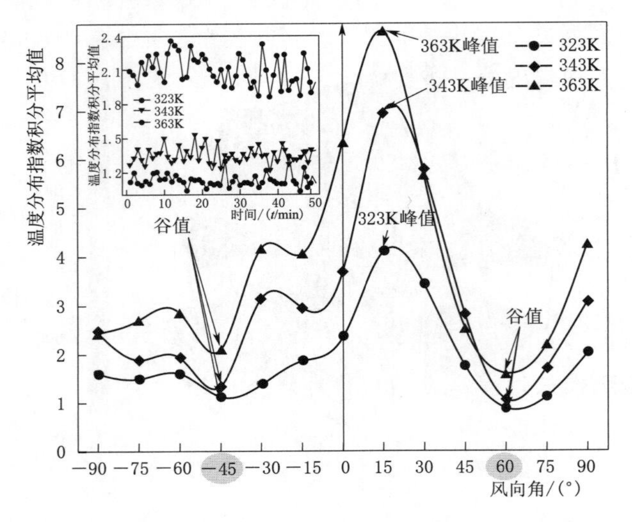

图 4-28　不同倾角下温度分布指数的积分平均值

大值为 1.33，363K 时温度分布指数最大值增加至 2.36。与图 4-25 对比可知，-45°倾角下腔体接收器的热损失与腔内温度分布指数具有较高的相关性，变化趋势接近。

图 4-29 是 3 个临界倾角在不同入口温度下的温度分布指数瞬时变化。与 0°和 90°倾角下温度分布指数较为稳定不同，-90°倾角下的温度分布指数波动较大，且随入口温度的增加波动性减弱，说明入口温度增加对腔内温度场的稳定有推动作用。观察到 0°和 90°倾角下温度分布指数随入口温度增加而升高，而-90°倾角下入口温度对温度分布指数影响较小，说明腔体接收器与风向之间的角度对腔内热传递过程影响较大。

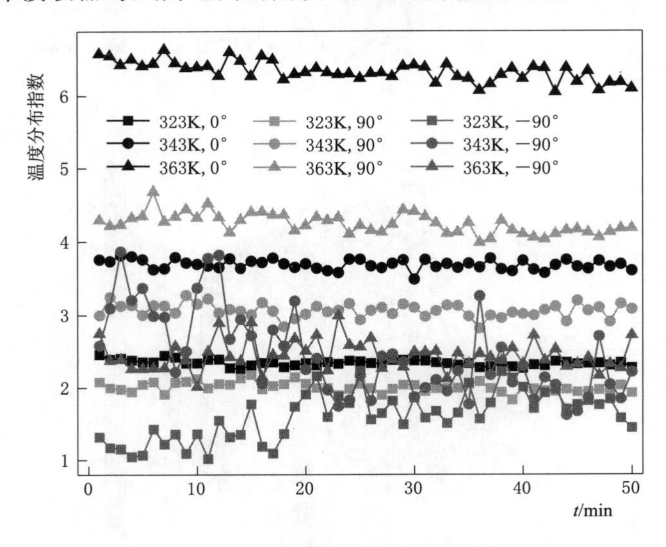

图 4-29　所选倾角下温度分布指数

在槽式太阳能系统实际运行中，由于腔体接收器的位置使得环境风很难正对光孔吹进腔内，大多数情况下风对腔体接收器的方向是负角度的，而从以上分析可以看出负角度下接收器的热损失率与温度分布指数是正相关的，因此为了提高接收器热性能，减小系统热损失率，可进一步对腔内温度分布进行优化。

4.6 热屏蔽体对腔体热性能优化研究

针对以上适用于槽式太阳能聚光系统的倒梯形腔体接收器热损失大的问题，在接收器光孔处引入一块透光率较好的玻璃作为热屏蔽体以抑制对流传热强度，并通过理论分析和实验测试研究了热屏蔽体对接收器热性能的影响。

4.6.1 腔体接收器热损失计算模型

如图 4-30 所示，腔体接收器的总热损失由三部分组成：一是接收器和环境之间的传热；二是接收器与热屏蔽体之间的传热；三是热屏蔽体与环境之间的传热。辐射热阻网络如图 4-31 所示。

图 4-31（a）为无热屏蔽体时的热阻网络，图 4-31（b）为有热屏蔽体时的热阻网络。Q_{conv} 为对流传热热损失，Q_{cond} 为导热热损失，T_{co} 为吸热管温度，T_{ver} 为吸热管温度，T_e 为环境温度。槽式太阳能系统光热性能实验中发现，致使系统产生热损失是一个多因素综合影响的结果。为了简化模型，作出如下假设：①忽略腔体接收器端面区域的热损失，将吸热管的辐射换热视为一维换热；②玻璃盖板厚 5mm，忽略内外表面温差；③腔体接收器已进行保温，忽略热传导引起的热损失；④由于集热管的管壁厚 1mm，故集热管的温度取管内工质的平均温度。

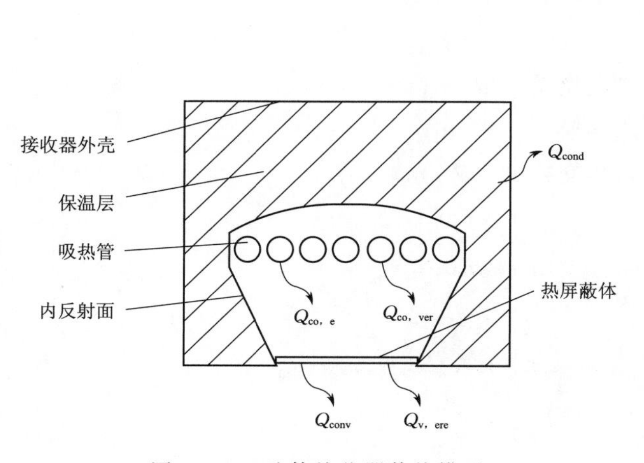

图 4-30　腔体接收器传热模型

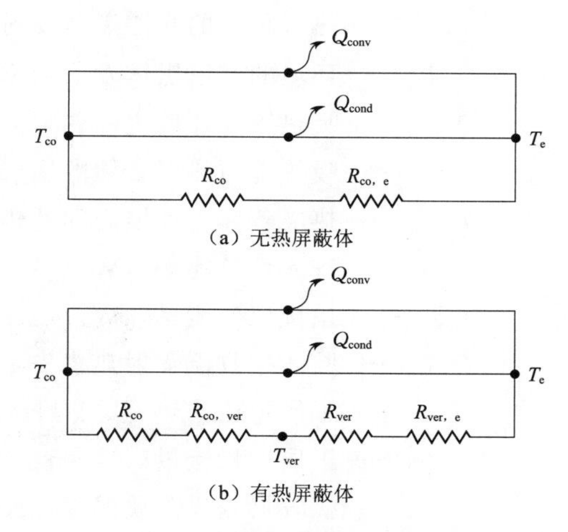

图 4-31　辐射热阻网络图

4.6.2 腔体接收器热辐射损失理论分析

各部分热辐射热阻表达式见表 4-3，其中：R_{ver}、R_{co} 分别为热屏蔽体、吸热管的表面辐射热阻；$R_{co,e}$、$R_{co,ver}$、$R_{ver,e}$ 分别为吸热管到环境、吸热管到热屏蔽体、热屏蔽体到环境的辐射热阻；ρ_{ver}、ρ_{co} 分别表示热屏蔽体、吸热管外表面涂层的反射率；ε_{ver}、ε_{co} 分别为热屏蔽体和吸热管的光谱发射率；A_{ver}、A_{co} 分别为热屏蔽体、吸热管的表面积；τ_{ver}、τ_{co} 分别为热屏蔽体透过率、吸热管透过率；$F_{co,e}$、$F_{co,ver}$、$F_{ver,e}$ 分别为吸热管对环境、吸热管对热屏蔽体、热屏蔽体对环境的形状因子。

表 4-3　各部分热辐射热阻表达式

变量名称	表　达　式	变量名称	表　达　式
R_{ver}	$R_{ver}=\rho_{ver}/[\varepsilon_{ver}A_{ver}(1-\tau_{ver})]$	$R_{co,ver}$	$R_{co,ver}=1/[F_{co,ver}A_{co}(1-\tau_{ver})]$
R_{co}	$R_{co}=\rho_{co}/[\varepsilon_{co}A_{co}(1-\tau_{co})]$	$R_{ver,e}$	$R_{ver,e}=1/[F_{ver,e}A_{ver}(1-\tau_{ver})]$
$R_{co,e}$	$R_{co,e}=1/(A_{ver}F_{co,e}\tau_{ver})$		

已知了管内工质的温度、环境温度和集热管表面温度，首先计算出每 1nm 波长的辐射热流密度，然后通过热平衡方程的迭代计算出腔体接收器的热损失。

吸热管各部分辐射热流为

$$Q_{r,co,e}=\sum_{\lambda=0.2}^{2}\frac{E_{co}-E_{e}}{R_{co}+R_{co,e}}\times 0.001 \tag{4.15}$$

$$Q_{r,co,ver}=\sum_{\lambda=0.2}^{2}\frac{E_{co}-E_{ver}}{R_{ver}+R_{co,ver}}\times 0.001 \tag{4.16}$$

$$Q_{r,ver,e}=\sum_{\lambda=0.2}^{2}\frac{E_{ver}-E_{e}}{R_{ver}+R_{ver,e}}\times 0.001 \tag{4.17}$$

$$Q_{in}=c_{p}mT_{in} \tag{4.18}$$

式中 E_{co}——吸热管的光谱黑体发射功率，$W/(m^2\cdot\mu m)$；

E_{ver}——热屏蔽体的光谱黑体发射功率，$W/(m^2\cdot\mu m)$；

E_{e}——环境的光谱黑体发射功率，$W/(m^2\cdot\mu m)$；

$Q_{r,co,e}$——吸热管与环境之间的辐射热交换量，W/m；

$Q_{r,co,ver}$——吸热管与热屏蔽体的辐射热交换量，W/m；

$Q_{r,ver,e}$——热屏蔽体与环境之间的辐射热交换量，W/m；

Q_{in}——进入系统能量，W；

Q_{out}——系统出口能量，W；

$Q_{r,loss}$——腔体接收器辐射热损失，W/m；

c_{p}——工质定压比热容，J/(kg·K)；

m——工质质量流量，kg/s；

T_{in}——接收器入口工质温度，K。

腔体接收器热平衡方程为

$$Q_{in}=Q_{out}+Q_{conv}+Q_{r,co,e}+Q_{r,co,ver}+Q_{r,ver,e} \tag{4.19}$$

腔体接收器辐射热损失为

$$Q_{r,loss}=Q_{r,co,e}+Q_{r,co,ver}+Q_{r,ver,e} \tag{4.20}$$

黑体光谱发射率为

$$E_{co}=\frac{C_1}{\lambda^5\{\exp[C_2/(\lambda T)]-1\}} \tag{4.21}$$

式中　T——黑体绝对温度，K；

λ——波长；

C_1——第一辐射常数，$C_1=3.742\times10^{-16}\mathrm{W\cdot m^2}$；

C_2——第二辐射常数，$C_2=1.439\times10^{-2}\mathrm{m\cdot K}$。

通过 UV3600 进行测试，得到热屏蔽体与吸收管的表面光学特性，如图 4－32 和图 4－33 所示。

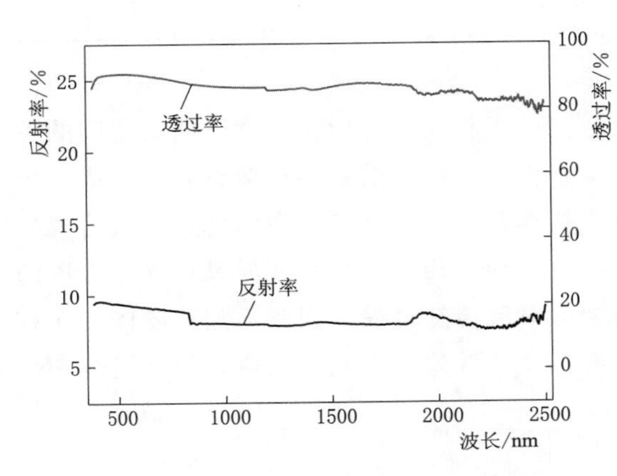

图 4－32　热屏蔽体反射率和透过率

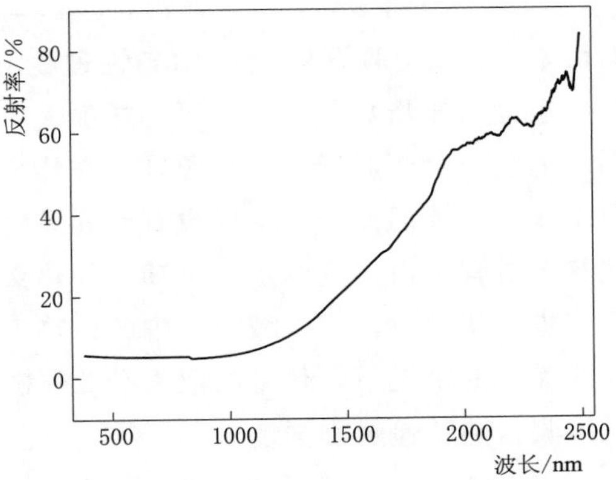

图 4－33　吸热管表面反射率

4.6.3　腔体接收器热对流损失理论分析

此处用到牛顿冷却公式［式（4.8）和式（4.9）］，无风时腔体接收器与环境换热方式为自然对流传热，对应的努塞尔数为

$$Nu=\left\{0.6+\frac{0.387Ra^{1/6}}{[1+(0.559/Pr)^{9/16}]8/27}\right\}^2 \tag{4.22}$$

$$Ra=\frac{g\beta\Delta TL_r^3}{\nu\alpha} \tag{4.23}$$

式中　Ra——以接收器对应部件的直径为特征长度的瑞利数；

Pr——外界空气的普朗特数；

g——重力加速度，$\mathrm{m/s^2}$；

β——空气体积膨胀系数；

ΔT——温差，K；

L_r——特征长度，m；

ν——空气运动黏度，$\mathrm{m^2/s}$；

α——热扩散系数，$\mathrm{m^2/s}$。

有风时，腔体接收器与环境换热方式为强制对流传热，对应的努塞尔数为

$$Nu=B\left(\frac{V\infty L_{r}}{\nu}\right)^{m}Pr^{1/3} \tag{4.24}$$

式中 V——流体流速，m/s；

B，m——常数，取值见表4-4。

表4-4　　式（4.24）中 B 和 m 之值

Re	B	m	Re	B	m
0.4～4	0.989	0.330	4000～40000	0.193	0.618
4～40	0.911	0.385	40000～400000	0.0266	0.805
40～4000	0.683	0.466			

4.6.4 腔体接收器腔内热均匀性理论分析

温度分布指数与负角度下的热损失率具有较高的正相关性，但正角度下两者之间的关系较为复杂。而对于一个热源体，必然会向周围环境进行热扩散，热扩散方向会形成一个温度场。当该温度场的空气没有外界风对其进行扰动时，该区域空气中的传热方式可视为热传导过程，由傅里叶定律可知，导热量直接与温度梯度相关。当有外界风对该温度场的空气进行扰动时，该区域空气中的传热方式可视为对流传热过程，因此不论热源体处在有风或无风的情况下，热量的散失必然伴随着温度梯度的现象，因此引入热均匀性指数来表征接收器热传递过程强度。

温度梯度 grad$T$ 可表示为

$$\mathrm{grad}T=\frac{\partial T}{\partial x}i+\frac{\partial T}{\partial y}j+\frac{\partial T}{\partial z}k \tag{4.25}$$

当单独考虑热源体某一截面时，温度梯度可表示为

$$\mathrm{grad}T=\frac{\partial T}{\partial x}i+\frac{\partial T}{\partial y}j \tag{4.26}$$

针对某一散热体向某一方向热扩散的均匀性进行评价，取扩散方向的一截面，在该截面上进行温度布点：

$$\boldsymbol{P}_{\mathrm{T}}=\begin{bmatrix} T_{11} & \cdots & T_{1j} \\ \vdots & \ddots & \vdots \\ T_{i1} & \cdots & T_{ij} \end{bmatrix} \tag{4.27}$$

对于一个温度分布较均匀的热源体，其所处温度场的某一截面上的水平线上测温点的温度差异是较小的，可视为等温线，因此对水平线上测温点的温度进行平均化处理，得到

$$T_{i}=\frac{T_{i1}+T_{i2}+\cdots+T_{ij}}{j} \tag{4.28}$$

两个测温点之间的纵向距离为

$$\boldsymbol{B}=\begin{bmatrix} L_{11-21} & \cdots & L_{1j-2j} \\ \vdots & \ddots & \vdots \\ L_{(i-1))1-i1} & \cdots & L_{(i-1)j-ij} \end{bmatrix} \tag{4.29}$$

因此两条等温线之间的距离为

$$\Delta L_{i-1}=\frac{L_{(i-1)1-i1}+L_{(i-1)2-i2}+\cdots+L_{(i-1)j-ij}}{j} \tag{4.30}$$

此时该温度场的温度梯度为

$$\mathrm{grad}T_{i-1}=\frac{T_i-T_{i-1}}{\Delta L_{i-1}} \tag{4.31}$$

温度场的稳定性在外界环境影响下必然改变，从而影响系统热损失，因此热均匀系数 U 来量化腔体接收器内部温度场的稳定性，即

$$U=1-\frac{1}{2n}\sum_{i=2}^{n}\frac{\sqrt{[\mathrm{grad}T_{i-1}-(\mathrm{grad}T_1+\mathrm{grad}T_2+\cdots+\mathrm{grad}T_{i-1})/(i-1)]^2}}{(\mathrm{grad}T_1+\mathrm{grad}T_2+\cdots+\mathrm{grad}T_{i-1})/(i-1)} \tag{4.32}$$

4.6.5 热屏蔽体优化实验结果分析

腔体接收器热损失测定系统的热损失曲线可作为判断腔体接收器集热性能的重要指标，通常采用在环境因素较稳定下进行测试得到，热损失可以表示为

$$q_{\text{loss}}=\frac{Q_{\text{in}}-Q_{\text{out}}}{tL_{\text{r}}} \tag{4.33}$$

$$Q_{\text{out}}=c_{\text{P}}mT_{\text{out}} \tag{4.34}$$

式中 q_{loss}——腔体接收器总热损失，W/m；

Q_{in}——工质入口总能量，J；

Q_{out}——工质出口总能量，J；

T_{out}——腔体接收器出口温度，K；

t——工质通过腔体接收器时间，s；

L_{r}——腔体接收器特征长度，m。

图 4-34 中不同流量影响的实验研究是在无风，入口温度为 323K 的条件下进行；不同入口温度影响的实验研究是在无风，流量为 250L/h 的条件下进行；不同风速影响的实验是在流量为 250L/h，入口温度为 323K 的条件下进行。

由图 4-34 可知，热损失理论值与热损失实验值的趋势相同，吻合度较好，因此该实验数据的可信度较高。之所以出现热损失理论值小于热损失实验值的现象，是因为理论计算中未考虑到接收器的导热散热以及保温管的热损失。当入口温度较高时，理论值与实验值的误差增大，因为此时接收器的导热散热以及保温管的热损失都会增大。并且从以上图中可以发现，相同条件下，有热屏蔽体热损失都小于无热屏蔽体热损失。

从图 4-34 中流量的变化可以看出，在 50～250L/h 的流量区间里，随着流量的增加，有热屏蔽体和无热屏蔽体的热损失实验值都随之下降。无热屏蔽体热损失下降了 24.53%，安装热屏蔽体后，热损失相比无热屏蔽体情况减小了 4.74%，这是因为在有热屏蔽体的情况下，腔内的热扩散强度受到了抑制作用。

入口温度在 323～363K 的变化区间里，随着入口温度的增加，有热屏蔽体和无热屏

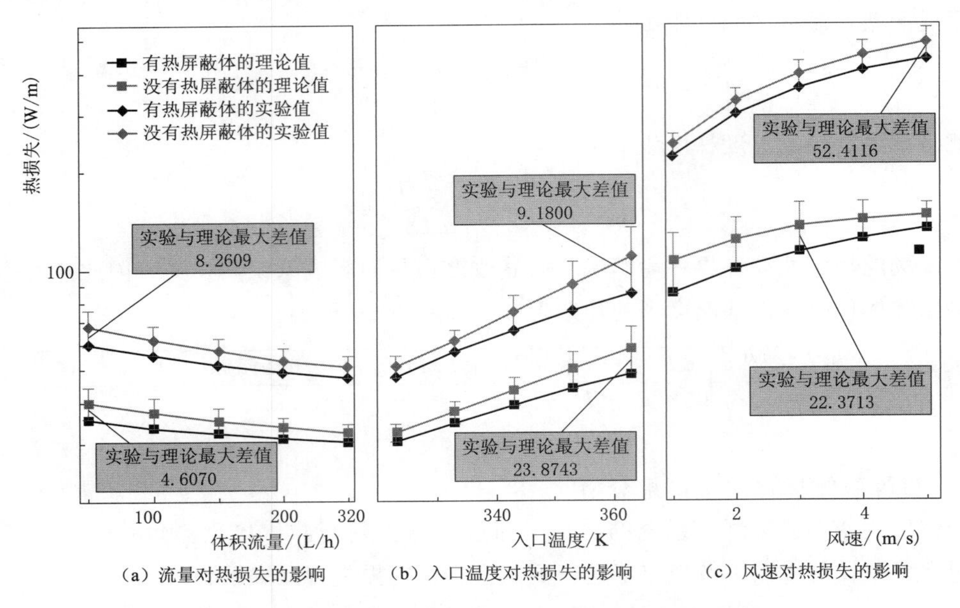

(a) 流量对热损失的影响　(b) 入口温度对热损失的影响　(c) 风速对热损失的影响

图 4-34　流量、进口温度和风速对系统热损失的影响

蔽体的热损失实验值都随之增长，无热屏蔽体热损失增长了 53.26%，与之相比，热屏蔽体减少了 8.83%的热损失。这是因为当入口温度增大时，辐射热损和自然对流传热都会随之较快增加，当增加热屏蔽体后，会减弱自然对流过程。

风速在 1～5m/s 的变化区间内，随着风速的增加，有热屏蔽体和无热屏蔽体的热损失实验值都随之增长，有热屏蔽体热损失增加了 26.60%，无热屏蔽体热损失增长了 102.78%，这是因为当风速增加后，会增强强制对流传热程度，使得腔体接收器内部温度场紊乱，当加装热屏蔽体后，腔体接收器内部的温度场紊乱过程会减小，从而减小热损失。

从图 4-34 中可以看出，流量、入口温度和风速对热损失都造成了一定影响，因此将流量、入口温度和风速设置为自变量，有热屏蔽体与无热屏蔽体的热损失之比定义为热损比 θ，热损比 θ 可评价热屏蔽体对热损失的影响。并将其设置为因变量，进行三元线性回归分析，从而分析不同因素对热损失影响程度。热损比 θ 计算为

$$\theta=\frac{q_{\text{w-loss}}}{q_{\text{wo-loss}}} \tag{4.35}$$

式中　θ——热损比；

$q_{\text{w-loss}}$——腔体接收器有热屏蔽体情况下总热损失，W/m；

$q_{\text{wo-loss}}$——腔体接收器无热屏蔽体情况下总热损失，W/m。

三元线性回归结果见表 4-5。

流量、入口温度和风速对热损比的综合影响是显著的。在这三个影响因素中，与入口温度和风速对热损比的影响相比较，流量对热损比的影响是不显著的，因此进一步对入口温度和风速对热损比的二元线性回归分析，结果见表 4-6。

表 4-5　三元线性回归关系显著性检验分析表

模　型	非标准化系数		标准化回归系数	对回归系数的检验结果	显著性
	回归系数	标准错误			
常数	1.738	0.145		12.017	0.000
流量	0.000	0.000	−0.105	−2.082	0.064
入口温度	−0.003	0.000	−0.438	−6.980	0.000
风速	−0.047	0.004	−0.584	−11.596	0.000

表 4-6　二元线性回归关系显著性检验分析表

模　型	非标准化系数		标准化回归系数	对回归系数的检验结果	显著性
	回归系数	标准错误			
常数	1.705	0.210		8.11	0.000
入口温度	−0.003	0.001	−0.392	−5.44	0.001
风速	−0.047	0.005	−0.706	−9.810	0.000

由表 4-6 可知，入口温度和风速对热损比的影响是显著的，且两者的影响都与热损失呈负相关。两者相比较，风速对热损比的影响更大，二元线性回归方程为

$$\theta=1.705-0.003T_{\mathrm{in}}-0.047V_{\mathrm{wind}} \tag{4.36}$$

随着风速的增加，强制对流传热程度增加，热损失增加，并且吸热管所处的温度场即腔体接收器内部温度场也会随之改变，热均匀性可作为传热过程强度的表征量，因此有必要分析腔体接收器内部温度场在有或无热屏蔽体下热均匀性与热损失的关系。其温度测点布置图如图 4-35 所示。

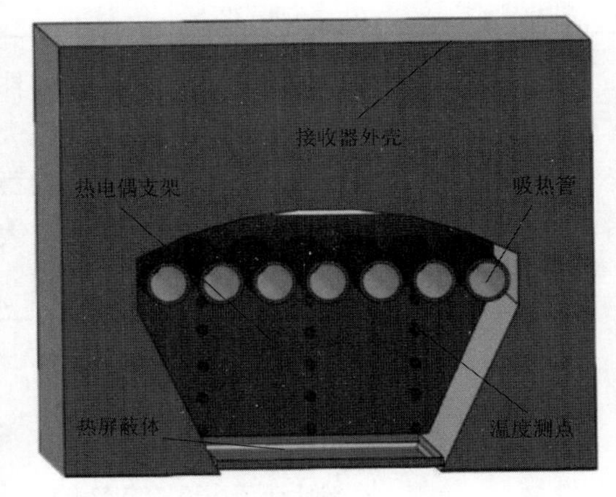

图 4-35　腔体接收器热均匀性温度测点布置图

风速对热损失和热均匀性的影响如图 4-36 所示，可以看到随着风速的增加，腔体接收器内部热均匀性减小，热损失增大，无热屏蔽体的情况下，外界环境与吸热管直接进行强制对流传热，热均匀性从 0.84 下降至 0.76，有热屏蔽体的情况下，外界环境与热屏蔽体进行强制对流传热，热均匀性从 0.92 下降至 0.90。热屏蔽体的存在使得腔体接收器内部的温度场更加稳定，减小了强制对流传热程度。并且热均匀性与热损失成一定的负相关关系，故对热损失与热均匀性的关系进行一元线性回归分析。

由表 4-7 可知，热均匀性对热损失的影响是显著的，并且两者成一定的负相关关系，即随着热均匀性的增大，热损失减小。由对流热传递过程分析，风速的增加导致了温度场紊乱过程加剧，加速了热传递过程，从而使得热损失更大。

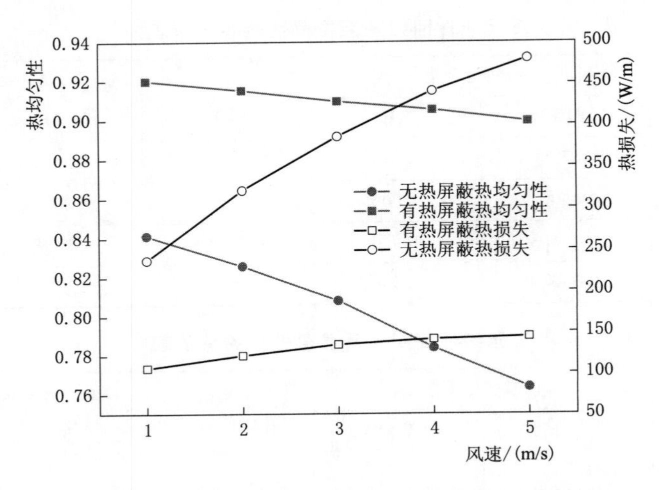

图 4-36 风速对热损失和热均匀性的影响

表 4-7 一元线性回归关系显著性检验分析表

模型	非标准化系数		标准化回归系数	对回归系数的检验结果	显著性
	回归系数	标准错误			
常数	2304.079	100.433		22.941	0.000
热均匀性	−2395.205	116.911	−0.991	−20.487	0.000

图 4-37 是有无热屏蔽体条件下热均匀性对热损失的影响分析结果，从中看出，无论有无热屏蔽体情况下，热均匀性都会对热损失造成较大的影响，这是因为热均匀性表征的是热传递过程中温度场的稳定性，温度场的稳定性越差，热传递过程越剧烈，腔体接收器与环境之间的换热量就越大。该结果可佐证表 4-7 的分析结论。

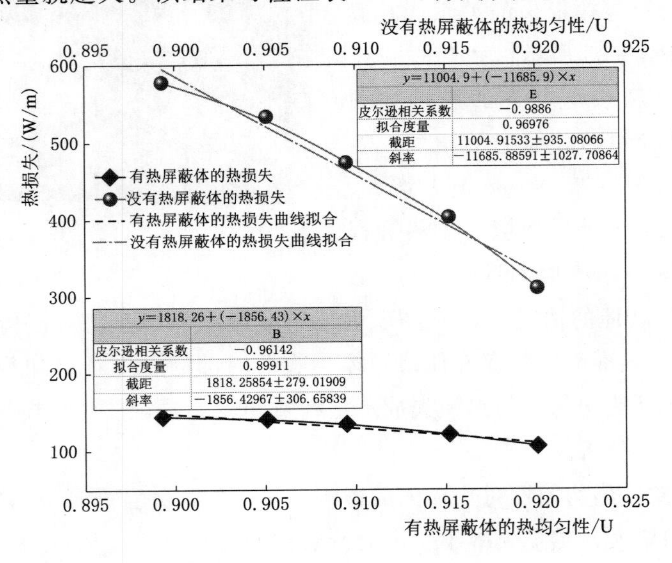

图 4-37 热均匀性对热损失的影响

在外界实际运行环境中，腔体接收器是随聚光镜一起运动的，因此腔体接收器接收面与地面之间的角度会随之改变，自然风吹扫腔体接收器的风向也是变化的。为了分析安装热屏蔽体后风向对热损失的影响，制作相应的支架进行试验，风速为 5m/s，入口温度为 363K，流量为 250L/h，设定风向角度为 $-60°\sim60°$，风向角度 α 即风向与腔体接收器接收面之间的角度，如图 4-38 所示。

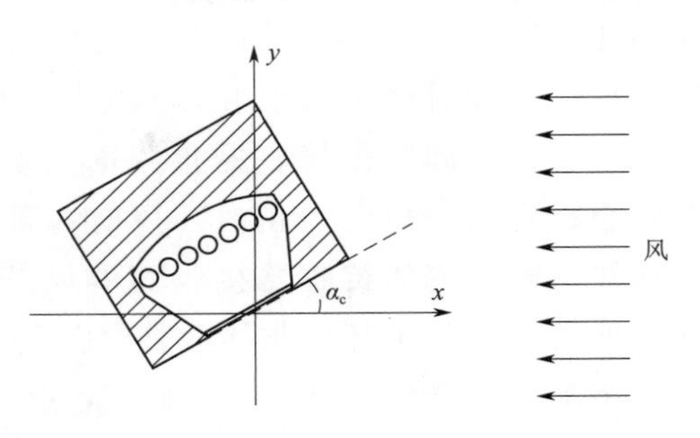

图 4-38　风向示意图

图 4-39 是不同风向下腔体接收器内部温度云图，可以看出安装热屏蔽体后，风

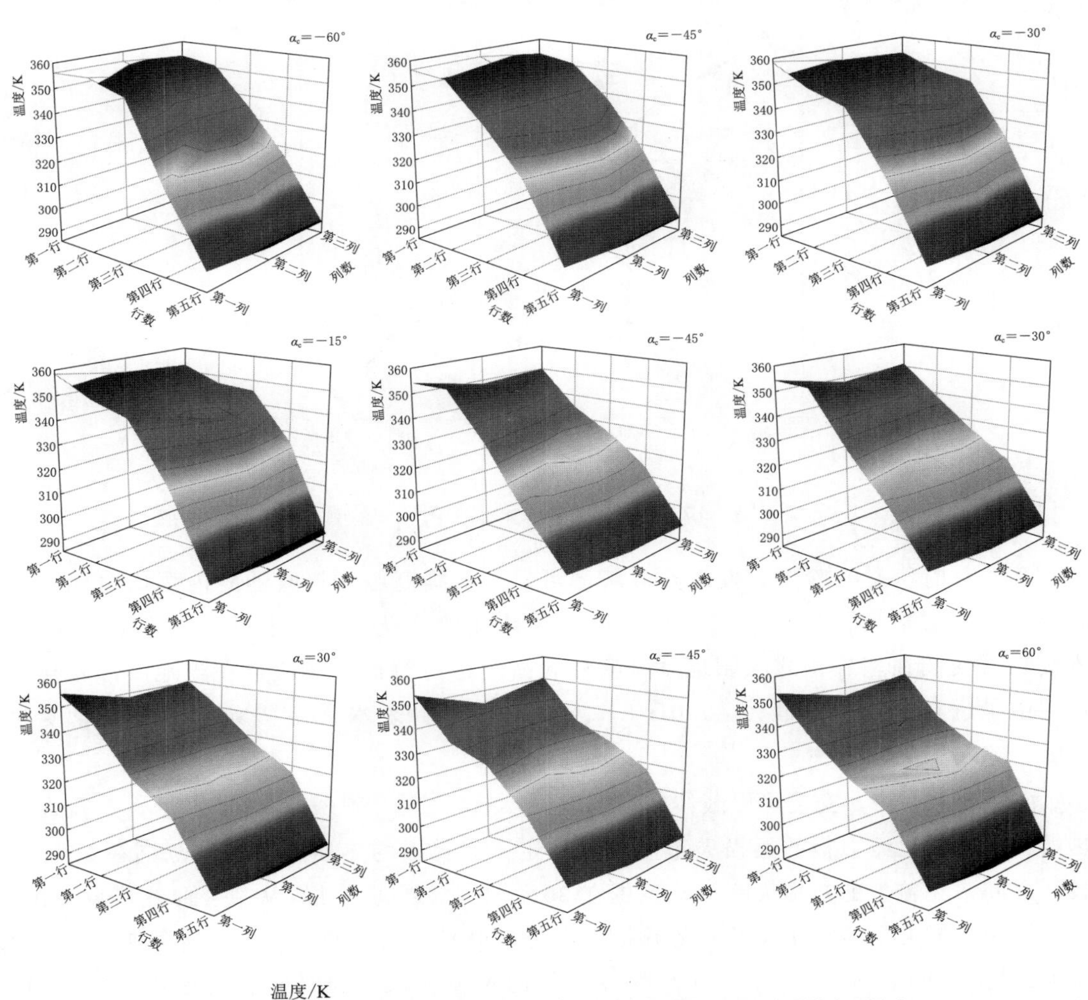

图 4-39　不同风向下腔体接收器内部温度云图

向仍能对腔体内部热扩散造成影响，但整体差异性较小。由图4-39可知，当风向角度为负时，此时风是对着腔体接收器侧方和上方的外壳吹的，不能直接吹向腔体接收器接收面，即腔体接收器接收面的垂直方向风速较小，因此热均匀性较大，热损失较小；当风向角度为正时，风有一部分能直接吹向腔体接收器接收面，随着角度的增加，吹向腔体接收器接收面的风越多，即腔体接收器接收面的垂直方向风速会逐渐增大，强化了环境与接收器之间的强制对流传热。图4-40表明在热屏蔽体的阻挡作用下，随着风向从−60°增长至60°，热均匀性降低了3.50%，系统热损失增大了14.20%。风向的变化会导致腔体接收器接收面的垂直方向风速改变，从而改变环境与热屏蔽体之间的强制对流传热程度，最终影响到腔体接收器内部热均匀性和系统热损失。

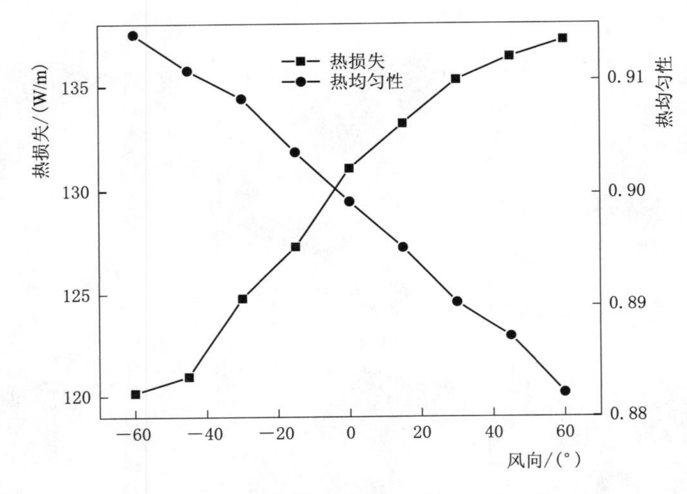

图4-40 风向对热损失和热均匀性的影响

通过室内稳态实验可以发现热屏蔽体可以有效提高腔体接收器腔内热均匀性，从而减少系统热损失，为了更充分地验证热屏蔽体的优化效果，将配有热屏蔽体的腔体接收器安装在室外槽式太阳能系统实验台架上进行测试，实验选在当地5月底某两日的中午进行，入口流量为1000L/h，入口温度为自来水常温。实验时段辐照度为760～790W/m^2。

由图4-41知，安装热屏蔽体前后的实验环境风速在0～3m/s之间波动，有盖板的热损失率波动比无盖板的热损失率波动更稳定，有盖板的热损失率波动范围在25%～32%之间，无盖板的热损失率波动范围在30%～51%之间；并且从拟合曲线可以看出，有盖板的热损失率相对于无盖板的热损失率变化更慢，前者增速接近后者的1/3。玻璃盖板的增加减少了腔内的热空气与外界空气的对流换热，同时使腔内形成闷晒环境，增强接收管管壁的热均匀性，透明玻璃盖板对腔体接收器的热损失具有较好的改善作用。

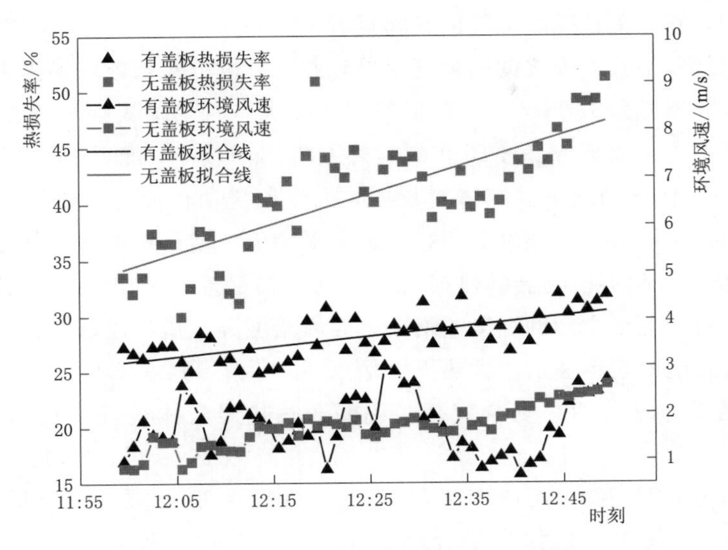

图 4-41 优化前后热损失率影响分析

4.7 本 章 小 结

本章设计了与抛物型槽式聚光器匹配的管簇型倒梯形腔体结构，采用光学模拟、热力学模拟等多种方法对腔体接收器的结构进行了优化，同时对安装位置偏移对光学性能的影响进行了研究，搭建了腔体接收器热性能测试系统，研究了风向和风速对接收器热性能的影响规律，并通过添加热屏蔽体对其热力学性能进行优化，研究结果表明：

(1) 当材料属性一定时，倒梯形上壁面设计为弧面反射面可使其光学效率提高近4%；开口角度和圆弧半径是倒梯形腔体接收器结构中的重要影响参数，随着开口角度 α 的增大，光学效率先缓慢波动在45°之后明显增大；随着圆弧半径的增大，光学效率先增大后缓慢降低；在组合研究中，开口角度 $\alpha=65°$ 与反射圆弧半径 $R=90$mm 的组合结构可以达到较高的光学效率，同时集热管簇能流分布较为均匀，且在低温运行时强化传热效果最佳，因此多因素评价和优化腔体接收器的结构设计是有必要的。

(2) 当几何结构参数一定时，腔体接收器的光学效率随腔内壁反射率和集热管壁吸收率的增大而增大，光学模拟结果显示当腔体内壁反射率从0.8增大到0.9时，光学效率平均增大了4.37%，当管簇式集热管壁吸收率从0.8增大到0.9光学效率增大了8.88%，即集热管壁吸收率影响更显著；研究还得到了不同集热管壁吸收率下腔内壁反射率与光学效率之间的关系，并可拟合函数方程，用于腔体加工时材料选用的指导，材料的选用需权衡其属性和经济成本。

(3) 结合实际运行状态，腔体接收器安装在垂直偏焦量 $\Delta z=-5$mm 处光学效率可达到最高为81.3%，在垂直方向的安装应控制在±5mm 的偏移范围内；在水平方向的安装应控制在±20mm 的偏移，在水平偏焦量±15mm 处可以获得集热管壁较为均匀的能流分布；安装过程中，重点关注垂直方向的偏移量。

（4）风向与接收器接收面之间的角度会导致腔内温度分布指数和热损失因子发生较明显的差异。当接收器倾角大于0°时，热损失因子较大，且热损失因子积分平均值随倾角的增大波动增加；当接收器倾角小于0°时，热损失因子较小，且热损失因子积分平均值最小值出现在−45°倾角情况下。腔体接收器腔内气流扰动较大时，热损失因子对工质入口温度更加敏感。不同倾角下温度分布指数积分平均值的变化接近正态分布，峰值出现在15°倾角下。并且负倾角下接收器的热损失与温度分布偏差是正相关的。随着入口温度的升高，导致吸热管与环境之间的温度差增大，腔内温度分布指数逐渐增大，进一步推动腔体接收器与环境之间的热传递，增大热损失量。

（5）实验结果与理论结果吻合较好，说明通过热屏蔽体进行优化的方法对系统热损失的抑制有较好的作用。在50～250L/h的流量区间里，热损失最大减少了40.81%，在323～363K的入口温度区间里，热损失最大减少了47.09%，在1～5m/s的外界风速区间里，热损失最大降低了70.01%。室外实验还发现有热屏蔽体的热损失率相对于无热屏蔽体的热损失率变化更慢，前者增速接近后者的1/3，两者的最大值相差19%。

（6）引入的“热均匀性”作为一个热传递过程状态的表征量，能较好地解释系统热损失的变化过程，实验发现随着热均匀性的增大，系统热损失降低，二者存在抛物线型的负相关关系。

参 考 文 献

[1] Duffie J A，Beckman W A. Solar Engineering of Thermal Processes [M]. 4th Edition. New York：John Wiley & Sons，2013.

[2] Guo J，Huai X，Liu Z. Performance investigation of parabolic trough solar receiver [J]. Applied Thermal Engineering，2016，95：357 - 364.

[3] Grena R. Optical simulation of a parabolic solar trough collector [J]. International Journal of Solar Energy，2010，29 (1)：19 - 36.

[4] 别玉，李明，陈飞，等. 基于槽式聚光集热的腔体吸收器热损失特性研究 [J]. 太阳能学报，2017，38 (2)：423 - 430.

[5] 王志敏，田瑞，韩晓飞，等. 基于腔体的双轴槽式系统集热特性动态测试 [J]. 太阳能学报，2018，39 (3)：737 - 743.

[6] Huang X. N.，Wang Q. L.，Yang H. L.，et al. Theoretical and experimental studies of impacts of heat shields on heat pipe evacuated tube solar collector [J]. Renewable Energy，2019：999 - 1009.

[7] 杨世铭，陶文铨. 传热学 [M]. 4版. 北京：高等教育出版社，2006.

[8] Kumar S.，Singh P. K.. A novel approach to manage temperature non - uniformity in minichannel heat sink by using intentional flow maldistribution [J]. Applied Thermal Engineering，2019，163：114403.

[9] Kumaresan G.，Sudhakar P.，Santosh R.，et al. Experimental and numerical studies of thermal performance enhancement in the receiver part of solar parabolic trough collectors [J]. Renewable

and Sustainable Energy Reviews, 2017, 77: 1363 - 1374.

[10] Reynolds D J, Jance M J, Behnia M, et al. An experimental and computational study of the heat loss characteristics of a trapezoidal cavity absorber [J]. Solar Energy, 2004, 76 (1): 229 - 234.

[11] Yan J, Peng Y, Cheng Z, et al. Moving Accumulative Computation Method for Flux Distribution of Heat Absorber in Symmetry Concentrating Solar Collector System [J]. Acta Optica Sinica, 2016, 36 (5): 0508001.

第 5 章

槽式太阳能系统集热性能研究

5.1 概　　述

槽式太阳能系统的集热性能受到太阳辐射、环境参数、跟踪精度、管路特性、聚光器光学性能以及接收器的光热转化性能等多因素的影响，工程实际中往往存在安装误差、操作误差和设备自身误差等，因此采用实验测量的方法对工程应用意义重大。

本章将构建采用倒梯形腔体接收器的双轴跟踪槽式聚光集热测试平台，采用实验测量的方法对槽式太阳能系统集热性能进行研究，通过量纲分析的方法将影响集热效率的各种变量合理组合进而建立预测模型，通过实验对模型进行复测，利用动态测试和归一化温差的方法对双轴跟踪槽式聚光集热系统集热效率进行实验研究，根据能量平衡方程建立集热效率和光学效率之间的关系，从而与已研究的光学性能结果呼应。研究成果可为工程实际应用提供理论基础。

5.2　槽式太阳能系统集热性能影响研究

5.2.1　槽式太阳能系统集热性能理论基础

对于槽式太阳能系统，根据能量守恒定律，在稳定状态下，槽式聚光集热器在规定时段内的有效能量收益，等于同一时段内接收器得到的能量减去接收器对周围环境散失的能量，能量公式包括式（2.36）、式（2.37）等。

本章中槽式太阳能系统采用双轴跟踪方式，跟踪精度较高，采用基于黑腔原理的倒梯形腔体接收器作为光热转化装置，系统的热损失主要包括接收器未采集到的能量、系统循环流动中管路及水箱的热损失量以及腔体接收器本身的热损失量。对于管道和水箱都使用了聚乙烯保温棉进行保温，而且系统循环中传热工质温度较低，因此流动管路及水箱的热损量 Q_p 较小，故系统总热损失量可简化为系统光学误差导致的光学损失和腔体接收器本身的热损失。

根据腔体接收器的一维传热模型，集热效率的定义为接收器传热工质输出的能量与同一时段内入射到聚光器光孔面积上的太阳辐照量之比，即

$$\eta=\frac{Q_u}{Q_0}=\frac{C_p\rho q_v(T_{out}-T_{in})}{GA_a}\times\frac{1}{3600} \tag{5.1}$$

热损失率即损失的总能量与系统得到的总能量之比，即

$$\eta_L = 1 - \frac{C_p \rho q_v (T_{out} - T_{in})}{3600 G A_a} \tag{5.2}$$

式中 η——系统集热效率；

η_L——系统热损失率；

Q_u——传热工质吸收的有效集热量，W；

Q_0——集热器总集热量，W；

C_p——传热工质定压比热容，J/(kg·K)；

q_v——传热工质体积流量，m^3/h；

T_{in}——腔体接收器进口温度，K；

T_{out}——腔体接收器出口温度，K；

G——太阳直接辐照强度，W/m^2；

A_a——聚光器光孔面积，m^2。

根据国际标准《太阳能-词汇》（ISO 9488—1999）和我国国家标准《太阳能热利用术语》（GB/T 12936—2007）规定了聚光器采光面积。实验过程中需要测试的参数分别为腔体接收器进出口温度、太阳直接辐照度、传热工质流量等。

由热力学第二定律可知，温度的变化会导致同等数量热量中可用能量随之变化，系统集热效率是体现系统得热量的物理量，同时采用㶲效率量化镜面积尘对系统可用能的影响。㶲效率具体的数学公式为

$$\Delta E = C_p m[(e_{out} - e_{in}) - T_a(s_{out} - s_{in})] \tag{5.3}$$

$$\psi = 1 - \frac{T_a}{T_{out}}\left(1 + \frac{\Delta T}{2T_{out}}\right) \tag{5.4}$$

$$\eta'_e = \frac{\Delta E}{Q_c} = \frac{\Delta E}{Q_h} \cdot \frac{Q_h}{Q_c} = \psi' \eta' \tag{5.5}$$

$$\eta_e = \overline{\eta'_e} \tag{5.6}$$

式中 ΔE——㶲差；

e_{out}——出口水的焓值，kJ/kg；

e_{in}——进口水的焓值，kJ/kg；

s_{out}——出口水的熵，J/(kg·K)；

s_{in}——进口水的熵，J/(kg·K)；

T_a——环境温度，K；

ψ'——瞬时㶲系数；

η'——瞬时集热效率；

$\overline{\eta'_e}$——瞬时㶲效率；

η_e——平均㶲效率。

5.2.2 集热性能测试系统和方案

实验系统由双轴跟踪平台、槽式聚光镜、倒梯形腔体接收器、支撑装置、水箱、浮子流量计以及泵等组成，图5-1为其流程图。其中双轴跟踪平台采用锦州阳光气象公司生产的全自动双轴跟踪系统。腔体接收器的相关参数见表4-1，跟踪台架的相关参数见表2-4，聚光镜的相关参数见表3-1，实验中所使用的仪器及相关参数见表5-1。该实验测试使用水作为流动工质。

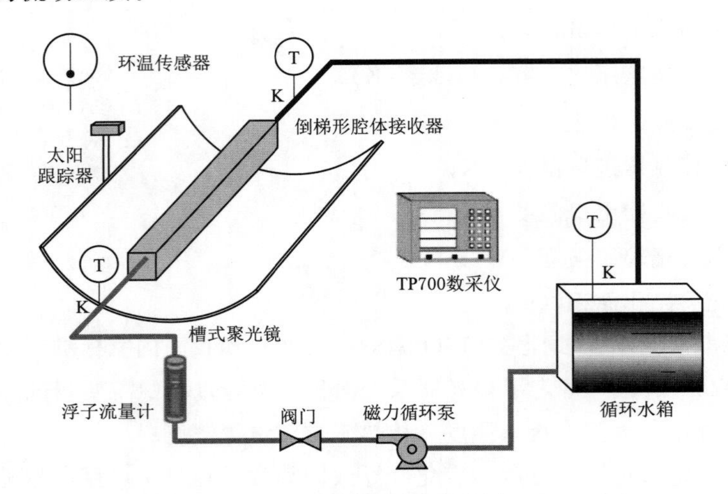

图5-1　系统测试流程图

表5-1　　主要仪器仪表

仪器名称	型号	精度/%	仪器名称	型号	精度/%
浮子流量计	LZB-25	1.5	热电偶	K	0.75
磁力循环泵	MP-100R	1	数采仪	TP700	0.2

根据当地太阳直接辐照度DNI变化情况，测试时间段选取为当地5月20—28日每天10：00—14：00。实验测试期间大多处DNI>700W/m^2；环境风速变化范围为0～3m/s；根据经验值选取500L/h、700L/h、1000L/h三种流量工况；水箱初始温度为自来水温度；测试过程中，数据采集记录间隔为10s，为消除偶然因素的影响，太阳直射辐射、环境风速、腔体接收器进出口温度数据均以1min为单元，取单元时间内的平均值。测试前先对槽式聚光镜进行清洁，保证镜面洁净度，后续分析过程中忽略光学损失的影响，在集热效率的计算中，考虑聚光镜面反射率。

5.2.3 集热性能实验结果分析

5.2.3.1 基于热损失率的影响研究

经过数据整理，分析入口温度、流量、辐照度、环境温度和环境风速对热损失率的影响，结果如下：

该实验在闭环系统中进行，流量为500L/h。由图5-2知，随着工质平均温度从303.8K升高至362.1K热损失率越来越大，当工质入口温度达到362.1K时，热损失率可达到57%；环境温度在302～305K之间基本维持稳定，随着工质入口温度的升高，腔体接收器腔内的温度也逐渐升高，与环境的温差逐渐增大，因此腔体接收器腔内与环境的对流传热和辐射传热过程加快，进出口温差会逐渐减小，热损失量也越来越多，由水箱内工质温度变化曲线可知，其温度增加逐渐变慢，而该时间段内辐照度变化较小，所以热损失随工质平均温度的增加而增大。外界的风速会加快对流传热过程，因此热损失率会出现波动值。

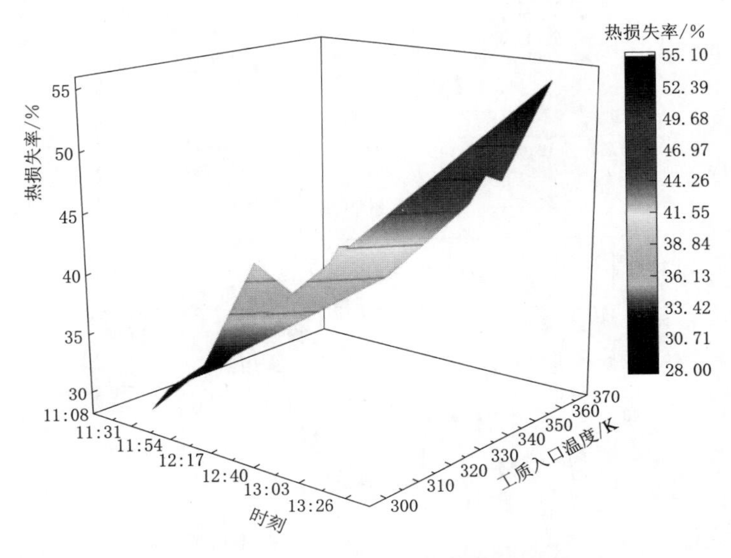

图5-2　工质入口温度对热损失率的影响

由图5-3知，受工质入口温度增大影响，不同的流量下腔体接收器瞬时集热效率都呈下降趋势，下降速度相似，说明三种流量的测试环境条件相差较小；随着流量的增加，流速增快，流体在集热管中停留时间减少，进出口温差减小，瞬时集热效率呈下降趋势，三种工况下的瞬时集热效率最高分别可达到70.69%、61.34%和53.46%；但是循环水箱的工质温度高低和增速都随着流量的增加而加快，考虑工质入口温度对热损失影响较大，故对水箱工质测试前后温度进行分析。

由图5-4知，辐照度的变化较为稳定，大多处于750～800W/m^2之间，而随着时间推移，热损失率在波动中逐渐增大，考虑到流体平均温度和环境风速对热损失率的影响，发现辐照度小范围内波动对热损失率的影响较小。

由图5-5知，随着环境风速的增大热损失率也增大，两者的变化趋势和速度接近；风速由0.8m/s逐渐增大至2.6m/s时，热损失率从30%升高至51%，随着风速的增加，腔体接收器腔内空气扰动增大，与环境空气之间的换热过程加快，从而导致接收管温度下降速率加快，热损失率增大。由此可以发现，在该实验运行温度下，环境风速对热损失率的影响较明显。

进行环境温度对热损失率影响分析时，为避免流体平均温度的影响，实验在开环系统

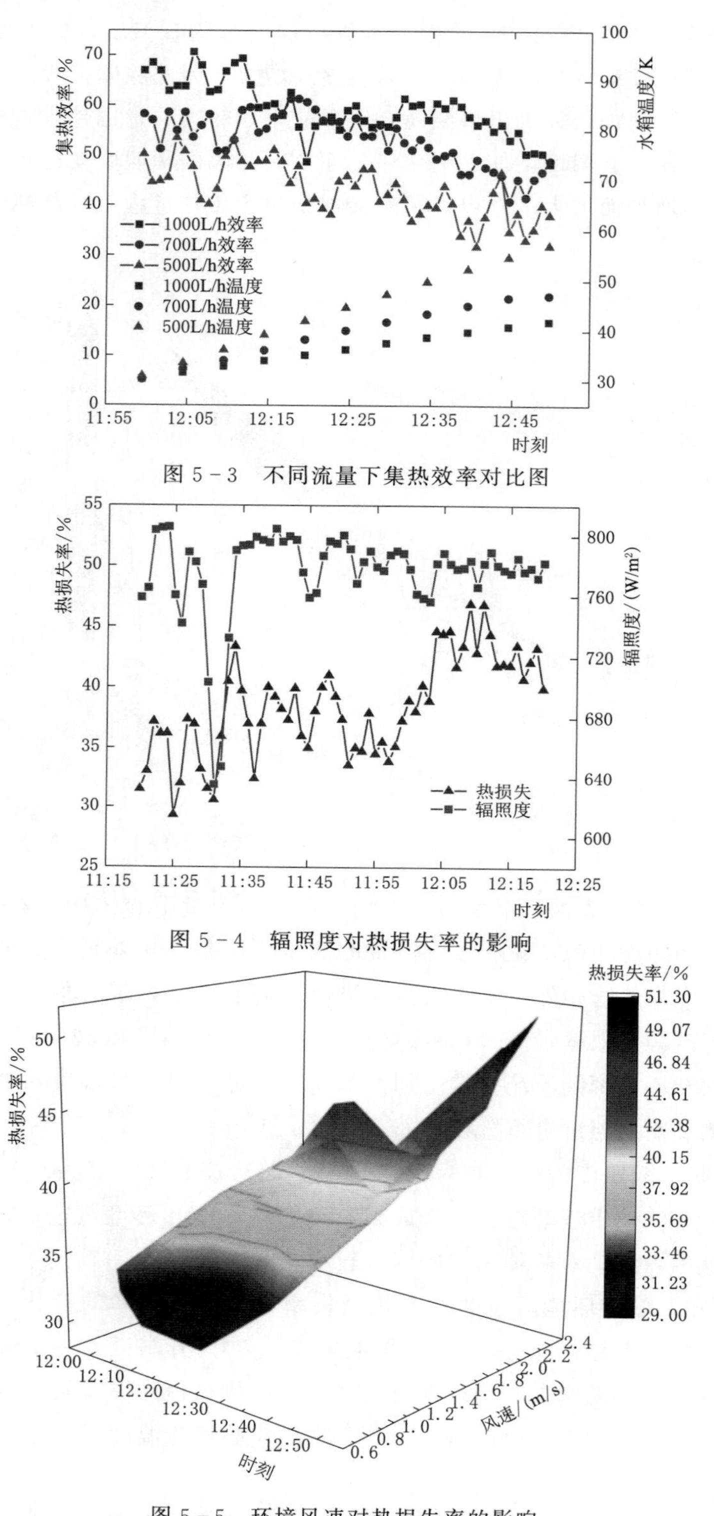

图 5-3 不同流量下集热效率对比图

图 5-4 辐照度对热损失率的影响

图 5-5 环境风速对热损失率的影响

中进行，环境温度为297～303K，风速在0～3m/s之间，辐照度在720～800W/m^2 之间；流量取700L/h，进口温度为自来水常温。

由图5-6可以看出，热损失率波动频率较大，波动幅度在30%～47%之间，随着环境温度从297K升高至303K，热损失率整体呈下降变化趋势，但变化趋势较小，可知在一定范围内环境温度对热损失率的影响较小。

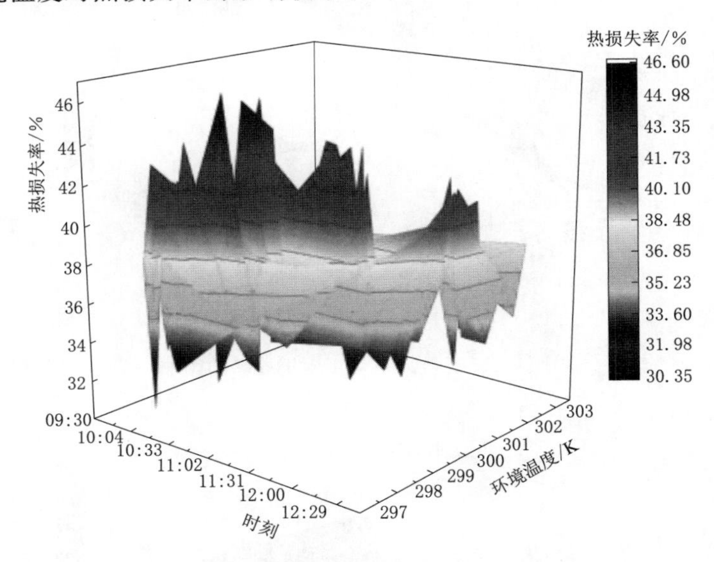

图5-6 环境温度对热损失率的影响

通过以上对槽式太阳能系统影响因素的实验测试以及分析可发现：在较小的波动范围内，太阳辐照度和环境温度的变化对系统热损失性能影响相对较小，因此适当选择环境风速的变化范围、入口温度和流量作为可控变量，在室外进行系统热性能测试的分析方法具有较好的可靠性。

5.2.3.2 基于烟效率的影响研究

由图5-7可知，在该时间段内，烟效率随着工质入口温度的增加总体呈现先增大后减小的趋势。随着工质入口温度从303.8K升高至355.7K，烟效率明显呈上升趋势。当工质入口温度达到355.7K时，烟效率到达最大值为8.43%。这是因为环境温度在302～305K之间基本维持稳定，而工质入口温度的升高会导致腔体接收器腔内的温度也逐渐升高，与环境的温差逐渐增大，导致烟效率增加。

由图5-8可知，区间流量为500L/h、700L/h、1000L/h三种工况下的烟效率均随时间推移而增加。而相同时间内，烟效率的增加随着工质流量的增加而减小。相同时间段内，当工质流量为500L/h时，烟效率最大值为3.51%，是当工质流量为1000L/h时烟效率最大值的1.51倍。这是因为随着工质流量的增加，进出口的熵差也随之增加，同时也增加了工质由于自身熵增所造成的损失，从而降低了烟效率。

由图5-9可知，直射辐射的变化较为稳定处于750～800W/m^2 之间，而随着时间推

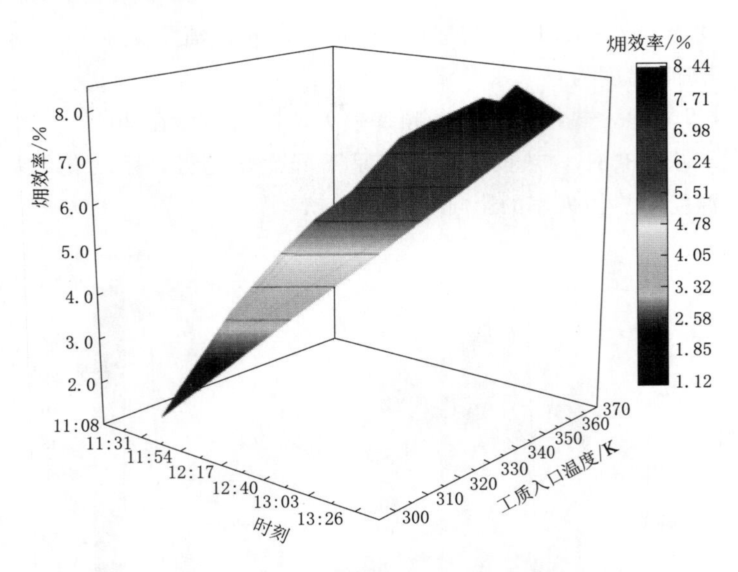

图 5-7 工质入口温度对烟效率的影响

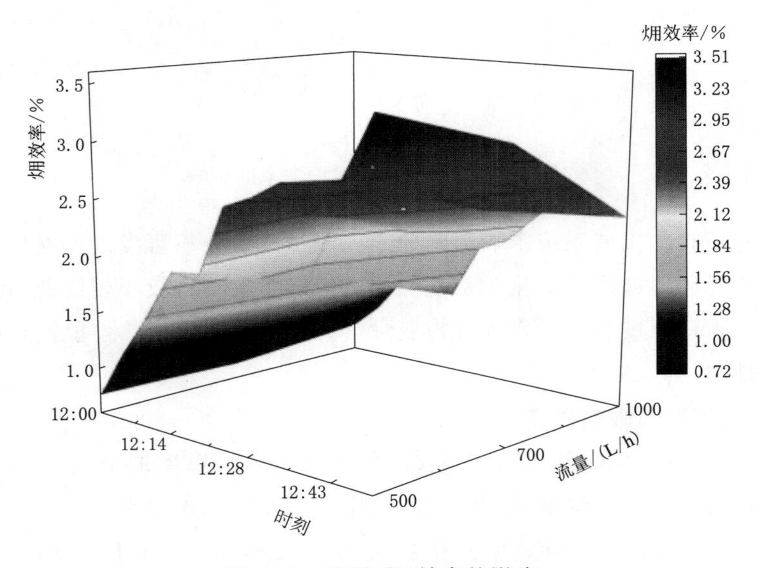

图 5-8 流量对烟效率的影响

移，烟效率在较小范围内波动变化，在该辐射区间内，辐照度的改变对烟效率的影响不具有显著性。

由图 5-10 可知，随着环境风速的增大，烟效率的虽有一定波动，但整体还是呈下降趋势；当风速由 0.8m/s 逐渐增大至 2.1m/s，烟效率从 11.32%降低至 9.45%。这是因为风速的增加后会增强强制对流传热程度，使得腔体接收器内部温度场紊乱，从而导致烟效率的下降。

由图 5-11 可知，随着环境温度逐渐升高，烟效率整体呈下降趋势且下降趋势较大。

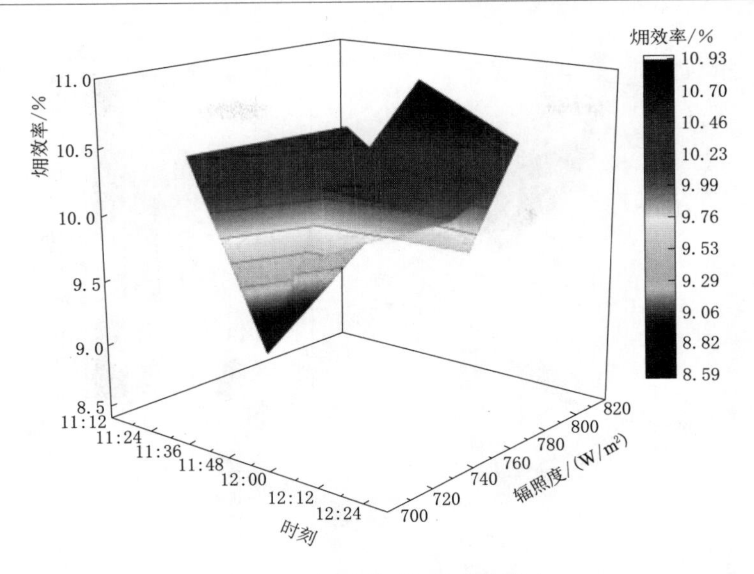

图 5-9 辐照度对烟效率的影响

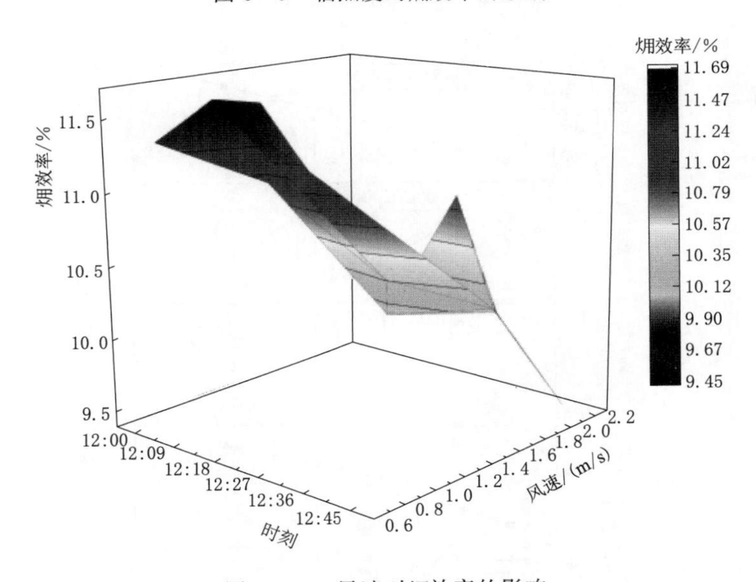

图 5-10 风速对烟效率的影响

当环境温度为 297K 升高至 303K，烟效率由 1.34%下降至 0.31%。这是因为当环境温度升高时，进口温度较为稳定，环境温度与进口温度的温差较大导致烟效率的下降。但整体而言，环境温度的改变对烟效率大幅度的提高或降低并未起到明显作用，即环境温度对烟效率的影响较小。

由以上分析可知，在实验范围内，流量、工质进口温度和风速对腔体接收器热性能的影响相对更为显著，这里引入烟系数进一步评价。

由图 5-12 可知，受工质入口温度、风速以及流量变化影响，烟系数均呈增加趋势，但影响程度不同。当工质入口温度从 328.1K 升高到 344.6K 时，烟系数增大了 50%。当

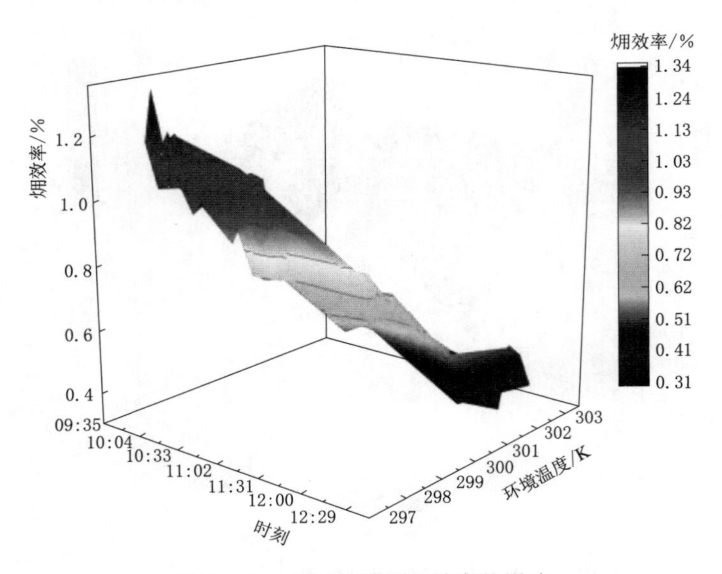

图 5-11 环境温度对烟效率的影响

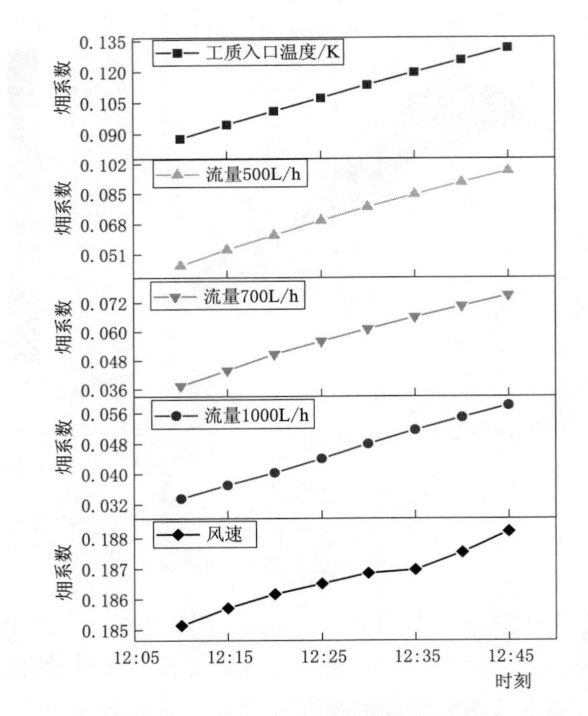

图 5-12 工质入口温度、流量、风速对烟系数的影响

风速从 1.2m/s 增大到 2.1m/s 时，烟系数增加了 16%。当流量为 500L/h、700L/h、1000L/h 烟系数随时间变化的增幅分别为 118%、103%和 71%。理论分析，工质进口温度和风速的增加均会增大高温工质向环境的热扩散损失，而流量的增加使得传热工质在吸热升温过程中的熵增引起的损失减小，因此烟系数会随流量增加而减小。

5.3 腔体接收器位置集热性能测试

接收器集热管表面能流分布直接影响系统传热过程进而影响集热效率，而不同接收位置下的接收器能流分布并不相同，考虑到腔体内部能流密度分布测试的复杂性，根据前面章节中关于聚光镜光学特性的实验测试以及 Tracepro 光学模拟的结果确定接收位置的测试区间，通过动态测试集热效率的方法研究不同接收位置的影响。

5.3.1 不同接收位置的系统集热效率测试

将复合倒梯形腔体接收器安装在已搭建的双轴跟踪抛物槽式太阳能聚光系统中，联合水箱、流量计、泵和管路等部件构成实验测试用的双轴跟踪槽式太阳能聚光集热系统，系统流程及实物图如图 5-13 所示，其工作原理为太阳光线通过跟踪装置垂直入射到槽式聚光器，经反射后会聚成高能流密度的能量被安装在焦线处的腔体接收器所吸收，光热转化后由传热工质将热量带出进行后续的太阳能热利用。

图 5-13 测试系统流程及实物图

实验中使用的主要仪器及精度见表 5-1。

测试实验选择在当地 7—9 月之间晴天 11：30—14：00 时段进行，根据关于聚光系统光学性能的研究结果，散焦现象一般出现在焦距±20mm 范围，因此测试的接收位置选为 435～470mm，以 5mm 作为间隔，共测试 8 个不同接收平面，工质流量分别为 600L/h、700L/h、800L/h、900L/h，每个位置测试 5min，期间环境气象参数处于稳定状态。为排除太阳辐照的瞬时变化引起集热效率的飘移，数据处理中会考虑系统热功率。

腔体接收器的槽式集热性能测试没有相关的国家标准，本测试中参考真空管集热器测试标准，测试期间除 900L/h 流量下太阳直接辐照度在 656～678W/m^2 之外，其他三个流量测试期间太阳直接辐照度均在 793～810W/m^2 之间，满足采光面上太阳总辐照量不小于 650W/m^2，变化不超过±50W/m^2 的要求。

5.3.2 测试结果分析

经过数据整理与分析，计算得到腔体接收器在不同流量以及不同接收位置下的集热效率与热功率，如图 5-14 所示。

由图 5-14 得知，在一定流量范围内，不同流量下对应的最佳接收位置并不相同，在以上的流量中当接收位置为 435mm 和 470mm 时，集热效率和热功率均较低，这是因为在偏移焦距较远处，通过腔体采光口进入腔内的汇聚光线数量较少，即光学性能较差；相同流量下对应的集热效率和热功率有较为一致的变化趋势，表明实验测试期间的辐照量变

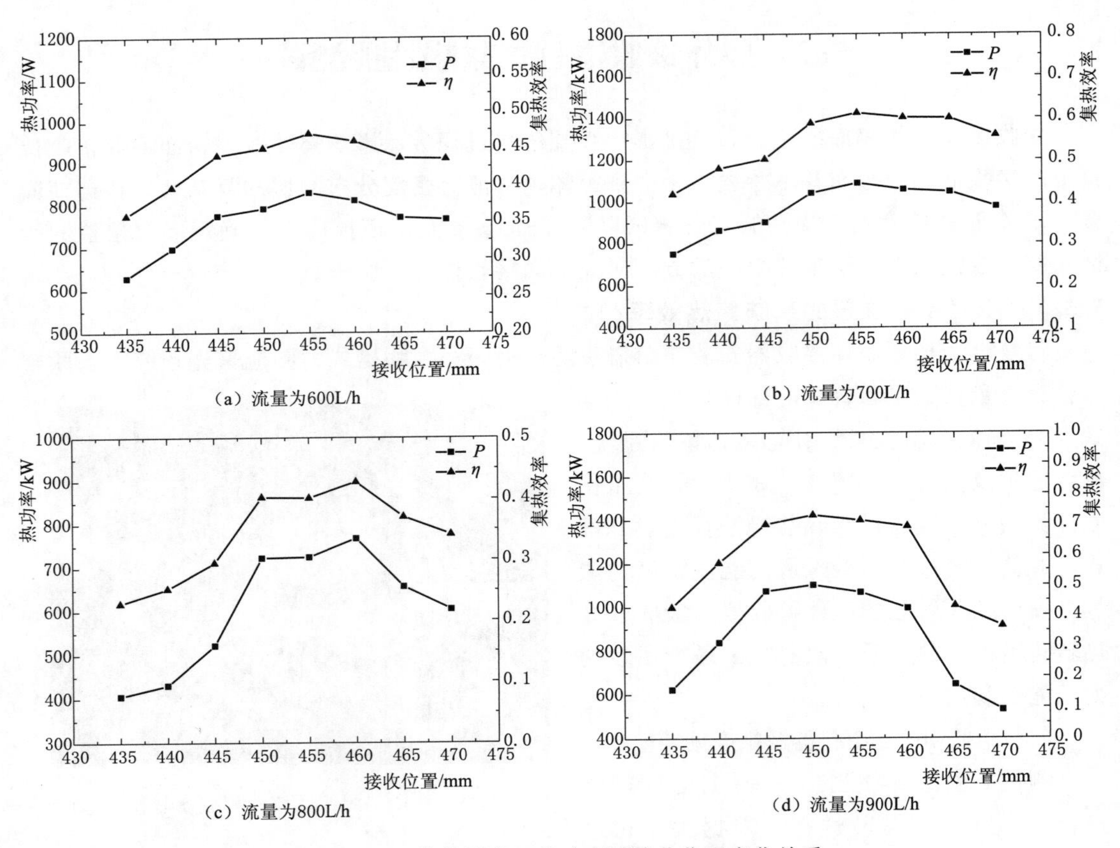

图 5-14 集热效率、热功率随接收位置变化关系

化微小，其中流量为 600L/h 和 800L/h 测试时间内风速较大导致其对应的集热效率整体较低。

当流量为 600L/h 时，最高的集热效率和热功率出现在 455mm 焦距的接收位置，分别为 47%和 831.3W；当流量为 700L/h 时，最高的集热效率和热功率出现在 455mm 处，分别为 61.2%和 1087.5W；当流量为 800L/h 时，最高的集热效率和热功率出现在 460mm 处，分别为 42.7%和 768.1W；当流量为 900L/h 时，最高的集热效率和热功率出现在 450mm 处，分别为 73%和 1101.5W。理论分析，当实验台架搭建好后，跟踪误差、聚光镜型面误差以及各种运行误差等会导致槽式聚光焦平面偏移，从光学性能分析最佳焦平面具有唯一性，但腔体接收器内集热圆管在不同的接收位置下却会因为流量的不同而表现出不同的集热性能，以上最佳接收位置的结论可以用于腔体接收器动态测试的研究中。

对于采用腔体接收器的槽式聚光集热系统，当传热工质为水，集热温度在小于 100℃ 的运行区间，利用双轴跟踪装置测试得到的集热效率高于相关文献中单轴跟踪下的集热效率。

5.4 双轴跟踪槽式集热效率模型

槽式聚光集热系统热性能测试中发现，系统集热效率是多因素综合影响的结果，这些因素包括当地太阳辐照状况、聚光器的聚光特性、接收器的几何特征和材料属性、流动工质物性、跟踪装置的精度以及环境气象参数如环境温度、风速等。为了揭示影响系统光热转化性能的规律，需要大量的实验测试，但通常直接实验的方法有很大的局限性，实验条件受特定环境和装置限制，因此实验结论只适用于一定的实验条件或者只能在有限的影响因素下获得，为了避免此局限，采用量纲分析的方法将影响集热效率的各种变量合理组合并建立预测模型，通过实验验证。

量纲分析法依据物理方程量纲一致性原则，此处的量纲分析采用 π 定理，可表示为：若物理过程有 n 个物理量和 m 个基本量纲，则可用 $n \sim m$ 个零量纲函数关系表示。若物理过程的方程式为 $F(x_1, x_2, x_3, \cdots, x_n)=0$，在这 n 个物理量中有 m 个基本量纲，$n \sim m$ 个零量纲可用 $\pi_i(i=1,2,3,\cdots,n-m)$ 来表示，进一步可表示为 $f(\pi_1, \pi_2, \pi_3 \cdots, \pi_{n-m})=0$。

在 $n=m$ 的情况下有两种可能：若量纲彼此独立，则不能由它们组成量纲为一的量；若不独立还可能组成量纲为一的量。相似定律规定：相同类型的两个系统是一的量的 π 值如果相同，那么表示两系统物理状态基本相似。

5.4.1 集热效率量纲分析建模

确定影响聚光集热系统的集热效率 η 的因子包括传热工质物性、聚光器几何特征、腔体接收器几何特征、外界环境气象参数以及接收位置等因素。国际单位制中基本量纲包括 L、M、T、I、H、J、Θ，根据以上各相关的物理量写出物理方程式为

$$F=(\eta, \mu, \rho, \nu, D, C_P, A_a, G, \rho_{cav} \cdot \alpha_{tub}, V_{wind}, T, C_G, Z) \tag{5.7}$$

式中 η——腔体集热效率，量纲为 $M^0 L^0 \Theta^0 T^0$；

μ——流动工质黏度，mPa·s；

ρ——流动工质密度，kg/m^3；

C_P——流动工质比热容，kJ/(kg·K)；

ν——流动工质流速，m/s；

D——腔体集热器进出口管直径，m；

$\rho_{cav} \cdot \alpha_{tub}$——腔体内壁反射率和集热管壁吸收率，量纲为 $M^0 L^0 \Theta^0 T^0$；

V_{wind}——环境风速，m/s；

T——流动工质进口温度与环境温度差值，K；

G——太阳直接辐照度，W/m^2；

Z——腔体接收器接收位置，m；

A_a——聚光器光孔面积，m^2；

C_G——聚光器几何聚光比。

将式（5.7）化成幂指数形式为

$$\eta=K\mu^a\rho^b\nu^c D^d C_P^e A_a^f G^g(\rho_{cav}\alpha_{tub})^h V_{wind}^i T^j C_G^k Z^l \tag{5.8}$$

式中 K——常数；

指数 a、b、c、d、e、f、g、h、i、j、k、l——幂指数不确定值，与集热效率相关的物理量影响数量为12。

对于流体力学和热力学的问题，基本量纲有4个，分别是质量量纲 M、长度量纲 L、温度量纲 Θ、时间量纲 T。根据 π 定理，该模型可构建8个零量纲量，将所有影响因素的基本量纲代入幂函数式，则

$$F=K(ML^{-1}T^{-1})^a(ML^{-3})^b(LT^{-1})^c L^d(L^2T^{-2}\Theta^{-1})^e(L^2)^f(MT^{-2})^g$$
$$(M^0L^0\Theta^0T^0)^h(LT^{-1})^i\Theta^j(M^0L^0\Theta^0T^0)^k L^l \tag{5.9}$$

根据幂函数等式两边指数一致，则

$$\begin{cases}M:0=a+b+g\\L:0=-a-3b+c+d+2e+2f+i+l\\\Theta:0=-e+j\\T:0=-a-c-2e-2g-i\end{cases} \tag{5.10}$$

根据白金汉 π 定理，12个未知量，4个方程，为了求解需将其中8个未知量设为已知量；此处将 a、c、e、l 作为求解量，其余作为已知量，求解结果为

$$\begin{cases}a=-b-g\\c=b-g-2j-i\\e=j\\I=b-d-2f\end{cases} \tag{5.11}$$

将式（5.11）代入式（5.8）中得

$$\eta=K\mu^{-b-g}\rho^b\nu^{b-g-2j-i}D^d C_P^j A_a^f G^g(\rho_{cav}\alpha_{tub})^h V_{wind}^i T^j C_G^k Z^{b-d-2f} \tag{5.12}$$

将式（5.12）化为无因次群表达式为

$$\eta=K\left(\frac{\rho\nu D}{\mu}\right)^{b-g}\left(\frac{C_P T}{\nu^2}\right)^j\left(\frac{G\rho D}{\mu^2}\right)^g\left(\frac{D}{Z}\right)^{2f+d-b}\left(\frac{V_{wind}}{\nu}\right)^i\left(\frac{A_a}{D^2}\right)^f C_G^k(\rho_{cav}\alpha_{tub})^h \tag{5.13}$$

为了简化式（5.13），考虑研究的槽式聚光集热系统中，腔体接收器一旦确定，其对应结构参数如腔体集热管直径以及所用材料属性包括腔体内壁的反射率和集热管壁吸收率即为定值，而聚光器一定的情况下聚光器采光面积以及该槽式系统的光学几何聚光比均为定值，则

$$\eta=K_1\left(\frac{\rho\nu D}{\mu}\right)^{b-g}\left(\frac{C_P T}{\nu^2}\right)^j\left(\frac{G\rho D}{\mu^2}\right)^g\left(\frac{D}{Z}\right)^{2f+d-b}\left(\frac{V_{wind}}{\nu}\right)^i \tag{5.14}$$

$$K_1=K\left(\frac{A_a}{D^2}\right)^f C_G^k(\rho_{cav}\alpha_{tub})^h$$

根据式（5.14）可以得到集热效率无量纲模型，分别得到 Re 数以及4个新的量纲，即

$Re=\frac{\rho\nu D}{\mu}$，$C_1=\frac{C_P T}{\nu^2}$，$C_2=\frac{G\rho D}{\mu^2}$，$C_3=\frac{D}{Z}$，$C_4=\cdot\frac{V_{wind}}{\nu}$，以上无量纲均可以通过实验数据获得。

5.4.2 集热效率量纲分析求解

因为指数函数求解较为困难，因此，将式（5.14）取对数即为

$$\ln\eta=\ln K_1+(b-g)\ln Re+j\ln C_1+g\ln C_2+(2f+d-b)\ln C_3+i\ln C_4 \tag{5.15}$$

令 $y=\ln\eta$，$q=\ln K_1$，$x_1=\ln Re$，$x_2=\ln C_1$，$x_3=\ln C_2$，$x_4=\ln C_3$，$x_5=\ln C_4$，则式（5.15）可简化为

$$y=q+(b-g)x_1+jx_2+gx_3+(2f+d-b)x_4+ix_5 \tag{5.16}$$

式（5.16）中有多个自变量，多元线性回归法可以用来分析若干自变量与一个因变量之间的线性关系，从而确定线性方程中的各项系数。选择前述不同接收位置和不同流量的集热效率性能测试实验数据进行回归，考虑到实验数据数量较大，分别选取流量为600～900L/h，接收位置从435mm到470mm之间的7个位置的代表数据整理并转化为对应式（5.15）中的无量纲数列出，见表5-2。

表5-2 实验数据无量纲数

η	Re	C_1	C_2	C_3	C_4
0.437	12.252	108456.4	27894.97	0.0473	7.380
0.358	12.504	138824.1	29054.09	0.051	7.471
0.480	17.002	133268.5	40408.87	0.05	7.093
0.588	16.946	137651	39863.79	0.049	7.601
0.396	12.504	143162.4	29149.92	0.05	8.048
0.502	17.023	130081.2	40495.31	0.049	8.934
0.574	19.916	29431.9	28541.79	0.05	2.794
0.692	19.531	18575.87	26799.82	0.048	4.191

Origin软件具有强大的线性回归和函数拟合功能，能满足绝大多数科技工程中的曲线拟合要求，同时可出具具有专业水准的拟合分析报告，因此该处的多元线性回归采用Origin软件中的多元线性回归分析模块，求解方程中的各项系数。回归结果为

$$y=-7.101+3.941x_1+0.726x_2-2.881x_3-5.516x_4+0.33x_5 \tag{5.17}$$

在实际拟合工作中，找出参数之后还必须对拟合结果进行分析。常用的方法中最小二乘法是用于检验参数的最常用方法。根据最小二乘法理论，残差平方和越小，拟合效果越好，以上的回归中残差平方和为0.0051；残差平方和可以对拟合作出定量的判断，但存在一定的局限性。为了获得最佳的拟合优度，引入决定系数R^2，若R^2接近1，表明拟合效果好，以上的回归中$R^2=0.9848$，从数学的角度看，决定系数R^2会受到样本数量的影响，为了消除此影响，此处引入校正决定系数$R^2_{adj}=0.9468$；从拟合报表提供的残差—自变量分析图中残差散点图显示无序状态，因此表明此回归的拟合优度好。

将以上的回归方程转化为集热效率 η 的形式为

$$\eta=0.000824Re^{3.941}C_1^{0.726}C_2^{-2.881}C_3^{-5.516}C_4^{0.33} \tag{5.18}$$

以上的多元线性回归中构建了包括 Re 数在内的5个量纲，使用 Origin 软件中相关系数的统计方法分析量纲的相关性，分析结果为 Re、C_1、C_2、C_3、C_4 对应的 Pearson 相关系数分别是 0.87614、−0.72857、0.0506、−0.45689、−0.6115，相关系数绝对值越接近1相关越密切，由此可见，对于已构建的集热效率无量纲模型，Re 的影响程度最大，C_2 的影响程度最小，根据 $Re=\dfrac{\rho v D}{\mu}$，$C_1=\dfrac{C_P T}{\nu^2}$，$C_2=\dfrac{G\rho D}{\mu^2}$，$C_3=\dfrac{D}{Z}$，$C_4=\cdot\dfrac{V_{\text{wind}}}{\nu}$，在各影响因素中，流动工质的物性参数以及流动状况、外界环境参数等对于集热效率的影响较大，相对而言接收位置以及太阳辐照量影响较小。

5.4.3 集热效率量纲分析复测

通过实验测量各种工况下的数据并与以上建立的集热效率预测模型对比，从而检验模型的正确性，可以指导之后的工程实际应用。

针对不同工况进行多次重复实验，结果如图5-15和图5-16所示，将实验的数据代入已拟合的集热效率模型中进行复测，检验该预测模型的精度，从而指导该系统的实际应用。

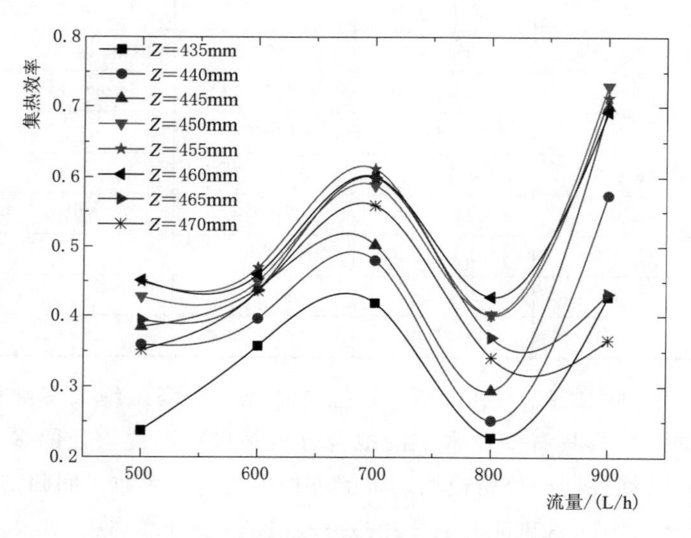

图5-15 不同接收位置下流量对集热效率的影响

图5-17中的实验工况是指太阳辐照、风速、流量、腔体接收器位置以及工质进口温度等多因素变化的状况，根据集热效率模型复测结果可知，模型计算值和实测值基本吻合，其中有个别数据点的最大相对误差不超过实验值的15%。考虑到在集热效率无量纲模型的求解以及复测时所用到实验数据的测试中，有来自环境参数包括太阳辐照、风速风向以及环境温度等随机波动无法人为控制的因素，也包括通过装置调整时的机械以及操作误差，因此模型复测结果是客观和合理的，集热效率的预测模型可在槽式聚光集热系统的

应用中提供可靠的数据参考。

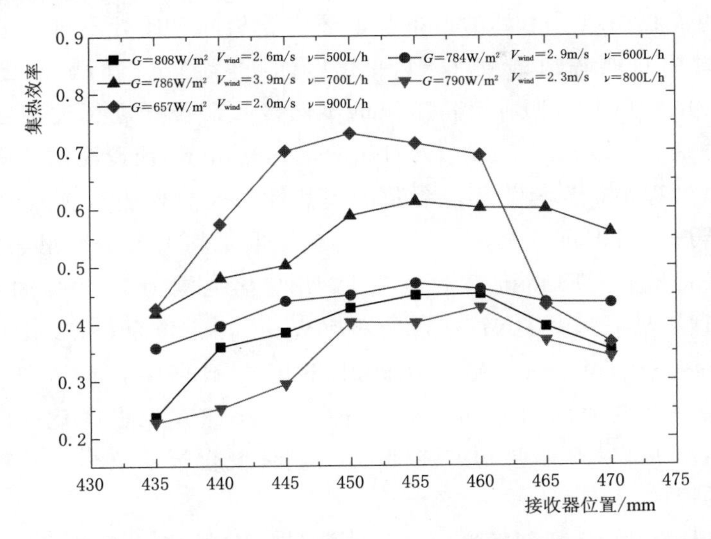

图 5-16 不同接收位置下辐照度、风速以及流量对集热效率的影响

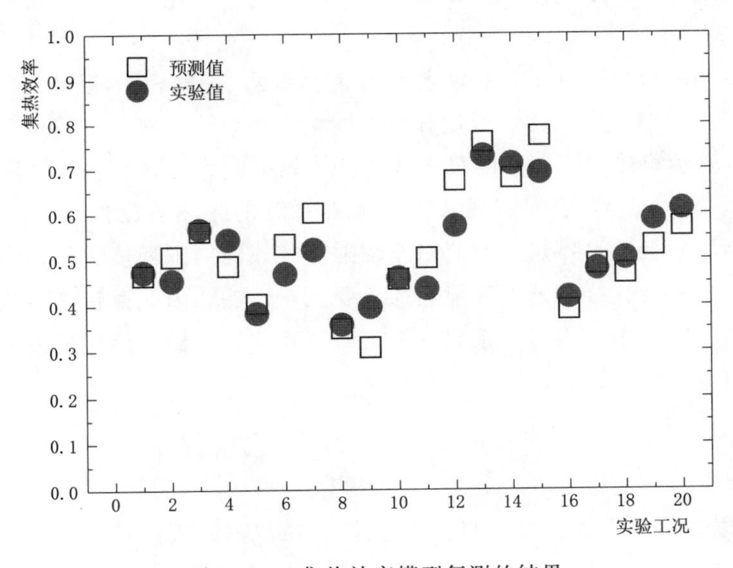

图 5-17 集热效率模型复测的结果

5.5 双轴跟踪槽式集热系统动态测试及归一化分析

5.5.1 集热性能动态测试

在槽式太阳能集热系统的测试中，稳态测试所需物理参数少，但是对于测试条件的要求较高，而动态测试考虑光学效应和热容特性，降低了测试条件的要求；为了对所搭建的抛物型槽式聚光集热平台的系统性能进行深入研究，同时为了验证腔体接收器光学性能的

模拟结果，实验采用动态测试以及归一化温差的方法展开研究。

实验系统的流程图以及用到的设备与前述实验相同，此处不再赘述。根据呼和浩特地区合适的太阳直接辐射强度 *DNI* 变化区间进行测试。因前面已针对 600L/h、700L/h、800L/h、900L/h 四种流量工况的不同接收器位置进行过实验测试，获得其最佳安装距离分别为 455mm、455mm、460mm、450mm，因此测试期间将腔体安装到最佳位置。测试过程中，为消除环境参数的偶然性，太阳直接辐射强度 *DNI*、环境风速、腔体接收器进出口温度数据均以 5min 为单元取平均值。系统集热性能测试期间，流量为 600L/h 工况下太阳直接辐射强度 *DNI* 变化范围为 751～784W/m^2，流量为 700L/h 下太阳直接辐射强度 *DNI* 为 725～776W/m^2，流量为 800L/h 下太阳直接辐射强度 *DNI* 为 618～655W/m^2，流量为 900L/h 下太阳直接辐射强度 *DNI* 为 636～678W/m^2，环境风速变化范围为 0.6～3.8m/s、工质进口温度变化范围为 27～38℃。在无云层遮挡情况下，太阳直接辐射强度 *DNI* 整体变化幅度较小，可忽略其对于系统瞬时集热效率的影响。

为了消除实验测试中太阳辐照度以及环境温度不恒定因素的影响，借鉴真空管集热特性测试中归一化的方法，此处采用测试瞬时集热效率与归一化温差的方法对系统集热性能进行分析。

在集热效率归一化坐标轴中，y 轴表示集热效率 η，x 轴表示流动工质进口温度与环境温度的差值与太阳辐照度之比。通过分布曲线拟合函数，具有以下特点：①效率曲线在 y 轴上的截距值表示集热器可获得的最大效率；②效率曲线的斜率表示集热器总热损失系数 U_L，单位 W/(m^2·K)。在研究槽式聚光集热系统的光热转化性能时，腔体接收器接收会聚光线的能流后会通过导热、对流以及辐射等方式向周围环境散热，由于腔内各表面的温度不同且采光孔处直接与外界环境连通，受风速影响，因此存在多个热损失系数，但在实验测量时，一般采用总热损失系数，它反映了腔体接收器的整体热损失性能。以进口温度为参考的归一化温差计算，即

$$T^{*}=\frac{T_{in}-T_{a}}{G} \tag{5.19}$$

式中 T^{*}——以进口温度为参考的归一化温差，(m^2·K)/W；

T_{in}——进口温度，K；

T_a——环境温度，K；

G——太阳直接辐照度，W/m^2。

5.5.2 归一化集热效率分析

将实验数据处理后得到四种流量工况下的集热效率归一化直线，见图 5-12。

由图 5-18 可知，流量为 600L/h、700L/h、800L/h、900L/h 工况下的归一化效率曲线的拟合相关性较好，拟合结果可靠，其对应截距集热效率分别为 53.3%、67.6%、72%、81.7%，对应的热损失系数分别为 24.93W/(m^2·K)、15.79W/(m^2·K)、

12.61W/(m² · K)、9.78W/(m² · K)。由于实验测试系统的泵以及管路所限，不可能测试所有流量下的热损失系数。因此对上述流量工况下的热损失系数进行函数拟合，利用其函数关系式确定不同流量工况下的热损失系数，从而获得普适性的结论，为后续热利用提供数据支撑。

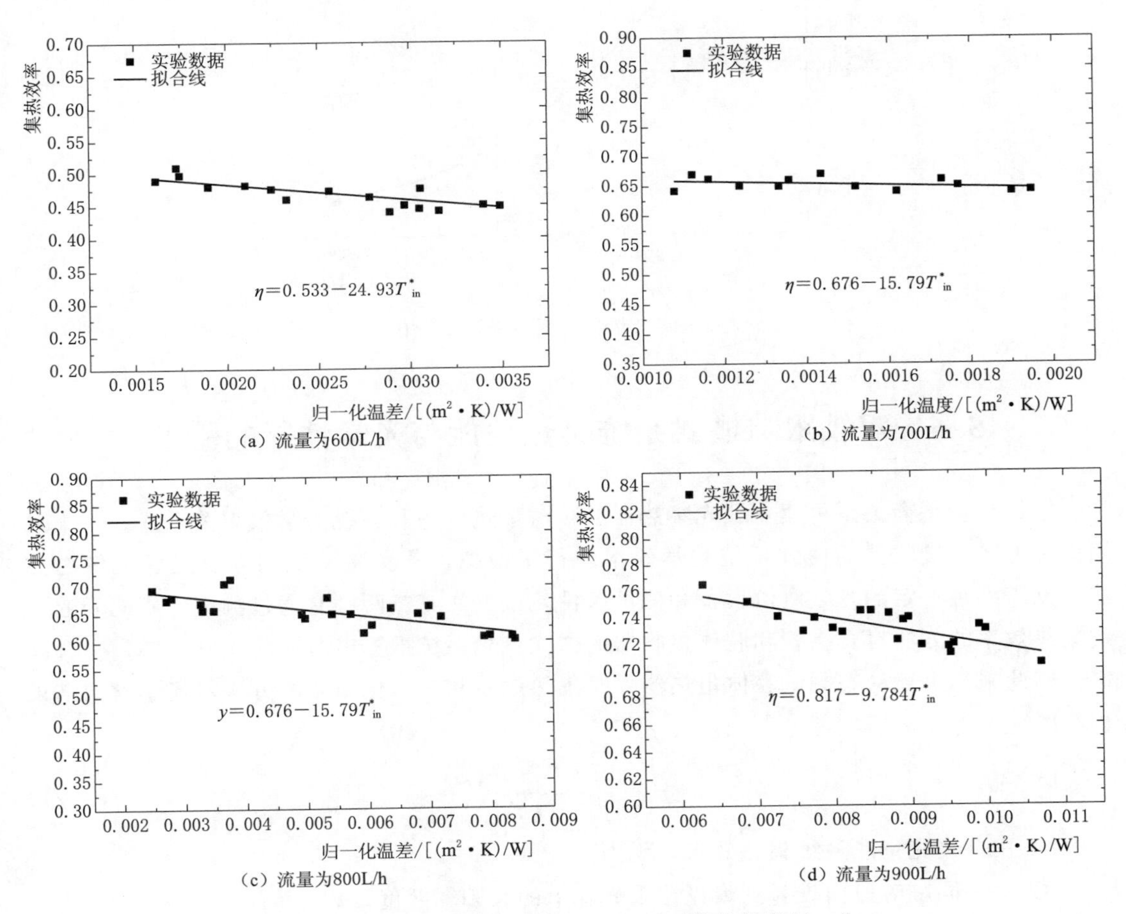

图 5-18　流量为 600～900L/h 工况下集热效率归一化

图 5-19 为热损失系数随流量变化，通过对变化曲线进行多项式拟合，得到其函数表达式为

$$y=139.06-0.29x+0.0002x^2 \tag{5.20}$$

拟合的相关系数为 0.98，拟合效果好。由图 5-19 可知，随着流量的增大，热损失系数逐渐下降并趋于平缓，分析其原因，随着流量的增大，流动工质沿集热管出口方向的温度降低，从而使得通过对流和辐射的方式损失的热量也减小。该拟合结果可用于指导不同流量下槽式聚光集热系统的热损失情况，同时该方法也可适用于不同聚光比以及不同结构接收器热损失的估算，有较好的工程实用价值。

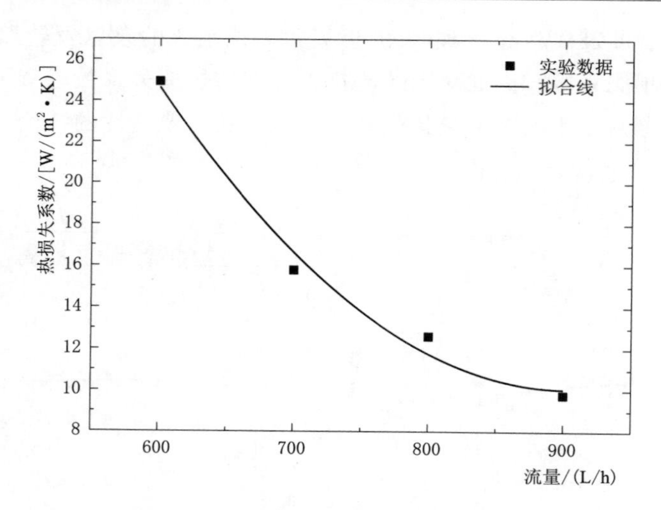

图 5-19 热损失系数随流量变化

5.6 双轴跟踪槽式系统集热性能与光学性能的验证

根据能量平衡关系可建立聚光集热器的瞬时集热效率和系统光学效率关系式。对于采用倒梯形腔体接收器的槽式系统光学效率进行了模拟，若实验验证则需要光学成像的方法，且需满足一定的光学测试设备和测试条件，根据文献查阅已有通过测试工质温升的系统集热效率的方法对真空管和腔体接收器的槽式聚光系统推算出对应的光学效率，吻合度高，因此采用上述动态测试腔体集热器瞬时集热效率和归一化温差的方法对光学模拟结果进行验证，即

$$\eta=\eta_0-\frac{U_L(T_r-T_a)A_r}{G_aA_a} \tag{5.21}$$

式中 η——聚光集热系统集热效率，无因次；

G_a——同一时段内投射到聚光器采光孔上的太阳辐照度，W/m^2；

A_a——聚光器光孔面积，m^2；

A_r——腔体内集热管簇表面积，m^2；

U_L——集热器总热损失系数，W/(m^2·K)；

T_r——接收器温度，℃；

T_a——环境温度，℃；

η_0——聚光集热系统光学效率，无因次。

选取流量为800L/h的实验工况进行分析，如图5-18（c）所示。通过归一化温差的方法并线性拟合，效率曲线在y轴上的截距值表示集热器可获得的最大效率，如图腔体接收器所能达到的最大集热效率为73%，而无任何热损失的集热效率即光学效率，因此实验值比模拟的理想值低了8.3%，分析其原因，模拟中并未考虑系统跟踪误差、聚光镜厚度以及聚光镜分体导致的太阳光线偏移，且模拟中太阳辐照度设定为 850W/m^2，而实验测试期间太阳辐照低于此值，说明以上原因均是影响光学效率的因素，该实验测试值可为系统进一步优化提供参考。

5.7 本章小结

本章构建了双轴跟踪槽式太阳能聚光集热系统测试平台，采用倒梯形腔体接收器作为集热器，通过实验测试研究了不同因素对系统热性能的影响，进一步测试了不同流量下不同接收位置的系统集热性能，采用量纲分析法建立了系统集热效率预测模型并通过实验数据进行了模型复测；采用动态测试以及归一化温差的方法对槽式聚光集热系统集热效率进行了研究，根据能量平衡方程建立了集热效率和光学效率之间的关系，利用归一化温差下的集热效率推导出光学效率验证系统光学性能的模拟结果，研究表明：

（1）本研究范围内，流量、流体温度、环境风速对热损失率的影响较大，环境温度和辐照度对热损失率的影响较小。在 500～1000L/h 的流量范围内，热损失率随着流量的增大而减小；工质入口温度达到 90℃时，热损失率可达到 57%；风速由 0.8m/s 逐渐增大至 2.6m/s，热损失率从 30%升高至 51%。

（2）不同的腔体接收位置在不同的流量下槽式聚光集热系统会表现出不同的光热转换性能，在本研究的实验工况下，以集热效率和热功率作为衡量标准，综合各种实验误差，当流量为 600L/h、700L/h、800L/h、900L/h 时，最佳接收位置出现在 455mm、455mm、460mm、450mm 处，分别是抛物型聚光镜的焦距处以及焦距垂直方向±5mm 处，对应的最高集热效率高于相关文献中单轴跟踪下的集热效率。

（3）通过量纲分析法建立集热效率预测模型并求解，采用多元线性回归构建了包括 Re 数在内的 5 个无量纲量，回归得到方程 $\eta=0.000824Re^{3.941}C_1^{0.726}C_2^{-2.881}C_3^{-5.516}C_4^{0.33}$，且拟合精度高；其中 Re、C_1、C_2、C_3、C_4 与 η 的相关性中 Re 对系统集热效率的影响程度最大，包含有太阳辐射、集热管几何参数以及流动工质物性的 C_2 影响程度相对最小；样本范围内集热效率模型计算值和实测值基本吻合，最大相对误差不超过实验值的 15%，预测模型客观合理且精度较高。

（4）在一定流量范围内，瞬时集热效率随流量增加而增大，热损失系数随流量增加而减小；归一化处理后得到 600L/h、700L/h、800L/h、900L/h 四种流量下对应最大集热效率分别为 53.3%、67.6%、72%、81.7%，通过多项式拟合获得总热损失系数与流量的变化关系式 $y=139.06-0.29x+0.0002x^2$；选择某实验工况采用归一化温差的方法推导出聚光系统光学效率，比光学模拟值降低 8.3%，验证了光学软件的模拟结果在合理的误差范围内，具有可参考性；建立了系统集热效率和光学效率之间相互预测的普适性关系。

参 考 文 献

[1] 常春，张强强，李鑫．周向非均匀热流边界条件下太阳能高温吸热管内湍流传热特性研究［J］．中国电机工程学报，2012，32（17）：104－109.

[2] 陈飞．线聚焦腔体聚光系统光学特性及集热性能研究［D］．昆明：云南师范大学，2015.

[3] 杜广生，工程流体力学［M］．2版．北京：中国电力出版社，2007.

[4] 叶卫平．Origin 9.1科技绘图及数据分析［M］．北京：机械工业出版社，2016.

[5] 李洪建，杨晓宏，田瑞，等．基于量纲分析的太阳能空气隙膜蒸馏实验研究［J］．太阳能学报，2016，37（10）：2547－2553.

[6] 钱裕，朱跃钊，王银峰，等．双轴跟踪槽式太阳能集热器实验研究［J］．热能与动力工程，2015，30（4）：623－627.

[7] 王志敏，田瑞，韩晓飞，等．基于腔体的双轴槽式系统集热特性动态测试［J］．太阳能学报，2018，39（3）：737－743.

[8] 何梓年，太阳能热利用［M］．合肥：中国科学技术大学出版社，2009.

[9] 王华荣，李彬，王志峰，等．基于条纹反射术的槽式抛物面单元镜面形测量［J］．光学学报，2013，33（1）：0112007.

[10] 冯志康，李明，王云峰等．太阳能槽式系统接收器光学效率的特性研究［J］．光学学报，2016，36（1）：0122002.

[11] Kutscher C F，Netter J C. A Method for Measuring the Optical Efficiency of Evacuated Receivers［J］．Journal of Solar Energy Engineering，2014，136（1）：83－99.

[12] Huang X. N.，Wang Q. L.，Yang H. L.，et al. Theoretical and experimental studies of impacts of heat shields on heat pipe evacuated tube solar collector［J］．Renewable Energy，2019：999－1009.

第6章

高寒地区槽式系统镜面积尘对系统光热性能影响研究

6.1 概　　述

在槽式太阳能系统聚光特性研究中发现，聚光损失会明显受到聚光镜表面光洁度的影响，而基于太阳能光资源和规模化应用的土地因素，我国西北高寒地区是太阳能光热利用的良好选址地。西北高寒地区有干旱、多风沙等特殊气候环境，槽式聚光镜由于长期在户外运行且镜面整体呈抛物型，空气中灰尘颗粒易沉积到聚光镜表面，积累一定程度后会引起槽式太阳能系统明显的光学聚焦损失，进而影响接收器的光热耦合以及进一步的系统热性能输出，因此研究典型地区积尘对槽式太阳能系统光热性能的影响有重要意义。

当前国内外学者已经开展了相关领域的科研工作，但大部分研究基于太阳能光伏系统或平板集热器等，这些领域中太阳光以透射辐射为其主要利用能量，积尘的影响体现在遮挡作用导致的透射率减少以及电或热性能的影响；而太阳能聚光集热的光热应用中，尤其典型的碟式、塔式和槽式系统，太阳光以反射辐射为主要的利用能量，而且型面为曲面时其影响机理更为复杂。

本章将分析所在地区的典型气候特点，搭建积尘影响下的槽式太阳能系统光热性能测试台架，将镜面积尘密度作为表征积尘的时间因素，将镜面倾角作为积尘的空间因素，选取不同的积尘工况，用实验的方法揭示时空因素下由积尘引起的表面光洁度变化对槽式太阳能系统光热性能的影响规律，并建立系统性能的预测模型。

6.2 地区典型气候特征

从地理和环境气象学分析，各地的环境和气候差别较大，即使同一地点在不同季节的空气质量和地表降尘情况也不相同，而槽式太阳能系统的镜面积尘问题与所在地区的气候环境息息相关。从我国太阳能资源和土地资源来看，西北地区有应用太阳能的天然优势，基于内蒙古工业大学所在地呼和浩特展开研究，该地具有典型的西北高寒地区气候特征，因此本节针对该地区的气候特征进行分析，为后续开展的镜面积尘影响和积尘迁移等研究奠定理论基础。

图6-1为呼和浩特市某年平均日照时间及日最大辐照度，由图可见3月至8月即春季至夏季日照时间明显较长，该年度于6月2日达到全年日最大日照时间为13.75h，但期间数据点较为分散，存在较多低值点，说明地区该时间段虽然晴天日照时间较长，但相比于其他季节也存在较大比例的阴雨多云天气；9月至次年2月即秋季至冬季平均日照在9h左右，数据点较为集中，说明此段时间的天气状况相对稳定。线条为呼和浩特地区某年日最大辐照度的趋势图，其峰值出现在夏季，6月25日达到全年最高，为1536W/m²。以上分析表明呼和浩特为代表的西北高寒地区具有年日照时间长，辐照量高等特点，是太阳能利用的良好选址地。

图6-2为呼和浩特市某年风速风向图，对全年风向分析可以发现150°～250°数据点

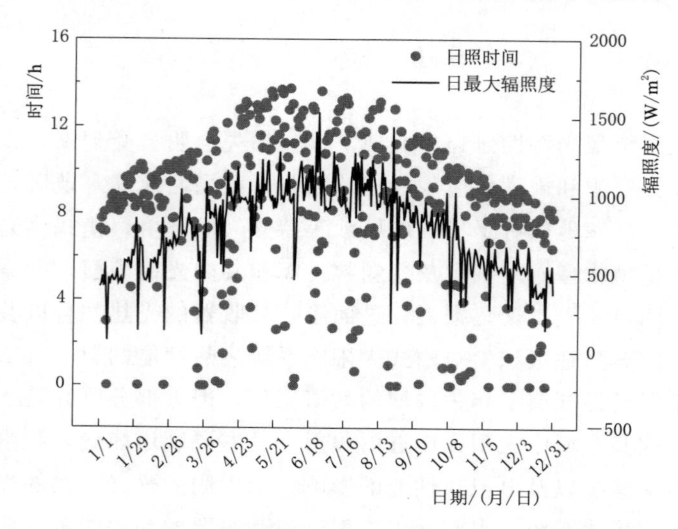

图6-1 呼和浩特市某年平均日照时间及日最大辐照度图

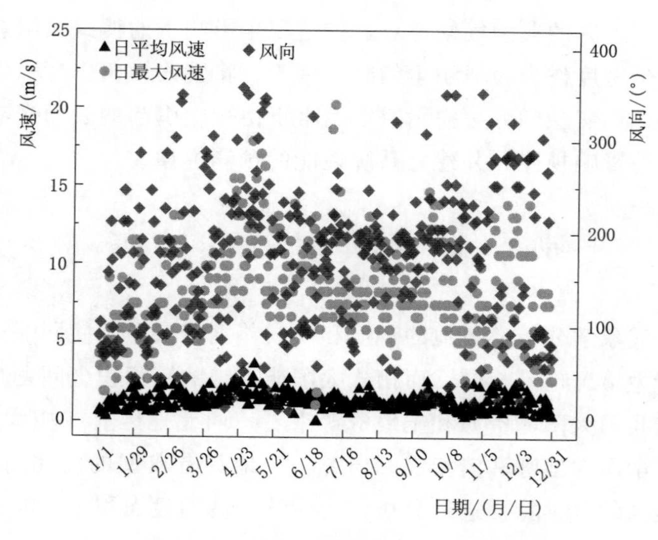

图6-2 呼和浩特市年风速风向图

较为密集，密集点多出现于夏季与秋季，可知夏秋季节西南风为主流风向，且夏季与秋季风向较为稳定；冬季与春季数据点较为分散即说明该季节风向易变。从风速来看年日平均风速约为 2m/s，日平均风速最高出现于春季可达到 3.6m/s，日均风速越大说明此季节风力资源越丰富。该年日最大风速出现在夏季 7 月，数据显示为 20.2m/s，风力等级达到 8 级，瞬时风力较大。分析表明呼和浩特地区风力资源丰富，可为后续的自然除尘相关研究提供气候理论基础。

图 6-3 为呼和浩特市全年温度图，整体趋势表明该地区夏季短暂，冬季漫长，四季温度变化分明，属于典型的高寒性气候特征。由图 6-3（a）可知夏季日最高气温为 36℃，冬季日最低气温为－17℃。由图 6-3（b）可知平均最高温度出现在夏季为 29℃，年平均最低温度出现在冬季的 12 月 2 日为－13℃，年平均昼夜温差在 10℃左右，最大达到 19℃。

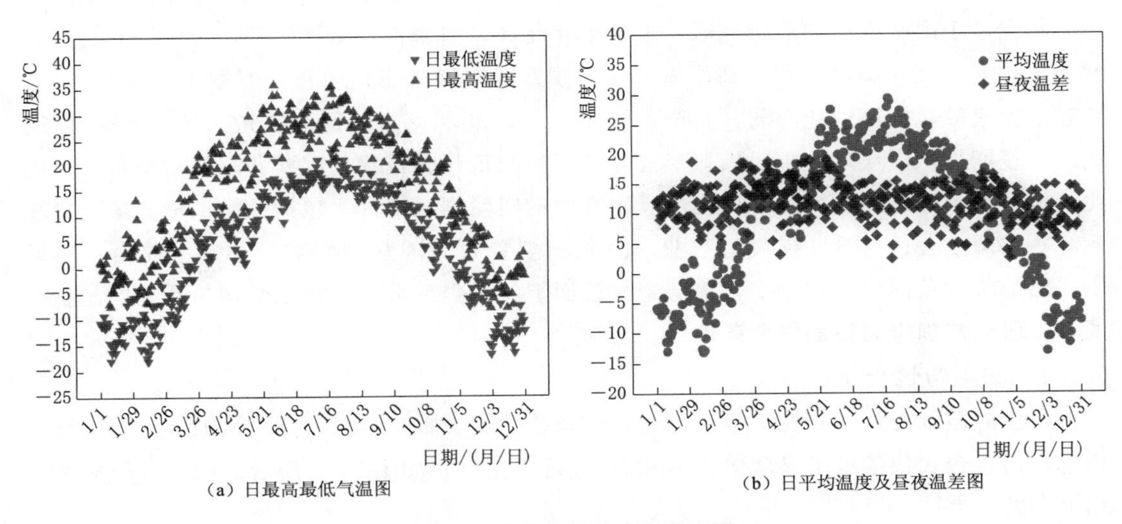

（a）日最高最低气温图　　（b）日平均温度及昼夜温差图

图 6-3　呼和浩特市全年温度图

图 6-4 为呼和浩特地区某年的相对湿度图，由图可知该地区夏秋季节相对湿度较大，该数据中日最高相对湿度出现在秋季雨后为 95%，最低出现在春季的 4 月 7 日为 16%。对于干燥与湿润环境的划分，一般将空气相对湿度小于 60%视为干燥环境，将空气相对湿度大于 60%时视为湿润环境。通过以上分析发现该地区相对湿度在 60%以下的数据点较多且密集，因此除少数阴雨天气，呼和浩特地区全年长期处于干燥环境。

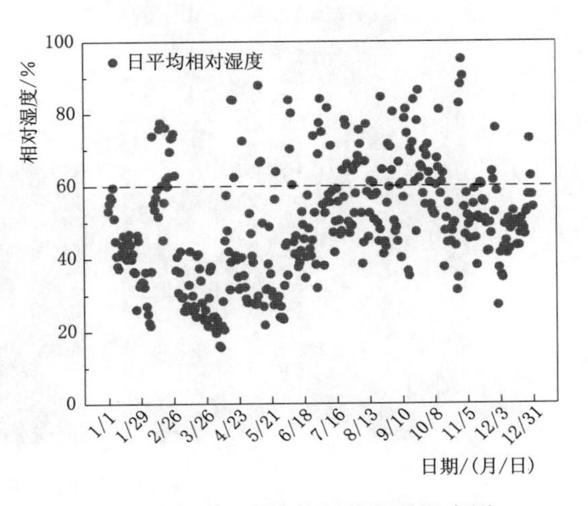

图 6-4　呼和浩特某年的相对湿度图

6.3 积尘来源及特性

6.3.1 积尘来源

聚光镜长期放置到户外，沉降到聚光镜表面的积尘在所难免，追溯积尘的来源主要为自然环境和人为因素，例如环境中的沙石和土壤由于风化被自然界的风带到大气中再经过沉降落到物体表面，人为的因素包括以汽车为代表的交通工具的尾气排放、燃煤发电等工业排放以及供暖、建筑工地等方面。由文献可知，从粒径分析，空气中的灰尘颗粒直径通常小于500μm，其主要分布在1～10μm之间；从化学成分分析，其主要成分为SiO_2、Al_2O_3、CaO和TiO_2等氧化物，其中SiO_2占68%～76%。不同地理环境积尘形态和成分不同，甚至差别很大，因此积尘对于光热系统的影响具有显著的地域性。

研究基于内蒙古呼和浩特地区，地处华北北部，内蒙古自治区中部，市区平均海拔高度为1040m，属于典型的蒙古高原大陆性气候。四季气候变化明显，春季由于降水甚少，地表干燥松散，抗风蚀能力弱，易产生沙尘天气，夏季炎热，秋季日光充足，冬季漫长。地区采暖期长，以煤炭为主要供热形式导致污染严重，颗粒物是主要的沉降污染负荷，因此该地区积尘的影响研究具有典型性。研究中的实验测试平台（包括抛物型槽式聚光集热系统）方圆10km范围没有大型工业，因此积尘受人为因素的影响较小，主要由自然环境、当地气候条件以及四季变化决定聚光镜面上的积尘种类、质量以及均匀性，因此积尘的实验研究需确定具体的气象条件。

6.3.2 积尘特性

积尘的微观特性和物性参数决定着其对系统的宏观影响结果，收集该地区镜面的自然积尘，通过台式扫描电子显微镜JCM6000进行了拍摄，如图6-5所示。扫描电子显微镜相关参数见表6-1。

图6-5 扫描电子显微镜JCM6000

表 6-1 扫描电子显微镜相关参数

型号	JCM6000
放大倍数	×10～×60000
观察模式	高真空模式/低真空模式
电子枪	灯丝与韦氏帽集成一体的小型电子枪
加速电压	15kV/10kV/5kV 3 挡切换
样品台	$X-Y$ 轴手动控制 X 方向 35mm、Y 方向 35mm
最大样品尺寸	直径 70mm、高度 50mm
信号检测	高真空（二次电子、背散射电子）、低真空（二次电子、背散射电子）

图 6-6 为 EDS 能谱图，通过对积尘颗粒采用 ZAF 法无标准定量分析，并对频谱进行处理，将其元素标准化，得到表 6-2 中的积尘颗粒元素及相关成分，可见积尘中主要为碳元素、氧元素和硅元素，铝元素和镁元素这两种金属元素的含量也较多，这是由于实验楼一楼车间加工的金属粉末随风飘落至镜面上导致。其主要成分有钠长石（$Na_2O \cdot Al_2O_3 \cdot 6SiO_2$）、硅灰石（$Ca_3Si_3O_9$）、石灰石（$CaCO_3$）、石英石（$SiO_2$）、镁石（MgO）、矾土矿（$Al_2O_3$）和黄铁矿（$FeS_2$）。其中积尘样品成分以二氧化硅为主。

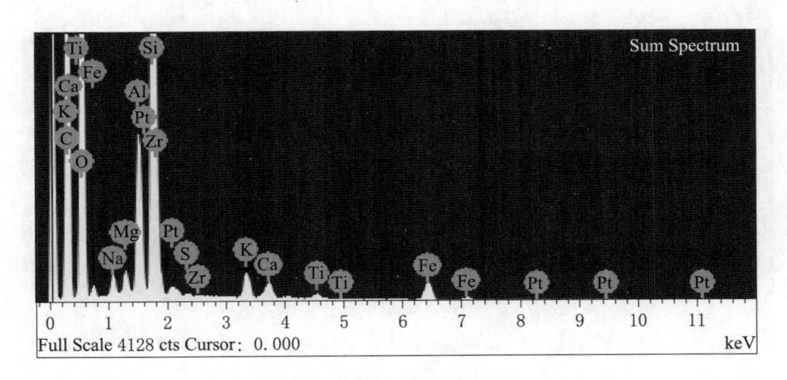

图 6-6 EDS 能谱图

表 6-2 积尘元素组成表

元素	质量分数/%	元素含量/%	标准化
C	46.20	56.60	$CaCO_3$（碳酸钙）
O	40.06	36.84	SiO_2（二氧化硅）
Na	0.50	0.32	$Na_2O \cdot Al_2O_3 \cdot 6SiO_2$（钠长石）
Mg	0.36	0.22	MgO（氧化镁）
Al	2.31	1.26	Al_2O_3（氧化铝）
Si	7.34	3.85	SiO_2（二氧化硅）
S	0.05	0.02	FeS_2（二硫化亚铁）
K	0.63	0.24	K

续表

元素	质量分数/%	元素含量/%	标 准 化
Ca	0.41	0.15	$Ca_3Si_3O_9$（钙硅石）
Ti	0.20	0.06	Ti
Fe K	1.44	0.38	Fe
Zr L	0.26	0.04	Zr
Pt M	0.24	0.02	Pt
总计	100.00	100.00	

为了精确测量及分析积尘的粒径及形状，对一年四季中选取的典型积尘样品放大400倍进行电镜扫描，如图6-7所示，某样品放大1000倍的电镜扫描情况如图6-8所示，其颗粒特征更加明显，积尘颗粒的粒径大多处于40μm以下，并且积尘颗粒形状球度较低，多为非球形不规则菱形且边缘较为锋利，表面较为粗糙。

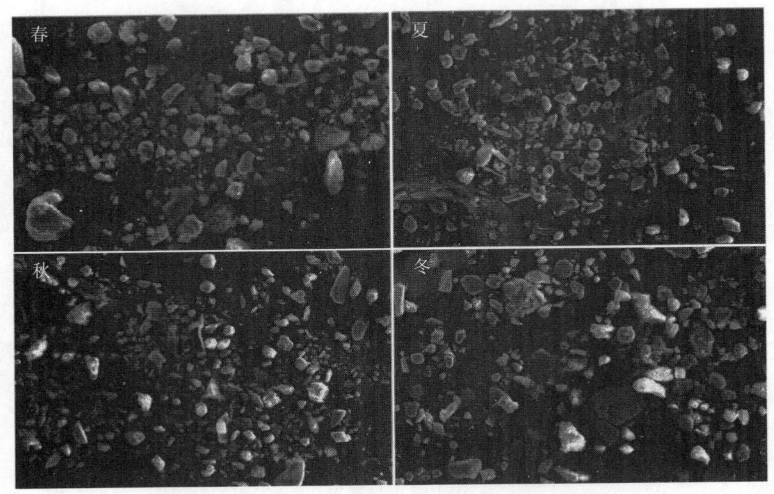

图6-7 地区四季积尘样品的扫描电镜图

图6-8 积尘样品放大1000倍的扫描电镜图

6.4 积尘影响机理

太阳辐射进入地球大气层之后，将被空气中的各种成分所吸收和散射，太阳辐照度和太阳光谱也将随之改变。由光的传播定律可知，入射到聚光镜的太阳光线遇到灰尘颗粒会产生反射、吸收和透射的现象，由于灰尘非透明固体的属性，会对聚光表面产生一定的遮蔽，而不同粒径的灰尘对于光线的传播路径的影响明显，同时灰尘也对光线有一定的吸收作用，从而减少了反射聚光后焦平面的能量。

由图 6-9 可知，入射的太阳光线一部分照射到聚光镜表面，遵循反射定律沿反射光线的出射方向聚焦到焦平面；另一部分光线照射到灰尘上，会由于灰尘颗粒形状和粒径等不同造成光线散射以及被吸收等现象。根据能量守恒定律，入射到积尘表面的太阳辐射能可以体现为三部分：一部分被灰尘吸收，将光能转化为其他形式的能量；一部分被灰尘反射，有的落在可收集的聚焦平面上，有的散射到环境中损失掉；其余的为透射的辐射能，即

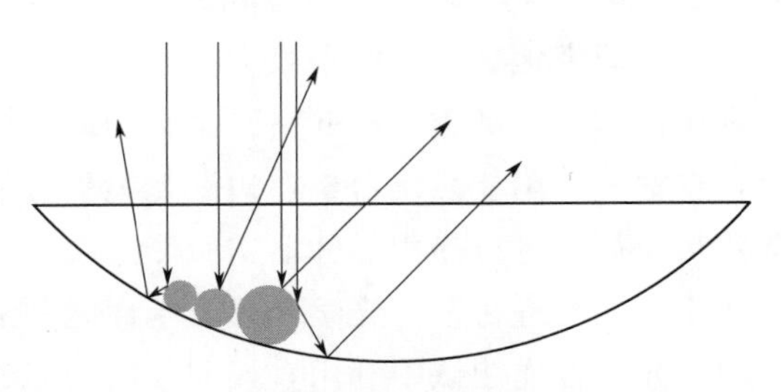

图 6-9 槽式聚光镜受积尘颗粒影响光学路径图

$$\alpha G+\rho G+\tau G=G \tag{6.1}$$

$$\alpha+\rho+\tau=1 \tag{6.2}$$

式中 α——吸收率；

ρ——反射率；

τ——透射率。

如果具有酸碱性的灰尘长期附着在聚光镜表面，还会发生积尘的化学效应，即灰尘中的酸碱性物质会与聚光镜材料发生一定的化学反应，腐蚀接触的聚光镜表面，从而造成表面粗糙度增大，即使将表面积尘擦拭干净也会明显改变入射光线的光学路径，如图 6-10 所示，降低聚焦辐射能，影响聚光镜的长期使用寿命。

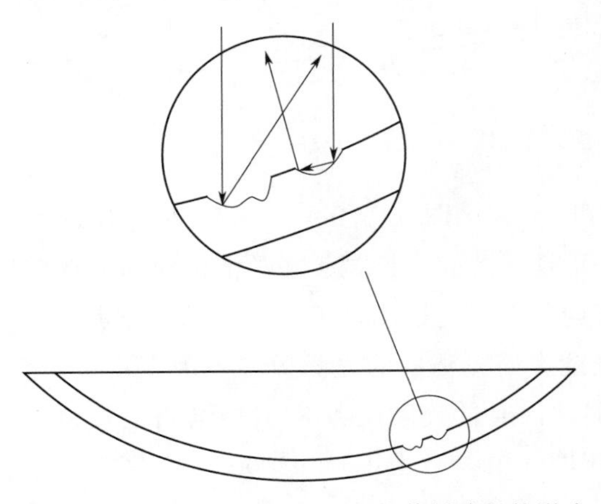

图 6-10 聚光器表面腐蚀对光线传播路径的影响

以上分析中，对于反射式聚光装置，可以利用其落在焦平面上的反射辐射，其他均可视为光学损失的能量。由于地理位置、季节以及气候状况不同，自然状态下的积尘物理属性和形态各不相同，积尘吸收部分的能量无法定量测量，而透射部分在整个聚光装置中所占比例很小，可以忽略。投射在光洁

度不理想的反射表面上的平行光束经反射后，其反射角并不等于投射角，反射光束的扩散角会增大。该角分散是表面小尺度不规则性的函数，影响的结果是焦面处的太阳像尺寸增大，分析其原因为聚光镜面反射率的减小和散射的增加。因此从光学角度可以将积尘后聚光镜表面反射率的改变作为定量评价积尘影响的指标。

6.5　镜面积尘对槽式太阳能系统的影响研究

6.5.1　镜面积尘影响的实验测试平台

为了研究地区积尘对槽式太阳能系统光学性能和热力学性能的影响，基于“风能太阳能利用技术教育部重点实验室”全自动跟踪槽式太阳能系统台架搭建聚光集热对比测试平台，在槽式太阳能系统台架左边聚光镜平台上开展光学性能实验测试，右边聚光镜平台上构建热力循环进行热力学性能实验测试，测试平台如图 6－11 所示。该对比平台搭建的意义在于可同时进行系统光学和热力学性能的测试，避免了外界环境参数变化对性能分析的影响。光学性能测试中利用直接测量法的能流密度计同时测量清洁和积尘镜面的聚光焦面能流分布作为积尘对槽式聚光特性影响的量化指标，根据光学测试设备的相关表述，从而分析积尘对系统光学性能的影响；热力学性能测试中选用倒梯形腔体接收器，其结构和参数如图 4－1 和表 4－1 所示，图 6－12 为槽式太阳能系统光学和热力学性能测试流程图，图 6－13 为热力学性能测试中所使用的实验装置。

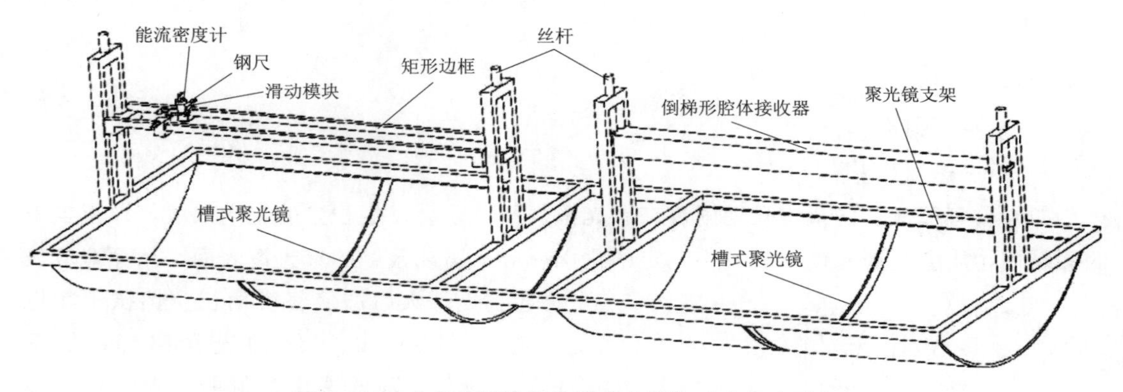

图 6－11　全自动跟踪抛物槽式太阳能对比实验平台

具体实施方法为：利用槽式全自动跟踪对比平台，图 6－12（a）中为对实物进行光学效率实验测试，一面镜子是积尘镜面，另一面镜子是完全擦拭干净的清洁镜面，选择环境和辐照度较为稳定的中午进行测试，使用相同的能流密度测量工具对槽式聚光焦面进行能流密度的测量，因此该实验可视为基于聚光镜表面光洁度的光学效率单因素变量研究；同时，在图 6－12（b）中进行集热性能实验测试，通过数采仪和 K 型热电偶记录相关温度数据，实验中的太阳直射辐射值以及其他环境气象参数由 BSRN3000 气象数据监测系统提供。实验装置如图 6－13 所示。

（a）光学性能测试实物图

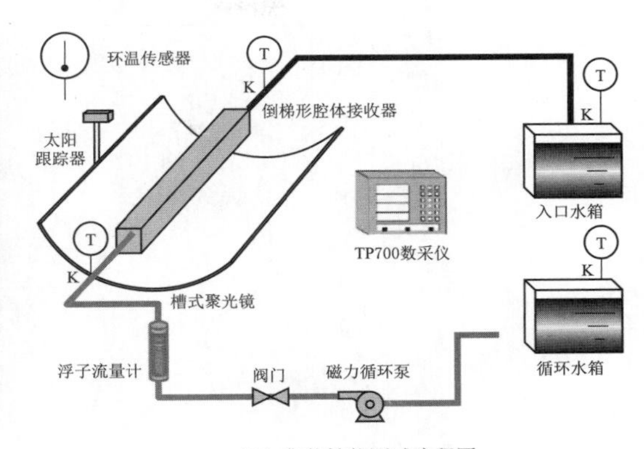

（b）集热性能测试流程图

图 6-12　槽式太阳能系统光学和热力学性能测试流程图

6.5.2　槽式太阳能系统镜面积尘量化方法

目前关于积尘的影响研究中有通过显微镜查看积尘形态，采取等效粒径用均匀布尘的方式进行模拟，但该种方法与实际积尘明显的差别在于积尘的分布并非均匀，尤其聚光镜有一定倾角的时候，同时积尘的种类并非单一的某一种，而是多种积尘的混合，因此采用模拟的方法存在一定的误差。积尘影响机理的分析表明积尘会造成镜面反射率的下降，所以研究中将反射率的变化作为量化积尘的指标。

图 6-13　实验装置图

1—BSRN3000 气象数据监测系统；2—TP700 数采仪；3—万分位天平；4—磁力循环泵；5—浮子流量计

重点实验室可用的反射率测试设备为 UV-3600 紫外可见近红外分光光度计，其基本参数见表 6-3。UV-3600 紫外可见近红外分光光度计的测试波长范围在 185～3300nm 之间，根据《光伏器件　第 2 部分：标准太阳电池的要求》（GB/T 6495.2—1996），绘制波长范围为 385～2500nm 的太阳光谱辐照度曲线，如图 6-14 所示。图中波长为 500～1000nm 的波段是太阳辐射能量的主要集中部分。

表 6-3　UV-3600 紫外可见近红外分光光度计参数

名　　称	技术参数	名　　称	技术参数
测试波长范围	185～3300nm	光度准确度	±0.003A（1A）
波长精确度	±0.2nm	扫描速度	4500nm/min
分辨率	0.1nm		

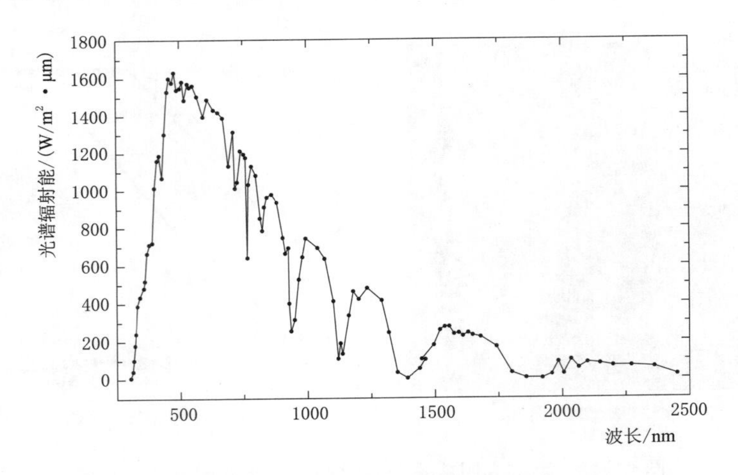

图 6-14 随波长太阳光谱的辐照度

UV-3600 紫外可见近红外分光光度计测试反射率的过程在实验室室内完成，测量设备如图 6-15 所示。测试环境温度 22℃，湿度 32%RH，选择测试波长范围为 380～800nm，波长间隔为 1nm，检测完全依据《标准色板检定规程》（JJG 452—2002）进行。测试中分别测量清洁样片和积尘样片的反射率，两者的比值即为相对反射率。

积尘的粒径用马尔文粒度分析仪测试，所用设备如图 6-16 所示，其组成包括内置 He-Ne 激光器，APD（雪崩式光电二极管）检测器，可用于检测流体颗粒的粒径大小和粒径分布等，其测量范围通常在 0.3～5μm 之间。

图 6-15 UV-3600 分光光度计

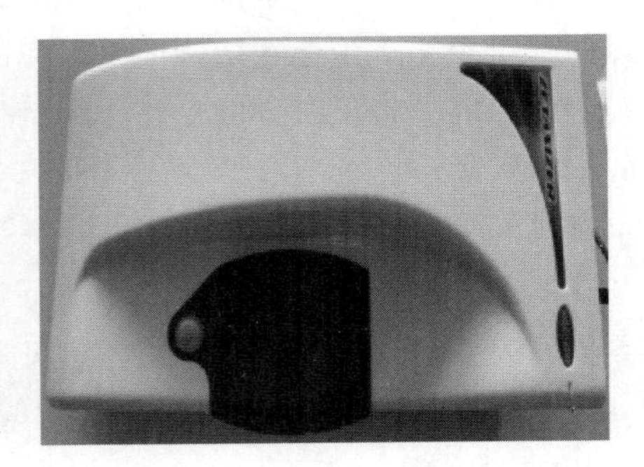

图 6-16 马尔文粒度分析仪

积尘过程的具体实施为：考虑到 UV-3600 紫外可见近红外分光光度计测试反射率为固定式，因此研究中采用测量镜面布置样片法。选用与聚光镜同种材质作为样片，根据槽式聚光镜尺寸选用 35mm×25mm 的测试样片若干块，将样片清洁后布置在已彻底清洁过的聚光镜表面，并沿着抛物型槽的曲线趋势，为了避免一组样片在积尘过程和后期测试中存在人为影响因素以及偶然性，实验中采用平均分布法以微元化的形式布置 32 块样片，其中为了体现聚光镜曲面结构和倾角的影响，在沿抛物线方向布置 8 块，共 4 列，如图 6-17 所示，从而确保实验结果具有较高的可信度。进行一段时间积尘后，通过

UV－3600紫外可见近红外分光光度计对积尘样片进行反射率测量，通过万分位天平对积尘样片进行质量测量。选取不同积尘的工况用相同的方法进行研究。积尘的过程和灰尘的种类、粒径可真实反映户外积尘工况。

（a）聚光镜表面

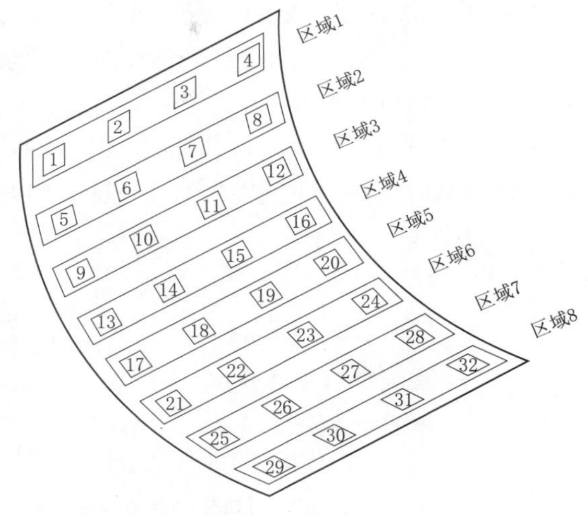

（b）32块样片排列方式

图 6－17　积尘样片布置图

为了测试及计算，将32块积尘样片进行编号，分别为1～32，并将清洁镜面反射率定义为ρ_0，积尘镜面反射率定义为ρ_d，编号1～编号32的积尘样片反射率分别定义为ρ_{d1}～ρ_{d32}，区域1～区域8的反射率定义为ρ_{d-1}～ρ_{d-8}。

其中，对每一区域的4块积尘样片反射率取平均值作为该区域的反射率，即

$$\rho_{d-i}=\frac{\rho_{d(4i-3)}+\rho_{d(4i-2)}\rho_{d(4i-1)}+\rho_{d(4i)}}{4} \tag{6.3}$$

每块积尘样片清洁重量和积尘后的重量分别为G_{ci}和G_{di}，因此每块积尘样片上的积尘重量为清洁与积尘后重量之差为

$$G_i=G_{di}-G_{ci} \tag{6.4}$$

而积尘样片的面积为A_{si}，因此每块积尘样片的积尘密度为ω_{si}，即

$$\omega_{si}=\frac{G_i}{A_{si}} \tag{6.5}$$

对每一区域的4块积尘样片积尘密度取平均值作为该区域的积尘密度ω_{r-i}，即

$$\omega_{r-i}=\frac{\omega_{r(4i-3)}+\omega_{r(4i-2)}+\omega_{r(4i-1)}+\omega_{r(4i)}}{4} \tag{6.6}$$

槽式聚光镜整体呈抛物型，本研究中将其自上而下分成了8个区域，为了量化聚光镜整体的反射率和积尘密度，分别定义8个区域反射率和积尘密度的几何平均值为其整体反射率和积尘密度，称为反射率ρ'和积尘密度ω'，其数学定义为

$$\rho'=\sqrt[8]{\rho_{d-1}\cdot\rho_{d-2}\cdot\cdots\cdot\rho_{d-8}} \tag{6.7}$$

$$\omega' = \sqrt[8]{\omega_{r-1} \cdot \omega_{r-2} \cdot \cdots \cdot \omega_{r-8}} \tag{6.8}$$

6.5.3 系统集热效率与㶲效率

槽式聚光镜镜面积尘会影响反射光线路径，从而导致焦面能流密度分布发生变化，因此系统热性能也会受到影响，研究构建了槽式太阳能系统热力学性能测试系统，如图 6-11 和图 6-12 所示。在进行光学性能实验的同时进行热力学性能实验，通过 TP700 数采仪监测相关温度数据。

系统集热效率［式 (5.1)］，随着太阳辐照度、环境温度和环境风速等气象条件的变化，系统的瞬时集热效率是在实时变化的，因此定义系统瞬时集热效率平均值为平均集热效率 η_t，其数学公式为

$$\eta_t = \frac{1}{t}\int_0^t \eta'_t \mathrm{d}t \tag{6.9}$$

式中 η'_t——系统瞬时集热效率。

㶲效率具体的数学公式见 5.2.1 节。

6.6 基于倾角的槽式聚光镜镜面积尘分布特征及影响

当聚光镜随跟踪系统在太阳高度角方向运行时，镜面不同区域与水平面之间的夹角也在不停变化，由于槽式聚光镜是典型的曲面结构，聚光镜倾角对镜面积尘分布有较大的影响，从而影响焦面光学特性。

6.6.1 聚光镜倾角对镜面区域位置的影响

聚光镜转动角度由太阳高度角决定，根据所在地纬度并结合特殊角度的考量，选取 0°、15°、30°、45°和 60°研究倾角对聚光镜镜面积尘分布特征的影响。由图 6-18 可以看出，不同聚光镜倾角下，镜面不同区域位置也随之变化。

为了量化镜面不同区域变化程度，定义不同区域中心的切线角度为该区域的倾角。所研究的聚光镜母线线型方程为

$$x^2 = 4fy \tag{6.10}$$

设聚光镜母线上某点的横坐标为 a，则该点的坐标为 $\left(a,\frac{a^2}{4f}\right)$，则该点的切线斜率为

$$k = \frac{\partial y}{\partial x}\left(a, \frac{a^2}{4f}\right) = \frac{a}{2f} \tag{6.11}$$

设坐标为 $\left(a,\frac{a^2}{4f}\right)$ 的点切角为 α，则有

$$k = \tan\alpha \tag{6.12}$$

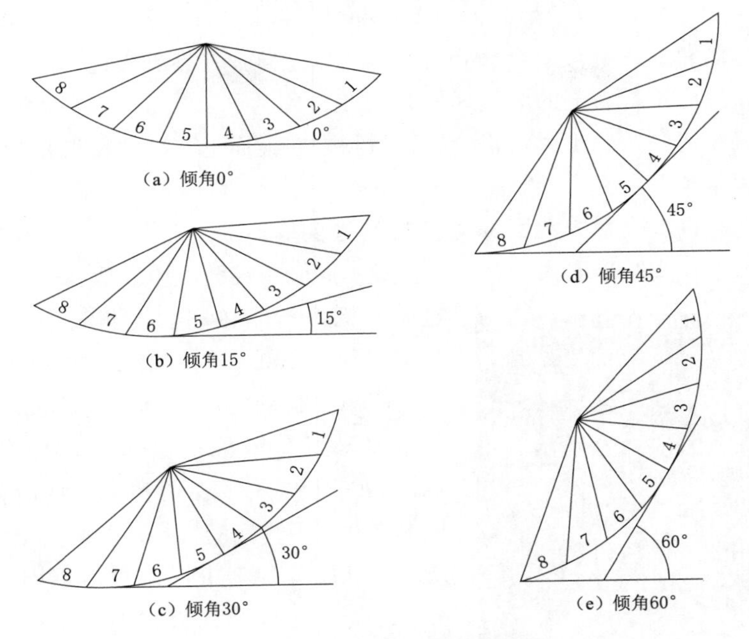

图 6-18 不同倾角下的聚光镜

因此该点的切角 α 求解公式为

$$\alpha=\arctan k=\arctan\frac{a}{2f} \tag{6.13}$$

而槽式聚光镜的焦距为 455mm，因此对应的切角为

$$\alpha=\arctan k=\arctan\frac{a}{910} \tag{6.14}$$

由图 6-19 可知，对于聚光镜上半部分的区域 1、区域 2、区域 3 和区域 4，聚光镜倾角对区域倾角的影响是线性的，并且当聚光镜倾角变化范围为 0°～60°时，区域 1～区域 4

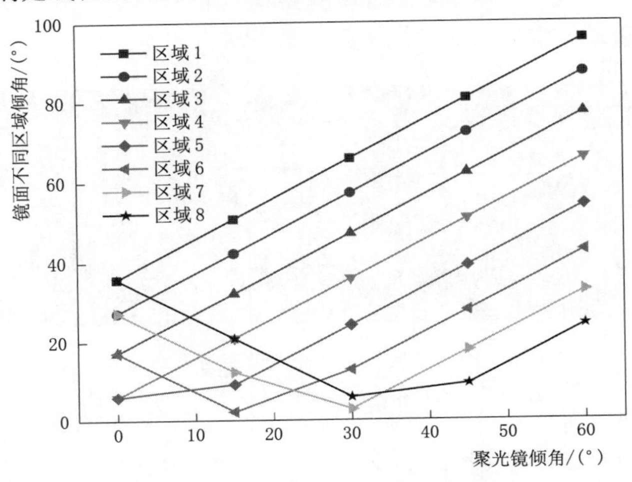

图 6-19 倾角对聚光镜位置的影响

的倾角极差都在60°左右。对于聚光镜的下半部分的区域5、区域6、区域7和区域8，聚光镜倾角对区域倾角的影响与上半部分区域有明显差异，并且越靠近底部区域，其倾角的变化范围越小，聚光镜最底部的区域8倾角变化范围为2.7°～32.7°，由积尘的黏附力学机理可知，当聚光镜倾角较小时，积尘更容易黏附在镜面上。因此在聚光镜运转中，越靠近下部区域，积尘越严重。

6.6.2 基于倾角的槽式聚光镜面积尘分布特性实验分析

由于客观因素，实验采取人工布尘法设置不同倾角镜面积尘。取自然环境中的灰尘通过研磨机进行超细研磨，再通过筛网进行筛选，筛取直径在0.074～0.08mm之间的灰尘颗粒。布尘时将风幕机固定在离聚光镜70cm的支架上，将灰尘均匀洒在风幕机出风口，每次布尘时取尘1kg，布尘时间选择外界风速小的时候，避免环境风对布尘的干扰。积尘布置相关装置如图6-20所示。从图6-21中可以看出不同倾角下积尘的分布形态。选取晴朗天气的中午时段同时进行光学和热力学实验，并在实验结束后取下积尘样片通过UV3600和万分位天平进行反射率和积尘重量测量。

图6-20 实验装置图

1—风幕机；2—积尘样片；3—研磨机；4—角度仪；5—筛网

由图6-21可以看出，随着聚光镜倾角的增加，聚光镜上方的积尘比例越来越小，下方区域8的积尘比例逐渐增加。对积尘样片测试反射率后得到不同倾角下不同区域相对反射率变化，如图6-22所示。可以看出，由于聚光镜是母线为抛物线的反光镜，积尘后镜面不同区域的反射率分布发生了较大变化，当聚光镜倾角发生变化，镜面不同区域的倾角也随之变化。上方区域1的反射率始终保持最高，而下方区域8的反射率随倾角的增大而逐渐低于其他区域，由图6-18和图6-19可知，不同聚光镜倾角最下端区域8的倾角都较为平缓，积尘更容易沉积在该区域。

图6-21 不同倾角下聚光镜镜面积尘情况

图6-23是不同聚光镜倾角下镜面不同区域的积尘密度和反射率分布情况。可以看出，由于区域倾角的变化，积尘密度和反射率的分布也随之变化，积尘密度与反射率近似成反比。随着聚光镜倾角的增加，区域1的积尘密度始终低于其他区域，区域8的积尘密

度从接近区域1逐渐增长至最高。由此可以发现，聚光镜倾角的变化对镜面积尘分布的影响是较大的。

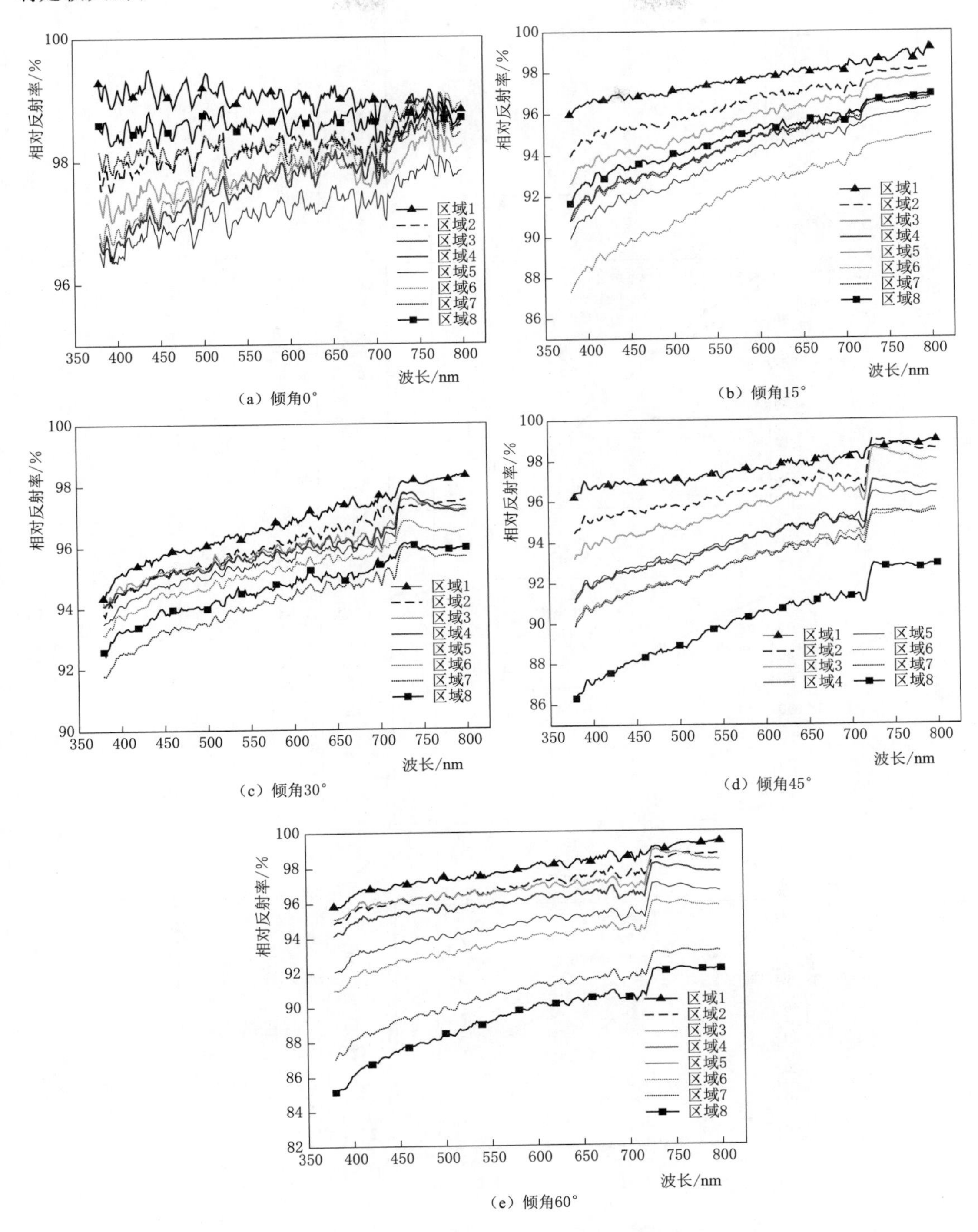

(a) 倾角0°

(b) 倾角15°

(c) 倾角30°

(d) 倾角45°

(e) 倾角60°

图6-22 不同倾角下不同区域相对反射率变化图

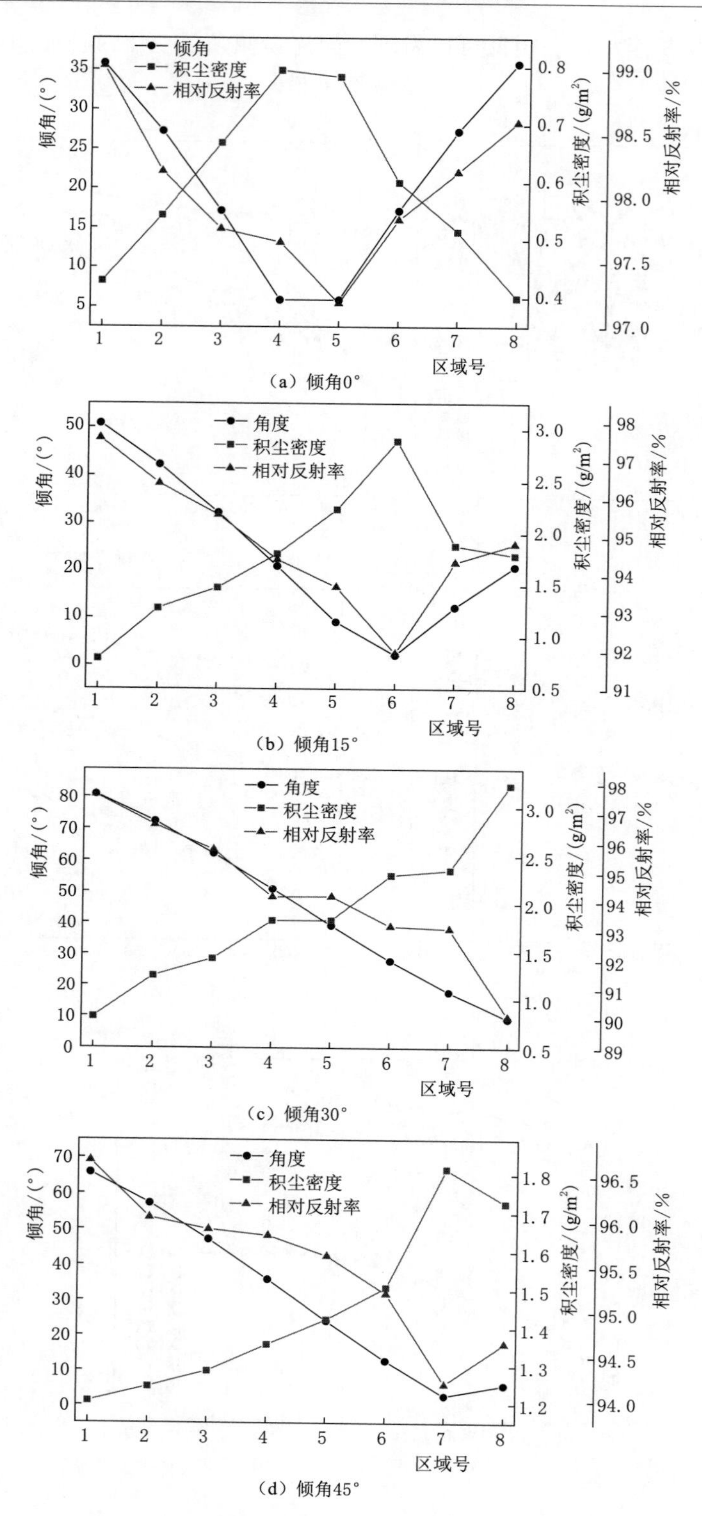

图 6-23(一) 不同区域下的积尘密度和相对反射率分布

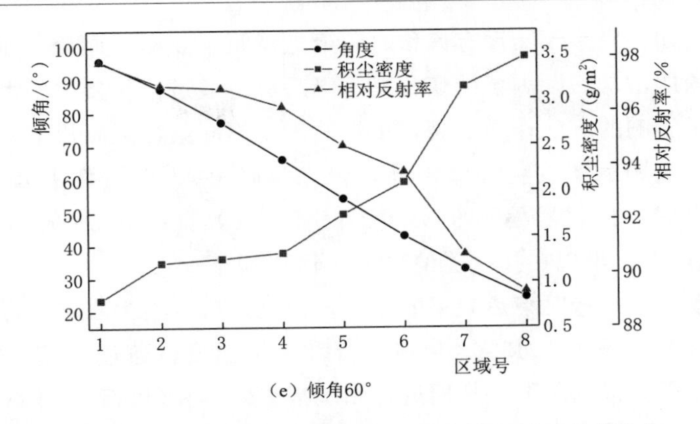

(e) 倾角60°

图 6-23（二） 不同区域下的积尘密度和相对反射率分布

6.6.3 基于倾角的镜面积尘特征对系统性能的影响

通过能流密度计对积尘后的焦面能流密度进行测量，从而深入研究不同聚光镜倾角下积尘对焦面光学特性的影响。焦面能流密度测量结果如图 6-24 所示。

由图 6-24 可知，聚光镜倾角的变化导致焦面能流密度分布出现了较大的差别。积尘密度影响了焦面最大能流密度，聚光镜倾角为 0°工况下，镜面积尘量较少，焦面最大能流密度达到了 39.44kW/m^2，并且 0°倾角下焦面能流密度分布对称性较好，这是由于该倾角下聚光镜沿轴线对称，而其他聚光镜倾角下的能流密度分布对称性较差，因为镜面积尘分布特征导致。不同于 0°倾角的是其他倾角的焦面能流密度分布曲线焦面中心都产生了一定的偏移，偏移量随聚光镜倾角增大而增大，当聚光镜倾角为 60°时，焦面中心偏移达到最大值 1.66cm，这是因为该倾角下聚光镜下半部分区域的积尘密度远大于上半部分区域，大量的积尘颗粒对光线进行了吸收和散射作用。

通过截距因子来量化不同聚光镜倾角下积尘对光学效率的影响。由于受聚光镜倾角影响，焦面中心发生偏移，可调整接收器水平位置来补偿积尘的影响，使得接收器接收更多的反射光线。当接收器水平位置发生偏移后，不同聚光镜倾角下的截距因子如图 6-25 所示。

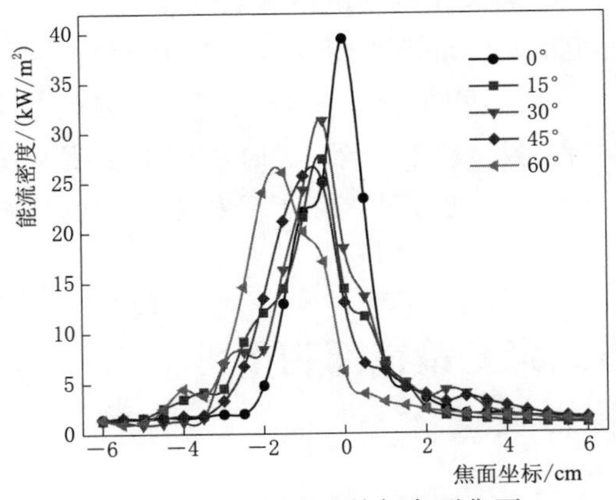

图 6-24 不同聚光镜倾角下焦面能流密度分布

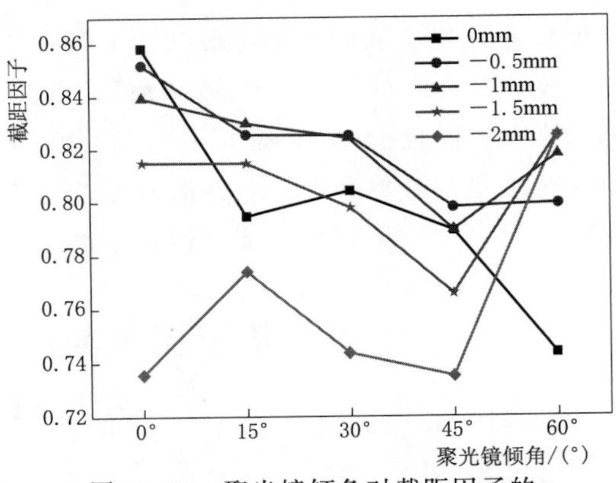

图 6-25 聚光镜倾角对截距因子的影响（光孔宽度为 50mm）

由图 6－25 可知，当接收器没有偏移时，聚光镜倾角 0°时截距因子最大为 0.858，并且随着聚光镜倾角的增加截距因子的变化呈下降趋势。通过偏移接收器水平位置优化聚光镜倾角对截距因子影响的方法作用显著，可以看出：不同聚光镜倾角下，接收器水平偏移距离的不同会导致截距因子变化趋势不同，聚光镜倾角 45°时，截距因子增长了 0.9%，增长比例最小，出现在接收器偏移 0.5cm 工况下；聚光镜倾角 60°时，截距因子增长了 8.3%，增长比例最大，出现在接收器偏移 1.5cm 工况下。

为避免入口水温和流量对集热效率的影响，控制入口水温为自来水常温，控制流量为 500L/h，通过数采仪监测入口水温、出口水温和环境温度，通过 BSRN3000 气象数据监测系统监测实时太阳直接辐照度，从而进行系统集热效率和㶲效率的计算，计算结果如图 6－26 所示。

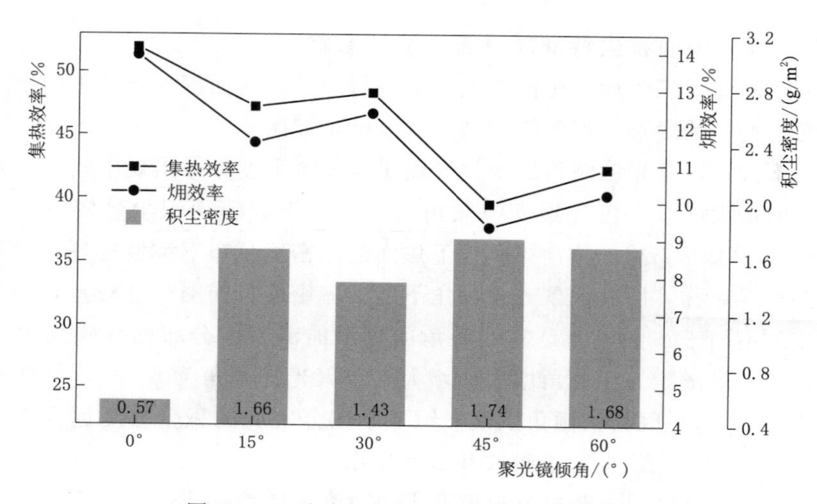

图 6－26　聚光镜倾角对系统热性能的影响

从图 6－26 中可以看出，不同聚光镜倾角下系统的集热效率和㶲效率也会发生变化，这一方面是由于聚光镜的积尘密度所导致的，另一方面聚光镜倾角影响下镜面积尘分布会出现较大变化，从而影响反射光线汇聚在接收面上的焦面能流密度分布，因此系统热性能也会随之受到影响。如聚光镜倾角从 30°增长至 45°时，积尘密度增加 21.7%，集热效率和㶲效率分别减少 18.2%和 24.6%，而聚光镜倾角从 15°增长至 30°时，积尘密度减少 14.0%，集热效率和㶲效率分别增加 2.4%和 6.7%，由此可见，除了受积尘密度的影响之外，聚光镜倾角对热性能的影响也较大。

6.7　基于积尘密度的槽式聚光镜镜面积尘分布特征及影响

槽式太阳能光热电站对槽式聚光镜镜面积尘的清洁时间是按周期进行的，因此聚光镜镜面积尘也会随时间而积累。当遇到大雨或大风天气，镜面积尘会减少，当遇到沙尘暴天气，镜面积尘会大大增加。聚光镜镜面积尘会影响聚光镜反射太阳光线的能力，从而影响焦面光学特性和系统热性能，因此有必要研究不同积尘密度下的聚光镜镜面积尘分布特征及其影响。

6.7.1 基于积尘密度的槽式聚光镜镜面积尘分布特征

本实验将聚光镜角度设定为0°时进行自然积尘，选取5种不同积尘程度的工况，通过UV3600和万分位天平测量镜面反射率分布和积尘密度分布，并选取晴朗天气的中午时段同时进行光学和热力学实验，从而分析积尘密度对系统光学和热力学的影响。

由图6-27可看出，工况一～工况五的积尘量逐渐增加，阻挡太阳光的能力逐渐增强，聚光镜是在倾角0°下进行积尘的，所以镜面积尘分布近似对称。图6-28是不同工况下聚光镜镜面不同区域反射率的数值体现，轻度积尘的工况一各区域反射率都较高，都处于95%以上，积尘最严重的工况五的反射率较低，倾斜角度较大的区域1和区域8反射率在85%左右，倾斜角度近似水平的区域4和5反射率在75%以下。

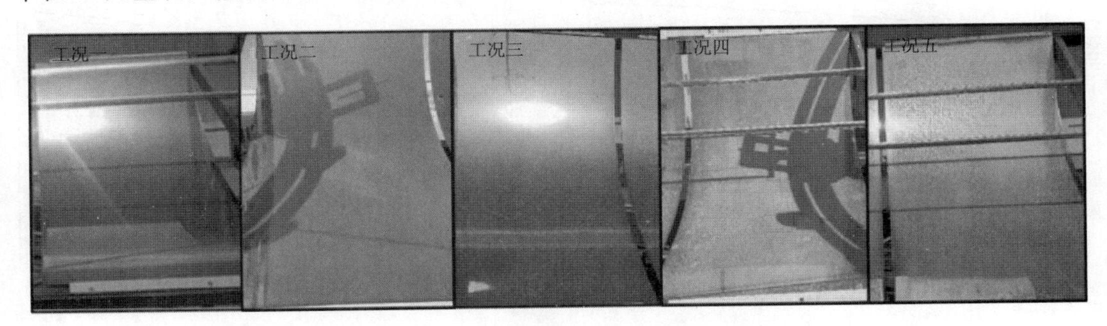

图6-27 不同倾角下聚光镜镜面积尘情况

图6-29是不同积尘工况下镜面不同区域的积尘密度和反射率分布情况。可以看出，积尘密度与反射率近似呈反比趋势，这是由于在实验室室内设备测量下，积尘颗粒的散射能力不能被体现，只体现为吸收与反射能力，因此积尘密度的增加会直接体现为反射率的规律性降低。由于聚光镜镜面不同区域的反射率以及积尘密度之间具有近似等比关系，因此对不同区域反射率和积尘密度求解几何平均值，从而发现积尘密度和反射率之间的数值关系，其结果如图6-30所示。发现积尘密度与反射率呈线性反比关系，当积尘密度从0.58g/m^{2}增加至2.46g/m^2，反射率下降了17.92%，说明镜面反射率对积尘密度的敏感性是较大的。

6.7.2 基于积尘密度的镜面积尘特征对系统性能的影响

利用能流密度计制作成的焦面能流密度测量装置对不同积尘工况进行光学实验，从而通过焦面能流密度分布特征来分析不同积尘密度对系统光学特性的影响。不同工况下焦面能流密度分布如图6-31所示。

由图6-31可知，聚光镜镜面积尘密度对焦面能流密度分布影响较大。积尘密度从0.58g/m^{2}增加至2.46g/m^{2}时，焦面能流密度最大值从41.59kW/m^{2}降低至14.06kW/m^2，下降了将近3倍，由此发现焦面最大能流密度对积尘密度的变化较为敏感。当聚光镜镜面

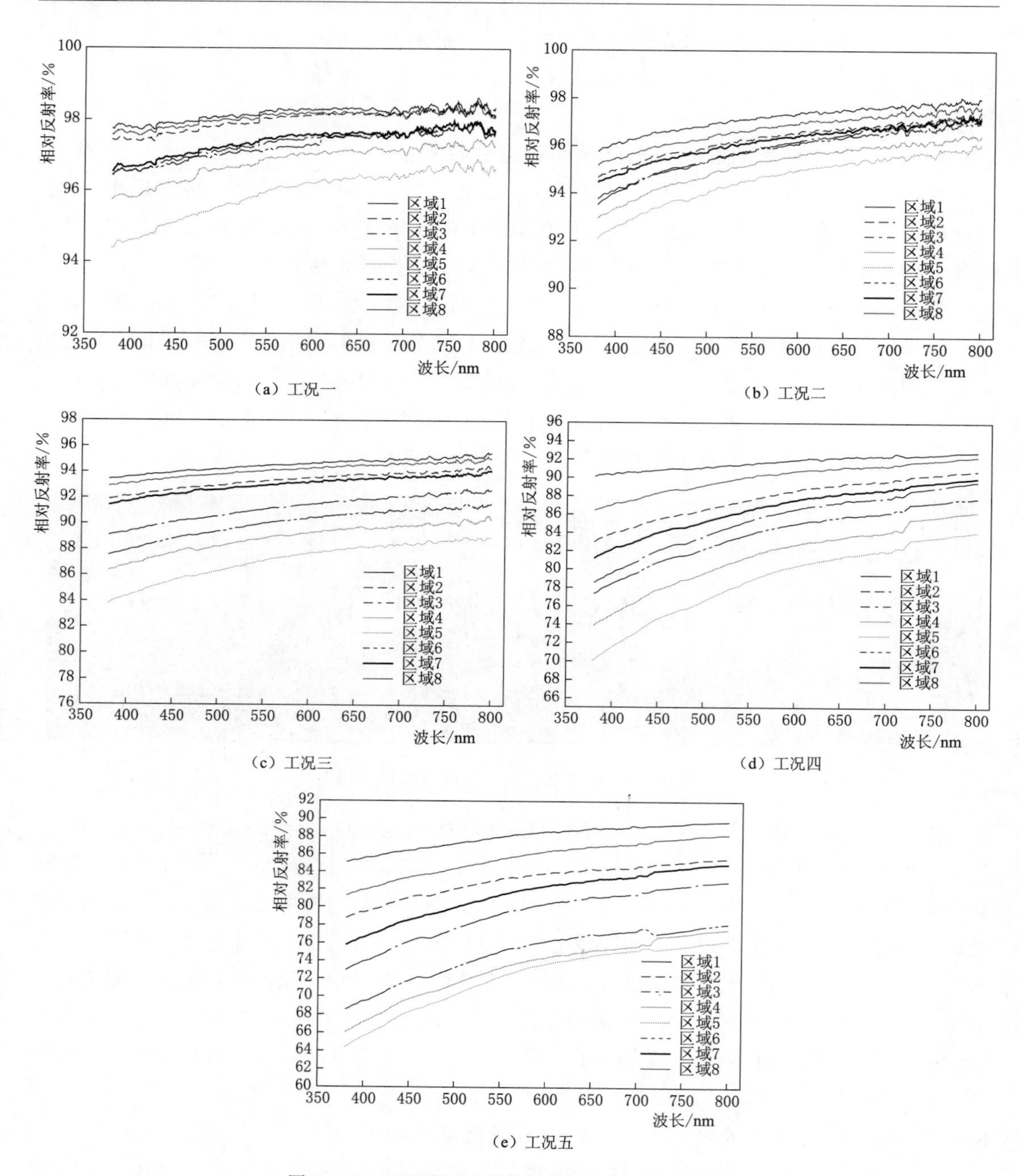

(a) 工况一

(b) 工况二

(c) 工况三

(d) 工况四

(e) 工况五

图 6-28 不同倾角下不同区域相对反射率变化

积尘量增加，在积尘颗粒的散射作用下，焦面能流密度逐渐发散，焦面宽度增大，从而导致接收器接收的反射光线减少，光学损失增加。

通过截距因子来量化积尘密度对系统光学效率的影响，积尘密度对截距因子的影响（光孔宽度为50mm）如图6-32所示。其中，积尘密度与截距因子呈线性反比关系，

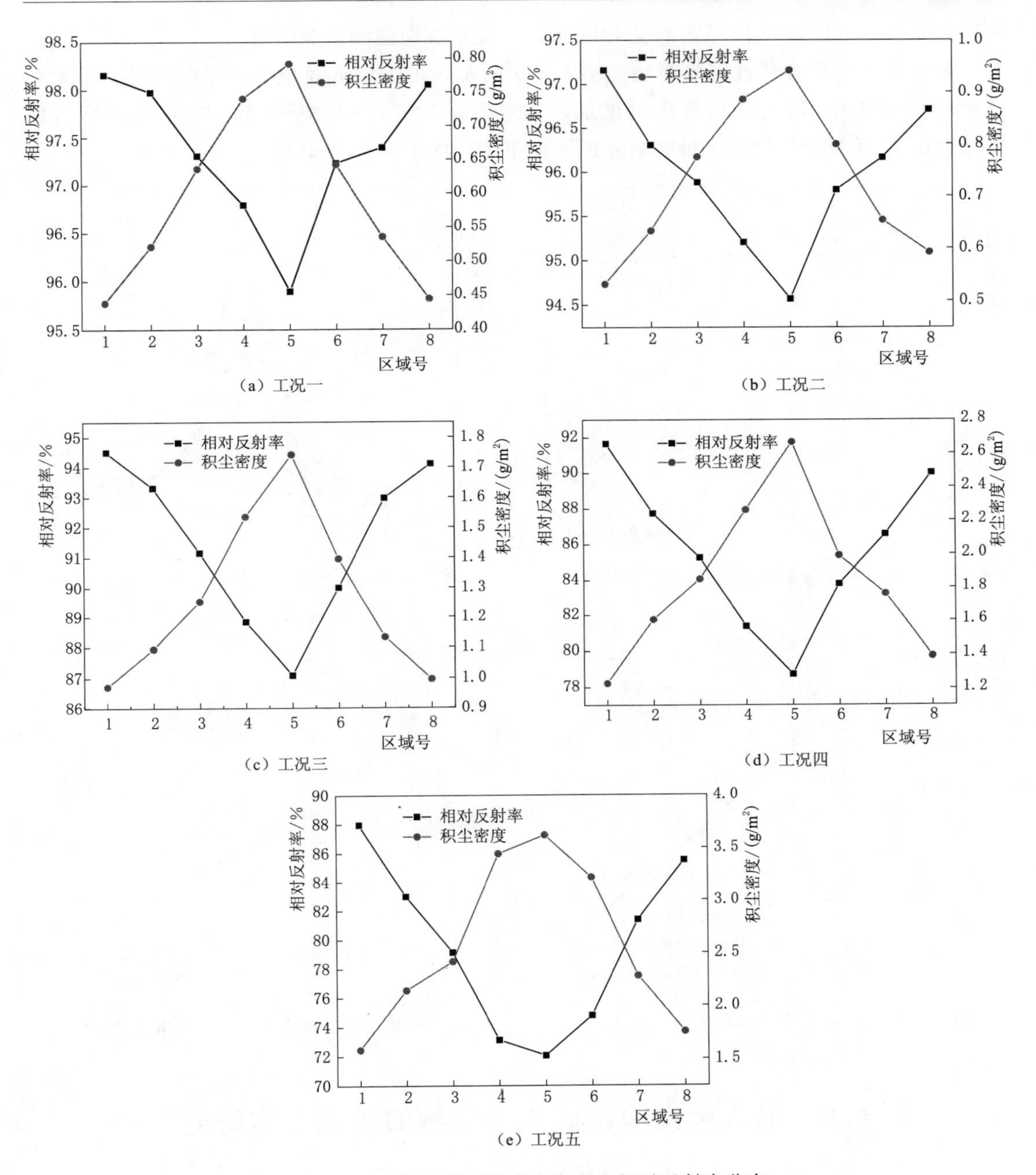

图 6-29 不同区域下的积尘密度和相对反射率分布

随着积尘量的增大，截距因子逐渐减小，随着积尘密度从 0.58g/m^2 增加至 2.46g/m^2，截距因子从 0.87 下降至 0.68，下降了约 21.37%。为保证截距因子在 0.8 以上，聚光镜镜面积尘密度需小于 1.31g/m^2，该结论可有效指导聚光镜镜面除尘周期和频次。

为保证积尘密度对系统热性能的单因素影响研究，控制系统入口水温和流量分别为室外水常温和 500L/h，利用 TP700 数采仪实时监测实验测试阶段中的入口水温、出口水温和环境温度，太阳直接辐照度通过 BSRN3000 气象数据监测系统读取。

积尘密度对系统热性能的影响如图 6-33 所示，聚光镜镜面积尘对系统集热效率和㶲效率的影响较大。随着积尘密度的增加，集热效率和㶲效率逐渐降低，当积尘密度增加 1.88g/m^2，系统集热效率和㶲效率分别下降了 38.29%和 44.94%。

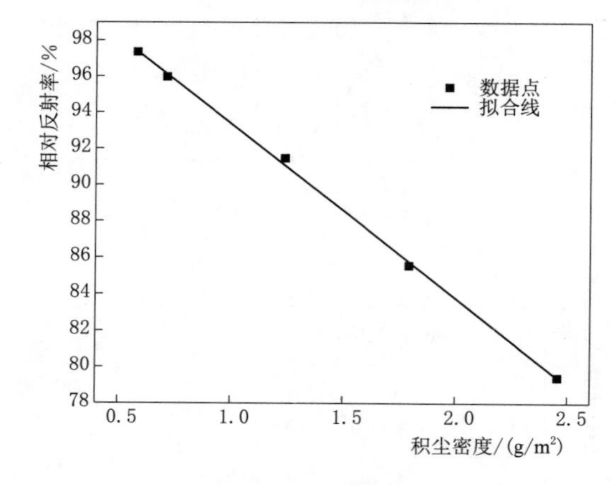

图 6-30 积尘密度对相对反射率的影响

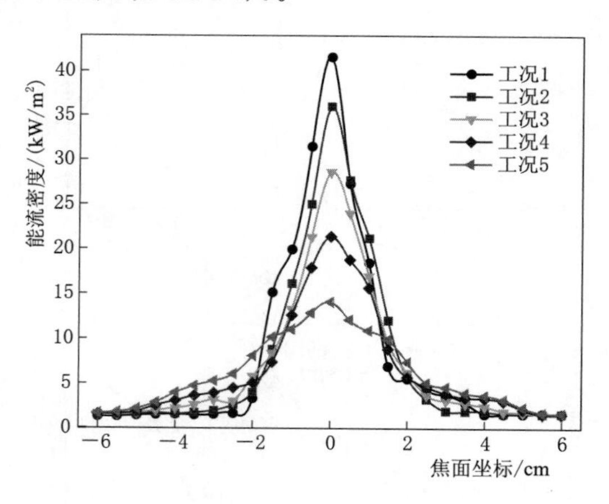

图 6-31 不同工况下焦面能流密度分布

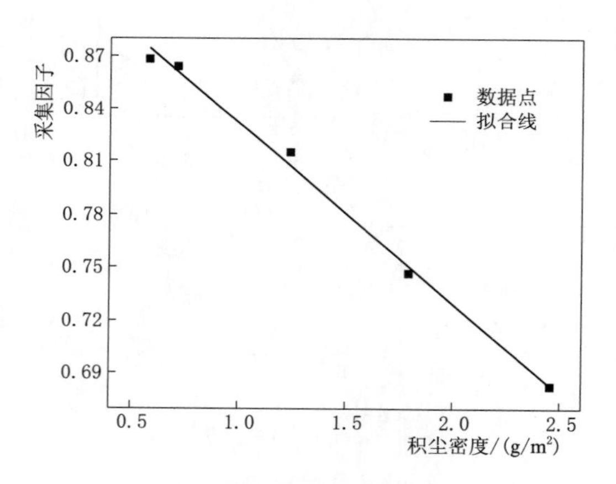

图 6-32 积尘密度对截距因子的影响（光孔宽度为 50mm）

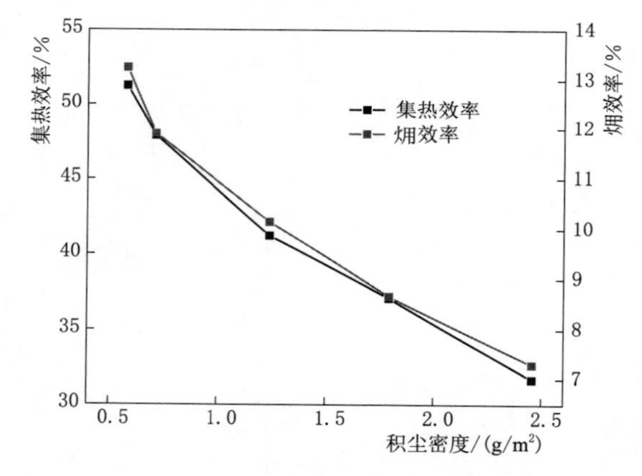

图 6-33 积尘密度对系统热性能的影响

6.8 槽式聚光镜镜面积尘影响的预测方法研究

通过聚光镜倾角和积尘密度对镜面积尘特征及影响的研究可以发现，槽式聚光镜镜面积尘对系统光学和热力学的影响较大。当前国内外针对积尘对光伏组件的输出性能影响以及相关预测模型的研究较多，但槽式太阳能系统与光伏组件的运行方式以及结构组成具有较大差别，且积尘主要通过改变聚光镜反射率以及增加反射光线散射来影响槽式太阳能系统输出性能，而目前针对积尘对槽式太阳能系统输出性能影响及其预测模型的研究较少，因此精确预测与评估积尘对系统性能影响对提高能量传输和能源转换效率具有科学指导意义。本节分别通过物理数学模型和基于人工神经网络模型的方法分别对实验研究结果进行预测研究。

6.8.1 基于数学模型积尘对槽式热性能影响的预测研究

6.8.1.1 聚光镜面积尘影响预测的数学模型

为了量化积尘引起的表面光洁度对聚光特性的影响，引入“积尘反射因子”和“截距因子修正系数”的概念。积尘反射因子 ζ 定义为相同辐照度下，清洁镜面反射率与积尘镜面反射率的差值；而截距因子修正系数 $F(\zeta)$ 定义为相同外界环境以及聚光镜运行条件下，积尘聚光镜焦面能量与清洁聚光镜焦面能量的比值，该系数表示理想的聚光系统而非理想的镜面光洁度的能量接收程度。

每一块积尘样片的积尘反射因子可表示为 $\Delta\zeta_i$，即

$$\Delta\zeta_i=\rho_0-\rho_{di} \tag{6.15}$$

式中 ρ_0——清洁镜面反射率；

ρ_{di}——某块样片积尘后镜面反射率。

因此聚光镜整体积尘反射因子 ζ 可表示为

$$\zeta=\frac{\sum_{i=1}^{32}\Delta\zeta_i}{32} \tag{6.16}$$

受镜面积尘影响，聚光镜镜面洁净度用积尘反射因子 ζ 来表征，而截距因子修正系数 $F(\zeta)$ 则可加入到聚光装置的光学效率公式中，从而预测其热力学性能，其集热效率的表达式为

$$\eta=\mu\eta_o=\mu\tau\alpha\rho\gamma F(\zeta)f_\theta[(1-\alpha_\theta\tan\theta)\cos\theta] \tag{6.17}$$

式中 η——集热效率；

η_o——光学效率；

μ——光热耦合因子；

τ——透射率；

α——吸收率；

ρ——反射率；

γ——截距因子，即接收器采光孔接收能量与聚光镜接收能量之比；

$F(\zeta)$——由积尘反射因子引起的截距因子修正系数；

f_θ——聚光镜除支架遮挡外可有效利用的面积百分数；

$\alpha_\theta\tan\theta$——当入射角为 θ 时的聚光器无法利用的面积百分比；

$\cos\theta$——入射系数。

6.8.1.2 聚光镜镜面积尘影响预测的实验方案

选取三组不同积尘工况展开实验研究，在三组积尘工况下进行自然积尘时，聚光镜面都与水平面呈45°角并且按照东西方向安放，积尘过程以及能流实验当天的环境参数如下。

工况一环境参数：积尘过程开展于 8 月，累计积尘 10 天，期间除一次小雨外其他时间晴朗，焦面能流密度测试期间太阳直射辐照度为 876～915W/m²，环境温度在 26～29℃之间，环境风速在 0.6～1.5m/s 之间。

工况二环境参数：积尘过程开展于 9 月，累计积尘 15 天，期间无降雨天气，焦面能流密度测试期间太阳直射辐照度为 836～878W/m²，环境温度在 22～25℃之间，环境风速在 1.0～1.7m/s 之间。

工况三环境参数：积尘过程开展于 10 月下旬，累计积尘 20 天，期间天气晴朗，焦面能流密度测试期间太阳直射辐照度为 775～824W/m²，环境温度在 7～10℃之间，环境风速在 0.8～1.9m/s 之间。

实验中选择的三种工况镜面积尘情况，聚光器积尘实物如图 6 - 34 所示。从图中可以看出，聚光镜镜面积尘量逐渐增大，洁净度逐渐降低。

(a) 工况一

(b) 工况二

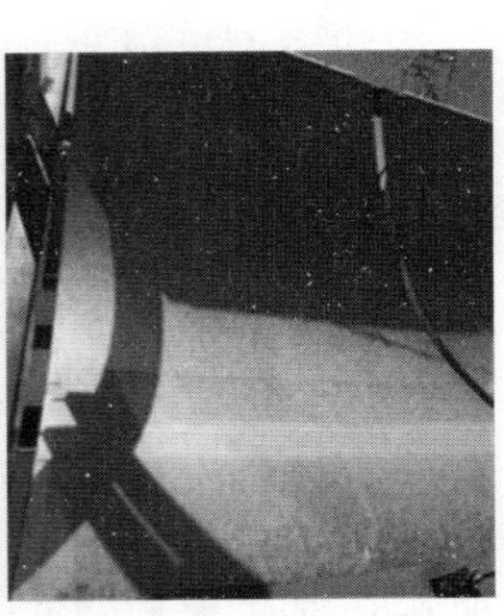
(c) 工况三

图 6 - 34　聚光器积尘实物图

实验中选择的三种工况较为典型，抛物型槽式聚光系统的实验平台所在地区的八月多雨，因此积尘不会存留太长时间，工况一即为此种情况下的积尘；9 月份秋高气爽，天气晴朗，将样片放置一定时间达到较大积尘量即为工况二；10 月中旬进入当地供暖期，考虑到 12 月之后气温较低，实验操作难度加大，且日辐照度较小，能流密度计的量测误差会增大，因此协调各项因素选择在 11 月开展实验测试即为工况三。三个测试工况当天均选择天气晴朗，无云层遮挡的正午时刻进行，以保证焦面能流的测试精度。能流测试过程中数据记录仪的通道设置每隔 10s 输出一次数据，处理数据时剔除偶然出现的异常点后取平均值。

6.8.1.3　聚光镜镜面积尘影响预测的实验结果分析

对积尘样片测试反射率，各测点相对反射率随波长的变化如图 6 - 35 所示。进一步将样片上的灰尘收集，使用马尔文激光粒度分析仪对其进行粒度测量，三种实验工况中的灰尘粒径分布情况如图 6 - 36 所示。

图 6 - 36 中，积尘粒径的分布基本呈单峰规律，工况一的中值粒径为 0.955μm，含量百分比达到 33.1%，积尘粒径分布较为集中，其中粒径在 0.8～1.1μm 范围的含量可占到整个积尘的 75%以上，可见积尘颗粒分布较为均匀且粒径较小，由于降雨积尘量较少，

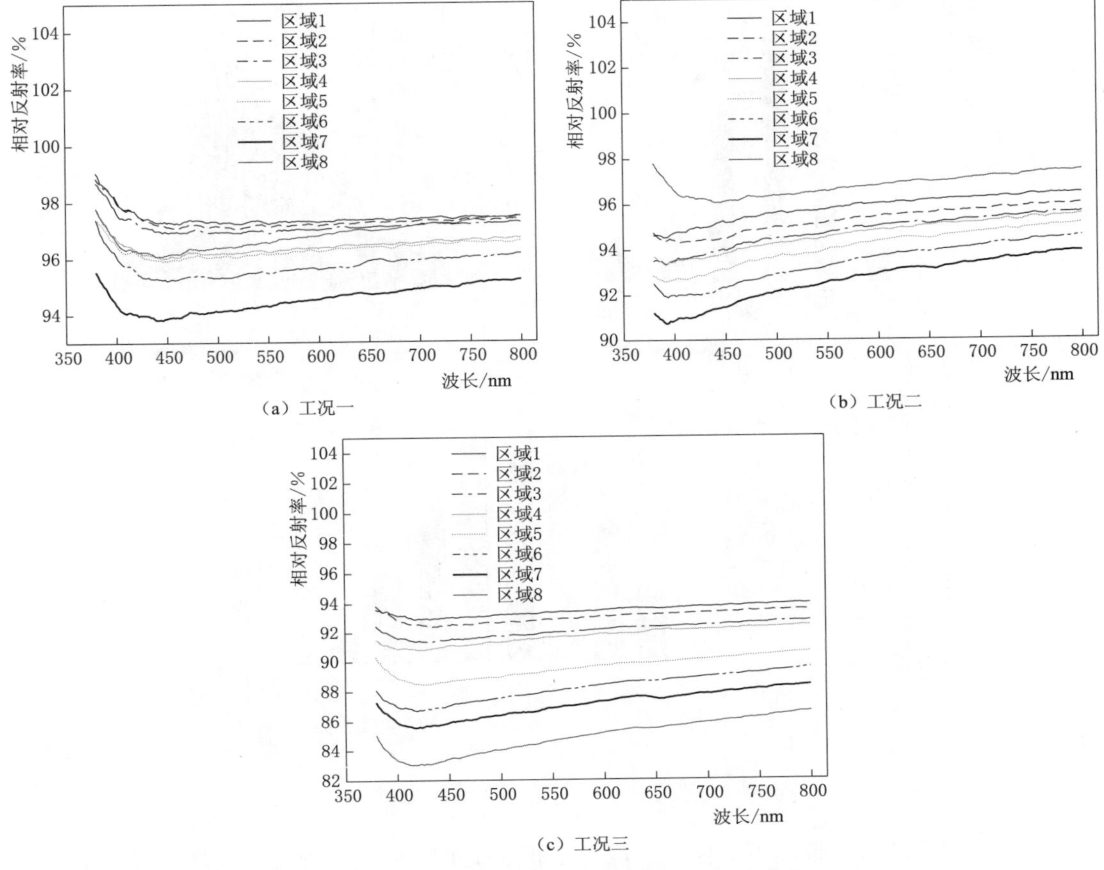

（a）工况一

（b）工况二

（c）工况三

图 6-35　各测点相对反射率随波长的变化

因此该工况下聚光镜面反射率变化不大；对于工况二的积尘粒径分布在 0.48～2.67μm，大多集中于 1.11～1.99μm 之间，中值粒径是 1.484μm，此积尘过程天气晴朗、风速较小，适合于灰尘的沉降，积尘量较多，聚光镜面反射率变化较大；工况三的积尘粒径分布较为分散，粒径分布区间在 0.96～3.58μm，平均积尘粒径为 2.02μm，该积尘工况处于本地区供暖初期，积尘成分有所变化，体现为积尘粒径增大，但该季节多风，因此在有限的时间内积尘总量不大，聚光镜面反射率变化较明显。通过以上分析发现实验测试所在位置的积尘主要由粒径不大于 10μm 的大气飘尘构成，聚光镜表面反射率的变化是积尘物理属性、分布均匀性、积尘总量以及气候包括风、雨、雪等多因素作用的结果。若考虑后期的除尘，则除物理性质外还需进一步对其化学成分进行分析。

通过测量三种工况下积尘样片的反射率，对每个区域的反射率求平均值，得到图 6-35 所示的结果，可以看出，在该实验条件下进行积尘，聚光镜上的积尘分布是非均匀的，积尘情况从下方区域 1 到下方区域 8 逐渐严重。积尘后对三种工况下的积尘镜面和清洁镜面进行焦面能流密度测试，积尘和清洁镜面焦面能流分布如图 6-37 所示。其中，由于镜面积尘的影响，焦面最大能流密度下降，焦面能量趋于分散。当镜面有积尘时，靠近

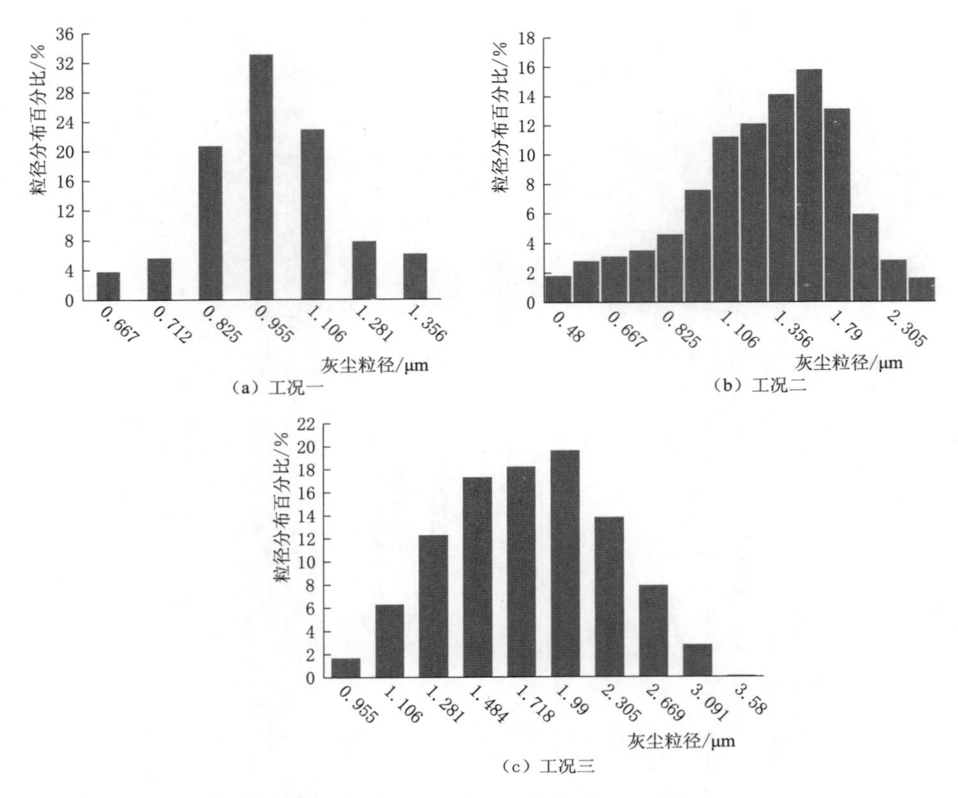

(a) 工况一

(b) 工况二

(c) 工况三

图 6-36 三种实验工况中的积尘粒径分布

焦面中心的位置的清洁镜面下的能流密度大于积尘镜面下的能流密度，并且随着积尘量的增大，焦面中心点能流密度的下降幅度增大，但在焦面远离中心点的某个位置会发生变化，即积尘镜面能流密度会大于清洁镜面能流密度。图 6-37（a）是工况一的能流分布情况，该变化点发生在－14.6mm 和 15.7mm 附近的位置；图 6-37（b）是工况二的能流分布情况，该变化点发生在－13.1mm 和 14.5mm 附近的位置；图 6-37（c）是工况三的能流分布情况，该变化点发生在－11.1mm 和 13.1mm 附近的位置，可以看出随着积尘量的增多，焦面能流密度分布趋于分散。其原因为积尘颗粒散射辐射能力较强，聚光焦面宽度随积尘量的增大而增大。发现焦面中心两侧的能流密度出现明显非对称的差异，这是因为聚光镜是以与水平呈 45°角的位置进行积尘沉积的，聚光镜型面特征导致了该角度下镜面积尘分布均匀性较差。为了研究镜面积尘对系统光学效率的影响，通过截距因子进行评价，实验中使用直接测量法测量焦面能流密度，得到的数据点有限，因此采用 Origin 软件中插值和外推的方法增加数据点。

图 6-38 中，接收器光孔宽度的增加会导致截距因子呈抛物线增大，由于镜面积尘的影响，截距因子会受到不同程度的下降。随着接收器光孔宽度增大，积尘镜面和清洁镜面的截距因子逐渐接近，说明接收器光孔宽度增大会减小积尘对系统光学效率的影响。并且随着积尘量的增加，光线的散射会变大，焦面处能流密度变化会更加平缓，从而导致接收

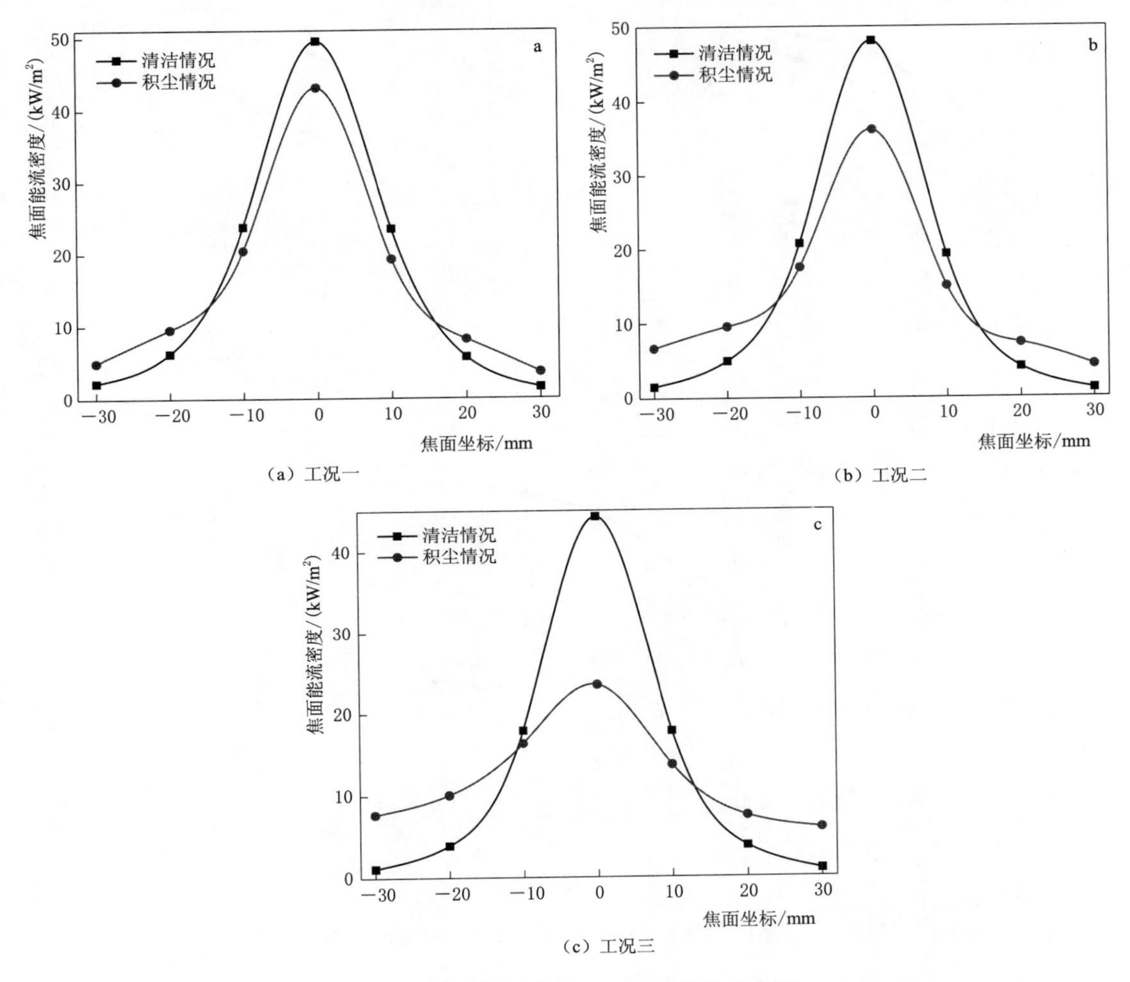

(a) 工况一

(b) 工况二

(c) 工况三

图 6-37　积尘和清洁镜面焦面能流分布图

器光孔宽度固定时，截距因子减小，接收器光孔宽度为 50mm 时，由于镜面积尘影响，工况一的截距因子下降了 5.4%，工况二的截距因子下降了 13.69%，工况三的截距因子下降了 28.5%。

采用倒梯形腔体接收器的开口宽度为 50mm，将对应的三种工况实验数据进行处理得到积尘反射因子 ζ 和截距因子修正系数 $F(\zeta)$ 之间的关系，结果如图 6-39 所示。可以看出，拟合曲线的拟合度为 1，积尘反射因子与截距因子修正系数呈负相关函数关系。当积尘反射因子从 3.29% 增加到 7.87%，截距因子修正系数随之从 0.92 降至 0.81，即 4.58%的积尘反射因子导致了 9%的截距因子修正系数损失，说明了截距因子修正系数对积尘反射因子的敏感性较强。基于实验中使用的腔体接收器，当积尘反射因子小于 4.3% 时，截距因子修正系数能达到 0.90 以上。积尘反射因子 ζ 与截距因子修正系数 $F(\zeta)$ 的数学关系可表示为

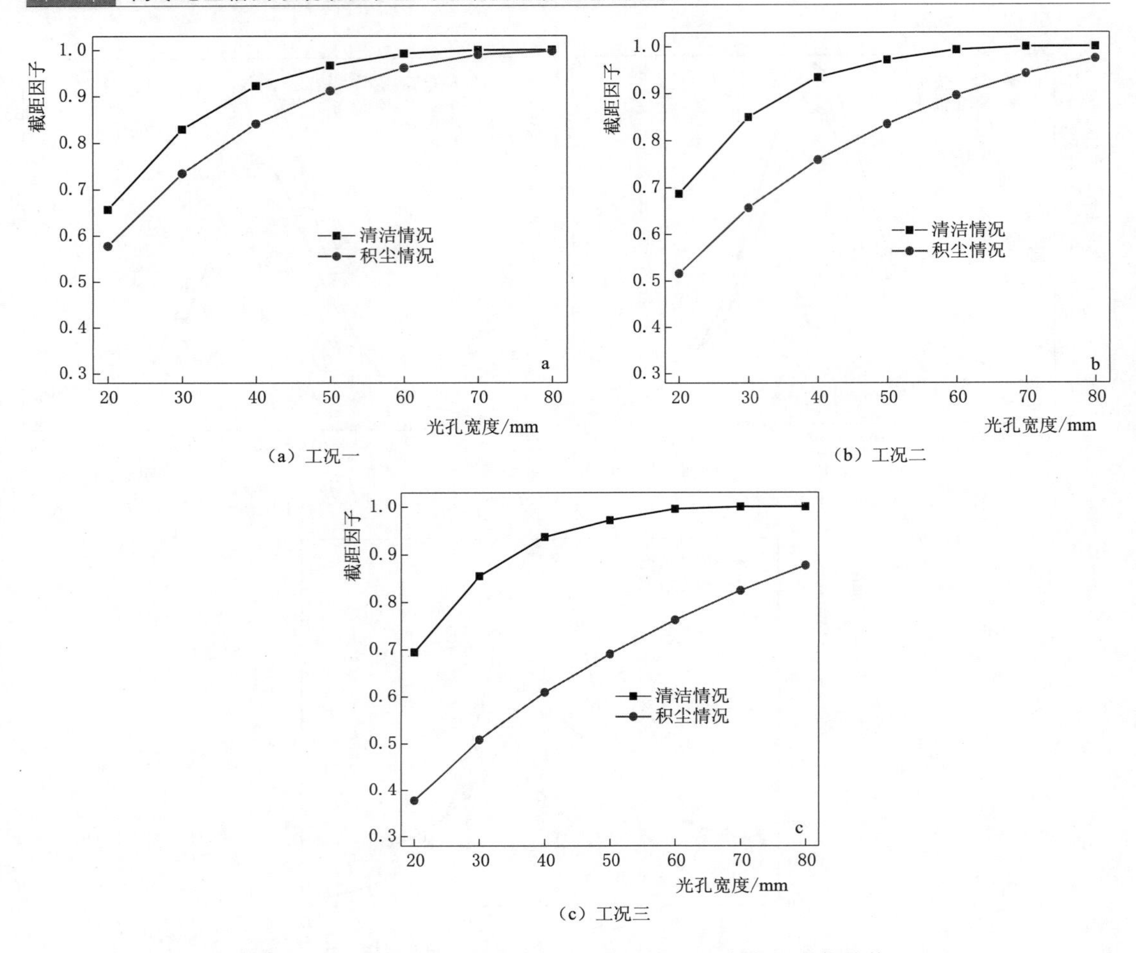

(a) 工况一

(b) 工况二

(c) 工况三

图 6-38 不同工况下截距因子随接收器开口宽度的变化趋势

$$F(\zeta)=-0.0005\zeta^2-0.019\zeta+0.9912 \tag{6.18}$$

进行光学效率测定的同时，在全自动跟踪槽式太阳能台架右边进行集热效率测定实验；通过光学效率的测定结合光热耦合因子预测集热效率，将其与实验集热效率进行对比。

图 6-40 为不同积尘工况下的集热效率实验值与预测值，可知，在选取的工况下实验值都低于预测值，其原因为预测模型未考虑跟踪误差，且实验值测试中的风速较测试光热耦合因子时的风速大，但两者差值较小，最大偏差为 5.07%，因此该预测模型可信度较高。当积尘反射因子下降约 5.31%时，集热效率的预测值和实验值都至少下降 14%。

在进行系统集热效率测定实验中，测量设备包括：测量工质温度的 K 型热电偶，定义其相对不确定度为 U_{r1}；测量太阳辐照度的 BSRN 装置，定义其相对不确定度为 U_{r2}；测量工质流量的 LZB-25 浮子流量计，定义其相对不确定度为 U_{r3}。三者相互独立，因此可求得实验系统的相对不确定度 U_{rz} 为

$$U_{rz}=\sqrt{U_{r1}^2+U_{r2}^2+U_{r3}^2} \tag{6.19}$$

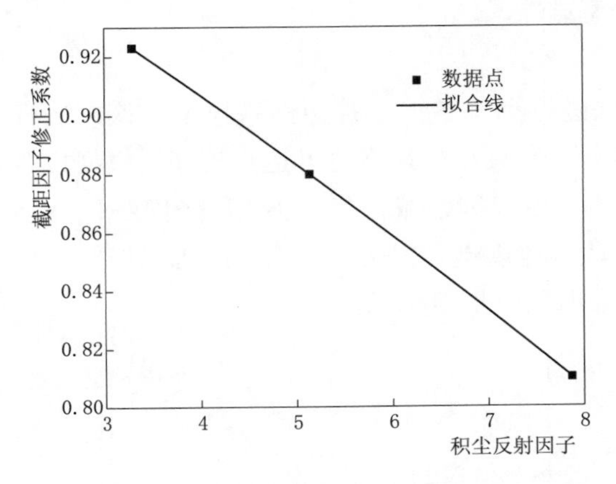

图 6-39 积尘反射因子引起截距因子修正系数的变化

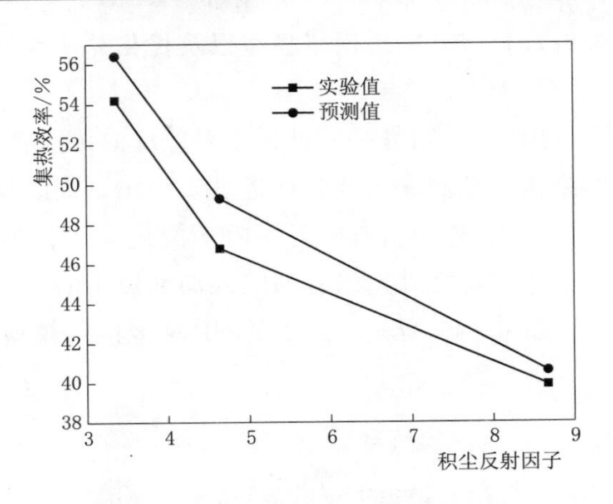

图 6-40 不同积尘工况下的集热效率实验值与预测值

仪器直接测量时的标准不确定度为

$$U_r=\sqrt{\frac{\sum_{i=1}^{n}(X_i-\overline{X})^2}{n-1}+\Delta^2} \tag{6.20}$$

式中 U_r——标准不确定度；

X_i——某次的被测量值；

$\overline{X}$——测量值的平均值；

Δ——仪器误差；

n——测量次数。

通过仪器的标准不确定度可求得实验系统的相对不确定度为

$$U_{rz}=\frac{U_r}{y} \tag{6.21}$$

式中 y——测量结果的算术平均值。

通过对热电偶和浮子流量计进行实验分析，得到 K 型热电偶的相对不确定度 $U_{r1}=2.23\%$，LZB-25 浮子流量计的相对不确定度 $U_{r3}=3.46\%$，辐照度观测系统灵敏度为 $7\sim14\mu V/(W\cdot m^2)$，相对不确定度 $U_{r2}=0.25\%$。因此可得集热效率实验测试系统的相对不确定度 $U_{rz}=4.12\%$。

6.8.2 基于 PSO-BP 积尘对槽式光热性能影响的预测研究

本节提出一种基于 PSO-BP 非线性函数拟合神经网络模型预测积尘对槽式太阳能系统集热效率和能流密度的方法。通过 MatLab 仿真模拟对不同的槽式聚光镜倾角、积尘密度等实验数据进行预处理与相关性分析。为后续建立槽式太阳能系统光热性能耦合评价方法提供重要的理论基础和支撑。

6.8.2.1 BP神经网络模型以及优化算法理论基础

1. BP神经网络模型

BP神经网络是一种基于误差反向传播算法进行训练的人工神经网络模型，该方法将网络模型预测输出逐渐接近真实输出，训练误差不断减小，最终也可达到较好的模型拟合效果。BP神经网络广泛应用于模式识别、预测、控制等领域，但是BP神经网络依然存在一些不足之处：①容易陷入局部极小值；②收敛速度慢；③适用范围有限等问题。

图6-41为一个典型的BP神经网络模型，训练的步骤如下：

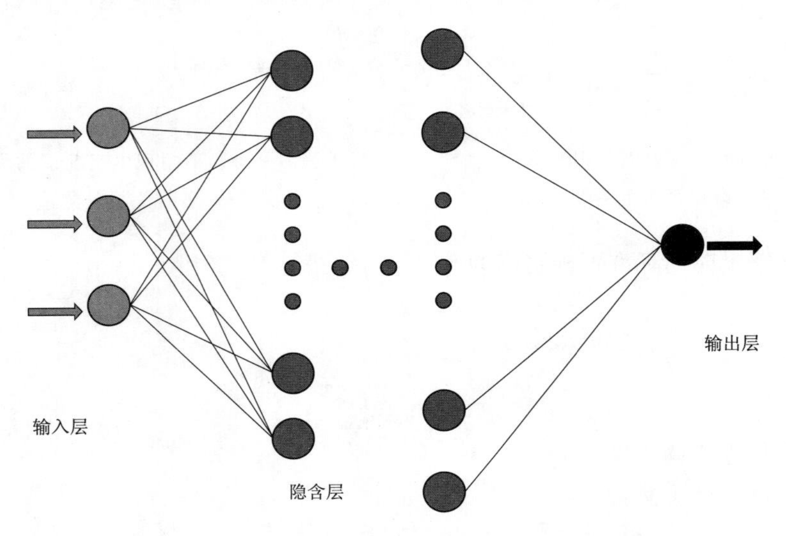

图6-41 典型的人工神经网络模型

(1) 输入层神经元的输出（网络初始化）根据输入输出序列（X，Y）确定输入层节点数n、隐层节点数l、输出层节点数m，初始化输入层与隐层，隐层与输出层的权值ω_{ij}，ω_{jk}初始化隐层和输出层阈值a和b，给出学习速率和激活函数。

(2) 隐含层神经元的输出为

$$H_j=f\left(\sum_{i=1}^{n}\omega_{ij}x_i-a_j\right)\quad(i=1,2,\cdots,n;j=1,2,\cdots,l) \tag{6.22}$$

其中，输入向量$X=(x_1, x_2, \cdots, x_n)$。

激活函数：

$$f(x)=\frac{1}{1+\mathrm{e}^{-x}} \tag{6.23}$$

式中 ω_{ij}——隐层权值；

a_j——隐层阈值。

(3) 输出层神经元的输出为

$$O_k=\sum_{j=1}^{l}H_{ij}\omega_{jk}-b_k\quad(k=1,2,\cdots,m) \tag{6.24}$$

式中 ω_{jk}——输出层权值；

b_k——输出层阈值。

（4）计算误差为

$$e_k=Y_k-O_k \quad (k=1,2,\cdots,m) \tag{6.25}$$

预测输出为 $O=(O_1,O_2,\cdots,O_m)$

期望输出为 $Y=(Y_1,Y_2,\cdots,Y_m)$

（5）更新权值，即

$$\omega_{ij}=\omega_{ij}+\eta H_j(1-H_j)x_i\sum_{k=1}^{m}\omega_{jk}e_k \quad (i=1,2,\cdots,n;j=1,2,\cdots,l) \tag{6.26}$$

$$\omega_{jk}=\omega_{jk}+\eta H_j e_k \quad (j=1,2,\cdots,l;k=1,2,\cdots,m) \tag{6.27}$$

式中 η——学习速率。

（6）更新阈值，即

$$a_j=a_j=\eta H_j(1-H_j)\sum_{k=1}^{m}\omega_{jk}e_k \quad (j=1,2,\cdots,l;k=1,2,\cdots,m) \tag{6.28}$$

$$b_k=b_k+e_k$$

（7）判断算法迭代是否结束，若没有结束，返回步骤（2）。

2. 基于粒子群算法优化 BP 神经网络

粒子群优化算法可提高 BP 神经网络的拟合能力、泛化能力及收敛速度，避免其陷入局部极小值的局面。调整优化 BP 神经网络中的权值 ω，从而提高 BP 神经网络预测模型的预测准确性，在预测积尘对槽式太阳能系统影响中有更好的效果。MatLab 仿真结果表明基于改进的 PSO - BP 算法优于传统算法，粒子群算法优化 BP 神经网络的算法步骤如下：

（1）随机生成一定数量的粒子并初始化粒子群，根据问题的适应度函数，计算每个粒子的适应度值代表计算的优劣程度。对于每个粒子，根据其个体历史最优位置和当前位置的适应度值更新其个体最优位置。

（2）根据所有粒子的适应度值确定群体历史最优位置，根据粒子的当前速度、个体最优位置和群体最优位置计算新的速度和位置。更新公式为

$$V_{id}^{k+1}=\omega V_{id}^{k}+c_1r_1(P_{id}^{k}-X_{id}^{k})+c_2r_2(P_{gd}^{k}-X_{id}^{k}) \quad (d=1,2,\cdots,D;i=1,2,\cdots,n) \tag{6.29}$$

$$X_{id}^{k+1}=X_{id}^{k}+V_{id}^{k+1} \quad (d=1,2,\cdots,D;i=1,2,\cdots,n) \tag{6.30}$$

式中 ω——惯性权重；

k——当前迭代次数；

V_{id}——粒子的速度；

c_1，c_2——非负的常数，称为加速度因子；

r_1，r_2——分布于［0，1］之间的随机数。

（3）重复上述步骤不断迭代更新粒子的速度和位置，直到满足终止条件（例如达到最

大迭代次数或找到满意的解)，最后输出最优解。

基于粒子群算法优化 BP 神经网络流程如图 6-42 所示。

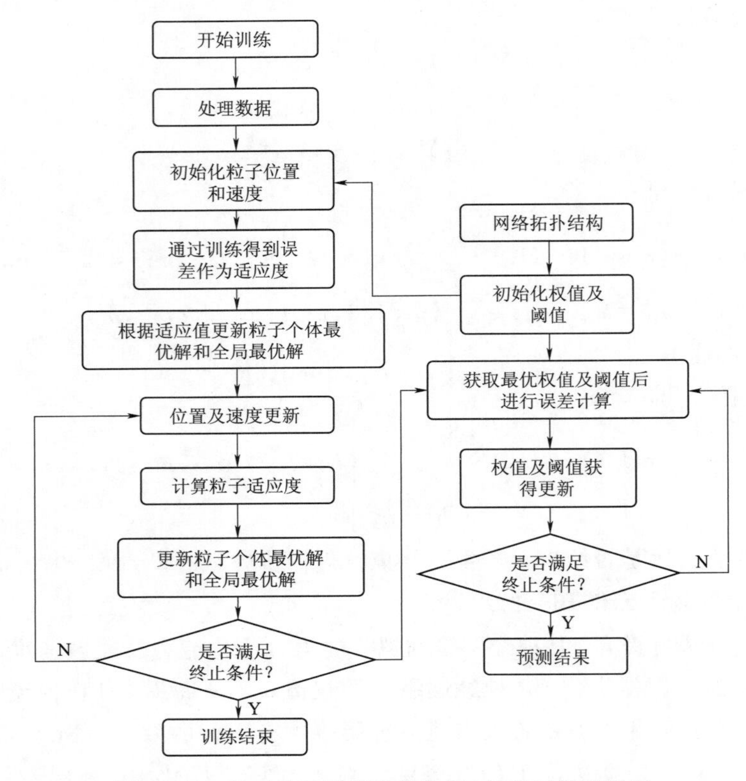

图 6-42　基于粒子群算法优化 BP 神经网络流程图

3. 预测模型评价性能指标

选用相对误差和均方根误差两个评估指标来评价预测结果。相对误差是衡量预测值或试验值与真实值之间差异的一种方法，是预测模型精确性的体现。相对误差的计算公式为

$$\eta_i = \frac{\hat{U} - U_i}{U_i} \quad (i=1,2,\cdots,m) \tag{6.31}$$

式中　η_i——相对误差；

$\hat{U}_i$——第 i 个样品的预测值；

U_i——第 i 个样品的真实值；

m——预测样本的数目。

而均方根误差（RMSE）是一种常用于评估预测值或测量值与真实值之间的差异，是预测模型稳定性的体现。其计算公式为

$$R = \sqrt{\sum (\hat{U}_i - U_i)^2 / n} \quad (i=1,2,\cdots,m) \tag{6.32}$$

式中 R——均方根误差；

$\hat{U}_i$——第 i 个样品的预测值；

U_i——第 i 个样品的真实值；

n——特征值的数目；

m——预测样本的数目。

6.8.2.2 基于倾角的镜面积尘对系统光学性能影响的预测模型

通过能流密度计对积尘后的焦面能流密度进行测量，通过焦面能流密度分布特征来分析不同积尘密度对系统光学特性的影响。如图 6-24 所示，聚光镜倾角的变化影响镜面积尘分布情况，进而导致焦面能流密度分布出现较大的差别，积尘密度影响焦面最大能流密度分布。因此采用不同聚光镜倾角下焦面能流密度的实验数据作为依据。遵循模型逻辑，以其中的 20 组数据（通过函数随机抽取）作为模型训练样本建模，以其余 5 组数据作为预测样本来验证其预测精度，迭代次数设置为 100 次。

在选定 5 组聚光镜倾角情况下，不同倾角能流密度真实值和预测值的对比如图 6-43 所示。在预测模型中输入层对应聚光镜倾角及焦面坐标两组特征值，输出层对应能流密度。对比可发现，预测值和真实值变化趋势基本一致，说明预测模型能够较为准确的反映出镜面积尘对于能流密度的影响。

图 6-43 中，聚光镜倾角为 0°工况时，镜面积尘量较少，0°倾角下焦面能流密度分布对称性较好，焦面最大能流密度达到了 39.44kW/m^2，模型预测结果为 31.97kW/m^2，此时的相对误差为 18.94%。由于不同倾角下镜面区域积尘存在显著的非均匀分布特征，导致聚光焦面能流密度分布发生中心偏移，且偏移量随聚光镜倾角增大而增大。当聚光镜倾角为 60°工况时，焦面中心偏移达到最大值，在该倾角下聚光镜下半部分区域的积尘密度远大于上半部分区域，大量的积尘颗粒对光线产生吸收和散射作用，对应焦面最大能流密度达到 25.99kW/m^2，预测结果为 26.28kW/m^2，相对误差为 1.11%。除相对误差外均方根误差也是模拟精度的表征，在 0°和 60°倾角工况下对应的均方根误差分别为 1.215% 和 2%。

图 6-44 展示了基于不同倾角的能流密度预测的相对误差，可利用式（6.31）计算。预测能流密度分布的平均相对误差为 4.909%，误差相对较大。进一步计算可以得出预测能流密度分布的平均均方根误差为 1.329，说明建立的预测槽式太阳能系统能流密度分布的模型具有较好的稳定性。

6.8.2.3 基于倾角的镜面积尘对系统集热效率影响的预测模型

如图 6-45 可见聚光镜倾角从 0°～60°以及相对应的积尘密度影响系统集热效率的实验数据，遵循模型逻辑（一般来说，常见的训练集和测试集比例为 4：1），选取其中的 9 组数据（通过函数随机抽取）作为 BP 神经网络模型训练样本建立模型，以其余 4 组数据作为预测样本来验证其预测精度，以实验值作为真实值。为避免随机性对模型产生的影响，共建立了 13 组 BP 神经网络模型，迭代次数设置为 100 次。

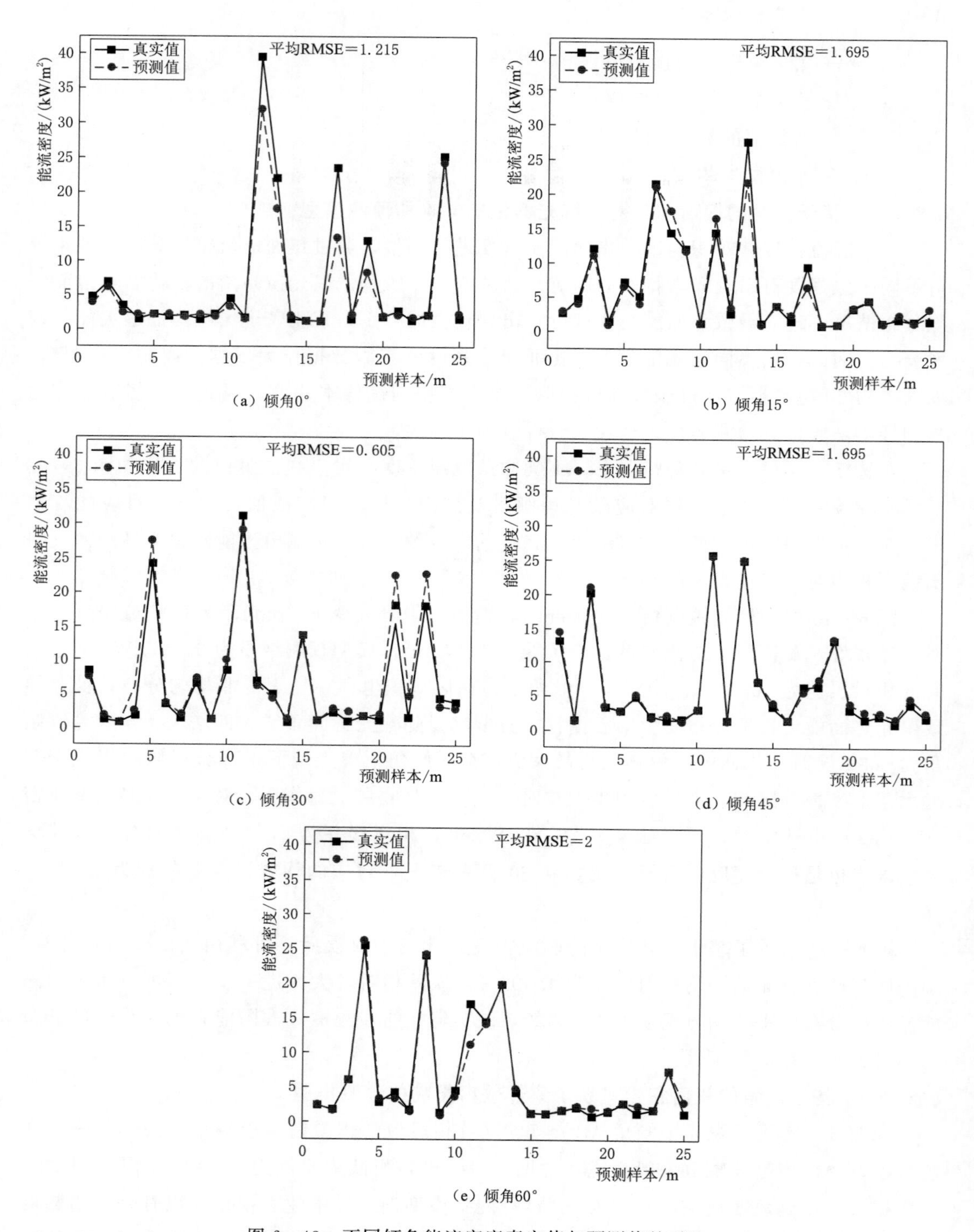

图 6-43 不同倾角能流密度真实值与预测值的对比

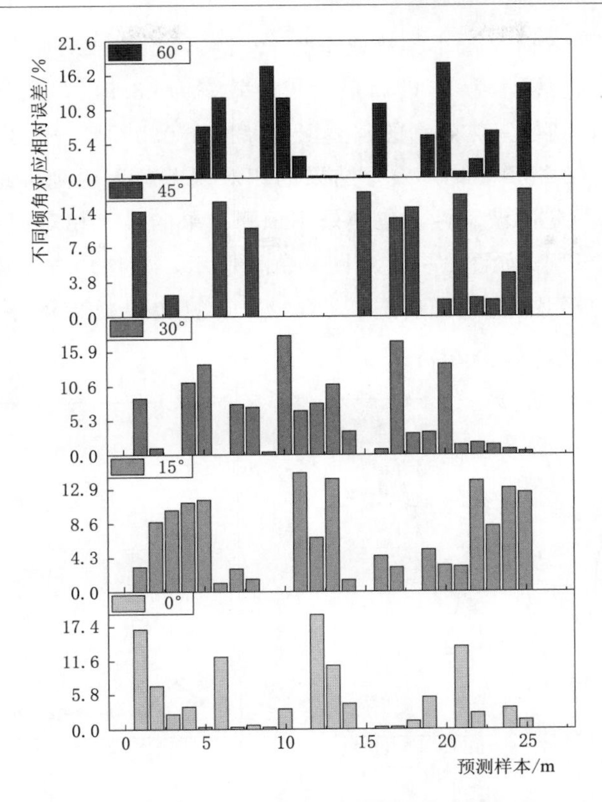

图 6-44　BP 神经网络模型预测样本相对误差分析

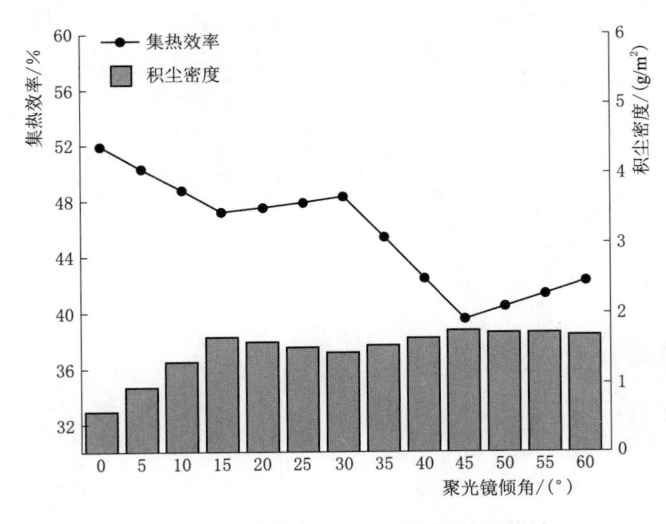

图 6-45　影响因素对系统热性能的影响

图 6-46 体现了通过 BP 神经网络模型所预测集热效率的真实值与预测值之间的对比。在预测模型中输入层为聚光镜倾角以及积尘密度两组特征值，输出层对应集热效率。通过集热效率预测值和真实值对比可发现，整体趋势较为一致，说明集热效率预测模型较

为准确。在预测样本为3时，最小集热效率为39.6%，预测结果为39.61%，对应最小相对误差0.002%；在预测样本为12时，最大集热效率为48.9%，预测结果为52%，对应最大相对误差6.3%，其他集热效率的预测误差保持在0.002%～6.3%之间。

图6-47体现了13组预测集热效率结果的相对误差，因受到训练样本和预测样本的随机选择影响而具有一定的波动性。集热效率预测结果的最大相对误差小于6%，总体的平均相对误差为1.285%。如图6-48和图6-49所示，平均均方根误差定义为训练集和测试集均方根误差的平均值，可利用式（6.32）计算集热效率的平均均方根误差 $R=1.1\%$，均方根误差波动情况不大。

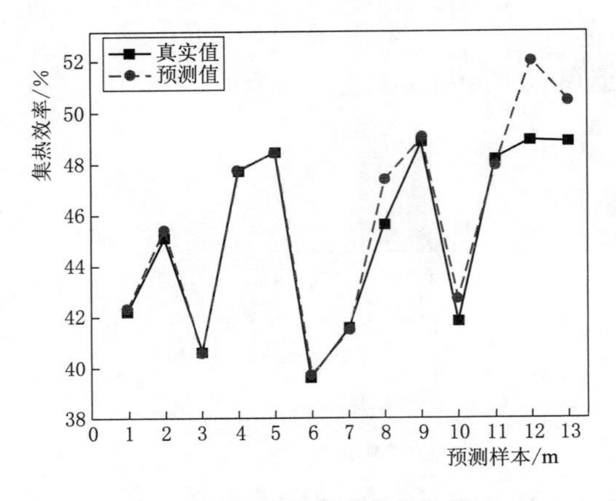

图6-46 集热效率真实值与预测值结果对比

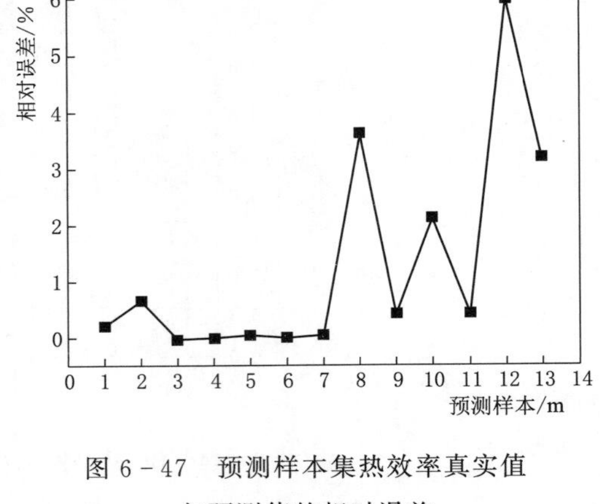

图6-47 预测样本集热效率真实值与预测值的相对误差

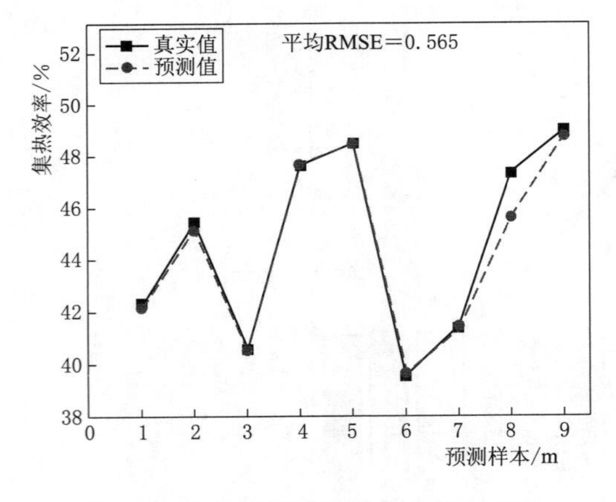

图6-48 集热效率训练集均方根误差

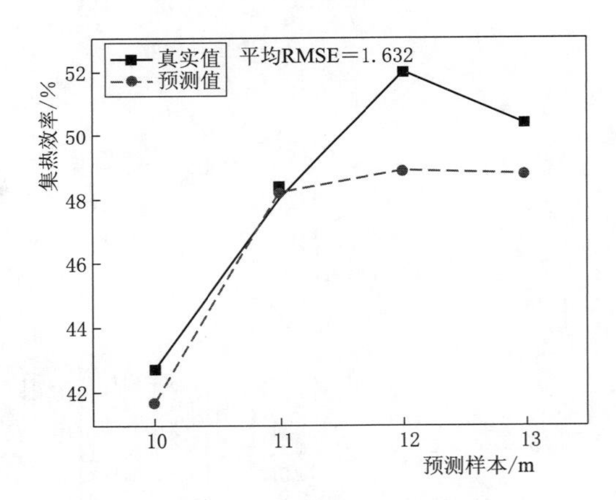

图6-49 集热效率测试集均方根误差

综合两类评价指标，从均方根误差的角度发现槽式太阳能系统的集热效率预测误差相对较小，说明该模型的预测较为可靠；从相对误差的角度分析波动幅度相对较大，说明特征影响因素引起的变动较高，模型本身具有一定的局限性。

基于以上积尘对槽式太阳能系统以能流密度为量化指标的光学性能和以集热效率为量

化指标的热力学性能影响的实验值和预测值可知，模型预测精确性相对较好。但由于训练数据的不足或者特征提取方法的不完善等因素，模型还有进一步优化的空间，从而提高其预测精度和可靠性。

6.8.2.4 PSO优化BP结果比较

引入粒子群算法来优化BP神经网络模型，所有的参数设置同上，数据来源于优化前后集热效率和能流密度真实值与预测值，利用式（6.31）和式（6.32）计算误差并进行对比，具体结果如图6－50和图6－51所示。此时的均方根误差定义为测试集和训练集的均方根误差的平均值。

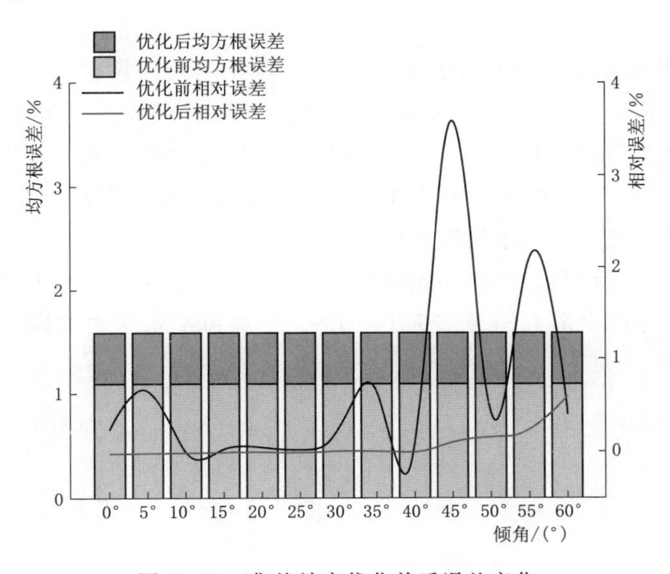

图6－50　集热效率优化前后误差变化

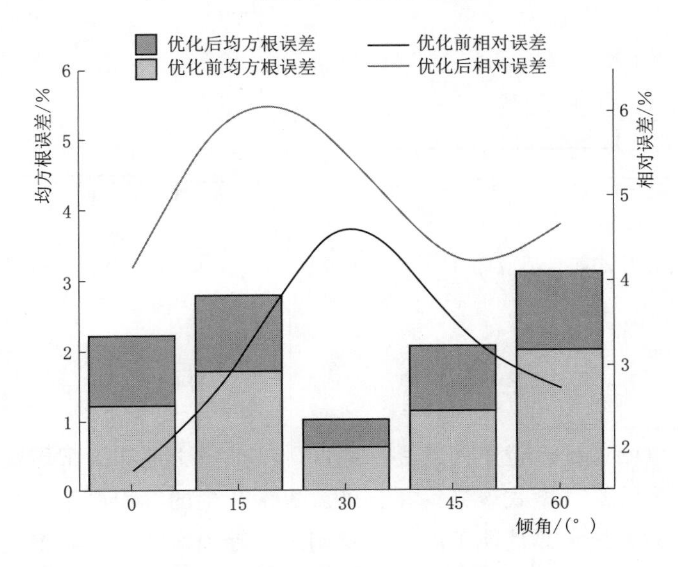

图6－51　能流密度优化前后误差变化

当槽式聚光镜倾角从0°到60°变化时，通过粒子群算法优化BP神经网络所得到的真实值与预测值之间的相对误差均明显减小。

在预测光学性能方面，能流密度优化前整体平均相对误差为4.909%，在使用优化算法后降为3.118%，得到明显的下降，精度提高。能流密度中优化前整体平均均方根误差为1.329%，优化后降为0.899%，稳定性较好。在预测热性能方面，集热效率在PSO优化后的整体相对误差降为0.718%，平均均方根误差降为0.477%。由此可见预测集热效率精确性得到进一步提高。综上所述，通过相对误差和均方根误差两方面的评价指标发现误差下降，说明PSO优化BP神经网络模型后在预测槽式太阳能系统光热性能上优于基本BP模型。

BP神经网络模型的适应度值是指神经网络模型在不同迭代次数下的适应能力，即模型对于输入数据的拟合程度和预测准确度。为比较优化效率，粒子群优化算法采用初始30个初始粒子，通过迭代100次，以此来寻找个体的最优解和全局最优解。通过计算得知，如图6-52和图6-53所示，分别展示了在使用优化算法之前在迭代51次时收敛达到最优解，而在使用优化算法之后在迭代18次得到最优解，迭代的收敛速度也有所提高。基于以上分析得出：在预测热性能和光学性能这两方面，优化算法的使用不论是在预测精度上还是计算收敛速度上都有明显的提升。PSO虽然可实现快速收敛，但是很容易陷入局部最优。

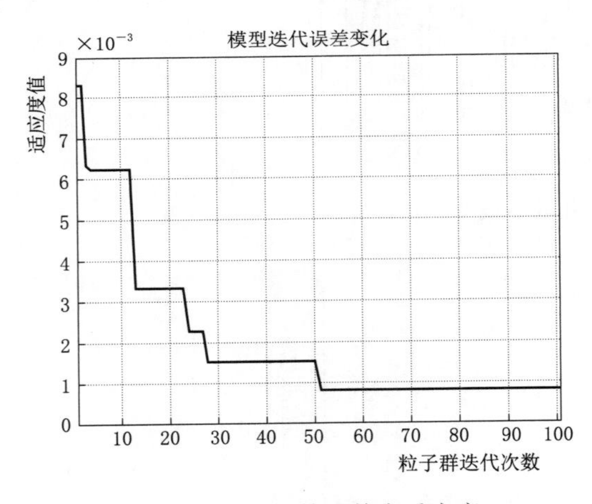

图6-52 优化算法前自适应度

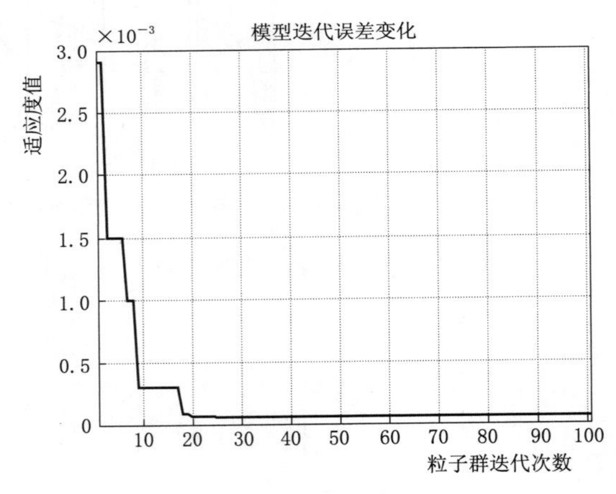

图6-53 优化算法后自适应度

6.9 本 章 小 结

我国槽式光热电站选址多位于西北高寒地区，该地域土地和太阳能资源丰富，但同时也有典型的地区气候特点。槽式聚光镜在户外放置，灰尘的沉积严重，容易造成较大的光学损失以及进一步的系统集热性能下降。本章阐述了呼和浩特地区典型气候以及地区积尘的主要来源，分析了积尘对反射式聚光系统的影响机理，并基于槽式聚光镜镜面积尘特性和分布特征，搭建了焦面能流密度测试平台和热力学测试系统，研究了不同工况下镜面积尘对系统光学特性和热力学特性的影响。得到的结论如下：

（1）积尘的来源与多因素相关，因此积尘引起的聚光装置光学性能的研究需确定具体的地理位置、气候环境以及人为因素等。积尘对光学性能的影响包括吸收、反射和透射，透射的部分较少，吸收的部分无法定量测量，因此以积尘后聚光镜面反射率的变化作为量化积尘的指标有理论依据，同时需结合积尘粒径和重量。

（2）聚光镜倾角的变化会导致镜面不同区域倾角发生变化，从而影响镜面积尘分布。聚光镜倾角的增加会导致下方区域 8 的积尘密度发生较大的增长，其积尘密度从接近上方区域 1 逐渐增大至最高。由于聚光镜倾角变化导致的镜面积尘分布特征会引起焦面中心发生偏移，当聚光镜倾角为 60°时，焦面中心偏移达到最大值 1.66cm，随着聚光镜倾角的增加截距因子是呈下降变化趋势的，但通过偏移接收器水平位置优化方法可以显著提高截距因子，减小不同聚光镜倾角下积尘分布特征的影响。通过不同倾角下积尘对集热效率和㶲效率的影响可以发现，热性能与积尘密度变化趋势的非一致性能很好地说明聚光镜倾角引起的积尘分布特征对系统热性能的影响较大。

（3）积尘密度与相对反射率近似成反比趋势，当积尘密度从 0.58g/m^2 增加至 2.46g/m^2，相对反射率下降了 17.92%，焦面能流密度最大值从 41.59kW/m^2 降低至 14.06kW/m^2，下降了将近 3 倍，截距因子从 0.87 下降至 0.68，下降了约 21.37%，为保证截距因子在 0.8 以上，聚光镜镜面积尘密度需小于 1.31g/m^2。随着积尘密度的增加，集热效率和㶲效率逐渐降低，当积尘密度增加 1.88g/m^2，系统集热效率和㶲效率分别下降了 38.29%和 44.94%。

（4）引入积尘反射因子和截距因子修正系数的概念，以积尘导致的聚光镜面反射率的变化作为量化指标，以聚光焦面获得的能量作为聚光特性的直接体现，得到了积尘对聚光系统光学性能的影响规律。建立了通过积尘反射因子预测系统集热效率的模型，采用实验进行验证，预测值与实验值的相对误差小于 5.07%，两者的吻合性较好。对于使用的槽式太阳能系统，聚光镜积尘反射因子小于 4.3%，可保证截距因子修正系数大于 0.90。将采集因子修正系数 $F(\zeta)$ 加入到光学效率的公式中，可有效预测其光学性能，该方法同时可以指导聚光镜合理的除尘时间和频率。

（5）基于 BP 神经网络模型的预测研究中，在光学性能方面，不同倾角影响槽式镜面的积尘分布特征，进而影响聚光焦面能流密度，当聚光镜倾角为 0°～60°工况时，预测的相对误差在 1.11%～18.9%之间，在 PSO 优化后的整体相对误差降为 3.118%，整体平均均方根误差降为 0.899%；在热性能方面，槽式太阳能系统镜面积尘后集热效率的预测误差保持在 0.002%～6.3%，在 PSO 优化后的整体相对误差降为 0.718%，平均均方根误差降为 0.477%。基于 PSO—BP 神经网络模型可以实现积尘对槽式太阳能系统光热性能较精确地预测，且研究表明优化算法可提升模型本身的预测精度、稳定性和收敛速度，避免了因模型粒子初始位置和速度设置不合理而导致的结果不理想。

参 考 文 献

[1] Yibo D，Jiatun X，Xiaowen W，et al. Propagation of meteorological to hydrological drought for different climate regions in China [J]. Journal of Environmental Management，2021，283：111980.

[2] 肖刚，倪明江，岑可法，等. 太阳能 [M]. 北京：中国电力出版社，2019.

[3] 周环. 潮湿环境土遗址的加固保护研究 [D]. 杭州：浙江大学，2008.

[4] Jiang H，Lu L，Sun K. Experimental investigation of the impact of airborne dust deposition on the performance of solar photovoltaic (PV) modules [J]. Atmospheric Environment，2011，45 (25)：4299-4304.

[5] 马俊. 积尘对平板型太阳能集热器性能影响的研究 [D]. 长沙：湖南大学，2011.

[6] 李志西，杜双奎. 实验优化设计与统计分析 [M]. 北京：科学出版社，2010.

[7] 倪振伟，朱明善，王维城. 以㶲参数评价太阳能集热器的“动力”性能 [J]. 太阳能学报，1981 (3)：280-286.

[8] 何梓年. 太阳能热利用 [M]. 合肥：中国科学技术大学出版社，2009.

[9] Chiteka K.，Arora R.，Sridhara S. N.，et al. Influence of irradiance incidence angle and installation configuration on the deposition of dust and dust-shading of a photovoltaic array [J]. Energy，2021，216：119289.

[10] Burkholder F.，Kutscher C.. Heat loss testing of Schott's 2008 PTR70 parabolic trough receiver [R]. National Renewable Energy Lab. (NREL)，Golden，CO (United States)，2009.

[11] Sardarabadi M.，Passandideh-Fard M.，Maghrebi M. J.，et al. Experimental study of using both ZnO/water nanofluid and phase change material (PCM) in photovoltaic thermal systems [J]. Solar Energy Materials and Solar Cells，2017，161：62-69.

[12] Chiteka K.，Arora R.，Sridhara S. N.，et al. Influence of irradiance incidence angle and installation configuration on the deposition of dust and dust-shading of a photovoltaic array [J]. Energy，2021，216：119289.

[13] 程森林，师超超. BP神经网络模型预测控制算法的仿真研究 [J]. 计算机系统应用，2011，20 (8)：100-103，180.

[14] 王小川，史峰. MATLAB神经网络43个案例分析 [M]. 北京：北京航空航天出版社，2013.

[15] 庞明月. 基于粒子群与遗传算法的BP算法优化研究 [D]. 青岛：青岛理工大学，2014.

[16] 陈金鑫，潘国兵，欧阳静，柴福帅，等. 自然降雨下光伏组件积灰预测方法研究 [J]. 太阳能学报，2021，42 (2)：431-437.

第 7 章

高寒地区槽式系统积尘分布特性研究

7.1 概　　述

西北高寒地区拥有极为丰富的太阳能资源，故深受各太阳能企业的青睐，槽式光热发电作为太阳能利用中较为成熟的一种方式，被广泛应用在该地区。但该地区具有干旱半干旱气候特点，空气中的粉尘浓度较高并伴随沙尘暴等极端天气，灰尘颗粒在聚光镜表面的沉积将严重影响光热转换，进而影响发电效率。

目前针对太阳能利用装置的除尘研究多集中在以光伏板为代表的平面结构上，且除尘相关实验研究也多在室内理想状态下进行，并未与实际应用的户外地区气候特性进行匹配。镜场控制方面的研究主要集中在如何提高槽式太阳能的跟踪精度等方面。槽式太阳能系统的实际应用需因地制宜，采用适合当地的运行模式以及匹配的除尘方式才能更高效的实现光热利用。

本章根据聚光镜面积尘颗粒的微观特性，结合地区气候特点，构建颗粒黏附力学模型，并模拟槽式光热电站镜场实际跟踪运行情况，协同地区典型季节开展镜面积尘特性以及防尘研究，揭示动态跟踪下积尘对槽式镜面洁净度的宏观影响规律，为该地区槽式电站高效运行提供理论指导。

7.2 理 论 基 础

微颗粒广泛黏附于各种不同物体表面，这与物体之间接触表面的物理性质和化学成分等相关。根据微颗粒黏附固体表面作用方式的不同，将黏附作用力分为化学黏附与物理黏附两类。化学黏附中包含氢键力和化学键力，物理黏附中包含范德华力、静电力和毛细力等。介于化学黏附已经发生化学变化，具有不可逆性，接下来的研究主要从物理作用机理讨论。

要建立不同环境条件下的微颗粒黏附力学模型，需要基于固体表面接触力学的理论基础，目前接触力学研究的典型理论模型包括 Hertz 接触理论、JKR 理论、DMT 理论、M－D 理论以及 GW 理论和基于分形理论的 Pearson 接触理论等。因不同理论模型的基本假设和初始条件存在差异，每一种接触理论都有其特定的理论基础和适用范围。

7.2.1 建立地区黏附力学模型

下面以呼和浩特作为西北高寒地区的代表地开展研究，建立地区槽式镜面积尘的黏附力学模型。

灰尘颗粒在聚光镜表面受多个力影响，其主要受到范德华力、静电力、重力、毛细力的复合作用，其中在湿润环境毛细力才会存在且作用明显，但其中静电力会大大减弱，而西北高寒地区空气相对湿度较低，常年相对湿度处于30%左右，具有干燥的特点，且根据孟广双等在高海拔荒漠地区测定光伏组件上灰尘的含水率仅为0.26%，毛细作用力数量级远不及其他几种力，因此灰尘颗粒的毛细作用力不在本节研究中，而干燥环境会大大增强静电力，不同状态滚轮测量如图7-1所示，其中：图7-1（a）为除尘前干净除尘滚轮非接触置于万分位天平上方，天平示数显示为0；图7-1（b）为除尘后受污染的滚轮非接触置于万分位天平上，结果天平示数显示为负。由此证明污染滚轮对托盘有向上的吸引力，而滚轮与托盘始终处于非接触状态，说明污染后滚轮上的积尘带有静电力，使得托盘有向上被吸引的趋势，故静电力在西北干旱地区对积尘的影响不容忽视。本节为了得到灰尘颗粒黏附力学模型，只对2～40μm的范德华力、静电力、电场力、重力、合力进行研究。

（a）污染前滚轮测量

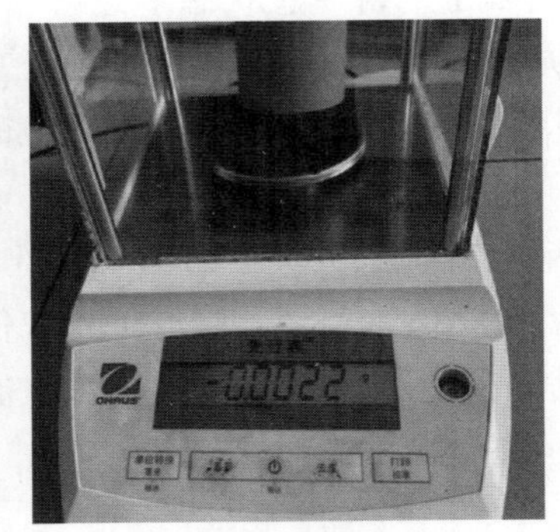

（b）污染后滚轮测量

图7-1 不同状态滚轮测量

积尘黏附及脱附模型如图7-2所示，其中：G_Y 为积尘颗粒与镜面接触点切线的法向上的重力沿 Y 轴的分力，N；F_{vdw} 为范德华力，N；F_E 为静电力，N；F_l 为气流曳力即积尘颗粒与镜面接触点切线的法向上的拉升力，N；F_r 为积尘颗粒与镜面接触点切线方向的推力，N；M_D 为气流作用在积尘颗粒促使其在镜面滚动的气流力矩，N·m。

7.2.1.1 范德华力

范德华力是两个分子之间相互极化产生的近程弱力，是由取向力、色散力、诱导力组成，范德华力存在于任何状况，通常是一个或几个分子之间产生的短距离的力，是颗粒粒子之间相互极化产生的，范德华力的计算对积灰的清洁尤为重要。

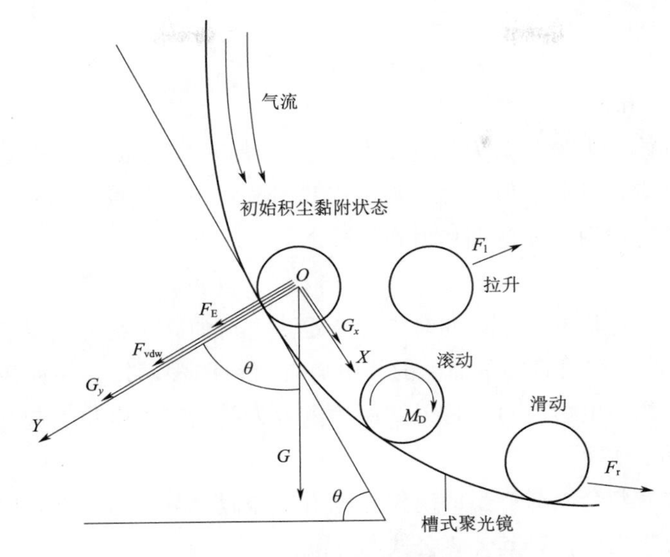

图 7-2 积尘黏附模型及脱附模型

Lifshitz 等提出宏观物体间的分子作用理论，此理论适用于比原子间距离范围更大的分子间的受力研究。通过各种推导及假设，最终得出范德华力的表达式为

$$F_{vdw}=\frac{h\overline{\omega}R}{8\pi z_0^2} \tag{7.1}$$

其中

$$z_0=\sqrt{\frac{2}{3}}\sqrt[6]{2}\sqrt[3]{\frac{M}{NL\rho}} \tag{7.2}$$

式中 $h\overline{\omega}$——Lifshitz 常数，通常取 $h\overline{\omega}=0.96\sim14.4\text{eV}$；

z_0——灰尘颗粒与电池板紧密接触时分子间的平均间距，m；

R——灰尘颗粒半径，m；

M——物质的分子量，无量纲；

L——灰尘每个分子中原子数，无量纲；

N——阿伏伽德罗常数，取值为 6.02×10^{23}；

ρ——灰尘颗粒密度，kg/m^3。

分子间平均间距 z_0 与物质的分子组成有关，不同的物质接触分子间平均间距 z_0 不同，z_0 的计算公式为式（7.2）。分析中已得出灰尘和聚光镜面玻璃大部分物质由 SiO_2 组成，SiO_2 密度约为 2000kg/m^3，相对分子质量为 $28+16\times2=60$，原子个数为 3，将 SiO_2 相关数据代入式（7.2）中，计算得出 $z_0=2.34\times10^{-9}\text{m}$。

与此同时，虽然 $h\overline{\omega}=0.96\sim14.4\text{eV}$，但 Lifshitz 常数与物质的表面自由能相关。Lifshitz 给出了一些物质的 $h\overline{\omega}$，其中 SiO_2/真空/SiO_2 系统 Lifshitz 常数理论值 $h\overline{\omega}=2.09\sim2.61\text{eV}$，在此取其均值 $h\overline{\omega}=2.35\text{eV}$，且电子伏特与 SI 制的能量单位焦耳（J）的换算关系是 $1\text{eV}=1.6\times10^{-19}\text{J}$。将相关数值代入式（7.1）可得 SiO_2 在镜面的范德华力计算公

式为

$$F_{vdw}=2.73R\times10^{-3} \tag{7.3}$$

式中 R——粒径，m。

在该模型下范德华力最终变为只与粒径 R 有关的一次函数，可利用该式对灰尘颗粒与聚光镜面的范德华力进行近似计算。与孟广双团队对灰尘数量级相同，即灰尘在玻璃面上所受的宏观分子间作用力即范德华力在 10^{-9}N 左右。

7.2.1.2 静电力

灰尘颗粒带有一定量电荷，与同时带有一定量电荷的光伏组件接触后会产生静电作用力。Bowling 指出使颗粒附着在平面上的静电力有两种形式，其中一种是由于灰尘颗粒上剩余电荷产生的镜像静电力；另一种形式的静电力为静电接触电位引起的双电层静电力。

1. 镜像静电力

由于灰尘颗粒上剩余电荷产生的镜像静电力，即假设与灰尘颗粒对应的聚光镜表面视作一个与之相同的灰尘颗粒，其计算公式为

$$F_{es}=\frac{Q_{sphere}^{2}}{4\varepsilon\varepsilon_{0}(2R+z_{0})^{2}} \tag{7.4}$$

式中 F_{es}——镜像静电力，N；

ε——介质间介电常数，无量纲，灰尘与电池板间在干燥环境下取空气介电常数，$\varepsilon=1$；

ε_0——绝对介电常数，一般取 $\varepsilon_0=8.85\times10^{-12}$，F/m；

Q_{sphere}——灰尘颗粒带电量，C。

吴超针对微米级灰尘颗粒给出了灰尘带电量与灰尘颗粒质量关系的经验式为

$$Q_{sphere}=a\cdot\frac{4\times10^{3}\pi\rho R^{3}}{3} \tag{7.5}$$

式中 a——比电荷，对于微米级灰尘颗粒，取 $a=-7\times10^{-6}$C/g；

ρ——灰尘颗粒密度，kg/m^3。

将相关数值代入式（7.5）可得 Q_{sphere} 关于颗粒半径 R 的公式为

$$Q_{sphere}=-58.64R^{3} \tag{7.6}$$

由式（7.6）可知灰尘带电量 Q_{sphere} 随灰尘颗粒半径 R 的增大而增大。同时，将式（7.6）及相关数据代入式（7.4），可得镜像静电力 F_{es} 关于颗粒半径 R 的公式，即

$$F_{es}=\frac{9.71R^{6}\times10^{13}}{(2R+2.34\times10^{-9})^{2}} \tag{7.7}$$

微米级积尘颗粒粒径的数量级为 10^{-6}m 级，通过计算可知镜像静电力的数量级为 10^{-11}N 左右。

2. 双电层静电力

双电层静电力的计算公式为

$$F_{el}=\frac{\pi\varepsilon\varepsilon_0 RU^2}{R+z_0} \tag{7.8}$$

式中 F_{el}——双电层静电力，N；

U——接触电势差，一般取值范围 0～0.5V。

假设积尘的接触电势差 $U=0.25\text{V}$，通过代入相关数据后得出 F_{el} 关于颗粒半径 R 的公式为

$$F_{el}=\frac{1.74R\times10^{-12}}{+2.34\times10^{-9}} \tag{7.9}$$

根据微米级颗粒半径数量级，可估算出其双电层静电力 $F_{el}\approx10^{-12}\text{N}$。

7.2.1.3 电场力

灰尘颗粒相对电池板表面可视作点电荷，从而考虑电池板电场作用下的灰尘颗粒所受的电场力 F_e 为

$$F_e=\frac{\sigma Q_{sphere}}{\varepsilon_0} \tag{7.10}$$

式中 σ——电荷面密度，C/m^2；

Q_{sphere}——灰尘颗粒带电量，C。

Behrens 等给出玻璃表面电荷面密度 $\sigma=-0.32\times10^{-6}\text{C/m}^2$，将相关数据及式（7.6）代入式（7.10），可得

$$F_e=2.12R^3\times10^6 \tag{7.11}$$

计算可得电场力的数量级约为 10^{-12}N，且电场力 F_e 随灰尘颗粒半径的增大而增大。

7.2.1.4 重力

灰尘在光伏组件表面必然受到重力和空气浮力的作用，灰尘重力作用及浮力作用表达式为

$$G=\frac{4\pi(\rho-\rho_a)gR^3}{3} \tag{7.12}$$

式中 G——灰尘颗粒净重力，N；

ρ——灰尘颗粒密度，kg/m^3；

ρ_a——空气密度，kg/m^3；

g——重力加速度，N/kg。

取实验地海拔 1064m 左右的荒漠地区空气密度 $\rho_a=1.11\text{kg/m}^3$；取实验地北纬 40.7°，故重力加速度取 $g=9.79\text{N/kg}$。灰尘颗粒为 SiO_2，其密度 $\rho=2000\text{kg/m}^3$。将相关数值代入式（7.12），可得

$$G=8.2R^3\times10^4 \tag{7.13}$$

由于聚光镜面为抛物线性，故积于表面的各部分的灰尘与地面的切向夹角 θ 不同，如图 7-2 所示。因此颗粒因为重力的黏附力为垂直于抛物镜面切线方向的灰尘受力 G_y，重力在 Y 方向分量 G_y 表达式为

$$G_y = G\cos\theta \tag{7.14}$$

将式（7.13）代入式（7.14）可得

$$G_y = 8.2R^3\cos\theta\times10^4 \tag{7.15}$$

7.2.1.5 合力

图7-2中的 F_E 表示各静电力矢量和，即

$$F_E = F_{es} + F_{el} + F_e \tag{7.16}$$

进一步将相关公式代入得到总静电力 F_E 关于灰尘半径 R 的公式为

$$F_E = \frac{9.71R^6\times10^{13}}{(2R+2.34\times10^{-9})^2} + \frac{1.74R\times10^{-12}}{R+2.34\times10^{-9}} + 2.12R^3\times10^6 \tag{7.17}$$

由前面的分析可知 $F_E = 10^{-11}\sim10^{-12}$N，可知灰尘所受的范德华力 F_{vdw} 要大于灰尘所受的静电作用力。

由图7-2可知，灰尘颗粒在聚光镜表面垂直切线的法线方向上所受的合力 F 为

$$F_a = G_y + F_{vdw} + F_E \tag{7.18}$$

式中 F_a——积尘颗粒黏附力；

G_y——积尘颗粒与镜面接触点切线的法向上的重力沿 Y 轴的分力；

F_{vdw}——范德华力；

F_E——静电力。

将相关推导公式代入式（7.18）得到灰尘颗粒黏附在聚光镜表面的合力为

$$F_a = 8.2R^3\cos\theta\times10^4 + 2.73R\times10^{-3} + \frac{9.71R^6\times10^{13}}{(2R+2.34\times10^{-9})^2} + \frac{1.74R\times10^{-12}}{R+2.34\times10^{-9}} + 2.12R^3\times10^6 \tag{7.19}$$

由式（7.19）可知灰尘颗粒于镜面黏附的合力通过模型建立只与灰尘颗粒半径 R 及其与抛物型聚光镜切线与水平地面的夹角 θ 有关，进一步分析可知当颗粒半径数量级为 10^{-6} 时，范德华力 F_{vdw} 数量级最大为 10^{-9}N，此时灰尘的黏附力主力为范德华力。当颗粒半径数量级为 10^{-5}m时，灰尘黏附主力为静电力，其数量级为 10^{-7}N。随着颗粒数量级的变大静电力中比电荷 a 会随着灰尘颗粒半径的增大而减小，此时静电力作用可忽略。当灰尘颗粒粒径数量级为 10^{-3}m时，积尘黏附力主力变为重力在 Y 方向的 G_y，其数量级为 10^{-5}N。

当灰尘黏附力主力变为 G_y 时，灰尘颗粒受其与地面倾斜角度 θ 的影响也逐渐显露出来。由式（7.19）可知，当颗粒粒径数量级较大时，黏附力随着倾角 θ 的增大而增大，即大颗粒灰尘不易停落在 θ 较大的区域。

此处考虑单个颗粒的受力分析，若为多颗粒分析则需考虑合力 F 与灰尘颗粒间的相互作用力 T 在 Y 方向上的分量 T_y 有关，T_y 却十分复杂，其大小与灰尘颗粒数量、灰尘颗粒孔隙比及灰尘颗粒半径等相关。

目前原子力学显微镜（Atomic Force Micro-scope，AFM）测量法已被用于测量灰尘颗粒与介质表面间的黏附力。柳冠青等对 6×10^{-6}m 的带电飞灰颗粒在石墨表面的黏附

力进行了测量，研究表明实验室环境下灰尘黏附力的大小为 9.5×10^{-8}N，与此模型计算结果相近。

7.2.2 颗粒脱附机理

灰尘颗粒沉积与聚光镜表面后，若要其脱离表面，则要经过流场的作用。由于聚光镜面处于开放空间，且该空间内气体密度较低，因此在气体除尘系统中属于稀相气—固两相流问题，积尘颗粒受到外部气流作用力主要有曳力、萨夫曼力、马格纳斯力等，其脱离镜面的方式有滚动、拉伸及滑动三种。

1. 曳力

颗粒表面由于流体与颗粒存在相对运动，两者出现动量交换的状况，从而使颗粒表面对流体运动产生阻力，该阻力的反作用力为曳力。流体对单个微粒产生的曳力为

$$F_{\mathrm{d}}=\frac{1}{2}C_{\mathrm{D}}\rho_{\mathrm{g}}|u_{\mathrm{g}}-u_{\mathrm{p}}|(u_{\mathrm{g}}-u_{\mathrm{p}})\frac{\pi d_{\mathrm{p}}^{2}}{4} \tag{7.20}$$

式中 C_{D}——曳力系数；

d_{p}——颗粒直径，m；

ρ_{g}——流体密度，km/m³；

u_{g}——流体速度，m/s；

u_{p}——颗粒表观速度，m/s。

2. 萨夫曼（Saffman）力

流场在表面存在边界层，流体在各个边界层中的速度不一样，存在一定的速度梯度，由于颗粒具有一定体积，其对流体具有一定的阻挡作用，这种阻挡作用使得颗粒上部的流体运动速度比其下部高，导致上部的压力低于下部，从而使颗粒受到一个向上的升力的作用，该力即被称为萨夫曼力。以气体和固体颗粒相对速度计算的雷诺数 $Re<1$ 情况下萨夫曼力的升力为

$$F_{\mathrm{s}}=1.61d_{\mathrm{p}}^{2}(\rho_{\mathrm{g}}\mu)^{1/2}|u_{\mathrm{g}}-u_{\rho}|\left|\frac{\partial u_{\mathrm{g}}}{\partial y}\right|^{1/2} \tag{7.21}$$

式中 d_{p}——颗粒直径，m；

ρ_{g}——流体密度，kg/m³；

μ——流体动力黏性系数，N·s/m²；

μ_{g}——流体速度，m/s；

μ_{p}——颗粒表观速度，m/s。

萨夫曼力的升力与流场中的速度梯度有紧密关系，但一般情况下，流场内主流区的速度梯度很小，此时可不考虑萨夫曼力的升力的作用，但在速度边界层中，要考虑萨夫曼力的升力作用。

3. 马格纳斯（Magnus）力

当颗粒在流场内发生转动时，会产生一个与流体运动方向垂直的升力，该力即为马格纳斯力。根据 Kutta－Joukowski 定理，其计算式为

$$F_M=\rho_g(u_g-u_p)\Gamma \tag{7.22}$$

式中 ρ_g——流体密度，kg/m^3；

u_g——流体速度，m/s；

u_p——颗粒表观速度，m/s；

Γ——沿颗粒表面的速度环量。

在流场的绝大部分区域内颗粒不会产生转动，可以不考虑萨夫曼力的影响，但在临近壁面的区域内，萨夫曼力不可忽略。

积尘颗粒在槽式聚光镜表面的积尘黏附模型及脱附模型如图7-2所示，积尘颗粒受外界湍流作用从槽式聚光镜表面脱离主要有拉升，滚动和滑动三种方式。颗粒在表面黏附力主要包括重力、范德华力、静电力，其在槽式聚光镜面上的总黏附力为F_a。

当$F_l>F_a$时，拉升力大于黏附力，积尘颗粒脱离镜面；当推力大于积尘颗粒在镜面的静摩擦f时，$F_r>f$，颗粒通过滑动形式从镜体底部脱离镜面；当气流力矩大于作用在积尘颗粒上的黏附力矩M_a时，$M_D>M_a$，积尘颗粒通过滚动脱离镜面。

由于槽式聚光镜镜体抛物线形的特殊结构，积尘颗粒在镜面各处沉积的切向夹角θ不是定值，即上部区域θ较大，因此在实际积尘颗粒脱附过程中，这三种颗粒清除方式处于并存状态，不可忽略。

7.3 典型季节积尘特性

槽式聚光镜置于户外因其独特的曲面结构以及运行方式，灰尘在其表面的积聚具有一定的规律性，由于西北高寒地区四季分明，故各个季节在镜面的沉积情况具有显著差异。通过搭建实验平台，采用地区自然积尘并结合实际槽式光热电站的跟踪方式，对该地区典型季节下槽式镜面积尘分布特性开展实验研究。

7.3.1 实验系统及方案

7.3.1.1 实验系统

槽式双轴跟踪系统如图7-3所示，主体实验台架为槽式聚光镜和全自动双轴跟踪系

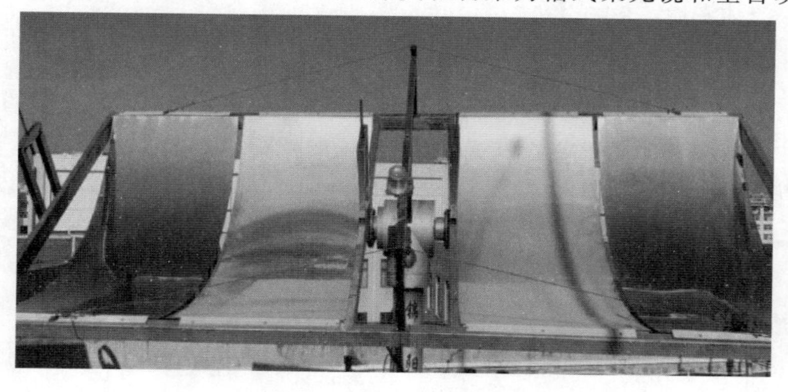

图7-3 槽式双轴跟踪系统

统，跟踪台架的相关参数见表 2-4，聚光镜的相关参数见表 3-1。

用于测量反射率的设备如图 7-4 所示，美国 SOC 公司的 410-Solar 便携式光谱反射计覆盖太阳能光谱的范围为 330～2500nm，其便携性可使操作人员随时随地对反射镜的反射率进行精准测量。在美国被能源部的 NREL 实验室所采用进行太阳能聚光塔反射镜反射率测量，其可靠性、便携性和准确性得到了 NREL 的高度评价。由于积尘质量很小，因此实验中选用万分位天平可对积尘进行精确测量，设备参数见表 7-1。

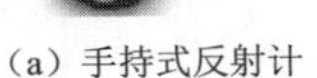

(a) 手持式反射计　　(b) 万分位天平

图 7-4　其他设备图

表 7-1　其他设备相关参数

名称	参数	数　值
手持式反射计	型号	410-Solar
	测量参数	定向半球反射比（DHR）
	测量方法	20°入射角的积分总反射比
	输出参数	总反射，漫反射，和 20°角的镜面反射
	测量波段	7 个波段：335～380nm、400～540nm、480～600nm、590～720nm、700～1100nm、1000～1700nm、1700～2500nm
	测量时间	10s/次；90s 预热
万分位天平	型号	奥豪斯 CP114
	精度/g	0.0001

7.3.1.2　实验方案及量化方法

通过文献查找得知槽式光热电厂因地理环境等各方面因素对镜场运行时间的控制各不相同，且根据电厂的聚光镜的单轴跟踪实际运行情况，光热电站有两种运行方案，一种是南北轴固定且与地面水平，镜面开口由东向西运行，这种方式主要应用于中高纬度的地区（纬度在 30°～60°）；另一种是东西水平，自南向北，此方式主要适用于低纬度地区。查得呼和浩特市为北纬 41°左右，故属于中纬度区域，根据光热电站实际应用选择在实验中采用南北布置，槽式聚光镜自东向西跟踪，运用全自动跟踪系统实现该形式。槽式聚光镜单轴跟踪系统只和太阳时角，方位角有关，与太阳高度角和赤纬角无关。实验中 8：30 手动开启实验台架的跟踪系统，17：30 进行跟踪系统的关闭并使聚光镜回归初始角度。

关于取尘方式，Julius 等将附着在光伏玻璃表面的灰尘颗粒扫到模块边缘，后用软刷收集在一个容器盒中；也有研究人员将附着在模块上的灰尘用之前处理过的棉花收集。本实验真实还原槽式光热电站的实际运行情况，取尘方式为直接对聚光镜面进行二次提取法。

为方便后续对镜面积尘除尘规律的研究，本实验运用连续性平均分布法（类微元法），

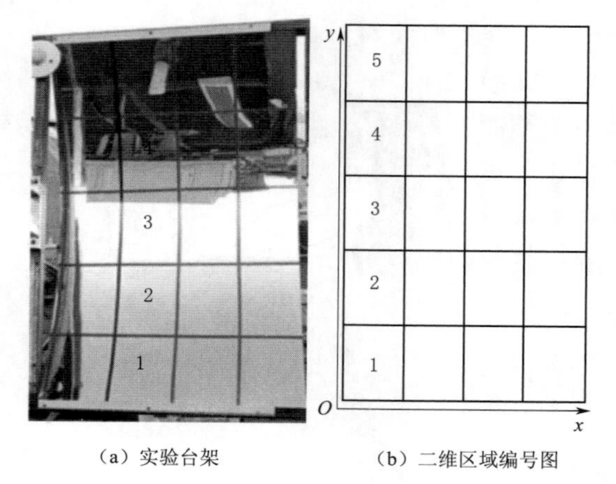

(a) 实验台架　　(b) 二维区域编号图

图 7-5　镜面区域划分图

将三维聚光镜面进行二维网格区域坐标化，使用定位胶对槽式聚光镜的镜面区域划分如图 7-5 所示，其中：图 7-5 (a) 示出实验台架；由上至下对小块区域进行编号如图 7-5 (b) 所示，为积尘中的区域取样进行定位，每个区域大小为 20cm×30cm。并假设 x 轴方向积尘颗粒同性，y 轴方向积尘颗粒异性，即重点关注横向区域的积尘分布。

镜面积尘采用除尘滚轮收集，利用万分位天平测量清洁前后除尘滚轮的质量，其差值便是镜面采集区域积尘量，积尘密度的计算为

$$\omega_d = G/A \tag{7.23}$$

式中　ω_d——积尘密度，g/m^2；

G——积尘质量，g；

A——积尘面积，m^2。

7.3.2　全年镜面积尘研究

根据“风能太阳能利用技术教育部重点实验室”已有 BSRN3000 气象数据监测系统十余年的数据分析，以呼和浩特为代表的高寒地区因四季气候不同在镜面积尘情况不同。根据实际调研，槽式光热电站日常清洁频次约为 5 次/月，同时考虑地区气候下实验开展的可行性，选取每个季节中的 6 天作为一个积尘周期，采集连续晴朗天气下的镜面相关积尘数据。积尘时间段分别是春季 3 月 21—27 日，夏季 6 月 15—21 日，秋季 9 月 18—24 日，冬季 12 月 5—11 日。自然积尘实验中白天采用地区纬度对应的南北布置东西跟踪方式，夜间为避免各季节气候对设备安全性的影响，并使积尘规律得到更好体现，选取槽式聚光镜放置倾角为 60°，以上设置后对其镜面积尘规律开展探究。

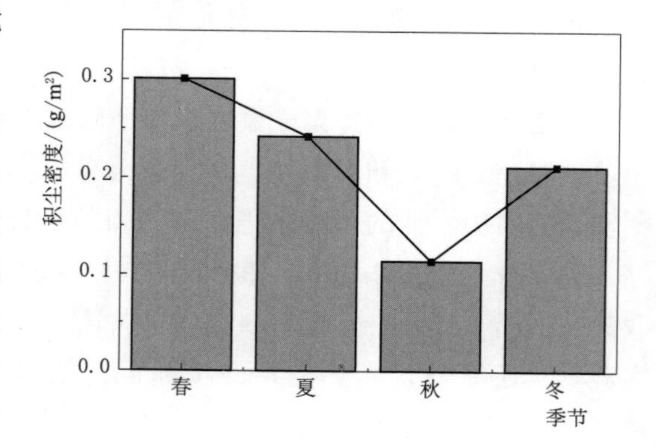

图 7-6　四季镜面平均积尘密度

图 7-6 为四季镜面平均积尘密度，由图可知春季周期性积尘密度为 0.30g/m^2，在四季中相对较高，秋季为全年积尘密度最低，为 0.11g/m^2，冬季和夏季的镜面积尘密度分别为 0.21g/m^2、0.24g/m^2。整体分析发现秋季至春季为积尘上升趋势，若下一年有相同规律则春季至秋季为积尘下降趋势。该结论与选取年度以及对应季节

的实验日期有较强的相关性。

图 7－7 为不同季节下各区域积尘密度图，由图可知镜面不同区域积尘量不同，靠近镜面上部的积尘量较少，下面区域积尘量明显增多，此规律符合自然积尘期间聚光镜跟踪方式下其倾角对应的颗粒黏附理论模型规律。冬季最下面区域 1 积尘密度最大为 $0.53g/m^2$，同时冬季最上面区域 5 在各季节中为最小积尘密度 $0.03g/m^2$。由于冬季气候较干燥，且日平均风速较小，故上面区域灰尘颗粒不易黏附并会迁移至下方区域。

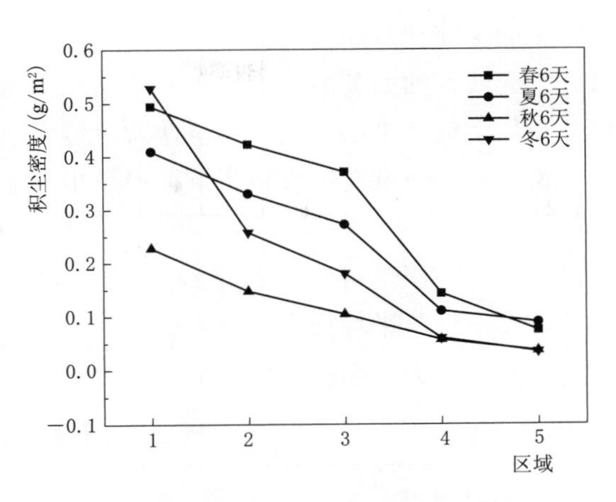

图 7－7 不同季节下各区域积尘密度

图 7－8 为全年日平均最大风速、相对湿度、大气污染物浓度对季节性积尘的影响，由于积尘实验为连续晴朗天气测得，故四季气候数据为非阴雨天气整理计算得出，通过对该年度当地相关气象数据与四季积尘规律的对比分析发现：在夏季的日平均最大风速可达到 9.6m/s，由颗粒脱附理论可知风速越大颗粒越不容易黏附于聚光镜表面；秋季的日平均相对湿度为最高达 50.6%，由颗粒黏附理论可知空气相对湿度越大，由于液桥力的作用，表面越容易发生灰尘的黏结；从大气污染物浓度角度分析发现，秋季大气污染物浓度最低，与秋季镜面平均积尘密度最低规律较为一致，但冬季大气污染物与镜面平均积尘密度的相关性并非线性一致。因此引起镜面积尘量变化并不是某因素的单一影响，不同区域的积尘规律会受到环境要素中相对湿度、风速以及大气污染物浓度等的综合影响，同时还与当地大气颗粒物的种类、大小、形状等微观物理属性有关。

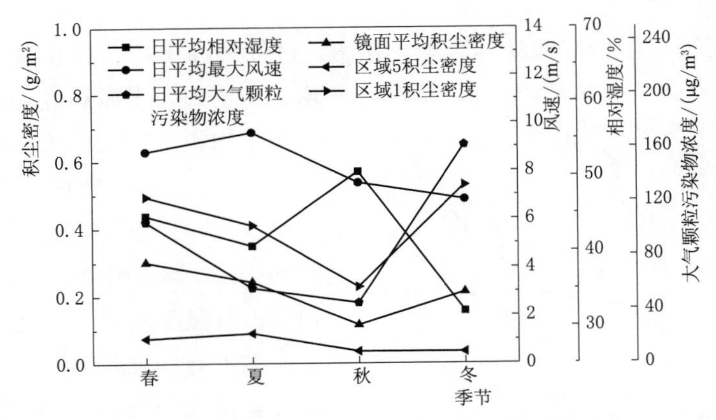

图 7－8 最大风速、相对湿度、大气颗粒污染物浓度对季节性积尘的影响

相关文献中提到高海拔荒漠地区测定光伏组件上灰尘含水率仅为 0.26%，可知空气相对湿度在该类型地区一般不是引起镜面积尘的主要因素，因此以日平均最大风速、日平

均污染物浓度为自变量，积尘密度为因变量，采用多元线性回归法，判断各因素对镜面积尘密度的显著性影响。

二元线性回归关系显著性检验分析表见表7-2，日平均最大风速对镜面积尘的影响比日平均大气污染浓度稍大，但两者对镜面积尘的影响差异性不显著，这与以上分析相一致，说明有其他重要因素在影响镜面积尘，该模型二元线性回归方程为

$$\omega_d = -0.442 + 0.065V_w + 0.001C \tag{7.24}$$

式中 ω_d——积尘密度，g/m^2；

V_w——日平均最大风速，m/s；

C——大气颗粒污染物浓度，$\mu g/m^3$。

表7-2 二元线性回归关系显著性检验分析表

模型	非标准化系数		标准化回归系数	对回归系数的检验结果	显著性
	回归系数	标准错误			
常数	-0.442	0.174		-2.537	0.239
日平均最大风速	0.065	0.018	1.056	3.581	0.173
日平均大气污染浓度	0.001	0.000	0.935	3.168	0.195

7.3.3 季节性镜面积尘研究

由于浮尘颗粒的长时间黏附，会引起钠、镁、钙等盐的相互作用，并形成一层难以清洁的黏性盐，其中胶体颗粒与玻璃表面颗粒发生物理黏附反应，随着时间的增长颗粒与颗粒间化学反应时间越长越易产生黏结聚拢，形成顽固积尘。在研究中，BSRN3000气象数据监测系统长期数据分析可知该地区秋季环境因素较为稳定，无明显沙尘或雨雪天气的影响，适合长周期自然积尘。本节选取秋季作为典型积尘季节进行实验研究。自然积尘每6天记录一次数据，实验周期为36天，镜面倾角为90°，进行槽式积尘相关研究，实验期间天气状况良好，无阴雨天气对实验的干扰。

图7-9为镜面积尘密度随暴露时间变化图，可知镜面平均积尘密度随着暴露时间的增长而增大，表面浮尘与顽固积尘规律与镜面平均积尘密度规律相似，当暴露时间为36天时，积尘密度均为最高，镜面平均积尘密度为0.40g/m²，表面浮尘为0.26g/m²，顽固积尘为0.14g/m²。图7-10积尘占有量随暴露时间变化图，可知积尘中浮尘占有量较顽固积尘占有量大，浮尘占有量随着暴露天气的增加呈现下降趋势，而顽固积尘占有量随着暴露天数的增加而增加，其中当暴露天气18天以后，顽固积尘占有量和浮尘占有量均趋于稳

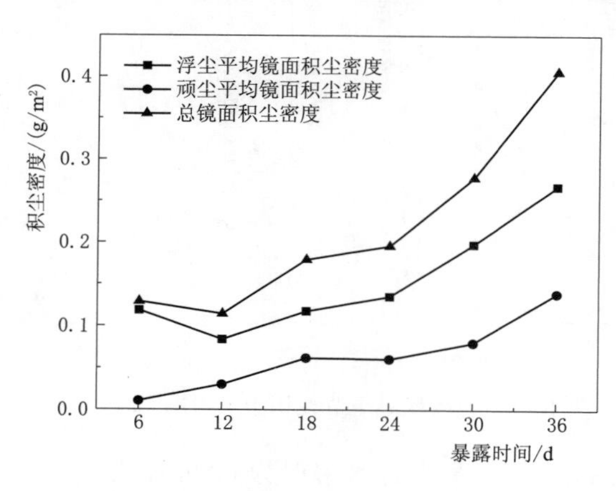

图7-9 镜面积尘密度随暴露时间变化图

定。出现该规律的原因是浮尘由于重力等因素沉积于聚光镜表面，由于长期停留在聚光镜面后经过一系列物理化学等作用，在聚光镜表面形成一层顽固积尘，后由于多层颗粒的相互作用，使得聚光镜表面的浮尘和顽固积尘处于一种动态平衡。

引入沉积率用以评估各类积尘随暴露时间的变化量，即

$$\eta_{\mathrm{d}}=\frac{\omega_{i+1}}{\omega_i}-1 \tag{7.25}$$

式中 η_{d}——沉积率；

ω_{i+1}——第 $i+1$ 次记录的积尘密度，$\mathrm{g/m^2}$；

ω_i——第 i 次记录的积尘密度，$\mathrm{g/m^2}$。

图 7-11 为沉积率随暴露时间变化图，可知顽固积尘沉积率总体而言大于浮尘沉积率与总积尘率，分析其原因为顽固积尘一旦形成，通常受环境因素影响较小，而表面浮尘受环境因素如风速风向影响显著。

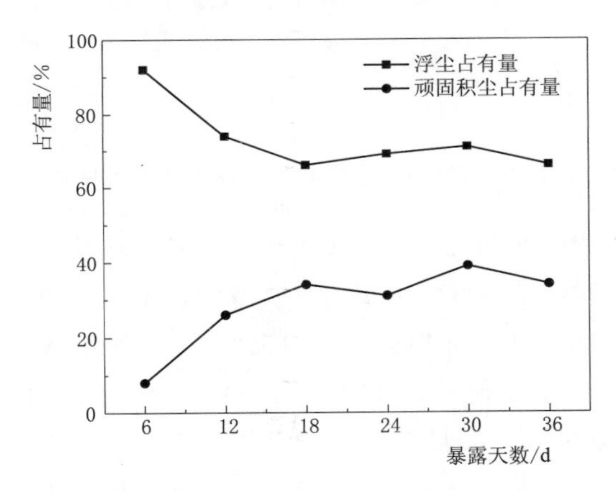

图 7-10 积尘占有量随暴露时间变化图

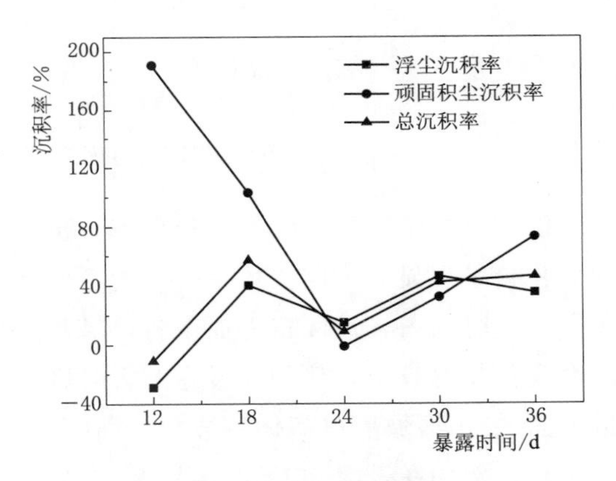

图 7-11 沉积率随暴露时间变化图

实验中所用抛物槽式聚光镜出厂理论反射率标定为 0.93，由于镜面长期处于户外环境受到复杂因素的腐蚀和可能的老化等影响，使用 410-Solar 便携式光谱反射计在实验开展期间多次测得干净镜面反射率为 0.92。以下所用反射率的数值均为反射计的测量绝对值。

平均反射率随暴露时间变化如图 7-12 所示。实验期间自然积尘下随着暴露时间的增加镜面平均反射率整体呈现下降趋势，表明镜面反射率可以较好表征聚光镜积尘后对于镜面光学性能的影响。但由于受到多种因素的综合作用故该下降趋势并非严格线性，从洁净镜面开始积尘到自然积尘达 18 天期间，反射率发生明显下降，当暴露时间为 6 天时镜面平均反射率为 0.85，在暴露时间为 18 天前镜面平均反射率降为 0.69，显然每 6 天一个积尘周期体现在反射率的下降程度差异较大。在暴露时间 18～24 天之间反射率有小幅上升，从暴露时间 24～36 天同样出现小幅下降的趋势。可以看出自然积尘后，镜面反射率体现的聚光镜反射性能在积尘初期下降显著，而在气候相对稳定的情况下，继续增加自然积尘

时间，镜面反射性能受影响的情况将放缓。

以上规律的影响因素除了便携式反射计本身精度以及操作存在的既定误差外，还涉及宏观环境要素例如风速、风向、大气颗粒物浓度以及空气湿度等对积尘颗粒沉降、黏附以及迁移的影响，同时也包含微观层面积尘成分、种类和形态受环境以及接触表面影响下的物理化学作用发生的黏附或降解等变化。

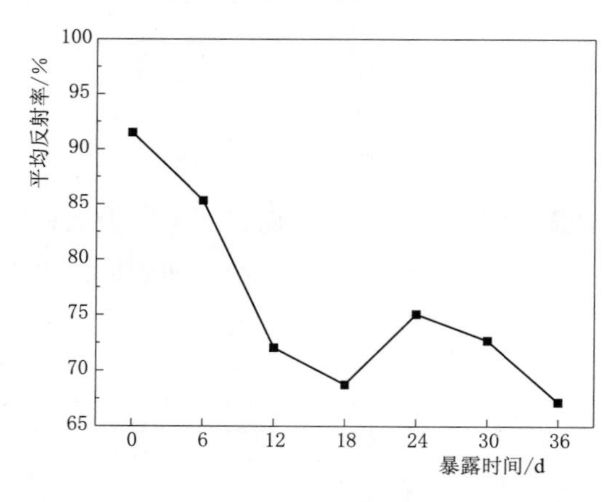

图 7-12　平均反射率随暴露时间变化图

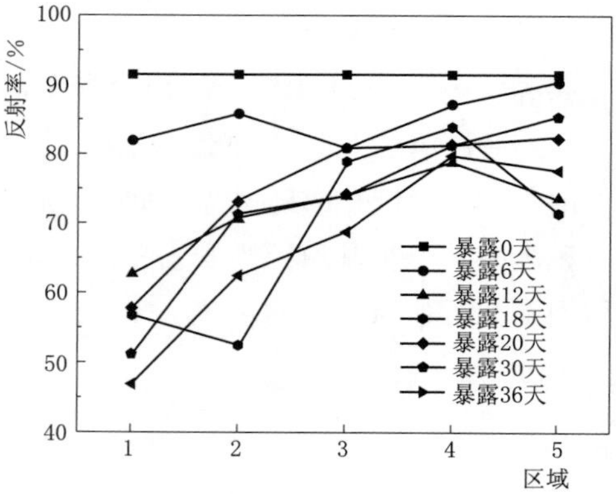

图 7-13　不同暴露时间下各区域的反射率

以上分析了镜面整体平均反射率，但当聚光镜倾角在实验角度下，镜面各区域反射率的变化会呈现显著不同，图 7-13 为不同暴露时间下各区域的反射率折线图，由图可知各暴露天气时间内，镜面自上而下各区域均呈现非线性下降趋势，其中上面 5-3 区域各反射率变化相对较小，例如在暴露 6 天时区域 5-3 的反射率分别为 0.91、0.87 和 0.81；而最下面 2-1 区域反射率偏移洁净镜面的程度则较大，而且随着暴露天数的增加该变化更加明显，例如在暴露 36 天时区域 2-1 的反射率分别为 0.63 和 0.47。为了进一步量化自然积尘后镜面反射率相较洁净镜面的变化程度，采用标准差来衡量各区域的反射率在不同暴露时间下的离散程度，即

$$\sigma = \sqrt{\frac{\sum_{i=1}^{n}(x_i - \mu)^2}{n}} \tag{7.26}$$

经计算可得区域 5 和区域 4 的离散程度均较低，分别为 0.14 和 0.11，而区域 1 的离散程度最高为 0.37，即说明镜面最下方区域 1 的反射率变化对暴露时间的敏感性更高。以上规律是由于聚光镜的运行模式导致的镜面每部分相对微元区域的切线与水平面所成夹角不同，从而使得积尘颗粒在不同区域的黏附和脱附能力产生差异。积尘为非透明颗粒，当光线照射到颗粒上产生了反射，散射或吸收，入射镜面的光线发生偏折，或被积尘颗粒遮挡，随着颗粒数目增多的堆叠效应，使得下部的反射率下降明显。

区域反射率随暴露时间的变化如图 7-14 所示。具体分析比较区域 1 与区域 5 在不同暴露时间下反射率的规律，可知区域 5 在各种暴露天气下呈现非线性关系，而区域 1 呈类线性关系，通过线性拟合得区域 1 的线性拟合公式为 $y=a+b*x$，$a=0.87\pm0.04$，$b=-0.01\pm0.002$，R 平方达到 0.87。镜面最上面区域 5 由于所在切向角位置导致积尘量较少且较为分散，该区域反射率在较小范围波动，且趋势受到便携式反射计点测法所取区域位置的结果影响。而区域 1 的积尘量较大且较为集中，因此由积尘量引起的反射率明显下降。

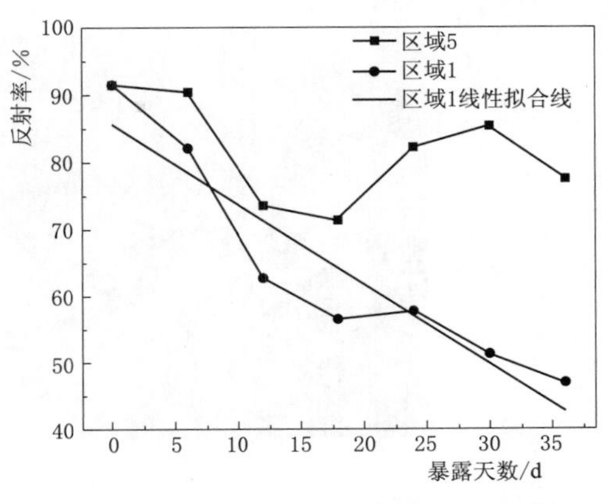

图 7-14　区域反射率随暴露时间的变化图

槽式聚光镜面整体反射率体现的积尘影响下的光学性能变化规律可用于指导该地区对应季节的最佳除尘时间和频次，而镜面不同区域的反射率变化又进一步为重点积尘区开展精准除尘提供理论指导。

7.4　基于镜面倾角的防尘研究

研究发现槽式聚光镜跟踪模式以及聚光镜倾角与镜面积尘分布特性直接相关且相关性较大，因此搭建槽式太阳能聚光测试平台，建立不同气候条件下的聚光镜运行工况实验模型，基于槽式光热发电镜场的运行特性与当地气候环境进行匹配，采用理论和实验相结合的方法，通过对镜场在不同典型气候（晴朗天气、降雨降雪天气、极端沙尘暴）条件下的调整来预防积尘。此研究对地区槽式光热电站的低成本且高效运行具有重要的科学意义和工程应用价值。

7.4.1　镜场夜间放置角度探究

槽式光热电站的日运行时间为 2～18h，当一天工作结束后镜场将回归到夜间停放角度，为第二天工作做准备。光热电站镜场如图 7-15 所示。除日间动态的跟踪外镜场的夜间放置角度对镜面灰尘颗粒的黏附和脱附有一定程度的影响，结合地区典型气象数据及相关实验数据对镜场夜间放置角度进行探究。

定义聚光镜倾角 θ 为抛物镜面切线与水平地面的夹角。设定倾角 θ 为 0°、15°、30°、45°、60°、75°、90°为夜间放置角度。不同镜面倾角的实验模型如图 7-16 所示，该实验开展时间为当地夏季，为模拟光热电站的实际运行工况，根据该季节地区太阳高度角及方位角确定实验台架单轴跟踪时间为 8：30—17：30，随后镜场回归到夜间初始停放角度。基于夏季气候多变性以及实验过程的可控性对其分别进行 4 天的自然积尘，结合地区气象参数探究聚光镜放置倾角对镜面积尘的影响。

此处镜面开口水平宽度（镜尾至镜首的水平距离）即为镜面积尘宽度，通过不同放置倾角下积尘实验数据与该抛物型聚光镜的实验模型积尘宽度、迎风高度数据对比，聚光镜停置角度 θ 对镜面积尘的影响如图 7-17 所示。图中可知，镜面积尘宽度随着 θ 的变大而

图 7-15 光热电站镜场图

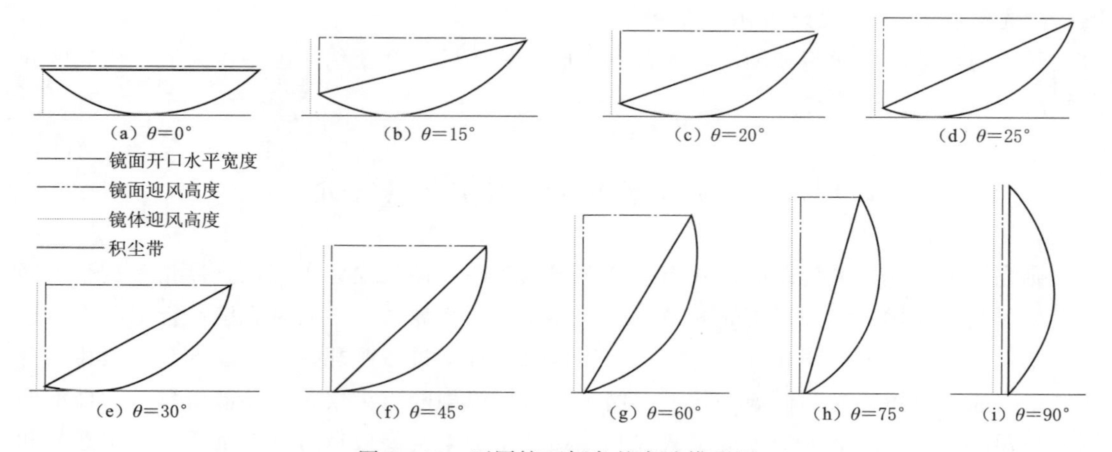

图 7-16 不同镜面倾角的实验模型图

减小，且积尘宽度的变化速率随 θ 增大而逐渐加快，最大积尘宽度为镜面水平放置（$\theta=0°$）时，即为镜面开口宽度，实验设备为 1.5m，最小积尘宽度为镜面垂直放置（$\theta=90°$）时，为 0m；镜面迎风高度（镜尾至镜首的垂直距离）随着 θ 变化的规律则与积尘宽度相反，变化速率随着倾角增大而趋于平缓；镜面迎风高度与镜体迎风高度（镜首至镜体最低点垂直距离）在 $\theta>45°$后相等，镜体迎风高度在 $\theta=0°$时最小为 0.309m；$\theta=45°$为该聚光镜特殊倾斜角度，此时镜面下边缘切线为水平。

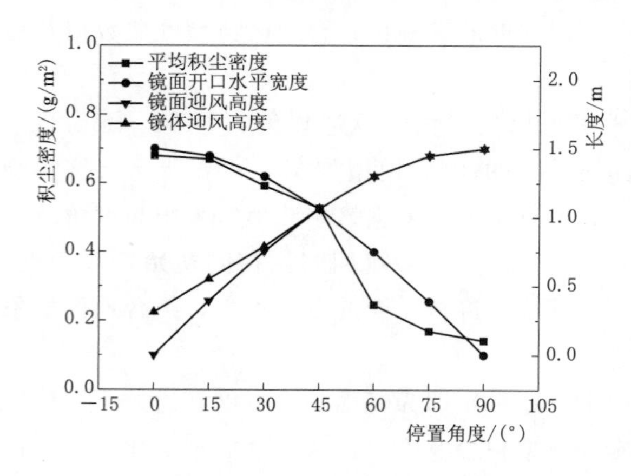

图 7-17 聚光镜停置角度 θ 对镜面积尘的影响

镜面平均积尘密度随着 θ 的增大而降低，且与积尘宽度正相关，迎风高度负相关。当聚光镜水平放置（$\theta=0°$）时平均积尘密度最大为 0.68g/m²；当聚光镜垂直放置（$\theta=90°$）时最小为 0.14g/m²；

在聚光镜倾角为0°～45°之间时平均积尘密度下降较为平缓，且积尘较为严重，由脱附机理可知因为当$\theta<45°$时理想状况下灰尘颗粒受到外界气流作用无法通过滚动，滑动脱离镜面，停留在积尘带上；当$\theta>45°$后，灰尘颗粒可因重力作用减少在镜面上部分的沉积，同时颗粒可通过滚动，滑动方式从聚光镜下边缘脱离镜面。

图7-18显示了实验期间该地区夏季日典型风速、污染物浓度和风玫瑰图，由图可知夏季日典型风向大多为200°～300°，即多为西南和西北风，夜间风向较为不稳定在100°～340°之间变化；相对而言夜间平均风速较为稳定，保持在1m/s左右。每天从7：00点开始平均风速逐渐升高，最大出现在14：00达3.91m/s；在14：00瞬时最大风速达到9.01m/s，最大风速多出现在下午时的西南风。

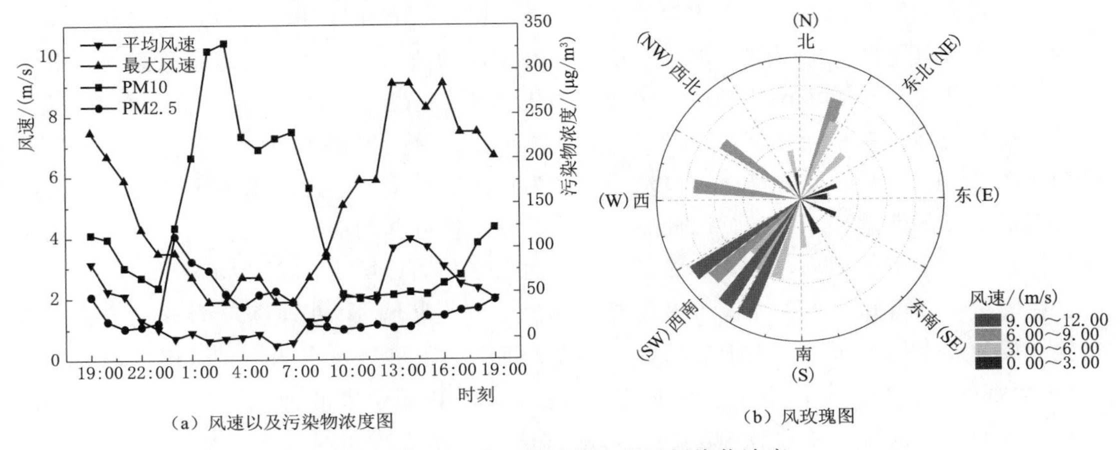

(a) 风速以及污染物浓度图 (b) 风玫瑰图

图7-18 日典型风速风向以及污染物浓度

图7-19为实验期间该地区夏季日典型辐照度、湿度随时间的变化图，可知太阳全辐射在13：00时达到最大值980W/m²，日照时长达16h。空气相对湿度受太阳的辐照度影响明显，夜间无辐照的情况下空气中相对湿度随时间逐渐上升，湿度在6：00达到最大值36.57%；6：00后太阳升起，随着辐照度的增加，湿度逐渐下降，在17：00达到最低值10.4%。即该典型日一天中有83.3%的时间空气平均相对湿度低于30%。

通过分析可知夜间风速较低，空气污染物浓度和相对湿度较高，气温在全天中较低。通过分子动力学理论可知，温度降低，分子动能减小，布朗运动减缓，颗粒由于受到液桥力的作用开始发生凝聚，后由于重力作用沉降，因此夜间为自然积尘最恶劣时间段。镜场垂直放置时积尘宽度为最小，颗粒无法垂直沉降至镜面。但同时需要考虑垂直放置

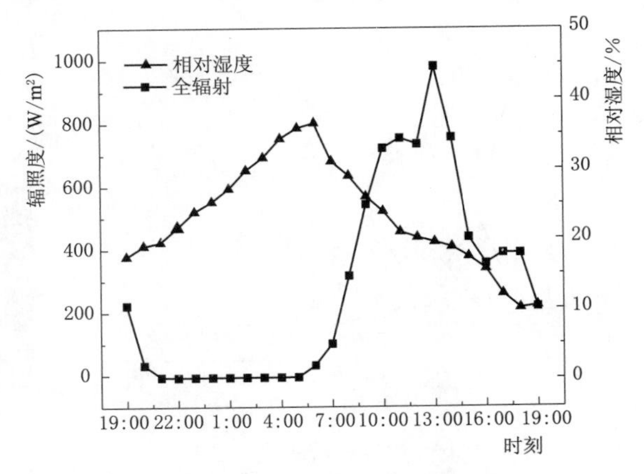

图7-19 典型辐照度和相对湿度随时间的变化图

时迎风面积最大，风阻最大，在相关研究资料中 Qiong 等通过对槽式聚光镜在风场内力的分析得到镜场工作保护风速为 14.3m/s，损坏风速为 33m/s，因此可通过对镜场进行风载荷分析并结合当地夜间风速，若不会对镜场造成损坏，则可停留在该角度，既可以较少镜面积尘，也可利用瞬时风速清除镜面大颗粒灰尘，达到较好的防尘效果。

综上所述，镜场的夜间放置角度对镜面积尘具有明显影响。实验期间聚光镜夜间垂直放置时，镜面平均积尘密度最小为 0.14g/m^2，相比其他放置角度可有效预防积尘。具体夜间放置角度的调整可根据电站所在地的季节性气候特征，也可在极端天气进行动态调整。

7.4.2 雨雪天气镜场放置角度探究

通过对西北高寒地区存在雨雪等特殊天气下的镜场放置角度探究，达到利用自然降雨除尘，降雪天气下防尘的目的。雨水对镜面具有正面的清洁作用，也可能有负面的污染作用，这里仅研究通过镜场调控利用自然降雨对镜场进行清洁，从而减少镜场的维护费用。通过实验对镜面自然积尘数天，遇到降雨天气选取设定聚光镜停置角度 θ 进行实验。实验模型如图 7-16 所示。此处镜面开口水平宽度为镜面受雨宽度，由于该地区降雨与镜面灰尘会形成明显的严重积尘区带，因此以积尘带处积尘密度作为研究对象。为了更好体现聚光镜倾角对积尘带的影响，进一步将镜面自下而上划分为区域 1～区域 10。

由图 7-20 可知，当聚光镜水平放置时，积尘带在区域 5，积尘密度为 2.3g/m^2，其实验现场如图 7-21 所示。积尘带随着 θ 的变大逐渐向下移动，当 $\theta=25°$时积尘带在区域 3，积尘密度为 2.9g/m^2；当 $\theta=30°$时积尘带在区域 2，积尘密度为 7.1g/m^2；当 $\theta=45°$时积尘区域 1 最大积尘密度为 0.8g/m^2，此时镜面下部边缘切线水平，积尘带已不太显著；当 $\theta>45°$后，带有积尘的雨水受重力作用从镜尾流出。

通过分析可知在降雨天气时聚光镜角度可调整为大于 45°，保证镜面充分被雨水冲刷，含有积尘颗粒的雨水受重力作用从聚光镜下边缘流出，达到自然降雨对镜面清洁的目的。

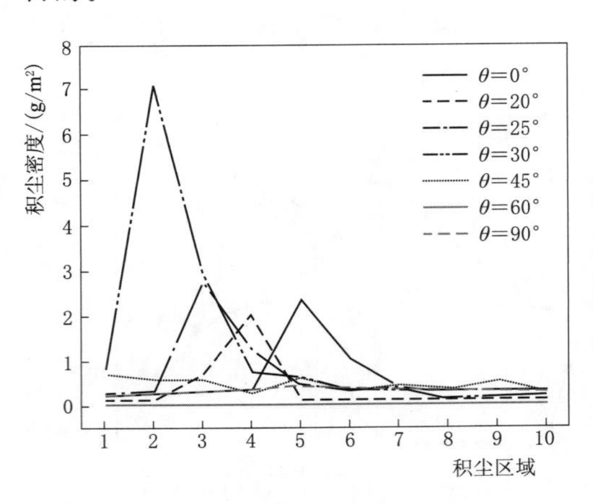

图 7-20 聚光镜倾角对雨后积尘带的影响

图 7-21 聚光镜倾角为 0°时的实验现场

通过降雪天气对实验模型进行验证，此处镜面开口水平宽度为镜面积雪宽度的降雪前后镜面变化，如图 7－22 所示。图 7－22（b）为镜面 $\theta=55°$时，实验所在地某年 11 月 6 日雪后镜面积雪情况，由图可见积雪面在镜面下面区域 1～区域 3，约占整个镜面的 60%。通过计算可知 $\theta=55°$时镜面积雪水平宽度为 0.859m，占镜面开口宽度的 57.3%，实验值与理论值的偏差在 2.7%以内。同时可见，积雪在区域 4 到区域 3 之间出现断层，主要原因为降雪在镜面沉积到一定量后由于重力作用发生雪崩断裂，之前落于镜面的底层雪已经结冰，再加上风的影响，部分雪仍黏附在上方。

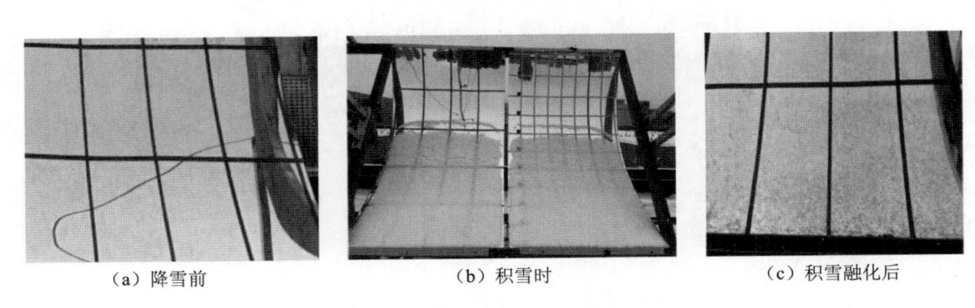
（a）降雪前　（b）积雪时　（c）积雪融化后

图 7－22　降雪前后镜面变化图

图 7－23 显示日降雪量图，该次降雪时间区域为 1：00—8：00，夜间 1：00—2：00 时最大，数据来源为国家气象局。图 7－24 为实验期间的风速风向图，虚线区域为降雪时间区域所对应的风速风向，可见 1：00—8：00 时，风向 90°～270°最为密集，即实验地点主风向为西南风，而镜面为面朝正南方 55°放置，故镜面积雪效果与理论分析的结果基本对应。

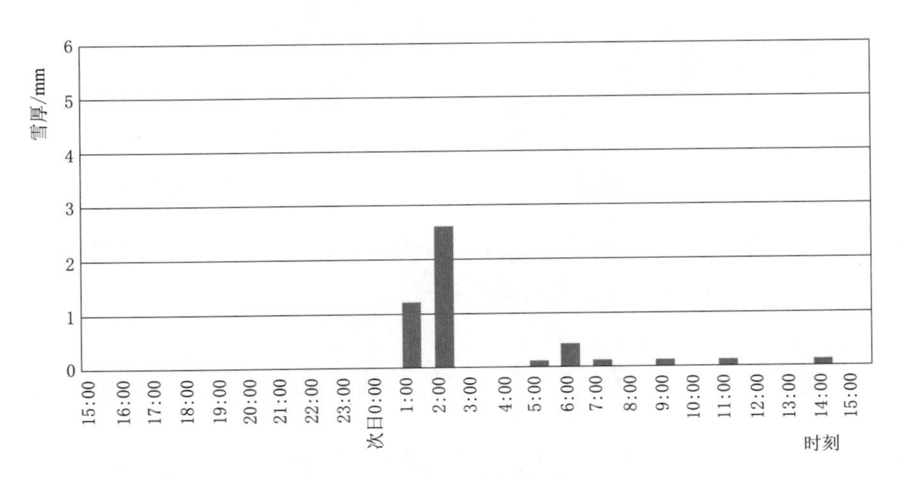

图 7－23　日降雪量图

图 7－22（c）为积雪融化后镜面效果图，对比降雪前镜面图 7－22（a），积雪区域镜面受到严重污染，镜面平均积尘密度在不同工况下的变化如图 7－25 所示，其中冬季正常晴朗天气下 8 天的积尘密度为 $0.21g/m^2$，存在降雪天气后的积尘密度为 $3.47g/m^2$，为晴

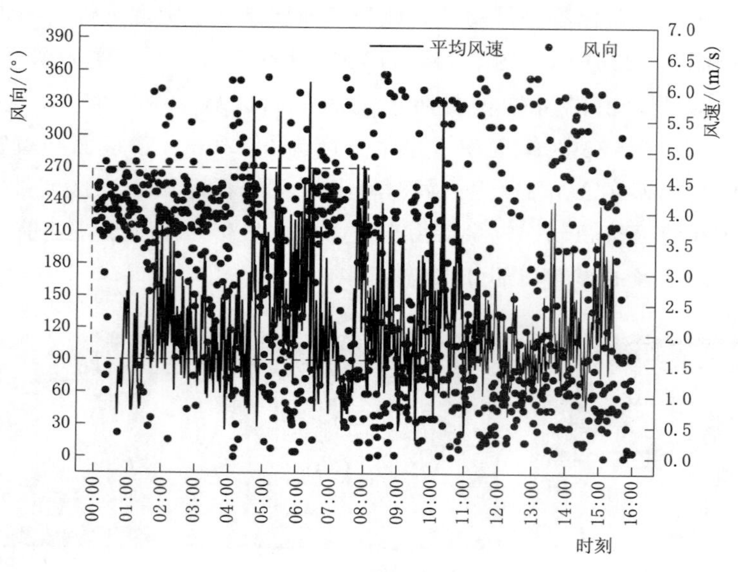

图 7-24 实验平台风速风向图

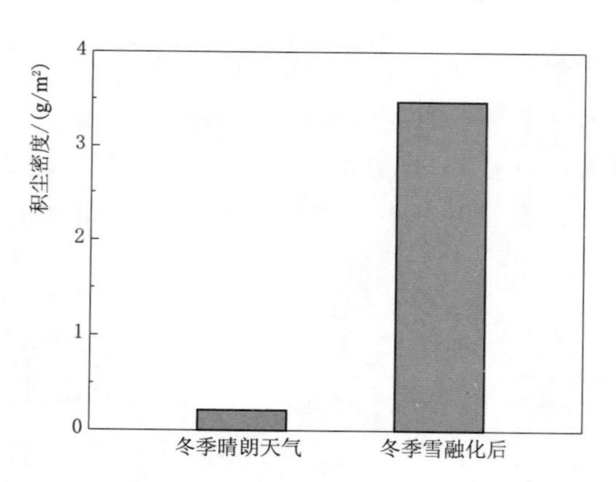

图 7-25 冬季晴朗天气与雪融化后的镜面平均积尘密度对比图

朗天气积尘密度的近16.5倍，故降雪天气可布置聚光镜倾角 $\theta > 90°$，可有效预防降雪天气镜面积雪，同时也可以避免由于积雪融化造成的镜面污染。

7.5 本 章 小 结

首先对西北地区夏季典型气候进行多维度分析，搭建槽式太阳能聚光测试平台，建立不同气候条件下的聚光镜关于倾角的实验模型，基于槽式光热电站镜场的运行特性与当地气候环境进行匹配，通过对镜场在不同典型气候（晴朗天气、降雨降雪天气、沙尘暴天气）条件下的调整来预防积尘，并探讨自然气流除尘的有效性，现结论如下：

（1）呼和浩特市春季季节虽晴天日照时间较长，但阴雨多云天气较多，秋冬季节天气状况较为稳定。地区日最高辐照度峰值出现在夏季。夏秋季节西南风为主力风向，且风向较为稳定，冬春季节风向易变。除去部分阴雨天气，呼和浩特地区全年长期处于干燥环境。

（2）对夏季日气候分析可知夏季主导风向为西南风，平均风速为 2m/s，夜间风速较小且稳定，但风向多变，白天风速在午间达到最大，风向较夜间稳定。太阳辐照度在 13：00 时达到最大值 980W/m^2，日照时长达 16h。湿度在 6：00 达到最大值 36.57%，在 17：00 达到最低值 10.4%。监测地点在夜间 0：00 至次日 8：00 时的空气中的 PM10、PM2.5 的浓量较高，在 3：00 时 PM10 浓度达到最大 332μg/m^3，在 0：00 时 PM2.5 浓度达到最大 113μg/m^3。

（3）镜面平均积尘密度随镜场的初始放置角度 θ 的增大而降低，且与积尘宽度正相关，迎风高度负相关。当 $\theta=0°$时平均积尘密度最大，为 0.68g/m^2，$\theta=90°$时最小，为 0.14g/m^2 当 $\theta=0°\sim45°$时平均积尘密度下降较为平缓。实验地点聚光镜夜间放置角度 $\theta=90°$时，相比其他放置角度可有效预防积尘。

（4）当聚光镜放置角度 $\theta=0°$时，积尘带在区域 5 和区域 6，且积尘带随着 θ 的变大逐渐向下偏移，当 $\theta=45°$时积尘带消失。实验所用镜体在降雨天气停置为 45°时，可达到利用自然降雨对镜面清洁的目的。冬季降雪天气后的镜面平均积尘密度是正常晴朗天气 8 天积尘量的 16.5 倍，故降雪天气可布置聚光镜倾角 $\theta>90°$，可有效预防降雪天气镜面积雪及从而避免镜面污染。

（5）沙尘暴天气后镜面残留大量积尘时，自然风对镜面有一定清洁作用，但其具有局限性，当镜面暴露时间为 32.7h 时，清洁因子为 0，风力无法清除表面残余细小颗粒，自然风清洁到达极限。

参考文献

［1］ 刘冰，詹扬，田景奎，等. 槽式光热电站连续运行模拟［J］. 太阳能学报，2019，40（12）：3395－3400.

［2］ 梁云峰，虎恩典，张鹏，等. 槽式太阳能集热器单轴太阳跟踪系统的设计［J］. 机械设计与制造，2015（4）：189－192.

［3］ 尹丹. 槽式太阳能热发电装置跟踪控制系统研究［D］. 哈尔滨：哈尔滨工业大学，2012.

［4］ Julius Tanesab，David Parlevliet，Jonathan Whale. The effect of dust with different morphologies on the performance degradation of photovoltaic modules［J］. Sustainable Energy Technologies and Assessments on SciVerse ScienceDirect，2019.

［5］ Perko H A. Theoretical and Experimental Investigations in Planetary Dust Adhesion［D］. Fort Collins：Colorado State University，2002.

［6］ 柳冠青，李水清，姚强. 微米颗粒与固体表面相互作用的 AFM 测量［J］. 工程热物理学报，2009，30（5）：803－806.

［7］ Kazem H A，Chaichan M T. The effect of dust accumulation and cleaning methods on PV panels' outcomes based on an experimental study of six locations in Northern Oman［J］. Solar Energy，

2019，187：30-38.

[8] 孟广双，高德东，王珊，等. 荒漠环境中电池板表面灰尘颗粒力学模型建立 [J]. 农业工程学报，2014，30 (16)：221-229.

[9] 李光辉. 槽道内可吸入颗粒物近壁运动的直接数值模拟 [D]. 北京：清华大学，2005.

[10] 刘丛林. 金属颗粒在气固多相热流场的动力学特性研究 [D]. 哈尔滨：哈尔滨工程大学，2012.

[11] 林建忠. 超常颗粒多相流体动力学一圆柱状颗粒两相流 [M]. 北京：科学出版社，2008.

[12] 刘冰，詹扬，田景奎，等. 槽式光热电站连续运行模拟 [J]. 太阳能学报，2019，40 (12)：3395-3400.

[13] 梁云峰，虎恩典，等. 槽式太阳能集热器单轴太阳跟踪系统的设计 [J]. 机械设计与制造，2015 (4)：189-192.

[14] Deepanjana A，Raghunath B，Harish C B. A state-of-the-art review on the multifunctional self-cleaning nanostructured coatings for PV panels，CSP mirrors and related solar devices [J]. Renewable and Sustainable Energy Reviews，2022，159：112145.

[15] 王志峰，太阳能热发电站设计 [M]. 北京：化学工业出版社，2019.

[16] Qiong Z，Zhengnong L，Honghua W，et al. Wind-induced response and pedestal internal force analysis of a Trough Solar Collector [J]. Journal of Wind Engineering & Industrial Aerodynamics，2019，193：103950.

第8章

高寒地区气象要素对槽式系统镜面积尘迁移特性影响研究

高寒地区具有典型的沙尘、降雨以及降雪等自然气象，均会对镜面积尘的黏附和去除产生直接作用，本章将对不同气候因素下镜面积尘的影响展开深入研究，从而揭示其影响规律，研究成果为开展高寒地区镜面清洁以及防尘技术提供重要的理论依据。

8.1 实验设备及积尘迁移特性定义

8.1.1 实验设备及量化指标

实验所用的设备为放置在楼顶的槽式双轴跟踪台架，槽式聚光镜由背面镀银的浮法玻璃一体成型，整个实验平台包括4块相同的聚光镜，如图7-3所示。跟踪台架的相关参数见表2-2，聚光镜的相关参数见表3-1。环境气象参数由BSRN3000气象数据监测系统提供，其参数见表2-4。

用于测量反射率的仪器是美国SOC公司的410-Solar便携式光谱反射计，如图7-4所示，其相关参数见表7-1。由于该便携反射计为点测试，而聚光镜表面灰尘颗粒通常分布呈非均匀状态，因此在聚光镜的每一个区域采用5点取样法进行测量，为保证测量数据的准确有效性，每次进行3次测量并取其平均值。

在环境因素影响下灰尘颗粒易受到倾角变化的影响集中分布于镜面某些区域，而沙尘以及雨雪天气对镜面会产生显著的影响，该影响包括对聚光镜表面光学性能的正负作用，接下来的研究以反射率作为量化镜面光学性能的指标。根据研究所在地区对应纬度以及课题组近年来的研究基础，选取聚光镜倾角为30°、45°和60°三个角度进行研究，同时结合前面相关研究揭示的部分结论，发现在以上聚光镜倾角区间内镜面最上面区域积尘影响不显著，所以选取原镜面自下而上的4个横向区域开展研究，具体如图8-1（a）所示。同样对镜面采用连续平均分布法将三维聚光镜面映射成二维网格区域坐标，采用区域编号法由下至上对划分区域进行定位，如图8-1（b）所示。本研究中仅考虑聚光镜在方位角为零的正南朝向下镜面倾角的变化，因此在后续分析中将横向区域作为主要研究对象，但由于自然气象条件中的风和雨均有一定的方向性，将纵向区域作为辅助研究对象。接下来分别对沙尘、降雨以及降雪等地区典型气象条件对镜面积尘迁移特性以及光学性能的影响展开实验研究。

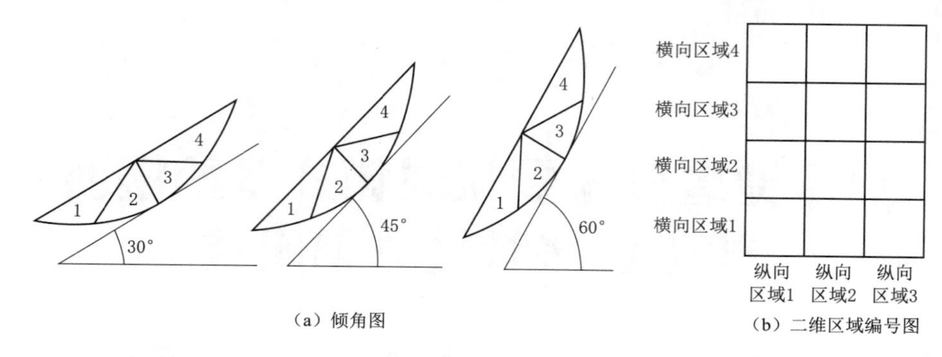

（a）倾角图　（b）二维区域编号图

图 8-1　镜面倾角及区域划分图

1～4—区域号

8.1.2　灰尘迁移特性定义

Picotti 整理并提出灰尘的“生命周期”这一概念，将灰尘的生命周期分为四个阶段：即灰尘颗粒的产生、沉积、黏附和去除。积尘被定义为积聚在聚光镜表面的一层灰尘或有机物，主要分为自然灰尘与人造灰尘两大类。呼和浩特地区土壤以颗粒状粉沙弥漫在大气中，自然灰尘中 PM2.5 和 PM10 占据了主要部分。人造灰尘则是由于人类活动所产生的污染物如工业生产粉尘、公路扬尘、汽车尾气排放等。各种原因产生的灰尘颗粒悬浮在空气中，由于受到以风力为代表的外界作用力而迁移，部分灰尘由于重力等不同力的作用落在聚光镜上。灰尘会选择性地沉积在聚光镜表面，该沉积过程受聚光镜自身因素、环境因素、灰尘本身物性等多项因素的综合影响。沉积在聚光镜表面的灰尘颗粒受到各种黏附力如毛细力、范德华力、静电力等力的相互作用，黏附在固体表面。积尘的去除主要分为自然气象因素（即雪，雨和风）被动式清洁以及人为参与的主动式清洁。

纵观整个生命周期，灰尘颗粒处于动态运动过程，将灰尘生命周期中有关灰尘运动的过程均认为灰尘发生迁移，则该迁移过程包含灰尘在聚光镜面的沉积、在镜面的黏附以及受各种因素导致的在镜面移动去除等过程。灰尘的自身物性和外界环境因素共同决定了灰尘的迁移特性。

8.2　风对镜面积尘的影响研究

我国槽式太阳能电站多选址于太阳辐射总量丰富的西北地区，这些地区大风沙尘天气较为频繁。风能够带来灰尘颗粒加剧镜面的污染，同时风也能够对镜面产生清洁作用。目前，针对西北地区多风天气下槽式聚光镜面积尘因风造成迁移的文献较少，还需要深入剖析和探究。为了揭示风对镜面积尘的正负影响规律，通过模拟分析聚光镜周围的流场和颗粒运动情况，并耦合风速和大气颗粒物浓度，针对不同等级沙尘工况开展自然风对镜面积尘的实验研究。研究可为工程应用提供理论指导。

8.2.1 风作用下镜面沙尘清洁机理

沉积在聚光镜面的灰尘颗粒在不考虑人工清洁的情况下，会受到风力作用而发生迁移，灰尘颗粒的粒径与风速共同决定了风的搬运形式的不同。风的搬运作用以悬移、跃移和蠕移三种方式进行。风对聚光镜面灰尘的三种搬运形式如图 8-2 所示。其中积尘颗粒在镜面各处沉积的切向夹角为 θ_p，由于槽式聚光镜镜体抛物线形的特殊结构，所以 θ_p 不是定值。粒径大于 500μm 的灰尘由于太重而无法被风吹起，在聚光镜面发生蠕移运动；粒径在 70～500μm 之间的灰尘短时间内可以被风吹起并发生下落，在聚光镜面发生跃移运动；粒径小于 70μm 的灰尘颗粒则可以在风力的作用下在聚光镜面发生悬移运动。

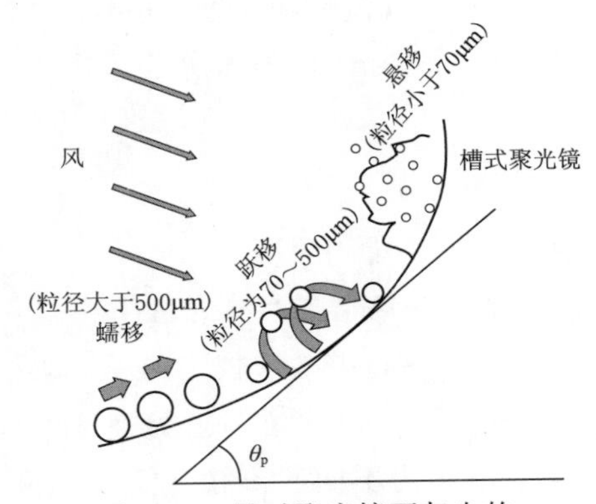

图 8-2 风对聚光镜面灰尘的三种搬运形式

聚光镜表面灰尘颗粒通过黏附力附着于槽式聚光镜表面，风去除聚光镜表面的灰尘颗粒需要克服黏附力。

图 8-3 为聚光镜表面灰尘三种脱离模式及灰尘受风力作用示意图。其中：θ_p 为积尘颗粒在镜面各处沉积的切向夹角；F_a 为考虑粗糙度时灰尘颗粒在镜面的黏附力；R 为灰尘颗粒半径；a_r 为考虑粗糙度影响时灰尘与镜面之间的接触半径；M_D 为风力作用促使灰尘颗粒在镜面滚动的气流力矩；F_h 为聚光镜表面黏附颗粒所受风力作用下的气流曳力。

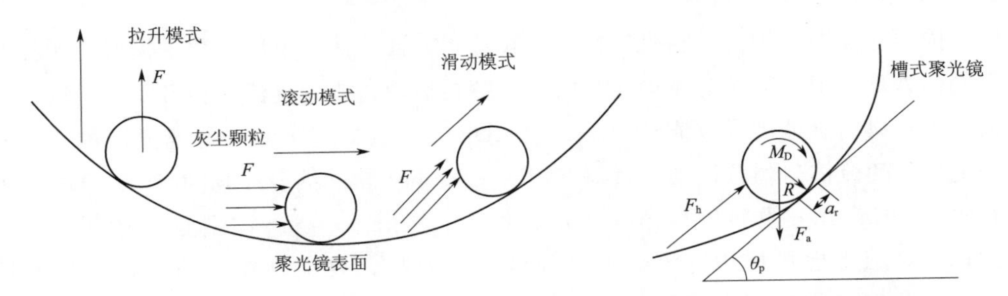

图 8-3 聚光镜表面灰尘三种脱离模式及灰尘受风力作用示意图

由于气动升力 F_L 在颗粒脱离中作用较小，因此暂不考虑。各参数表达式为

$$a=\left(\frac{3\pi W_A d_p^2}{2K}\right)^{1/3} \tag{8.1}$$

式中 W_A——灰尘颗粒与镜面接触的热力学功，干燥环境取 0.0141J/m²；

d_p——颗粒直径，mm；

K——复合杨式模量，N/m²。

$$M_D=\frac{\Gamma\pi\rho_a f_m d_p^3 v^2}{C_C} \tag{8.2}$$

式中 Γ——沿颗粒表面的速度环量；

f_m——近壁效应校正因子，取 $f_m=0.943933$；

ρ_a——空气密度，kg/m^3；

d_p——颗粒直径，mm；

v——气流剪切速度，m/s；

C_C——Cunningham 修正系数。

$$F_h=\frac{C_D\pi\rho_a f d_p^2 v_m^2}{C_C} \tag{8.3}$$

式中 C_D——曳力系数；

d_p——颗粒直径，mm；

f_m——近壁效应校正因子，取 1.7009；

v_m——灰尘颗粒中心处速度，m/s。

表 8-1 为不同脱离模式下灰尘颗粒脱离模式的去除条件，颗粒在气流的作用下满足相应条件即可脱离镜面。风驱动下聚光镜表面灰尘颗粒的迁移不只产生单一脱离模式，通常伴随着两种或三种机制的共同作用。

表 8-1 不同脱离模式下灰尘颗粒脱离模式的去除条件

脱离模式	去除条件
滚动式	$F_h \geqslant kF_a$（k 为静摩擦系数）
滑动式	$M_D+F_h\frac{d_p}{2}\geqslant aF_a$

8.2.2 风沙流场数值模拟研究

8.2.2.1 数值模拟基础及设置

气—固两相流一般为三维随机过程，在颗粒相方面，按照不同的数学模型对颗粒相进行了不同的处理，把颗粒相的流动行为叫作离散相运动，或者是流体相流动。选取适当的数学模型才可以精确地进行数值模拟。CFD-DEM 耦合模型可用于研究气固耦合、液固耦合等情景下的流体与颗粒运动。目前 EDEM-Fluent 软件耦合计算的 CFD-DEM 耦合模型有两种：Eulerian 模型和 Lagrangian 模型，其中 Lagrangian 模型是一种基于单相流框架的耦合，只考虑颗粒相与流体相之间的动量交换，要求颗粒相的体积分数不超过10%，通常用于稀相气固两相流，计算速度较快。考虑到本研究的槽式聚光镜面的积尘与除尘过程均为稀两相流，结合两种耦合模型的计算特点，最终选择 Lagrangian 耦合模型。

CFD-DEM 模型适用于流体—固体或流体—粒子系统的研究。其中离散固体或粒子相的运动是通过离散元法（DEM）获得的，该方法将牛顿运动定律应用于每个粒子，而连续流体的流动则由局部平均 Navier-Stokes 方程（N-S方程）描述可以使用传统的计算流体动力学（CFD）方法求解。耦合控制方程中连续性方程和 N-S方程为

$$\frac{\partial(\varepsilon_g\rho_g)}{\partial t}+\nabla(\varepsilon_g\rho_g u_g)=0 \tag{8.4}$$

$$\frac{\partial(\varepsilon_g\rho_g u_g)}{\partial t}+\nabla(\varepsilon_g\rho_g u_g u_g)=-\nabla p+\nabla(\mu_g\varepsilon_g\nabla u_g)-\varepsilon_g\rho_g g-S \tag{8.5}$$

式中 ρ_g——气体密度；

t——时间；

u_g——气体速度；

ε_g——气体空隙率；

p——气体压力；

μ_g——气体动力黏度；

g——重力；

S——动量汇。

在气固两相流中，颗粒为离散相，颗粒 i 的运动规律遵循牛顿第二定律为

$$m_i\frac{\mathrm{d}v_i}{\mathrm{d}t}=m_i g+(F_d)_i-(V_p)_i\nabla P_i \tag{8.6}$$

式中 m_i——颗粒 i 的质量；

v_i——颗粒 i 的速度；

$(V_p)_i$——颗粒 i 的体积；

$(F_d)_i$——颗粒 i 受到的流体曳力；

∇P_i——颗粒 i 受到的压力梯度。

流体曳力是由于两相间的相对运动产生的，通过计算阻力的动量汇可以实现两相间的耦合。因此动量汇 S 为

$$S=\frac{1}{\Delta V}\sum_{i=1}^{n}(F_d)_i \tag{8.7}$$

由式（8.7）可知，S 是作用在网格单元内的流体的曳力 F_d 的总和，而 n 是两相流中的总颗粒数目。上式中 ΔV 是 CFD 网格单元的体积。

通过呼和浩特地面气象台站 1971—2003 年的实测气象数据分析发现，该地区大多季节的主流风向为西北风，同时根据槽式光热电站在所处纬度下的实际跟踪方式，确定本模拟中探究在西北风与灰尘颗粒组成的气固两相流对轴线南北布置，东西跟踪的槽式太阳能聚光镜面的相互作用以及颗粒的沉积特性。

本书应用 Solidworks 建立倾角为 30°、45°、60°放置的槽式聚光镜模型，尺寸为等比例缩小 1/10，槽式聚光镜模型参数见表 8-2。

采用 ANSYS Meshing 进行网格划分，为保证 ANSYS Fluent 计算质量，在槽式聚光镜模型周边加密网格并在聚光镜表面添加边界层网格，以适应槽式聚光镜表面和速度入口处复杂的流场情况。对聚光镜采用四面体网格，利用 size function 功能以面网格 1.2 倍的增长速率采用六面体划分计算区域，计算域如图 8-4 所示，经过网格独立性验证，包含网格单元的计算网格显示出足够的分析精度。

表 8-2　槽式聚光镜模型参数

参　　数	数值
反射镜厚度/mm	0.5
长度/mm	150
开口宽度/mm	150

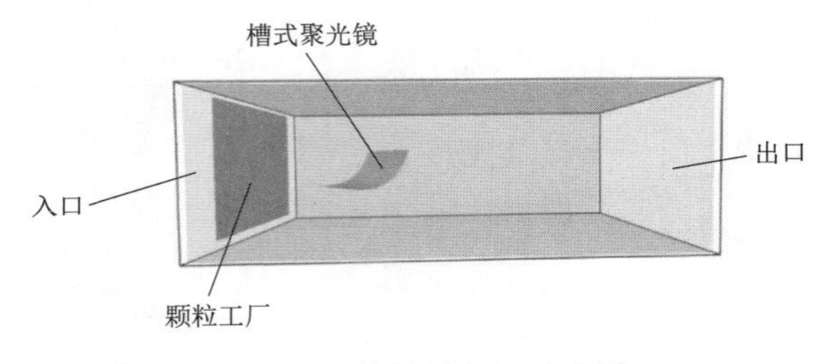

图 8-4　计算域布置示意图

通过前序对当地槽式聚光镜面自然积尘的成分分析，得到积尘的主要成分为 SiO_2，通过查阅资料和相关文献，获得槽式聚光镜镜面玻璃和 SiO_2 积尘颗粒的材料参数和接触参数。SiO_2 颗粒与槽式聚光镜的材料物性参数见表 8-3，SiO_2 颗粒与槽式聚光镜的接触参数见表 8-4。

表 8-3　SiO_2 颗粒与槽式聚光镜的材料物性参数表

材　　料	密度/(kg/m^3)	泊松比	剪切模量/Pa
SiO_2	2200	0.40	2×10^6
槽式聚光镜	2500	0.23	2×10^{10}

表 8-4　SiO_2 颗粒与槽式聚光镜的接触参数表

材　　料	恢复系数	静摩擦系数	动摩擦系数
SiO_2—SiO_2	0.5	0.5	0.1
SiO_2—槽式聚光镜	0.4	0.7	0.5

仿真研究中，颗粒间的接触不考虑传热与磨损等情况，基于研究内容，灰尘颗粒间的接触模型选择 Hertz-Mindlin（no slip）模型。同时，考虑到灰尘颗粒和槽式聚光镜表面黏附作用，选择 JKR 模型作为灰尘颗粒与槽式镜面间的接触模型。不同条件下表面能 W_i 的值会有所不同。考虑到大多数灰尘颗粒和槽式聚光镜都是由 SiO_2 组成，因此聚光镜表面灰尘颗粒的黏附可以视为两个玻璃表面之间的接触。根据 Ahmadi 等的研究，取干燥情况 SiO_2 和镜面间表面能为 0.0141J/m^2。

将 EDEM 和 ANSYS Fluent 的耦合接口通过 UDF 加载到 Fluent 中，设置耦合模型为 Lagrangian 模型，设置曳力模型为 free stream 模型。ANSYS Fluent 使用基于压力的瞬态求解器，湍流模型选择 k-ε standard 模型。设置 Fluent 的计算时间步长为 0.0001s，时间步数为 10000，使得沉积在镜面上的颗粒趋于静止。

8.2.2.2　聚光镜周围的流场分析

基于前期的研究结论，该地区年日大多时间的平均风速在 2m/s 左右，聚光镜倾角根据当地纬度分别设定为 30°、45°、60°，灰尘颗粒平均直径范围在 0.25～160μm，该模拟中选取颗粒粒径分别为 10μm、50μm 和 100μm，通过以上设置详细分析在风的影响下灰尘颗粒在聚光镜的流动以及沉积特性。

1. 风对不同倾角聚光镜周围速度场的影响

不同倾角聚光镜下的速度场如图 8-5 所示。当风速为 2m/s 时，气流均在槽式聚光镜上缘与下缘产生阻挡点，上缘的阻挡点使得聚光镜上缘背面形成一个小型的气流低速区，而下缘的阻挡点在镜面下缘背面形成一个气流加速区。随着聚光镜倾角的增加，槽式聚光镜的迎风面积以及对气流的阻挡作用越来越大，对于倾角为 60°的聚光镜，空气掠过镜面下缘时存在倾角 30°和 45°下没出现的湍流分离涡区域，使得镜面背面存在低速涡流区域。随着聚光镜倾角的增大，气流低速区逐渐增大，而气流加速区的大小随着聚光镜倾角的增大而逐渐减小。同时倾角的变化还会对气流加速的幅度产生影响，随着聚光镜倾角的增大，气流加速的幅度也随之增大，对比倾角 30°、风速 2m/s 工况下，最高气流速度为 2.72m/s；倾角 60°、风速 2m/s 工况下，最高气流速度则为 3.32m/s。另外，随着聚光镜倾角的增大，槽式镜面正面的气流速度的降低梯度也会增大，使得气流速度更快降低。

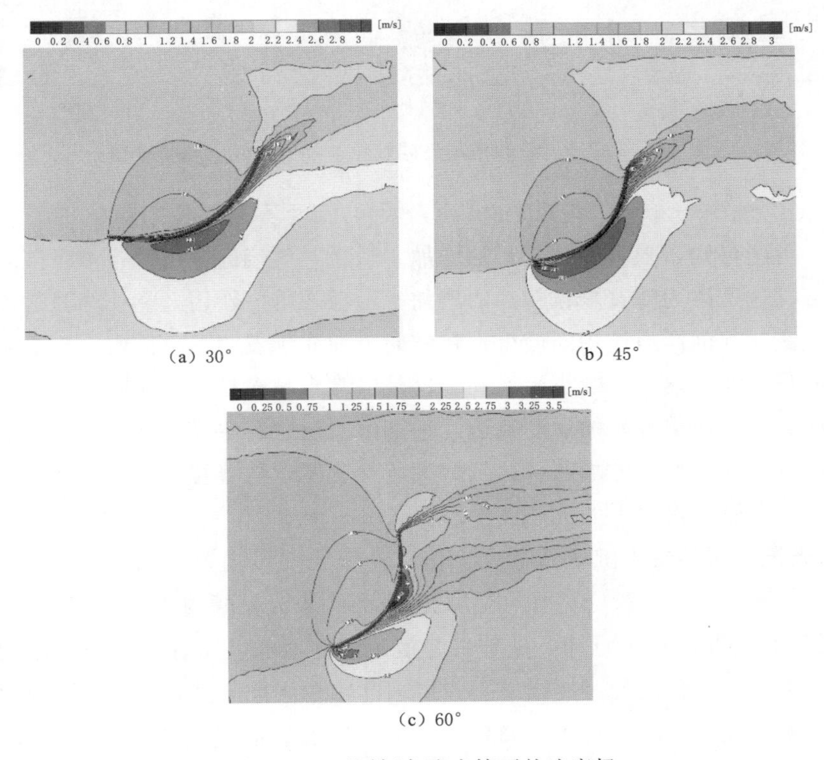

(a) 30°　(b) 45°

(c) 60°

图 8-5　不同倾角聚光镜下的速度场

2. 风对不同倾角聚光镜周围颗粒轨迹的影响

颗粒随着风运动并掠过槽式聚光镜时，受到风速影响，聚光镜倾角变化以及颗粒自身特性影响时，会使得聚光镜周围的颗粒轨迹发生变化，进而影响颗粒沉积。通过分析聚光镜周围的颗粒运动轨迹能够了解颗粒沉积条件，也能解释颗粒最终的沉积结果。

图 8-6（a）～图 8-6（c）为风速 2m/s，聚光镜倾角为 30°、45°和 60°，0.4s 时 10μm 颗粒的运动轨迹图。从中可以看出，在不同倾角下颗粒对风的跟随性均较好，随着

聚光镜倾角从30°增大到60°，聚光镜的迎风面积更大，该粒径下随风速的颗粒速度最大值随着聚光镜倾角的增加而增大，这论证了流场分析中得到的气流速度变化规律。

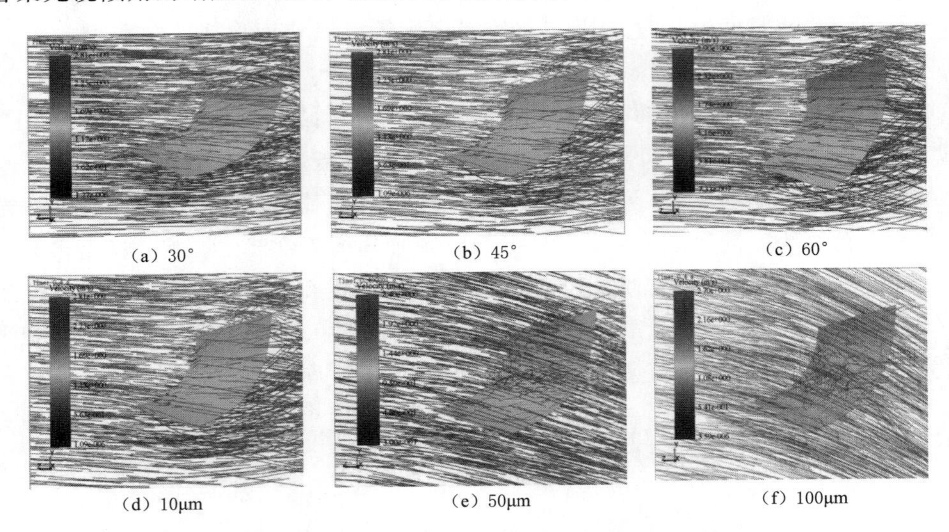

图8-6 不同聚光镜倾角与不同颗粒粒径的颗粒运动轨迹图

图8-6（d）～图8-6（f）为风速2m/s，倾角45°下不同粒径的颗粒在0.4s时的颗粒运动轨迹图。由图可知，随着颗粒粒径的增加，颗粒对气流的跟随性逐渐下降，呈现出显著的下坠趋势，这是因为随着颗粒粒径的增加，颗粒的重力作用开始作为显性因素，颗粒的重力克服气流对其的浮力作用而使得颗粒的向下加速越发明显。同时，随着颗粒粒径的增加，颗粒的最大运动速度先减小后增加。这是因为当颗粒粒径较小时，空气浮力能够抵消颗粒自身的重力，使得颗粒的运动轨迹几乎都由气流运动主导，颗粒的运动速度与气流的运动速度接近，在镜面下方加速区达到最大运动速度，随着粒径增加，颗粒在风作用下的加速度降低而在重力作用下的加速度升高。

8.2.2.3 聚光镜表面的灰尘沉降分布

如图8-7（a）～图8-7（c）所示为风速2m/s、聚光镜倾角为30°、45°和60°、1s时10μm颗粒的沉积情况。从中可知，随着聚光镜倾角的增加，向着镜面上方运动的颗粒数量减少，同时颗粒向上移动的距离也缩短，更多的颗粒倾向于沿着平行于聚光镜上下缘的方向移动。分析后发现，随着聚光镜倾角的增大，镜面正面气流速度的降低梯度会增大，使得气流更快减速，因此靠近镜面的气流速度会更低，低速气流对颗粒的曳力会降低。同时，随着聚光镜的倾角增加，颗粒在镜面上受到的颗粒重力的切向分力也会增加，阻碍颗粒继续向镜面上方运动，因此颗粒向上移动的数量和距离均降低。但聚光镜倾角的增加也使得颗粒随着气流运动至脱离镜面所需距离降低，在该模型风的来流方向下镜面右侧碰撞镜面的颗粒难以沉积在镜面上，因此颗粒主要沉积位置随着倾角增加逐渐向镜面下方与左侧运动，而沉积率随着倾角的增加而降低。

图8-7（d）～图8-7（f）所示为风速2m/s、倾角45°时不同粒径的颗粒在1s时的颗

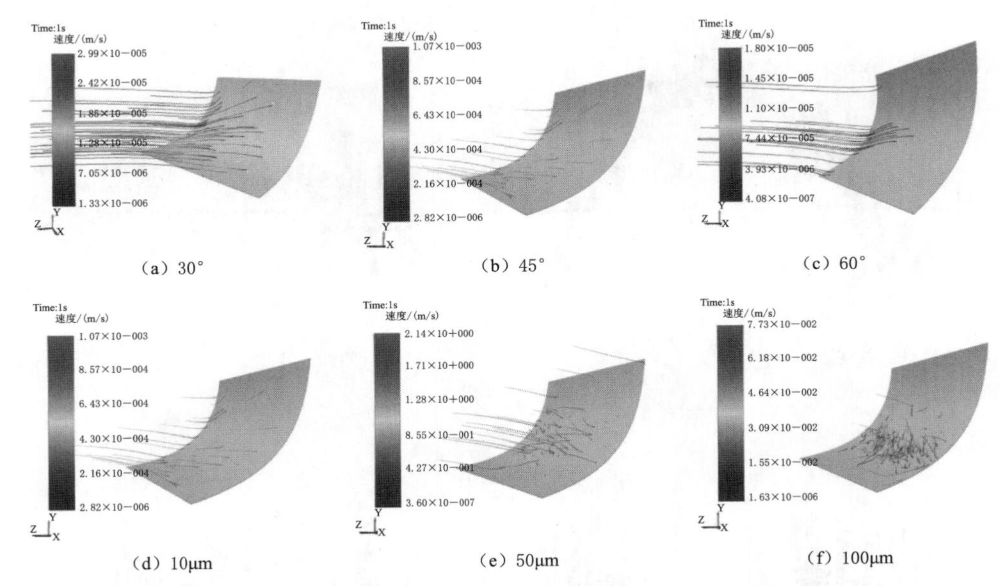

图 8-7 不同聚光镜倾角与不同颗粒粒径的灰尘沉降分布图

粒沉积情况。从中可知，随着粒径的增加，颗粒沉积的主要位置向镜面下部移动，且沉积率逐渐增加。这是因为随着粒径增加，颗粒跟随气流运动的性能下降，使得与镜面发生碰撞颗粒很难再跟随风做长距离移动，颗粒在镜面上的运动距离降低，沉积率增加。且随着颗粒粒径增加，颗粒运动时的动能增加，尘粒沉降时在镜面上出现了逐渐明显的弹跳。同时随着颗粒粒径的增加，颗粒的集中沉积位置向镜面下部移动是因为随着粒径的增加，颗粒的重力逐渐难以被空气浮力平衡，颗粒逐渐产生竖直向下的加速度，当颗粒与镜面接触后，原本向上向右行进的气流不再推进颗粒向上运动，而是推动颗粒继续向右运动的同时阻碍颗粒向镜面下方运动，粒径越大，气流阻碍颗粒向下运动的能力越差，使得颗粒的集中沉积位置逐渐移动至镜面下方。

8.2.3 风对镜面积尘的实验研究

8.2.3.1 地区气候分析以及理论基础

1. 高寒多风地区气候分析

广义的高寒地区是泛指海拔较高、气候寒冷、昼夜温差大、降雨较少的地区。内蒙古地区为典型的高寒地区，平均海拔 1000m 左右，太阳年总辐照度达 5000～6700MJ/m^2，年日照 2600～3200h，是全国日照时数较多地区之一，契合太阳能的利用。图 8-8 为呼和浩特市某年全年气象参数图，呼和浩特冬夏季温差大，全年降水相对较少，春季气温迅速回升，蒸发过程中会带走很多水汽，使得地表更干。高寒地区海拔、纬度较高，受北方高压冷气团影响频繁，因此风力资源极为丰富。呼和浩特地区全年日平均风速大多时间在 2m/s 左右，最大平均风速常出现在春季，达到 3.6m/s，非常容易形成扬尘天气。图 8-9 为近 5 年来内蒙古沙尘出现次数，平均为 8 次/年，66%的沙尘天气发生在春季且伴随着大风。

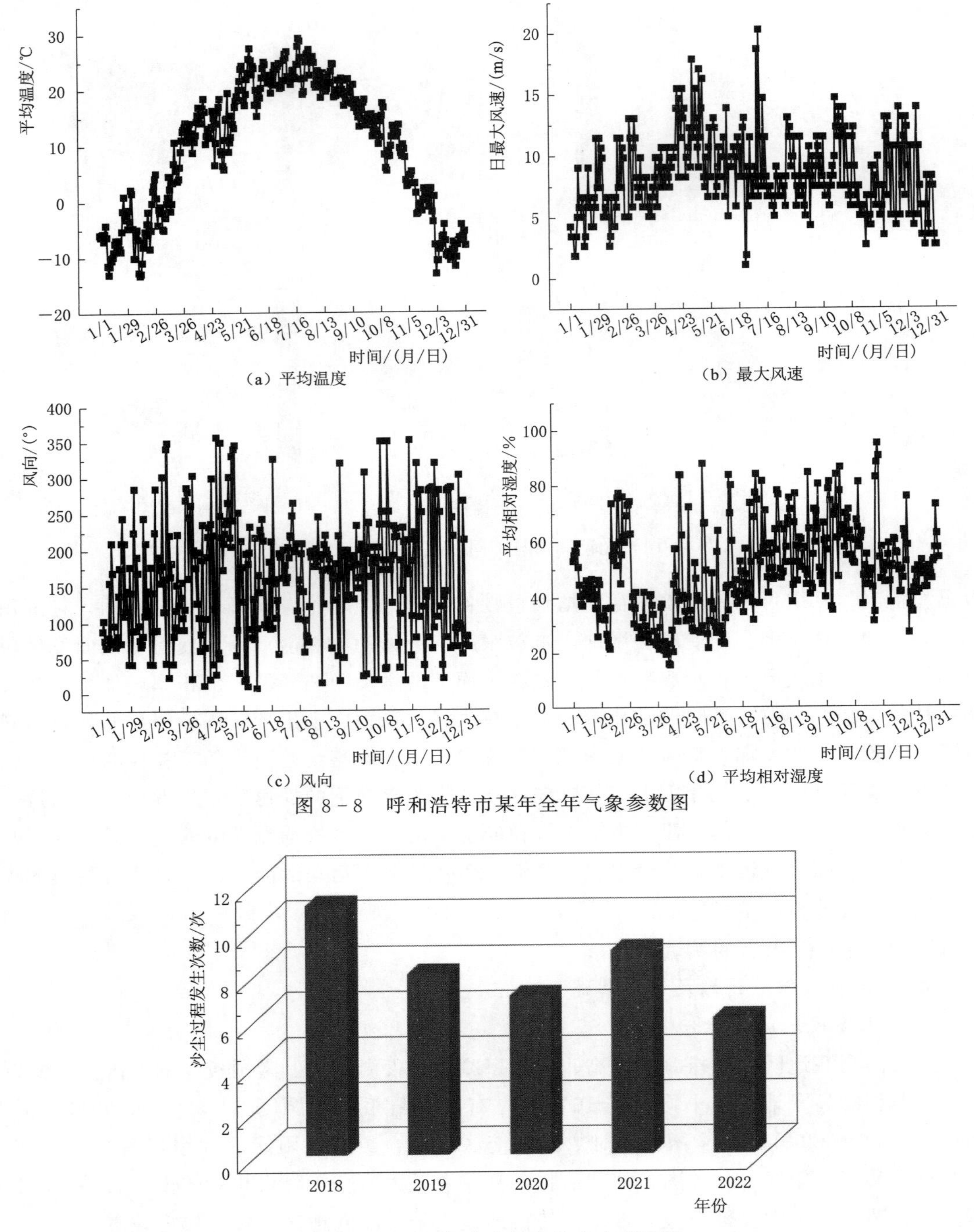

(a) 平均温度　(b) 最大风速

(c) 风向　(d) 平均相对湿度

图 8－8　呼和浩特市某年全年气象参数图

图 8－9　近 5 年来内蒙古沙尘出现次数

根据以上分析选择该地区春季作为典型季节进行不同等级沙尘研究。实验测试时间为某年的 3—4 月期间，期间聚光镜自然积尘来源主要为沙尘，而沙尘的主要成分为 PM2.5 和 PM10。图 8－10 为春季实验期间气象数据图和风玫瑰图，数据分别来源于 BSRN3000

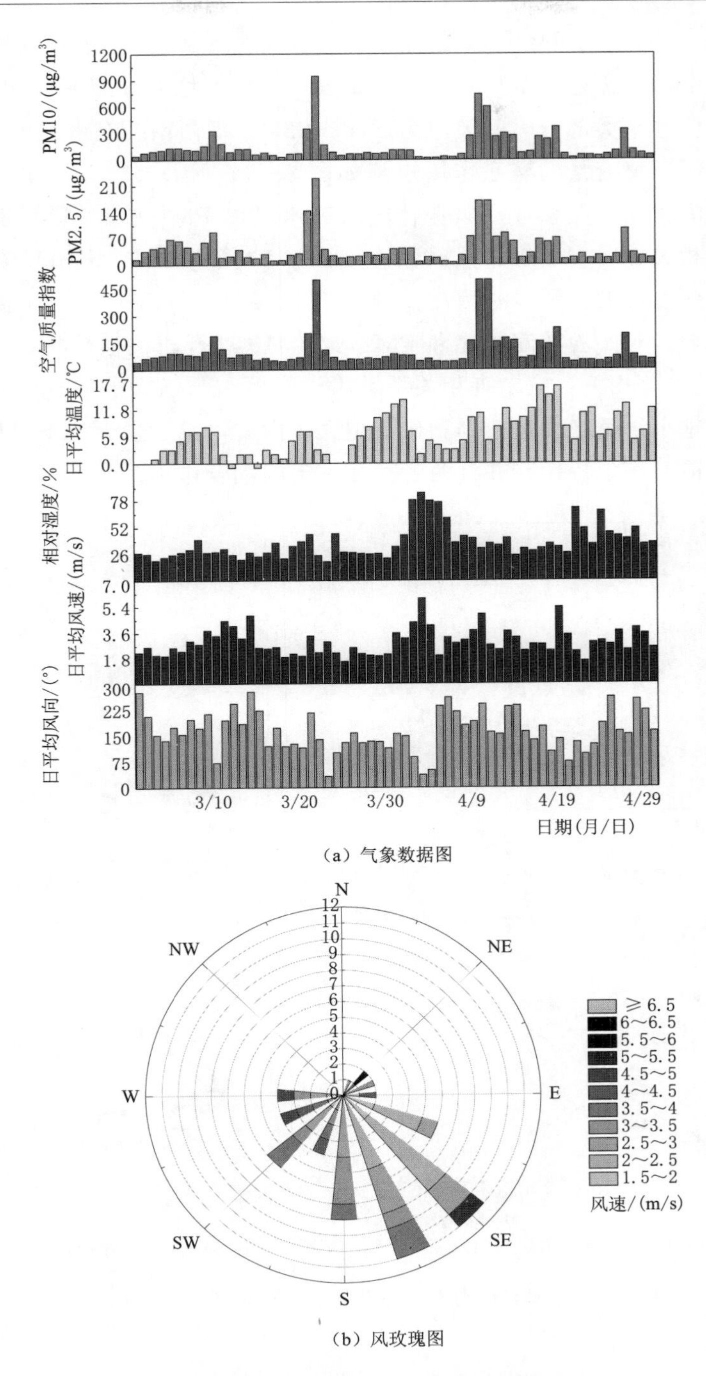

(a) 气象数据图

(b) 风玫瑰图

图 8-10　春季实验期间气象数据图和风玫瑰图

气象数据监测系统和国家气候中心。2023 年春季以来，受到沙尘天气的影响，空气质量指数多次达到 500，属于严重污染。除去部分阴雨天气，绝大部分时间相对湿度保持在 60%以下，可视为干燥环境。PM2.5 和 PM10 浓度飙升，实验期间日平均 PM2.5 浓度最高可达 230μg/m³，日平均 PM10 浓度则最高可达 947μg/m³。由风玫瑰图可知实验期间日平均风速多为 2m/s 以上，最大可达到 5.97m/s，该地区春季日平均风速较大且多变，风力资源较丰富。春季大部分时间风向为 135°～225°，即西南、东南风为主风向。

实验期间不同环境变量的交互作用矩阵如图 8-11 所示。PM2.5 和 PM10 浓度分别与风速存在较强的正相关关系，高风速伴随着高水平的 PM 值。PM2.5 和 PM10 浓度之间有着极强的正相关性，皮尔森相关系数为 0.96。PM2.5/PM10 可作为判定沙尘天气起始时间的标准之一。PM10 每小时浓度急剧上升、PM2.5/PM10 急剧下降时，可认定为受到沙尘天气影响。对实验期间风速和 PM2.5/PM10 进行相关性分析，结果表明，两者在 0.01 的水平上显著相关，皮尔森相关系数为－0.29，与已有的研究结果较吻合，即风速越大，该比值越小；反之风速越小，比值越大。由此可见沙尘天气下，风速和颗粒物浓度共同影响聚光镜面积尘特性，并且两者存在一定的耦合作用。

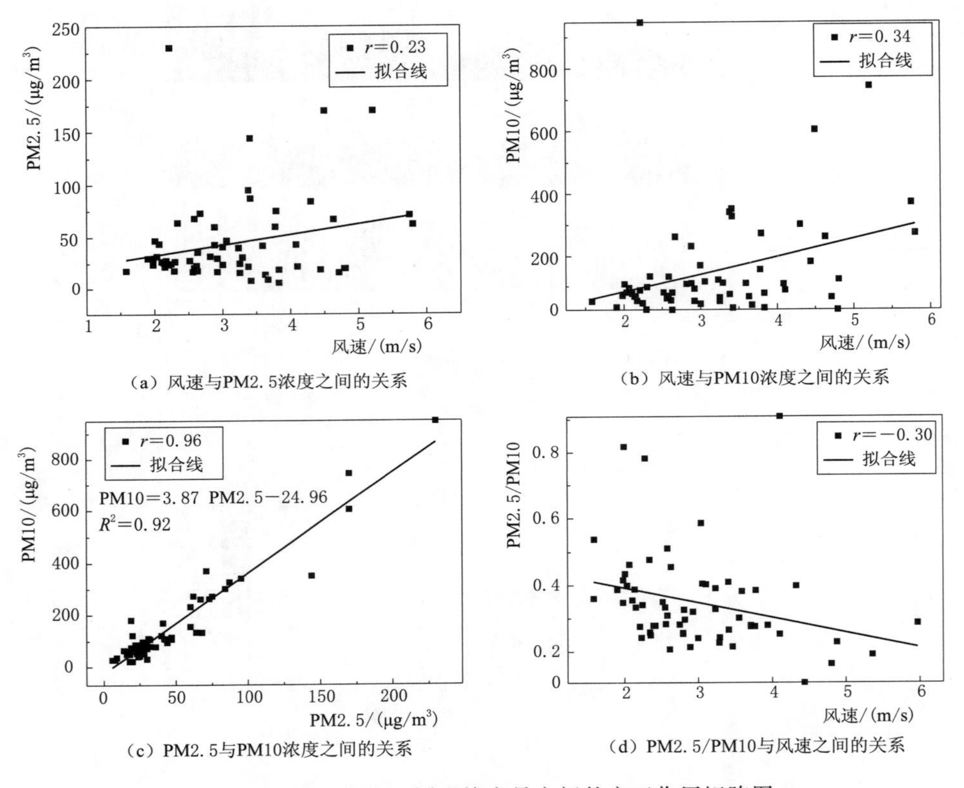

图 8-11 实验期间不同环境变量之间的交互作用矩阵图

2. 评价指标

积尘会导致聚光镜镜面洁净度降低，从而影响系统光学特性，为了更好地评价不同等级沙尘天气下风对镜面积尘的正负影响，通过清洁因子 ξ_w 进行量化，即

$$\xi_w = \frac{\rho(i)}{\rho(i-1)} \tag{8.8}$$

式中 $\rho(i)$——沙尘天气发生时及沙尘天气后每小时测量的镜面反射率；

i——24 小时间制表示的时间。

当 $\xi>1$ 时，表明从 $i-1$ 时到 i 时这一小时内沙尘天气下风带走镜面的沙尘，有效地清洁镜面；当 $\xi<1$ 时，则表明 $i-1$ 时到 i 时这 1 小时内沙尘天气下风携带沙尘落在聚光镜面上，加重镜面的污染。

2023 年入春以来，内蒙古沙尘天气次数多、集中频发，为 1961 年以来第二多。选取 2023 年 3 月 10—11 日、4 月 9—11 日、4 月 13—14 日三次沙尘天气过程进行实验研究，揭示沙尘天气发生时及发生后受自然风影响的镜面灰尘颗粒迁移特性。三次沙尘天气过程分别为扬沙、沙尘暴和浮尘。沙尘天气分级颗粒物浓度限值见表 8-5。实验测试时间及沙尘天气等级分类见表 8-6。

表 8-5　　沙尘天气分级颗粒物浓度限值　　单位：mg/m^3

沙尘天气分级	PM10 浓度限值（小时值）	持续时间
一般沙尘天气（浮尘）	0.6≤PM10<12.00	持续时间 2h 以上
二级沙尘天气（扬沙）	1.0≤PM10<2.00	
三级沙尘天气（沙尘暴）	2.00≤PM10<4.00	持续时间 1h 以上
四级沙尘天气（强沙尘暴）	PM10≥4.00	

表 8-6　　实验测试时间及沙尘天气等级分类

沙尘天气发生时间	沙尘等级	实验测试时间
3 月 10—11 日	扬沙	3 月 10—11 日
4 月 9—11 日	沙尘暴	4 月 9—11 日
4 月 13—14 日	浮尘	4 月 14 日

实验开展过程中试验平台以及测试设备以及区域划分等内容已在本章开始有所交代。

3. 沙尘天气颗粒的微观特性

沙尘天气发生时，灰尘颗粒通常区别于普通地区积尘，此处采用扫描电子显微镜对实验中采集的沙尘颗粒进行微观分析。所用 S3400N 扫描电子显微镜相关参数如表 8-7 所示，灰尘颗粒电镜扫描流程如图 8-12 所示。制备的灰尘样品需要在离子溅射仪抽真空后进行喷金处理，随后将样品放入样品仓后，保证仓内的真空环境。设置好参数后对电镜中的样品进行对焦，使图像清晰可见。

沙尘暴积尘颗粒扫描电镜图如图 8-13 所示。通过 Image-J 软件对扫描电镜图像进行后处理，从而分析灰尘颗粒的粒径分布情况，如图 8-14 所示。可知沙尘颗粒形状球形度较低且表面较为粗糙，沙尘粒径差异较大，且分布不均匀。春季沙尘天气颗粒粒径主要分布在 10～50μm 之间，平均粒径为 33.10μm。这是因为沙尘天气由强风引起，当沙尘天气发生时，高风速携带沙尘易造成较大粒径颗粒沉积在聚光镜表面。

表 8-7 S3400N 扫描电子显微镜相关参数

型 号	S3400N		
放大倍数	×5～×300000		
观察模式	高真空模式/低真空模式		
电子枪	预对中钨灯丝		
加速电压	10.3～30kV		
样品台		Ⅰ型	Ⅱ型
	X	0～80mm	0～100mm
	Y	0～40mm	0～50mm
	Z	5～35mm	5～65mm
	R	360°	360°
	T	-20°～+90°	-20°～+90°
最大样品高度	35mm（WD=10mm）		80mm（WD=10mm）
最大样品尺寸	直径 200mm		
信号检测器	二次电子检测器 高灵敏度半导体背散射电子检测器		

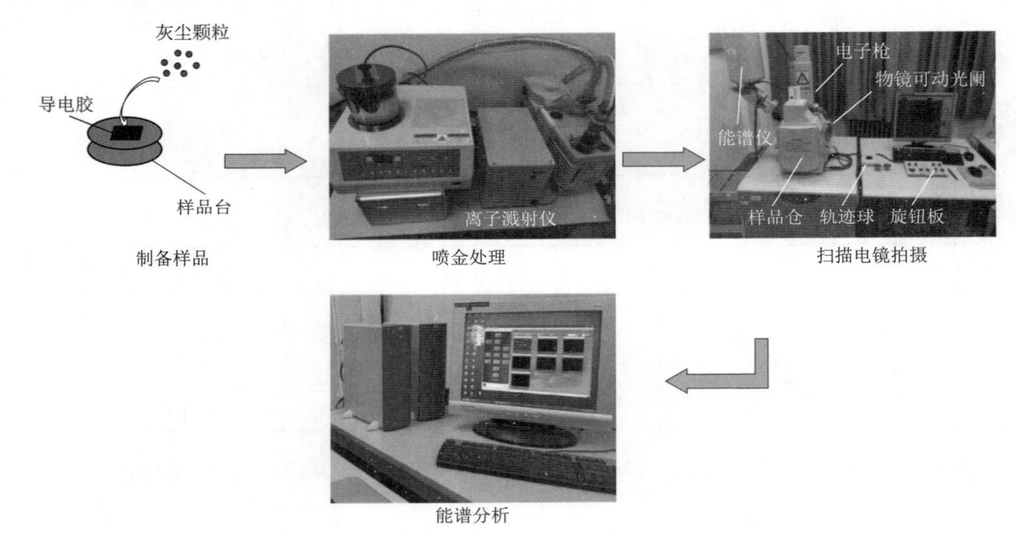

图 8-12 灰尘颗粒电镜扫描流程

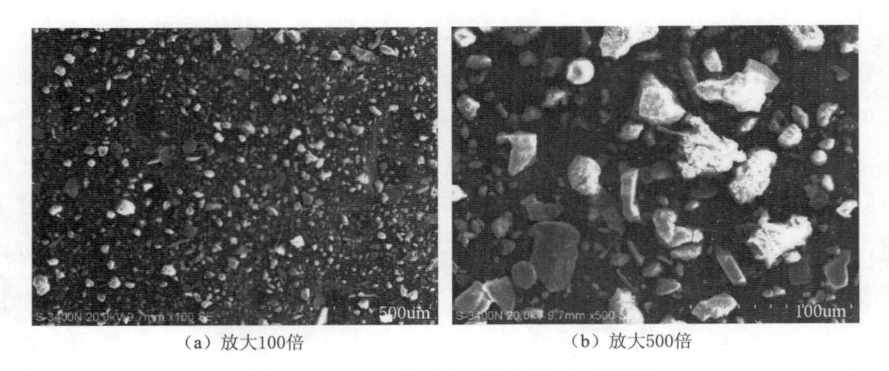

（a）放大100倍 （b）放大500倍

图 8-13 沙尘暴积尘颗粒扫描电镜图像

8.2.3.2 浮尘天气下风对镜面积尘的影响

图 8-15 为 4 月 13—14 日气象数据，在此期间出现浮尘天气。其中：13 日 21：00，沙尘开始产生较强影响，达到中度—重度污染级别；14 日 1：00，PM10 的浓度达到本次沙尘天气峰值为 1219μg/m³；14 日 0：00 的 PM2.5 的浓度达到本次沙尘天气峰值为 282μg/m³；14 日凌晨沙尘过程的影响开始减弱，每小时风速保持在 3m/s 左右，PM10 和 PM2.5 的浓度均明显下降；至 14 日 12：00，沙尘已完全移出实验所在地呼和浩特市。

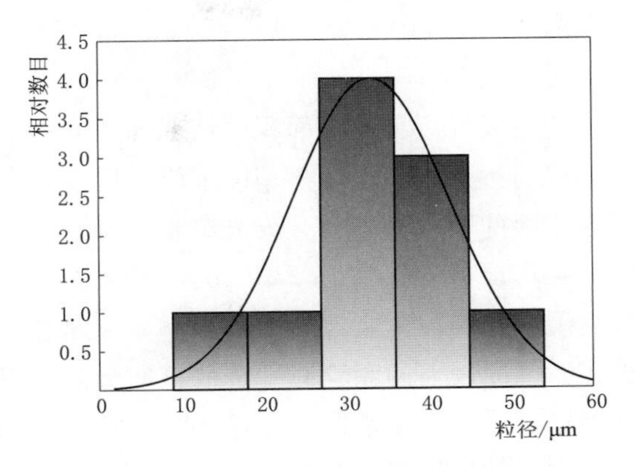

图 8-14 沙尘天气灰尘颗粒粒径分布

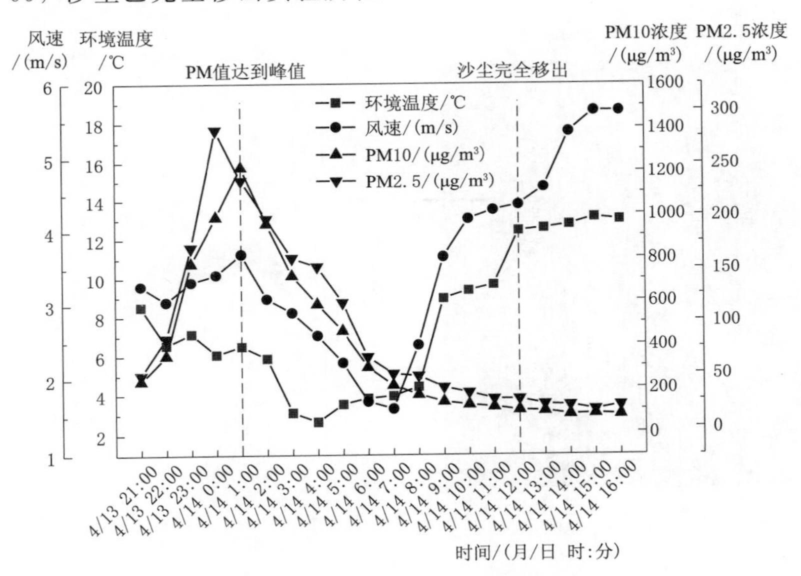

图 8-15 4 月 13—14 日气象数据

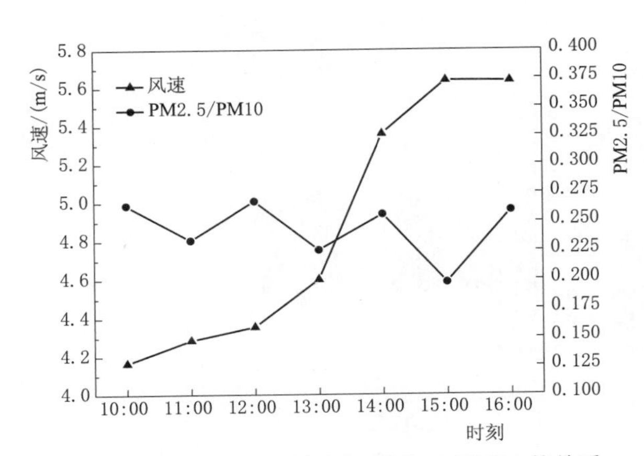

图 8-16 4 月 14 日风速与 PM2.5/PM10 的关系

为探究浮尘天气过后风对镜面积尘迁移特性的影响，4 月 14 日对聚光镜表面进行每小时一次的反射率测量。图 8-16 为 4 月 14 日风速与 PM2.5/PM10 的关系，由图可知：风速与 PM2.5/PM10 基本呈一定的负相关，风速的增加会对沙尘起到一定的稀释作用；颗粒物的粒径越小越难以去除，能长期悬浮在空气中；同时该时间段内 PM2.5/PM10 较低，在 0.2～0.3 范围内波动，说明其中粒径更小的颗粒物较少，空气污染较轻。

沙尘天气后聚光镜面积尘情况如图 8－17 所示。沙尘天气刚刚结束时，聚光镜面均受到一定的污染，造成反射率的下降。图 8－18 则表明 14 日 10：00 开始，风速的增加可稀释空气中的颗粒物浓度，聚光镜不同横向区域的反射率均有一定的上升，16：00 各横向区域平均反射率为 0.73，较 10：00 的平均反射率有 12.5%的上升。浮尘天气过后，落在聚光镜表面的沙尘大部分为浮尘，尚未经过长时间黏附作用形成顽固积尘。此时自然风对聚光镜镜面表面的浮尘有一定的正向清洁作用。图 8－19 为浮尘天气下镜面各横向区域清洁因子随时间变化情况，10：00—16：00 不同区域的清洁因子大部分时间段内均大于 1，由于颗粒悬浮机制（升力），较高的风速成为去除细尘颗粒的主导力量。横向区域 1 平均清洁因子最高为 1.03，倾角 θ_p 影响着聚光镜面不同区域的积尘特性，导致镜面下半区域浮尘占比较大，也更容易被清洁。

图 8－17 沙尘天气后聚光镜面积尘情况

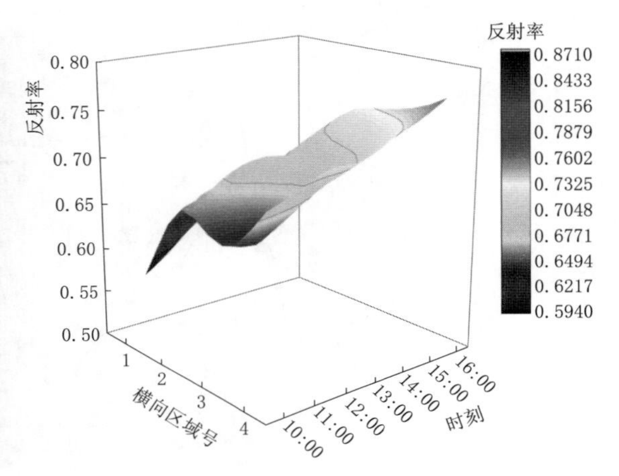

图 8－18 4 月 14 日镜面横向区域反射率变化

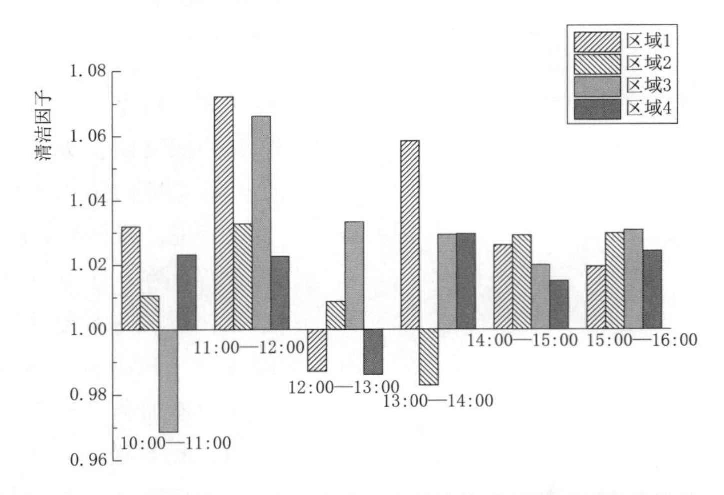

图 8－19 浮尘天气下镜面各横向区域清洁因子随时间变化情况

8.2.3.3 扬沙天气下风对镜面积尘的影响

图 8-20 为 3 月 10—11 日气象数据，3 月 10 日 8：00 开始扬沙天气，并持续数个小时。9：00 和 10：00 的 PM2.5 和 PM10 小时浓度分别达到峰值为 354μg/m³、1942μg/m³，随后二者逐渐降低。扬沙天气同时伴有大风，从 3 月 10 日 8：00 开始平均风速逐渐升高，峰值出现在 10：00，为 6.16m/s，截至 16：00，平均风速均维持在 5m/s 以上。17：00 沙尘开始逐步移出，平均风速也逐渐降低。到 10 日夜间，沙尘天气逐渐结束。11 日 12：00 再次受到大风沙尘天气影响。15：00 的 PM2 小时浓度均达到该日峰值。11 日 9：00 开始风速逐渐升高，16：00 风速达到该日峰值，为 9.95m/s。

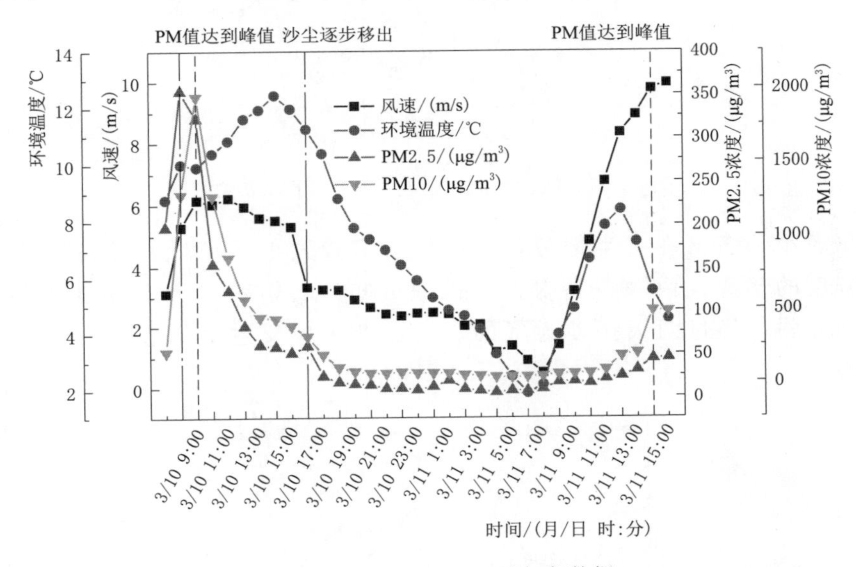

图 8-20 3 月 10—11 日气象数据

为探究扬沙天气时风对原本已污染聚光镜面积尘的影响及沙尘天气过后风作为自然资源对镜面具有的清洁作用，3 月 10—11 日对聚光镜表面进行每小时一次的反射率测量。

图 8-21 为 3 月 10—11 日风速与 PM2.5/PM10 的关系，前序研究发现，风速与 PM2.5/PM10 呈显著负相关。3 月 10—11 日实验期间的风速与 PM2.5/PM10 的关系有效验证了这一点：10 日 12：00，风速达到该日峰值，即 6.23m/s，此时 PM2.5/PM10 值较低，为 0.15；16：00，风速到达该日峰值，即 9.95m/s，此时 PM2.5/PM10 为最低值，仅为 0.09。扬沙天气发生时，大风速会引起 PM2.5 和 PM10 浓度的急剧上升，而对于 PM2.5 则有一定的稀释扩散作用，因此 PM2.5 与 PM10 的比值会减小。

图 8-22 为 3 月 10—11 日实验期间镜面各横向区域反射率的变化情况。扬沙天气造成聚光镜表面积尘的迁移，10 日 9：00—11：00 各横向区域反射率下降明显，其中横向区域 1 反射率下降幅度最大，为 26.7%。这是因为此时 PM2.5/PM10 较低，多为以 PM10 为代表的大颗粒物，且风速较高，高风速裹挟下的浮尘因为聚光镜下半横

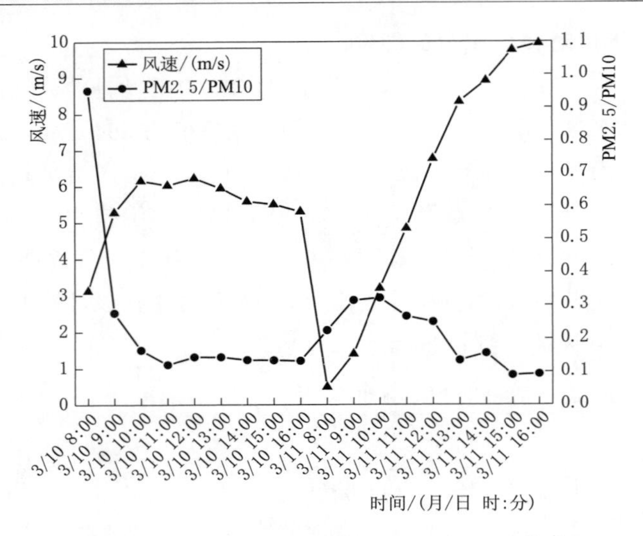

图 8-21 实验期间风速与 PM2.5/PM10 关系

向区域倾角较小，多落在下半部分，所以反射率较其他区域低，最终导致各区域反射率下降幅度的差异。由颗粒黏附力学机理可知，当切线与水平夹角越小，颗粒越容易在镜面黏附。经过两天扬沙天气的影响，各区域反射率均表现为自上而下逐渐递减的趋势。

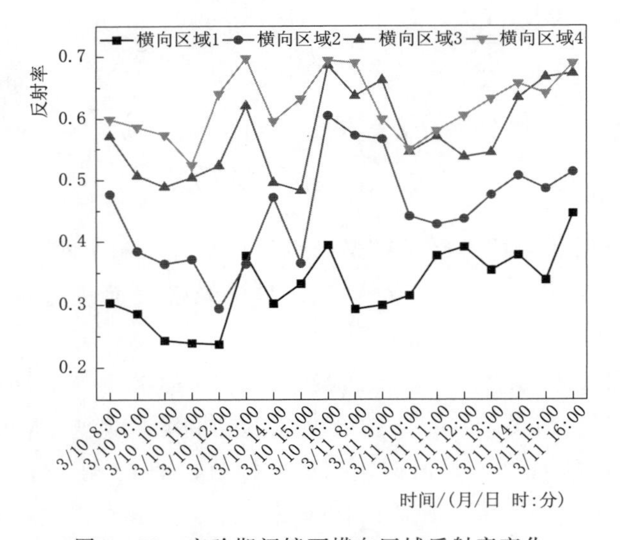

图 8-22 实验期间镜面横向区域反射率变化

图 8-23 为扬沙天气下镜面各横向区域清洁因子随时间变化情况，10 日下午，沙尘逐渐消散，各横向区域表现为清洁因子大于 1，其中横向区域 2 清洁因子在 15：00—16：00 达到最大，为 1.66。总之，镜面下半区域清洁因子大于上半区域。这是因为镜面上部分区域积尘是以 PM2.5 代表的小颗粒物，具有黏结性，一般风速无法清除，而下部区域多聚集为以 PM10 代表的大颗粒物，可被相对容易去除。

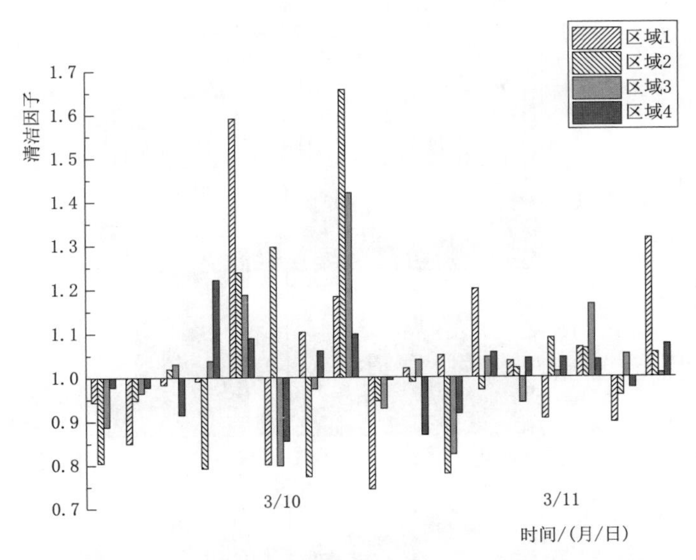

图 8-23 扬沙天气下镜面各横向区域清洁因子随时间变化情况

8.2.3.4 沙尘暴天气下风对镜面积尘的影响

图 8-24 为 4 月 9—11 日气象数据，4 月 9 日 15：00 开始，空气质量达到重度—中度污染，10 日为沙尘暴天气最严重的一天，11 日逐渐结束。9 日 23：00，空气质量指数（AQI）开始达到峰值为 500，截至 10 日 17：00，呼和浩特市空气质量严重污染累计 20h，10 日 17：00 和 18：00 出现该日 PM2.5 和 PM10 的峰值浓度分别为 405μg/m^3、2053μg/m^3。11 日 3：00 和 4：00 出现该日 PM2.5 和 PM10 的峰值浓度。随后沙尘逐渐消散，PM2.5 和 PM10 的浓度值明显下降。本次沙尘暴天气持续时间久，影响范围较广。

图 8-25 为 4 月 10—11 日实验期间风速与 PM2.5/PM10 的关系，实验期间风速与 PM2.5/PM10 呈一定的负相关。10 日 12：00 开始风速逐渐增大，PM2.5/PM10 急剧减小，表明受沙尘暴影响较大。10 日 15：00 风速达到该日峰值，即 11.1m/s，此时 PM2.5/PM10 峰值浓度较低，仅为 0.18。11 日 14：00 风速达到该日峰值，即 5.28m/s，此时 PM2.5/PM10 峰值浓度较低，仅为 0.15。

4 月 10—11 日通过对聚光镜表面进行每小时一次的反射率测量以探究本次沙尘暴天气发生时及发生后风对聚光镜镜面积尘的影响。沙尘暴期间聚光镜实物图如图 8-26 所示。

由图 8-27 可知，受沙尘暴天气的影响，聚光镜面积尘发生迁移，反射率随时间整体呈现先上升后下降再上升的趋势，与风速随时间变化的规律相似。10 日 14：00 各横向区域反射率均有显著的上升，其中横向区域 4 的反射率达到了 0.754，为最高。因 10 日 17：00—18：00 出现该日 PM2.5 和 PM10 浓度峰值，对应此时各横向区域均出现了反射率的低值，自上而下区域 4 到区域 1 反射率分别为 0.615、0.533、0.519 和

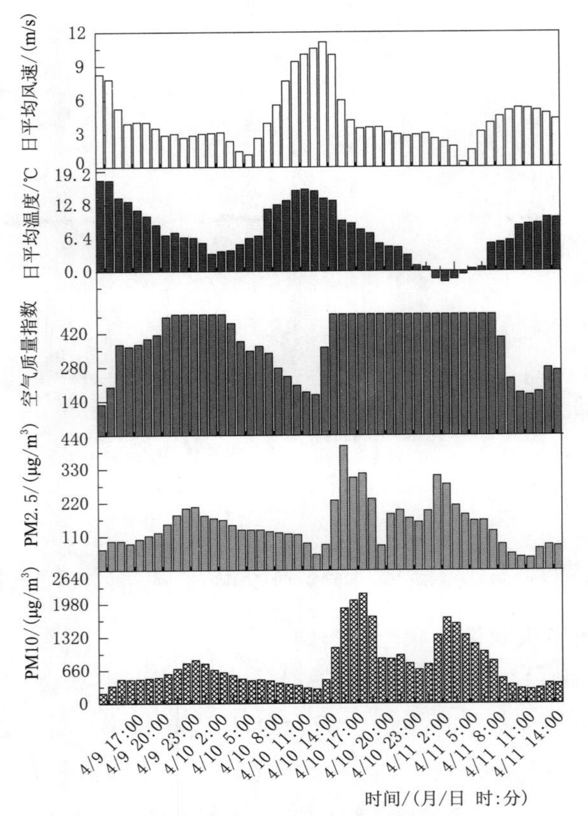

图 8-24 4月9—11日气象数据

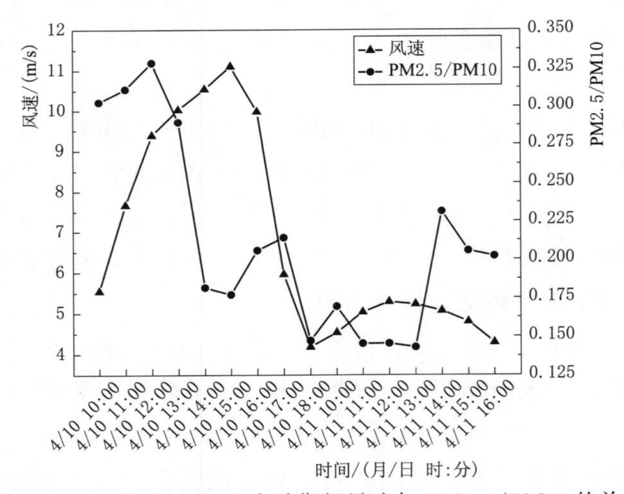

图 8-25 4月10—11日实验期间风速与PM2.5/PM10的关系

0.434，但到了11日10：00，区域1和区域2反射率进一步降低，而区域3和区域4反射率却有一定的上升，说明由于聚光镜停留倾角的原因，夜间大颗粒的沙尘在镜面下部区域持续沉降，而镜面上部的浮尘由于风的作用得以清除，通过反射率的改变得以体现。

图 8－26　沙尘暴期间聚光镜实物图

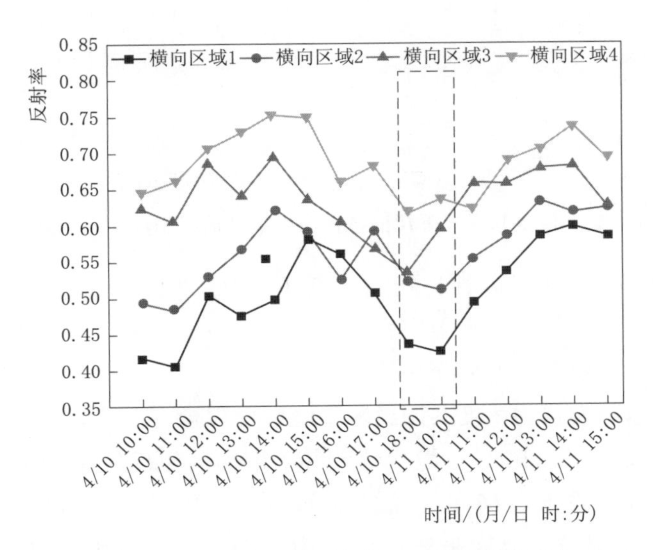

图 8－27　实验期间镜面各横向区域反射率变化

由图 8－28 可知 10 日 11：00—12：00 各区域的风速开始逐渐增大，对应镜面各区域均有明显的正清洁作用，其中横向区域 1 清洁因子达到 1.24；10 日下午沙尘浓度再次升高，而 15：00 风速达到峰值，即 11.1m/s，此时由于沙尘持续沉降，即使有大的风速也只导致了最下面区域有一定的清洁作用，镜面其他区域均处于污染作用，17：00—18：00 横向区域 4 下降幅度最大，清洁因子仅为 0.9，整个镜面的负清洁作用一直持续到第二天；11 日随着污染物浓度下降，风速降低，镜面的正负清洁作用均变小。

图 8－29 表示了镜面自下而上区域受不同沙尘天气影响下的反射能力变化，由图可知，在该实验研究的聚光镜倾角下，镜面每个区域在浮尘天气时均有较高的反射率，可见浮尘在风的作用下对镜面造成的光学影响不大；整体而言，只要有一定的沙尘天气，镜面最下方区域 1 均有相对较低的反射率，在重度沙尘天气下，伴随着大风的镜面反射率在该

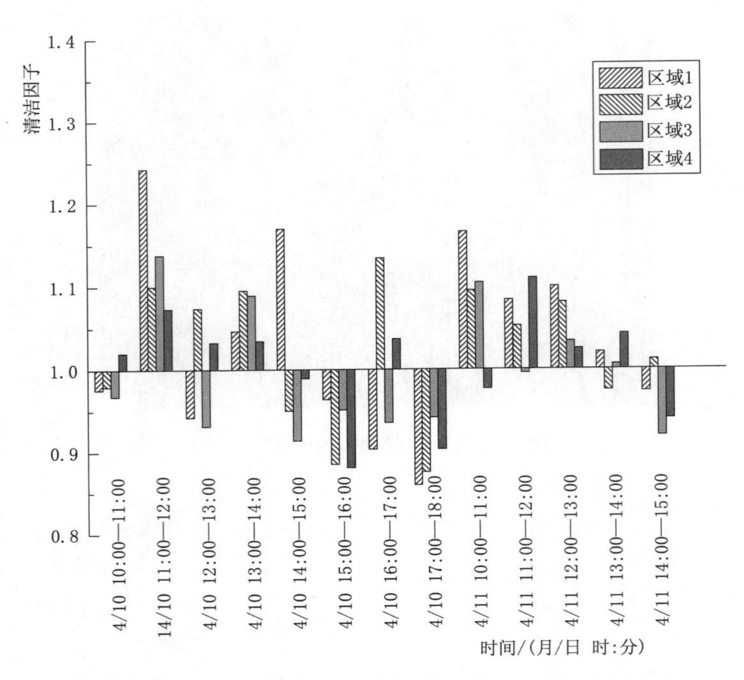

图 8-28 沙尘暴天气下镜面各横向区域清洁因子随时间变化情况

区域有较为明显的提升，该显著性比扬沙天气下的强；向上移动到横向区域3和区域4时，扬沙和重度沙尘暴天气时的反射率变化逐渐趋于一致，主要由于该区域角度下沙尘颗粒的黏附和受风影响下脱附的博弈作用接近。

沙尘天气下风速和颗粒物浓度共同影响聚光镜面积尘特性，并且两者存在一定的耦合作用，即显著负相关关系。表8-8为沙尘天气下不同区域反射率与风速、PM2.5/PM10的相关度分析表，从中看出各横向区域反射率均与风速、PM2.5/PM10有着极强的相关性。PM2.5/PM10能较长时间悬浮于空气中，它们在空气中含量浓度越高，代表空气污染越严重。关联度排序为风速的大于PM2.5/PM10的，说明沙尘天气发生时和发生后风速与颗粒物浓度共同作用下镜面反射率受风速的影响更敏感。槽式光热电站多选址于高寒多风地区，应重点关注地区典型沙尘天气时自然风对槽式镜面积尘迁移特性的正负影响。

表8-8 沙尘天气不同区域反射率与风速、PM2.5/PM10的相关度分析表

区域号	影响因素	权重	区域号	影响因素	权重
1	风速/(m/s)	0.835	3	风速/(m/s)	0.857
	PM2.5/PM10	0.822		PM2.5/PM10	0.842
2	风速/(m/s)	0.847	4	风速/(m/s)	0.859
	PM2.5/PM10	0.814		PM2.5/PM10	0.857

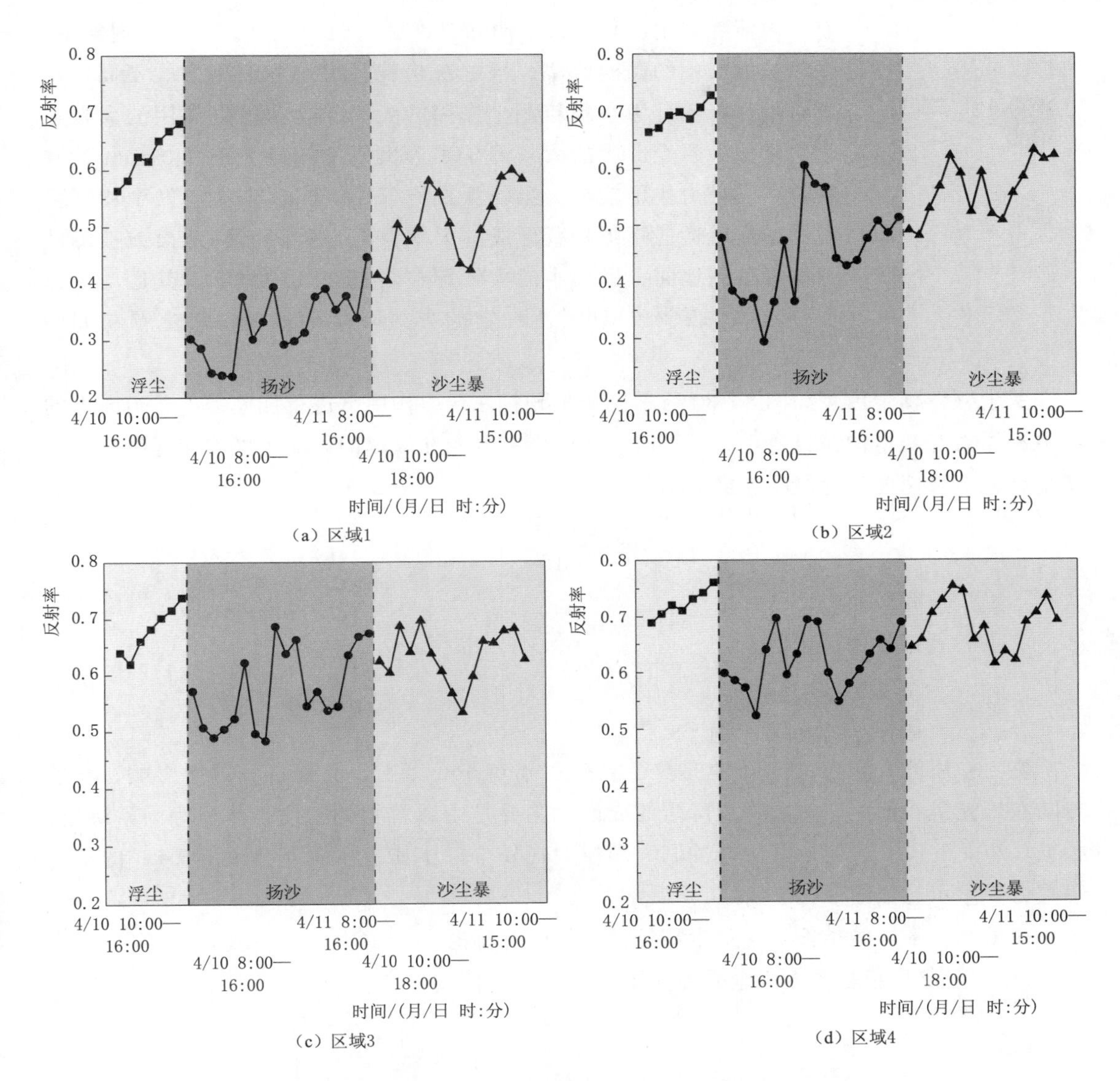

(a) 区域1　(b) 区域2　(c) 区域3　(d) 区域4

图 8-29　各横向区域在不同等级沙尘天气下的反射率变化

8.3　降雨对镜面积尘的影响

8.3.1　灰尘颗粒沉降分析

8.3.1.1　灰尘颗粒沉降机理

研究夏季降雨对呼和浩特大气颗粒物浓度的影响，发现该地区在夏季随着空气湿度的增大，大气中灰尘颗粒的自重增加，风速减小使得颗粒运动速度降低，导致聚光镜表面上方浮游的灰尘颗粒不断落到镜面表面，从而产生降尘现象。

大气中的颗粒通过降雨过程被捕获并沉积到聚光镜表面上，被称为湿沉积或湿清除，

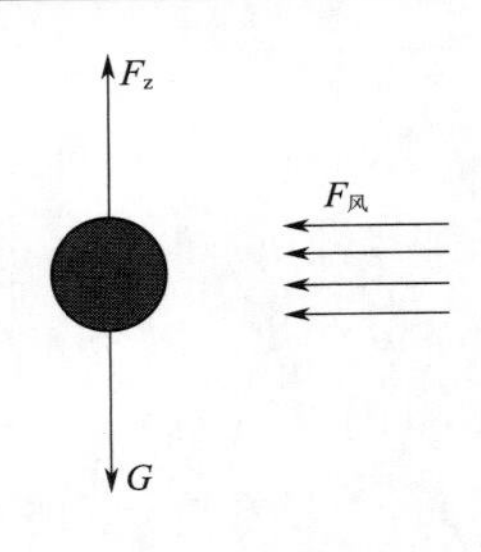

图 8-30 灰尘颗粒飘尘示意图

有云内清除（雨出）和云下清除（冲洗）两种类型。在冲洗现象中，颗粒被大气中的雨滴收集。根据灰尘粒径大小和沉降方式不同，可以将大气降尘分为小颗粒飘尘作用的大气降尘和重力作用的大颗粒大气降尘。飘尘形成的大气降尘多为大气中粒径小于 0.01mm 的颗粒物，其重力作用较小，会飘浮在空气中。当飘尘在空气中相互吸引和排斥或遭遇降雨，所形成的大颗粒随自重降落到地面或被降雨冲刷降落到地面。更细小的大气颗粒会在空气中飘浮，其运动规律受到风力的影响，直到被一定的方式降落到地面，灰尘颗粒如图 8-30 所示。

灰尘颗粒飘尘示意如图 8-30 所示。灰尘颗粒在合力作用下进行加速运动，当向上的阻力和浮力与灰尘颗粒自身重力相等时，灰尘颗粒开始在风速的影响下做匀速运动，此时灰尘颗粒下降速度称为沉降速度，即

$$\nu=\frac{(\rho-\rho_a)d_p^2 g}{18\mu} \tag{8.9}$$

式中 d_p——颗粒直径，m；

ρ——颗粒密度，kg/m^3；

ρ_a——空气密度，kg/m^3；

μ——流体动力黏度，Pa·s。

重力作用的大颗粒大气降尘的粒径大多在 0.01mm 以上，其受自身重力影响，自然着陆在聚光镜表面上，重力作用降尘的成因，主要是由颗粒物的密度，体积等因素决定。根据马小龙的研究表明，降雨能冲刷大颗粒大气降尘，让其落在地上。倾角 $\theta=0°$的聚光镜重力降尘示意如图 8-31 所示。

在无风、干燥的条件下，灰尘颗粒在空气中沉降时，受重力 G、空气阻力 F_Z、浮力 F_F 的作用，灰尘颗粒重力降尘受力如图 8-32 所示。

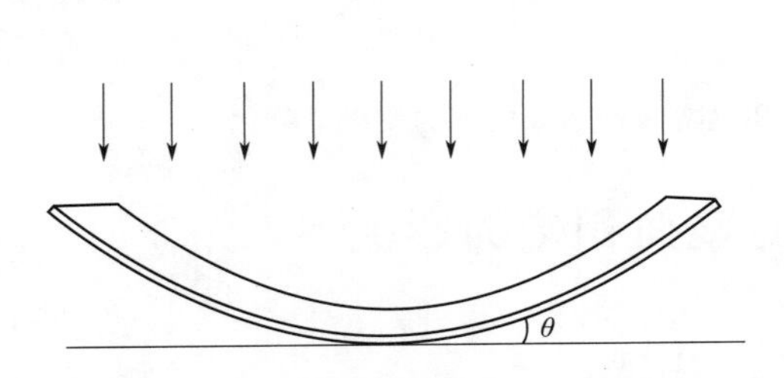

图 8-31 倾角 $\theta=0°$的聚光镜重力降尘示意图

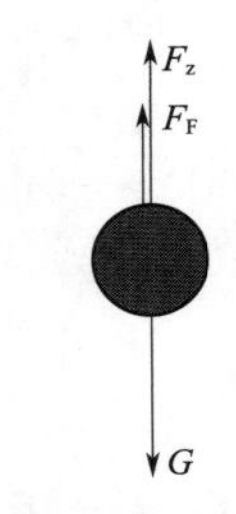

图 8-32 灰尘颗粒重力降尘受力图

8.3.1.2 日降雨量对大气颗粒物浓度的影响

湿沉降（降水）是去除大气颗粒物的方式之一，夏季降雨会造成呼和浩特大气污染物的湿沉降，是大气颗粒物浓度改变的重要因素之一。本节中的研究重点为大气飘尘在空气中相互吸引和排斥或遭遇降雨，然后被降雨冲刷降落到地面。

1971—2000年，呼和浩特市的每月降雨日统计，降雨量主要分布在5—10月，其中7月和8月的天数最多，据基于日降雨量数据，探究日降雨量、降雨强度、降雨周期与大气颗粒物清除率之间的关系，通过中国空气质量在线检测分析平台得到了大气颗粒物浓度（PM2.5、PM10）的数据，其单位为$\mu g/m^3$。以2021年5—10月发生的连续降雨对大气颗粒物的湿清除过程为例，对降雨过程中颗粒物的清除和回升进行了具体分析。如图8-33所示呼和浩特5—10月的日降雨量与大气颗粒物日平均质量浓度的变化。

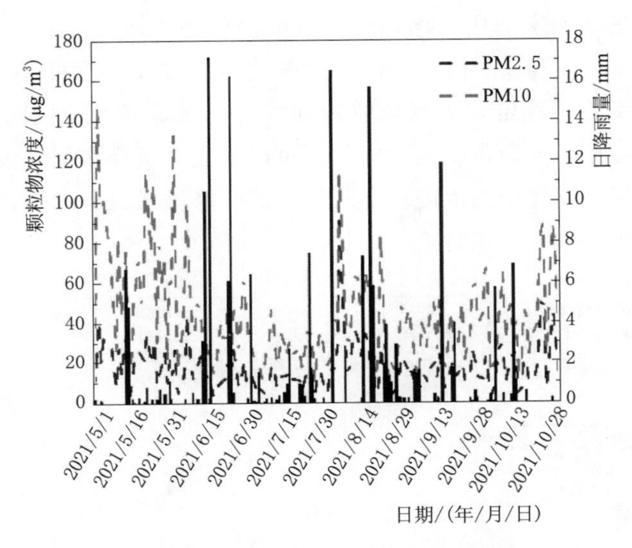

图8-33　日降雨量与大气颗粒物日平均质量浓度的变化

根据图8-33中数据的计算可以知道，无降雨日的PM2.5和PM10平均质量浓度分别为19.84$\mu g/m^3$和45.23$\mu g/m^3$，降雨日PM2.5和PM10的平均质量浓度分别为17.51$\mu g/m^3$和42.82$\mu g/m^3$，比无降雨日下降了2.33$\mu g/m^3$和2.41$\mu g/m^3$。说明雨水可以清洗空气中的颗粒物，将空气中的颗粒物沉降到地面，减少其在空气中的浓度。

8.3.1.3　降雨强度对大气颗粒物浓度的影响

根据我国对降雨等级的划分，分析降雨对大气颗粒物浓度的影响时，将降雨发生清除过程的大气颗粒物浓度变化率定义为大气颗粒物清除率RF，大气颗粒物清除率能反映降雨对大气污染物的湿清除能力。选取以0.1mm以上的降雨量作为湿清除过程的标准，选取降雨过程当天大气颗粒物日平均浓度为C_t，降雨过程前一天大气颗粒物日平均浓度为C_{t_0}，RF的计算公式为

$$RF=\frac{C_{t_0}-C_t}{C_{t_0}}\times 100\% \tag{8.10}$$

当$RF>0$时，将清除过程定义为大气颗粒物正清除过程，即降雨对大气颗粒物的浓度有清除作用；如果$RF<0$，则相反。大气颗粒物正清除率为正清除过程总数与清除过

程总数的比值，并将所有过程的大气颗粒物清除率的平均值定义为平均清除率，以表示降雨在此期间清除大气颗粒物的能力。

如图 8-34 所示在 2021 年 5—10 月，呼和浩特日降雨量为 0.1～25mm 区间时，对 PM2.5 和 PM10 的大气颗粒物清除率均小于 20%，存在负值。当日降雨量在 0～0.1mm 时，对 PM2.5 和 PM10 的大气颗粒物清除率都是负数，说明湿度增加导致 PM2.5 和 PM10 的浓度"湿增长"，从而导致颗粒物浓度增加。当日降雨量在 0.1～10mm，即湿清除过程时，对 PM2.5 和 PM10 的大气颗粒物清除率和正清除率随日降雨量的增加，大气颗粒物的清除率和正清除率的比例增加。当日降雨量在 10～25mm，对 PM2.5 和 PM10 的清除率分别是 19.65% 和 11.45%，正清除率为 83.33%，湿沉降作用达到了最大值，此时颗粒物的清除率趋于稳定，大气颗粒物的浓度会显著降低。说明随着降雨强度的增大，颗粒物的湿沉降作用逐渐占据主导地位，可以通过湿沉降作用将大气中的颗粒物沉降到地面，从而减少其在空气中的浓度。同时较高的日降雨量也意味着较高的湿度，这会影响颗粒物在空气中的扩散和沉积行为。

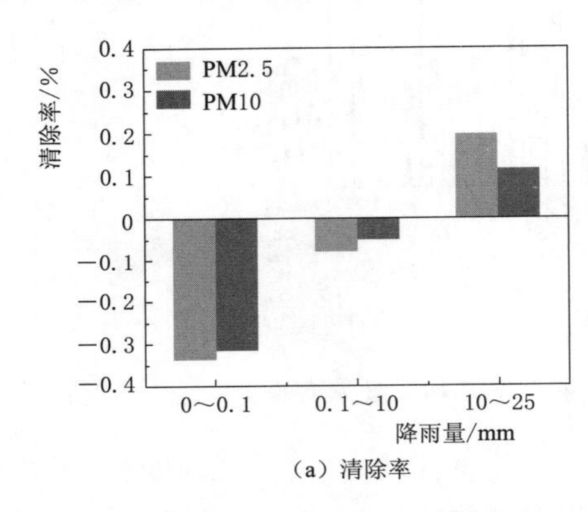

(a) 清除率

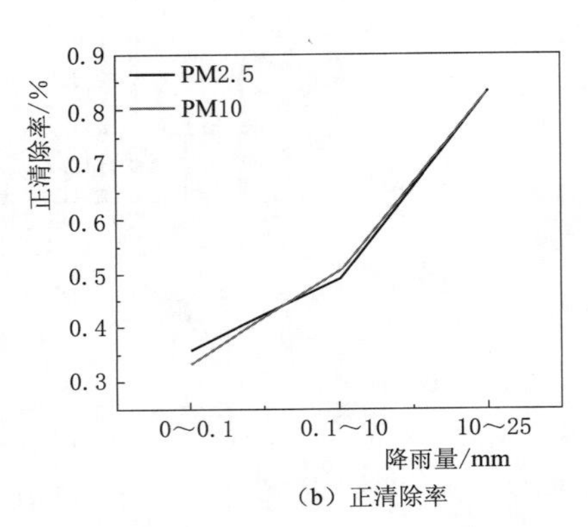

(b) 正清除率

图 8-34　降雨强度对大气颗粒物的清除能力

8.3.1.4　降雨周期对颗粒物浓度的影响

降雨天数为一天时表示为非连续降雨，降雨周期二天时表示连续降雨 2 天，频数代表着降雨现象发生的次数。表 8-9 体现了降雨天数与大气颗粒物清除率的关系。

表 8-9　　降雨天数与大气颗粒物清除率的关系

连续降雨天数/d	频数/次	PM2.5		PM10	
		清除率/%	正清除率/%	清除率/%	正清除率/%
1	8	−34.34	14.28	29.66	2.33
2	7	−31.57	30.55	−41.33	20.77
3	4	−16.85	34.28	1.27	39.84
≥4	12	−17.62	30.53	−12.95	32.52

由表 8-9 可知，在 181 天降雨清除过程中出现单独 1 天降雨（即非连续降雨）的频数为 8 次，出现连续 2 天及 2 天以上降雨的频数为 23 次，其中连续降雨日 PM2.5 和

PM10 的日均质量浓度分别为 16.87μg/m³ 和 41.5μg/m³，比非连续降雨日浓度下降了 35.74% 和 31.55%。

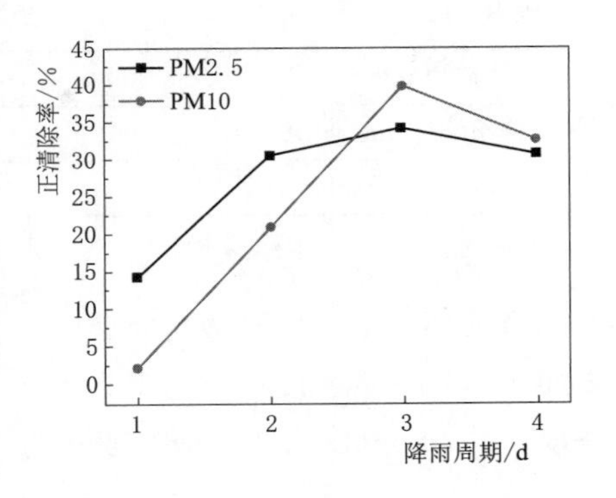

图 8-35 降雨周期对大气颗粒物的清除能力

持续降雨可以改善大气颗粒物的湿清除效果，当降雨只维持在 1 天之内，大气颗粒物的平均清除率为−34.34%，正清除率仅为 14.28%，平均清除率为负数，正清除率较低。连续降雨对正清除率的比例影响明显，其中持续降雨 3 天时清除效果最佳，产生了最高的正清除率和正清除效果，降雨周期对大气颗粒物的清除能力如图 8-35 所示。当持续降雨天数达 4 天及以上时，大气颗粒物清除率明显下降。这是因为前期大气颗粒物的基础浓度高，降雨清除大气颗粒物的主要表现为惯性碰撞，后期其清除的机理转变为布朗扩散与迁移。随着早期大气颗粒物浓度的下降，颗粒粒径也在下降。因此，后期降雨对大气颗粒的去除能力降低，使得大气颗粒物的浓度不再下降。

8.3.2 降雨对镜面积尘的影响

降雨是影响镜面积尘的一个重要因素。在降雨时，雨水落在镜面上，有助于冲刷镜面上的灰尘和颗粒，使镜面表面更加清洁。但是，降雨开始时，雨滴中携带者大气颗粒物，使聚光镜表面更脏，如果此时降雨停止（小雨），不仅不能清洗聚光镜表面，还将使其表面的干积尘转变成湿积尘，减弱聚光镜的聚光效应。为了研究降雨强度对聚光镜表面的清洗状态，分别测量了不同降雨量在不同聚光镜倾角下的反射率。

8.3.2.1 降雨特征参数及量化指标

基于物理过程的降雨理论分析明确各降雨参量对聚光镜表面积尘冲刷的影响，从而描述雨滴的主要参数以及灰尘颗粒从聚光镜表面到降雨分段清除过程。

1. 雨滴粒径大小

雨滴粒径的大小决定了雨滴的物理特性。雨滴粒径的评估通常是通过不规则形状的雨滴体积表示，自然降雨的雨滴粒径在 0.1～6.5mm 范围之间。当直径小于 0.28mm 时，雨滴可以近似为球形；随着直径的增大，雨滴大小会发生形变而形状改变成扁球状，当雨滴直径大于 5mm 时，在雨滴下落的过程中由于粒径的增大，进而增大了与空气的接触面，导致雨滴未能达到相应的终点速度就已经破碎。

2. 降雨强度

降雨量作为表征降雨强弱的一个参数，表明雨平面通过雨滴的体积，以日降雨量和时降雨量进行阐述，单位用 mm/d 或 mm/h 表示。由于降雨强度受自然条件影响较大，所以不同地区，不同时间都会出现相应的降雨等级，因此也就形成了不同的雨量分级标准。气象降雨强度等级分类见表 8-10。

表 8-10 气象降雨强度等级分类

降雨等级	小雨	中雨	大雨	暴雨	大暴雨
日降雨量/(mm/24h)	0.1～10	10～25	25～30	50～100	100～200
时降雨量/(mm/h)	≤2.5	2.5～8	8～16	≥16	

3. 雨滴速度

降雨环境下，雨滴最初降落时，受重力影响，降落速度加快。但受空气阻力影响，使之加快达到一定速度后，当阻力等于重力时，雨滴将匀速地降落。此时雨滴速度是雨滴末速度，Markowitz AH 的研究表达为

$$V_{\mathrm{T}}=9.58\left[1-\exp\left(-\frac{d}{1.77}\right)^{1.147}\right] \tag{8.11}$$

式中 V_{T}——雨滴降落的最终速度，m/s；

d——雨滴直径，mm。

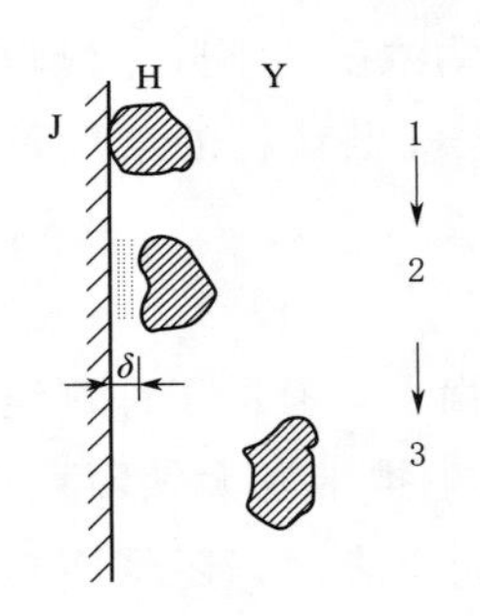

图 8-36 灰尘颗粒 H 从聚光镜表面 J 到降雨 Y 分段清除过程

4. 灰尘颗粒从聚光镜表面到降雨分段清除过程

灰尘颗粒的去除机理可依据兰格（Lange）分段去污过程来表示，灰尘颗粒 H 从聚光镜表面 J 到降雨 Y 分段清除过程如图 8-36 所示。其中，1 段为灰尘颗粒 H 直接黏附于聚光镜表面 J 的状态。此时体系的黏附能为

$$W_{\mathrm{JH}}=\gamma_{\mathrm{J}}+\gamma_{\mathrm{H}}-\gamma_{\mathrm{JH}}>0 \tag{8.12}$$

式中 W_{JH}——聚光镜表面与灰尘颗粒间的黏附能；

γ_{J}——聚光镜的表面能；

γ_{H}——灰尘颗粒的表面能；

γ_{JH}——聚光镜表面与灰尘颗粒间的界面能。

2 段为雨 Y 在聚光镜表面 J 与灰尘颗粒 H 的固-固界面 JH 上的铺展，铺展系数为

$$S_{\mathrm{Y|H|J}}=\gamma_{\mathrm{JH}}-\gamma_{\mathrm{JY}}-\gamma_{\mathrm{HY}} \tag{8.13}$$

式中 $S_{\mathrm{Y|H|J}}$——雨 Y 在灰尘颗粒 H 间固-固界面的铺展系数；

γ_{JH}——聚光镜面 J 与灰尘颗粒 H 间固-固界面 JH 的界面能；

γ_{JY}——聚光镜表面 J 与雨 Y 间的固-液界面张力；

γ_{HY}——灰尘颗粒与雨间的固-液界面张力。

当 $S_{\mathrm{Y|H|J}}>0$ 时，雨水就可在固-固界面 JH 上铺展。这个过程可看作雨 Y 在聚光镜表面 J 和灰尘颗粒 H 间固-固界面中存在的微缝隙（即毛细管）中的渗透过程。附加压力（毛细力）为

$$\Delta P=\frac{\gamma_{\mathrm{Y}}\cos\theta_{\mathrm{Y}}}{\gamma} \tag{8.14}$$

式中 ΔP——附加压力（毛细力）；

γ_Y——雨的表面张力；

$\cos\theta_Y$——雨在污垢 H 和表面 J 的接触角。

当 $\Delta P>0$ 时，雨就可渗入灰尘颗粒 H 和聚光镜表面 J 的固-固界面中的微缝隙中。

若雨 Y 在聚光镜表面 J 和灰尘颗粒 H 污垢表面上的接触角均等于零（$\theta_Y=0$）时，雨就能在其固-固界面上铺展形成一层水膜，使灰尘颗粒脱离聚光镜表面进入雨中，此时固-固界面的铺展系数 $S_{Y|H|J}>0$。

清除率 η 作为衡量某种气候条件下积尘对镜面光学性能影响的量化指标，即

$$\eta=\frac{\rho_a-\rho_b}{\rho_a} \tag{8.15}$$

式中 ρ_b——降雨和降雪等实验中，实验前测量的镜面反射率；

ρ_a——降雨和降雪等实验中，实验后测量的镜面反射率。

式（8.15）表示聚光镜的反射率从积尘到实验结束不同参数对镜面的除尘效果。其中 $\rho_a-\rho_b$ 为积尘反射因子，积尘反射因子越大，清除率越高，表示清洁能力越强。

8.3.2.2 降雨对镜面积尘清除效果的分析

如图 8-37 所示 2021 年 5—10 月呼和浩特市雨季的气象参数。雨季的空气质量状况

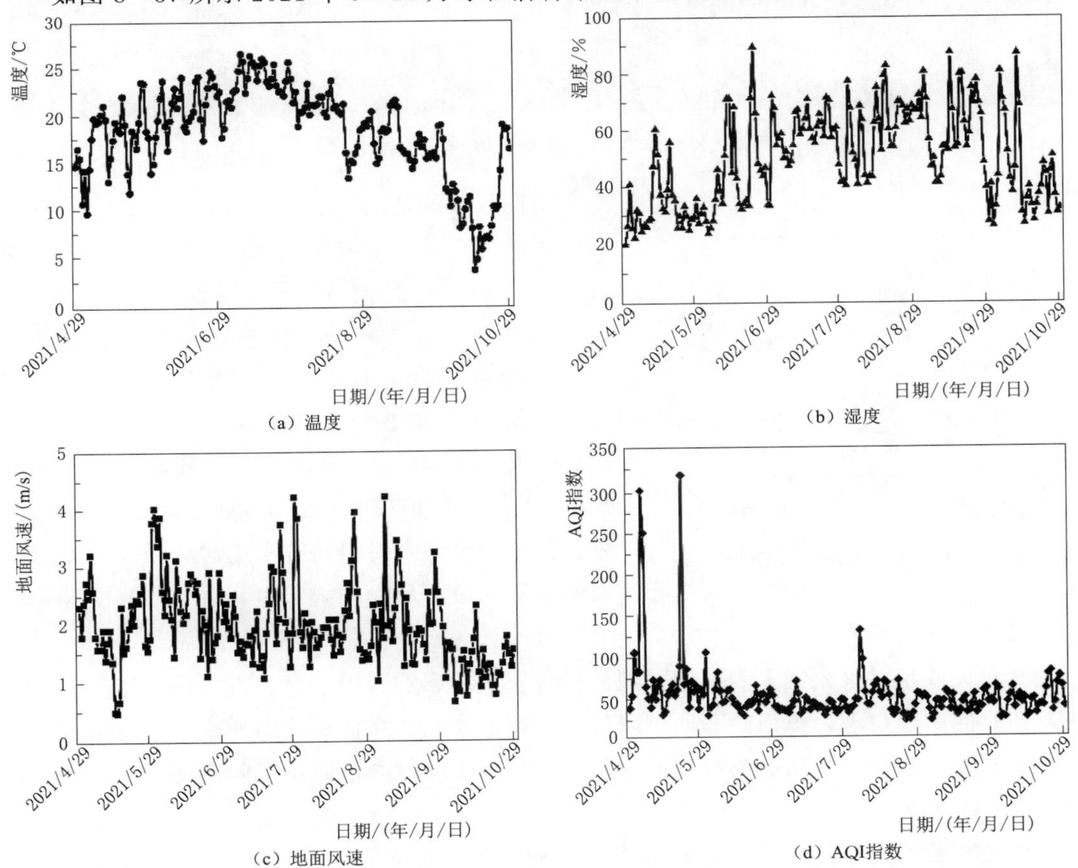

(a) 温度　(b) 湿度　(c) 地面风速　(d) AQI指数

图 8-37 呼和浩特市雨季的气象参数

基本属于优，平均风速为1.98m/s，环境温度平均为18.3℃，平均相对湿度为50.04%。自然清洗聚光镜表面积尘的过程中，主要是自然降雨对聚光镜表面积尘的清洁，因此在实验过程中，分析降雨对镜面积尘清除效果的影响。

通常情况下，聚光镜上的液态水会在其表面流失，从而将沉积在表面的一些积尘带走。但是，若降雨强度较小时，如处于大雾、凝露状态、毛毛雨和其他降雨量少的天气条件下，聚光镜表层灰尘颗粒受空气潮湿环境影响，在表面形成污垢，从而降低镜面反射率。从前文可知降雨量的增加有助于大气颗粒物的减少，因此研究降雨对干净镜面的影响，固定聚光镜的朝向，根据降雨后镜面积尘的分布，得到降雨对聚光镜干净表面的影响。聚光镜表面冲刷后积尘位置示意如图8-38所示，随着聚光镜倾角的改变，降雨对聚光镜上表面遗留的积尘有直接的作用，在不同的倾角下，雨后聚光镜上的积尘颗粒的位置不同。

图8-38 聚光镜表面冲刷后积尘位置示意图

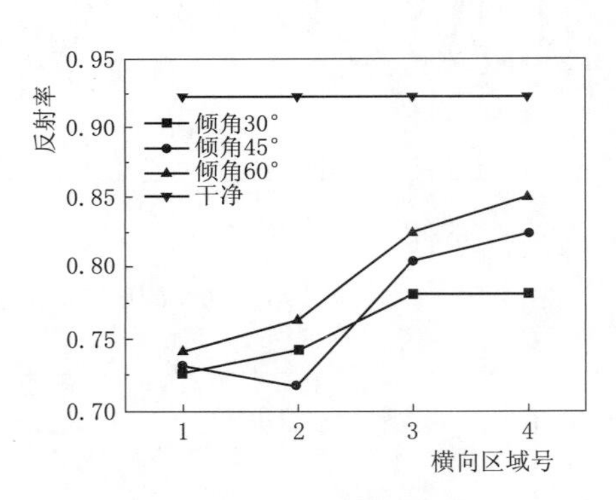

图8-39 不同区域的镜面反射率

不同区域的镜面反射率如图8-39所示。在小雨的情况下，空气中的大气颗粒物在沉降时都会造成镜面污染。在倾角30°下，降雨量为2mm时，反射镜污染严重区域处于横向区域1处；在倾角45°下，降雨量为4.1mm时，反射镜的污染严重区域处于横向区域2处；在倾角60°下，降雨量为5.4mm时，反射镜的污染严重区域处于横向区域1处，其中小雨情况时，日降雨量越大，在镜面上越容易形成径流，对镜面有一定的清洁作用，但是当形成的径流不足以冲刷镜面，会导致灰尘颗粒沉积在径流停止的地方。

聚光镜倾角对聚光镜上表面的冲刷面积有直接的影响，由于聚光镜是槽式抛物面型结构，在不同的倾角下，镜面的不同区域位置也随之变化，从而对降雨冲刷作用有一定的影响。根据不同倾角下的雨后反射率的分析，可得到不同聚光镜倾角下的低反射率区域，如图8-40所示。

经过实验测量，降雨会对聚光镜横向区域的积尘分布产生规律性影响。在不同倾角下，聚光镜表面的低反射率区域分布也有差异：当倾角为30°时，低反射率区域在横向区

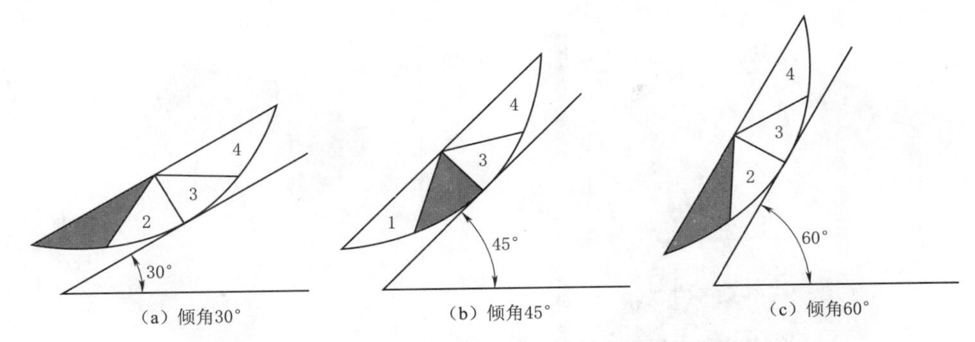

(a) 倾角30°　(b) 倾角45°　(c) 倾角60°

图 8-40　不同聚光镜倾角下的低反射率区域图

域 1；当倾角为 45°时，低反射率区域在横向区域 2，且在小雨情况下会出现在横向区域 1 与区域 2 交界处；当倾角为 60°时，低反射率区域在横向区域 1，且横向区域 4 很难被清除，因为其受到镜面遮挡。倾角为 30°、45°下的低反射率区域容易累积液滴和灰尘，由于重力减小，有利于其累积。在降雨较强时，聚光镜的横向区域 1 和区域 2 可被反复清洗。

8.3.2.3　不同降雨量对镜面积尘的影响

积尘不可避免地会影响聚光镜的反射率进而影响系统光学性能，图 8-41～图 8-46 分别展示了在不同倾角下不同降雨量对积尘镜面平均反射率及清除率的影响。

图 8-41 展示了聚光镜倾角 30°下不同降雨量对积尘镜面反射率对比。2mm 降雨量下，镜面上严重积尘区域在降雨前后的平均反射率分别为 0.311 和 0.284，反射率的下降表明 2mm 降雨量不能完全清洁积尘严重区域；在 12mm 降雨量下，纵向区域 2 上的积尘分布不均匀，横向区域 2 和区域 3 之间的反射率差异为 0.014，随着降雨后反射率开始上升，降雨前后平均反射率分别为 0.533 和 0.682，反射率的上升表明 12mm 降雨量开始对镜面产生清洁作用；在 37.1mm 降雨量下，横向区域 2 和区域 3 处的镜面反射率为 0.892

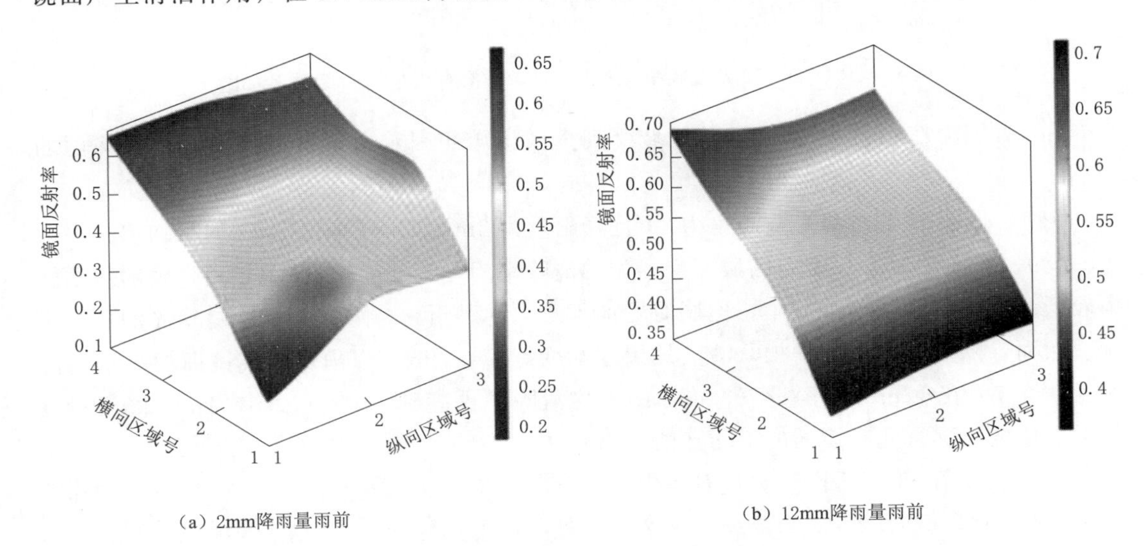

(a) 2mm降雨量雨前　(b) 12mm降雨量雨前

图 8-41（一）　聚光镜倾角 30°下不同降雨量对积尘镜面反射率对比

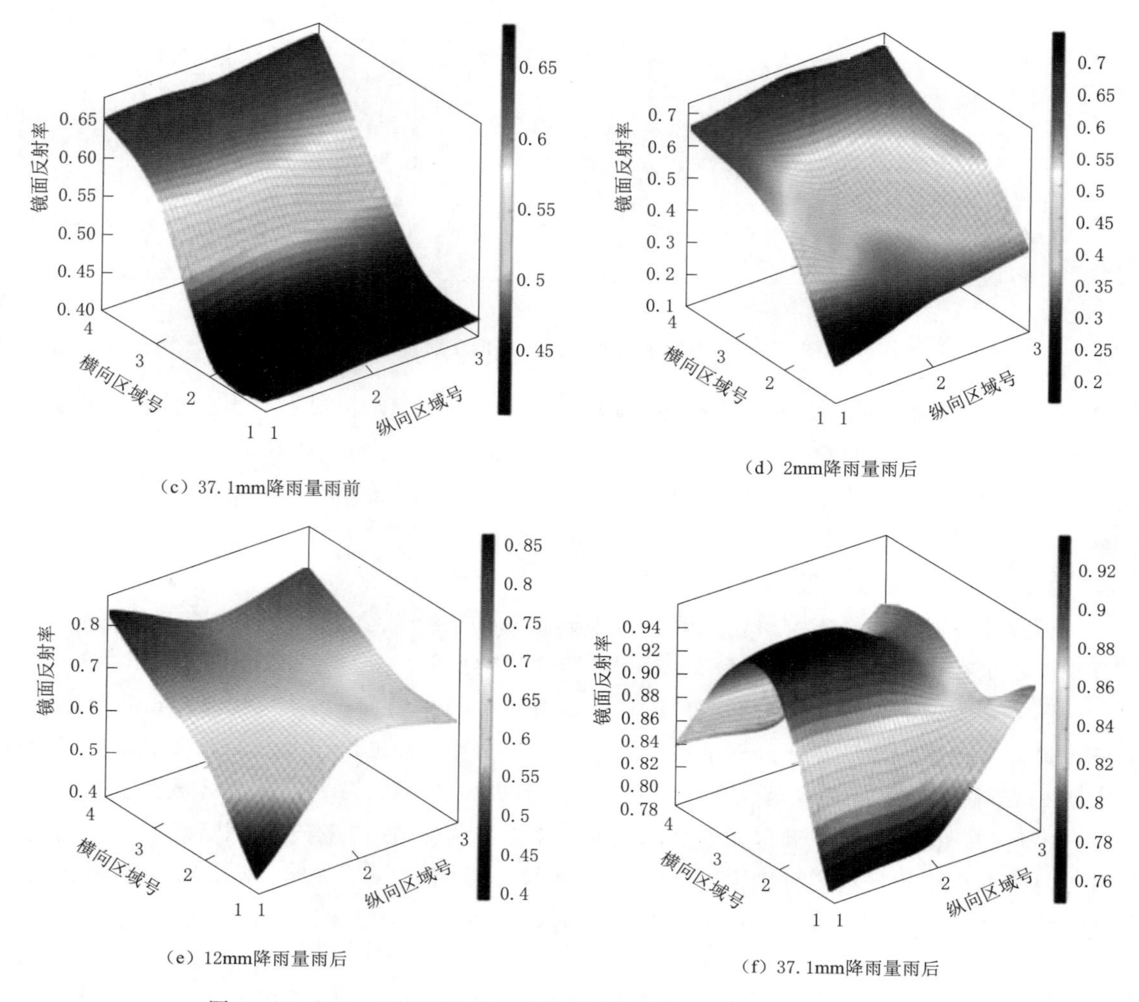

(c) 37.1mm降雨量雨前

(d) 2mm降雨量雨后

(e) 12mm降雨量雨后

(f) 37.1mm降雨量雨后

图 8-41(二) 聚光镜倾角 30°下不同降雨量对积尘镜面反射率对比

和 0.902，因为在倾角 30°下，这些区域受到横向区域 4 因重力作用流下的雨水和降雨的冲刷。

图 8-42 展示了当聚光镜倾角为 30°且降雨量为 2mm 时，横向区域 1 的平均清除率为 −0.089，纵向区域 2 与横向区域 3 交界处的清除率为 −0.099。表明小规模降雨的清洁能力较低，雨水带走了部分灰尘，但同时增加了灰尘的黏附力，加剧了灰尘对聚光的负面影响。然而，随着降雨量的增加，清洁效果逐渐变好。在 2mm 降雨量下，镜面的平均清除率为 0.027。在 12mm 降雨量下，镜面的平均清除率提高到了 0.217。37.1mm 降雨量是效果最佳的情况，此时镜面的平均清洁率为 0.391。

聚光镜倾角 45°下不同降雨量对积尘镜面反射率对比如图 8-43 所示。其中：在降雨量 4.1mm 时，横向区域 2 与纵向区域 2 交界处的反射率为 0.326；在降雨量 17.1mm 时，横向区域 2 与纵向区域 1、区域 2 交界处的反射率分别为 0.284 和 0.301；而在降雨量

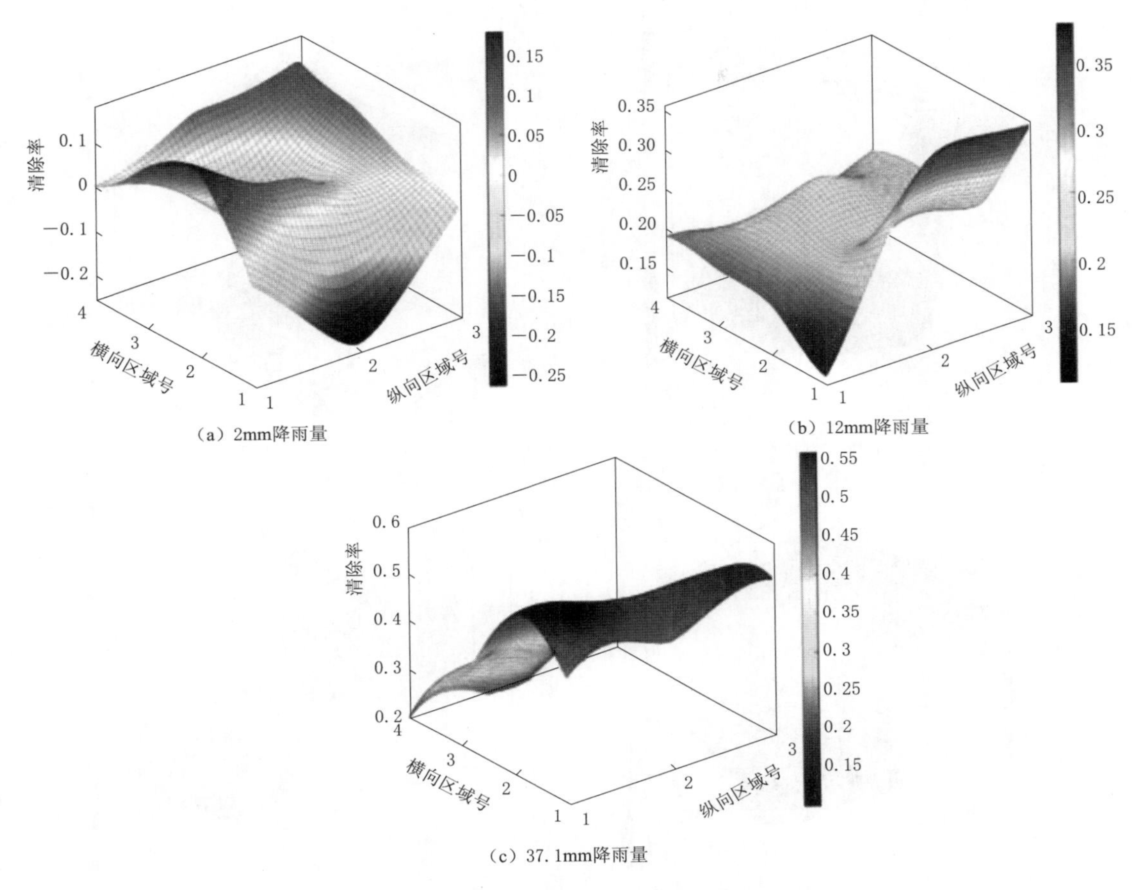

图 8-42 聚光镜倾角 30°下不同降雨量的清除率

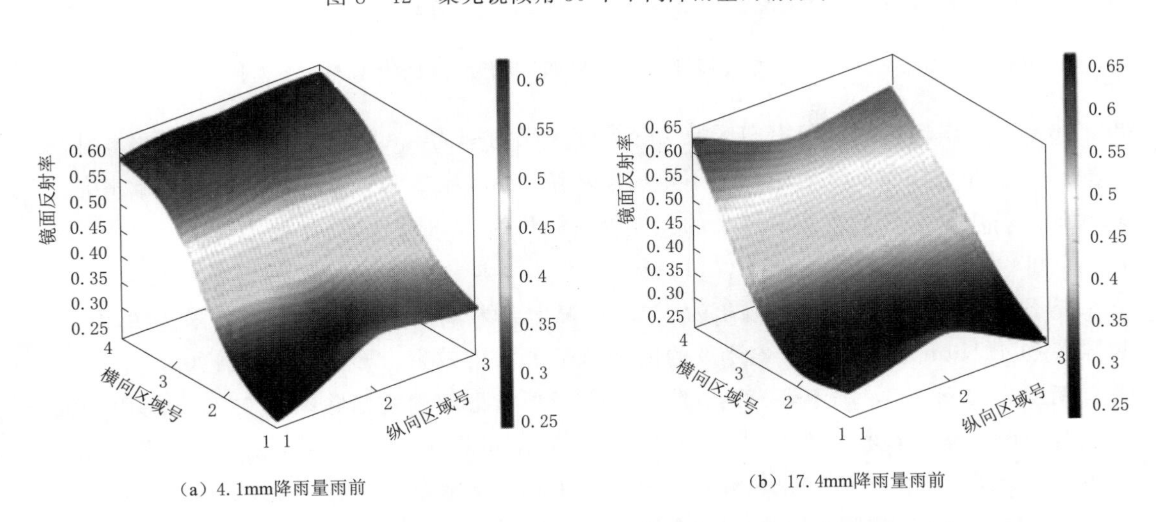

图 8-43（一） 聚光镜倾角 45°下不同降雨量对积尘镜面反射率对比

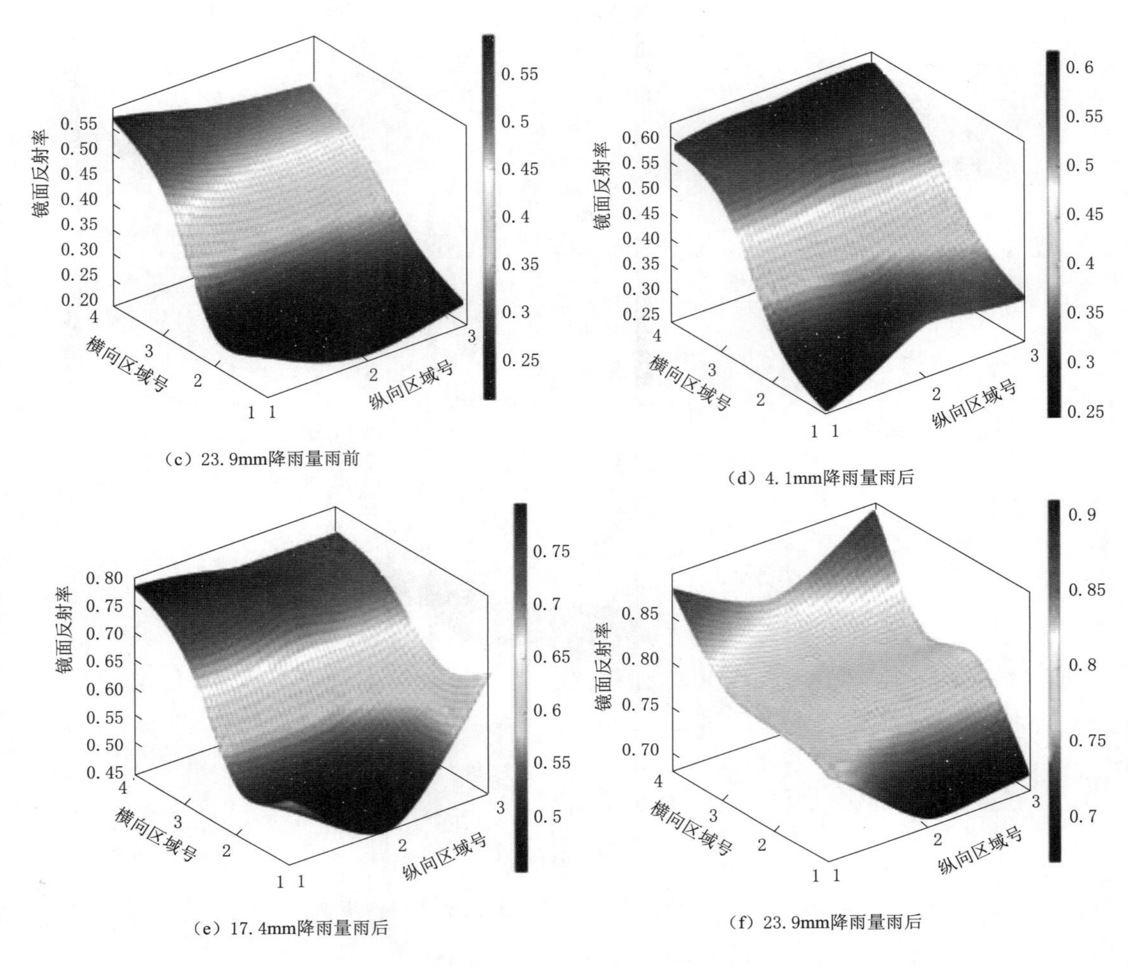

图 8-43（二）　聚光镜倾角 45°下不同降雨量对积尘镜面反射率对比

38.9mm 时，横向区域 2 与纵向区域 1 交界处的反射率为 0.266，表明横向区域 2 积尘较严重。受聚光镜倾角和降雨量影响下，横向区域 1、区域 2 交界处的平均反射率比其他区域要低。其中横向区域 1 和区域 2 的交界处在倾角为 45°时，其平均反射率分别为 0.391、0.564 和 0.758。

图 8-44 展示了在聚光镜倾角为 45°的情况下，大多数区域呈现清洁效果。然而，当降雨量为 4.1mm 时，镜面积尘严重的区域会呈现污染效果，即清除率小于 0，但镜面的平均清除率为 0.175，高于聚光镜 30°、2mm 降雨量下的平均清除率 0.027。表明降雨量的增加有利于聚光镜积尘严重区域的清洁。当降雨量为 17.4mm 时，镜面的平均清除率为 0.375；而当降雨量为 23.9mm 时，镜面的平均清除率最高，为 0.53。说明在 23.9mm 的降雨量下，对于镜面的平均清洁效果最佳。

图 8-45 展示了在聚光镜倾角 60°下不同降雨量的镜面反射率。其中，横向区域 1 处

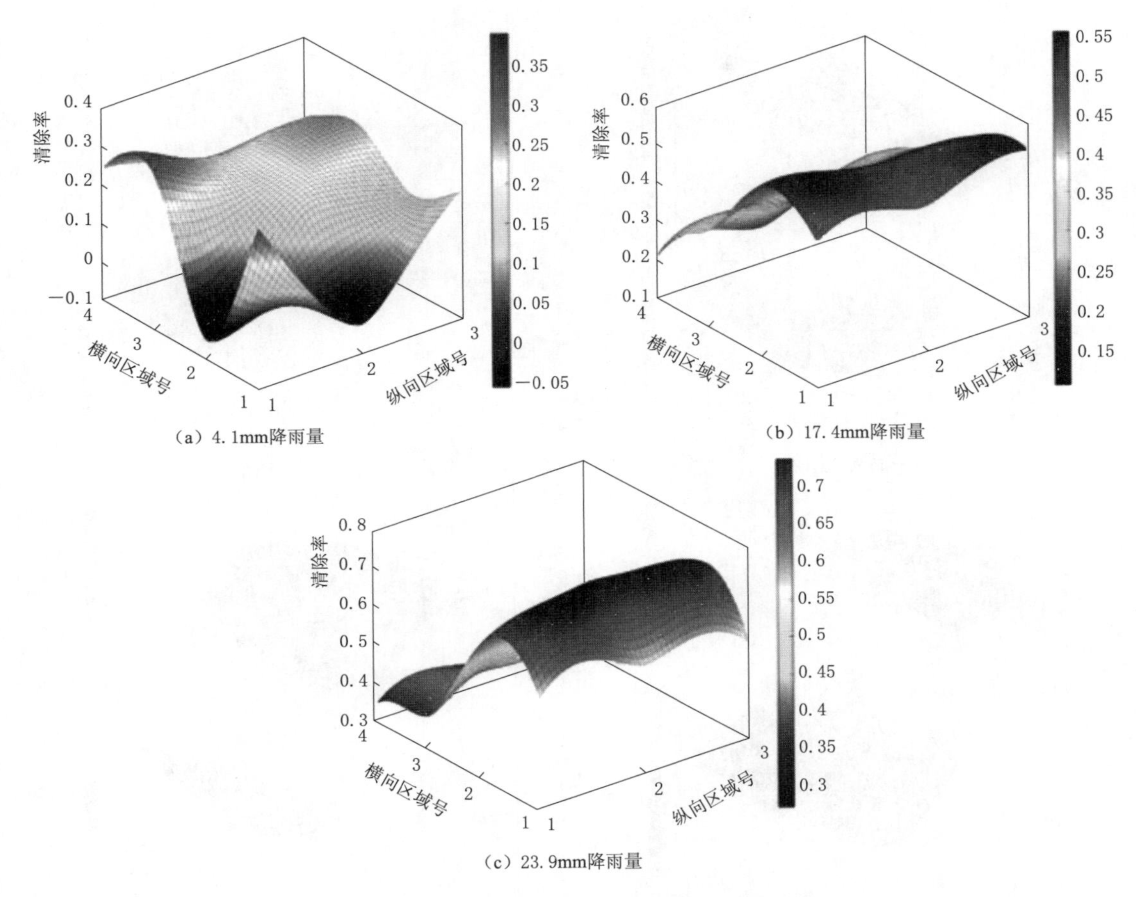

图 8-44 聚光镜倾角 45°下不同降雨量的清除率

的镜面平均反射率分别为 0.366、0.345、0.319，相比于镜面反射率来说比较低，说明在倾角 60°自然积尘的情况下，镜面积尘在横向区域 1 处积尘比较严重，而雨后横向区域 1 处的镜面平均反射率分别为 0.052、0.648、0.751，说明在降雨量 5.4mm 的情况下对于镜面呈清洁效果。

图 8-46 展示了在聚光镜倾角 60°下镜面整个区域都呈现清洁效果，说明在 5.4mm 的降雨量下，在镜面能够形成径流冲刷镜面，镜面的平均清除率为 0.319。在 18.4mm 降雨量情况下，镜面的平均清除率为 0.413，在 38.9mm 降雨量情况下，镜面的平均清除率为 0.514。

8.3.2.4 降雨强度对镜面积尘的影响规律

图 8-47 展示了随降雨强度的变化而表现出不同的镜面反射率。大规模降雨后镜面反射率最高，小规模降雨后镜面反射率最低。首先小规模降雨强度不足以完全冲刷镜面，同时小雨导致镜面出现的水膜也会降低反射率；其次展示了随不同聚光镜倾角的变化镜面反射率也会随之发生变化。研究发现：聚光镜倾角为 60°情况下，镜面迎雨面积较小，雨水

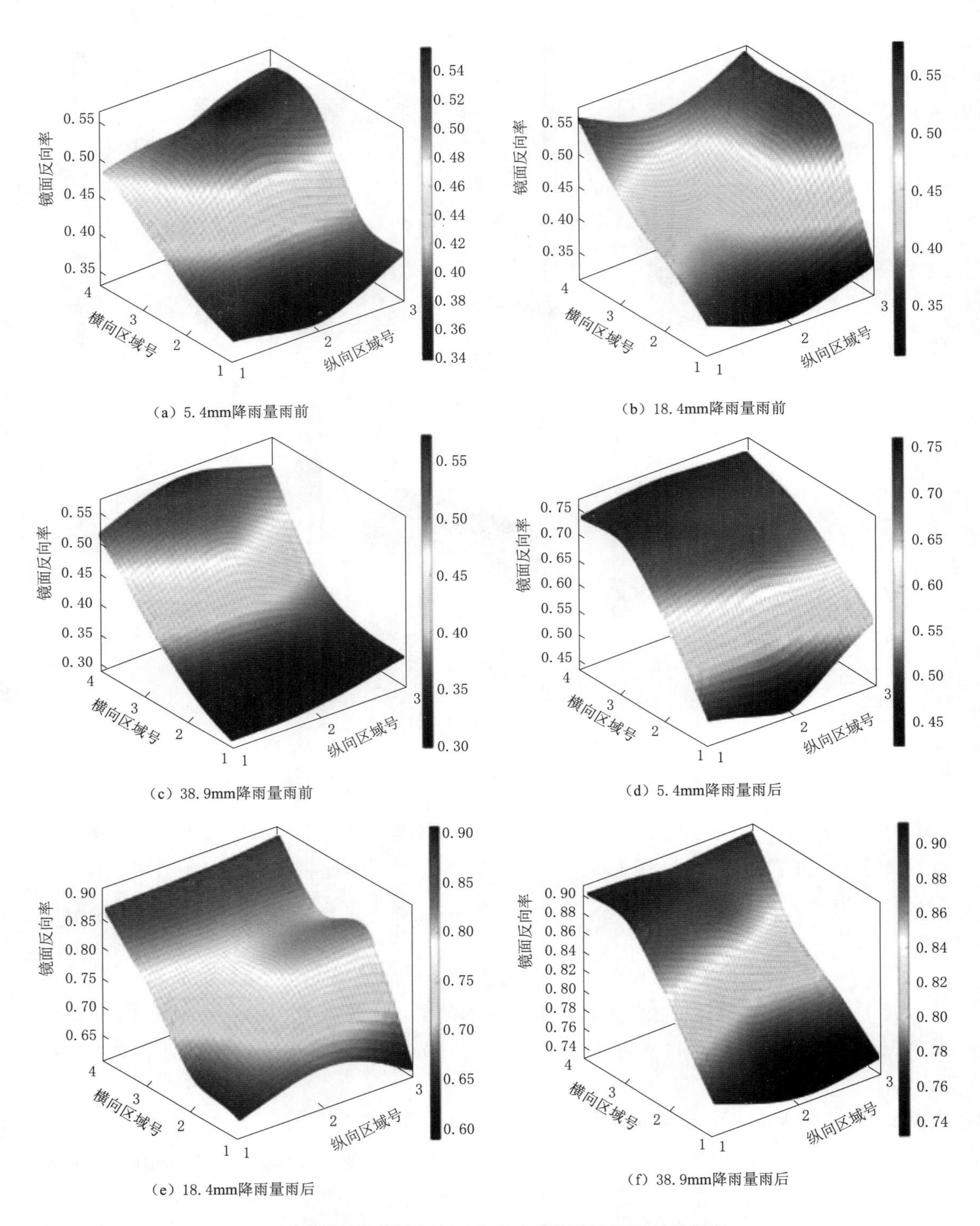

图 8-45 聚光镜倾角 60°下不同降雨量的镜面反射率

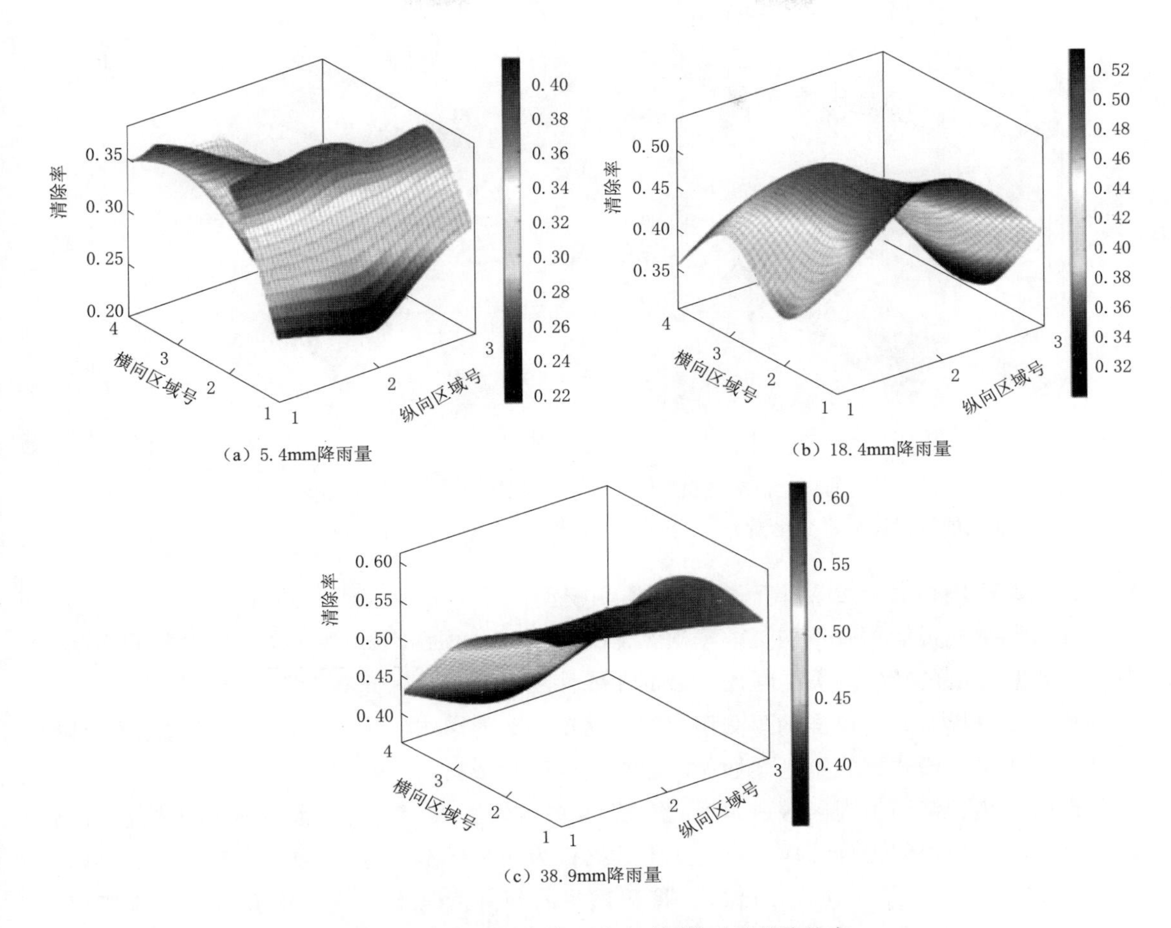

(a) 5.4mm降雨量

(b) 18.4mm降雨量

(c) 38.9mm降雨量

图 8-46 聚光镜倾角 60°下不同降雨量的清除率

流淌受重力影响较大，镜面平均反射率最高，为 0.754；同理，聚光镜倾角为 30°和 45°时迎雨面积较大，受重力影响较小，镜面反射率相对较低。

图 8-48 展示了受降雨强度和聚光镜倾角共同作用下，针对聚光镜倾角为 30°、45°和 60°对镜面清除率进行比较：在小规模降雨情况下，聚光镜倾角为 60°对镜面清除率相对最高，相较于聚光镜倾角为 30°和 45°的清除率分别提高了 0.292 和 0.069；在中规模降雨情况下，聚光镜倾角为 30°、45°和 60°下镜面的清除率分别为 0.217、0.399 和 0.413，反射率得到提高，表明镜面呈现出清洁效果；在大规模降雨情况下，聚光镜倾角为 30°、45°和 60°下镜面的清除率分别为 0.391、0.482 和 0.514，相比于小中规模降雨，大规模降雨后且聚光镜倾角为 60°的情况下清洁效果最佳。

根据整体镜面反射率变化规律可知，聚光镜倾角和降雨强度是影响镜面反射率较大的因素。但是小规模降雨会使镜面反射率降低，从而清除率下降。除此之外，随倾角的增大和降雨强度的提升，镜面反射率逐渐增大。

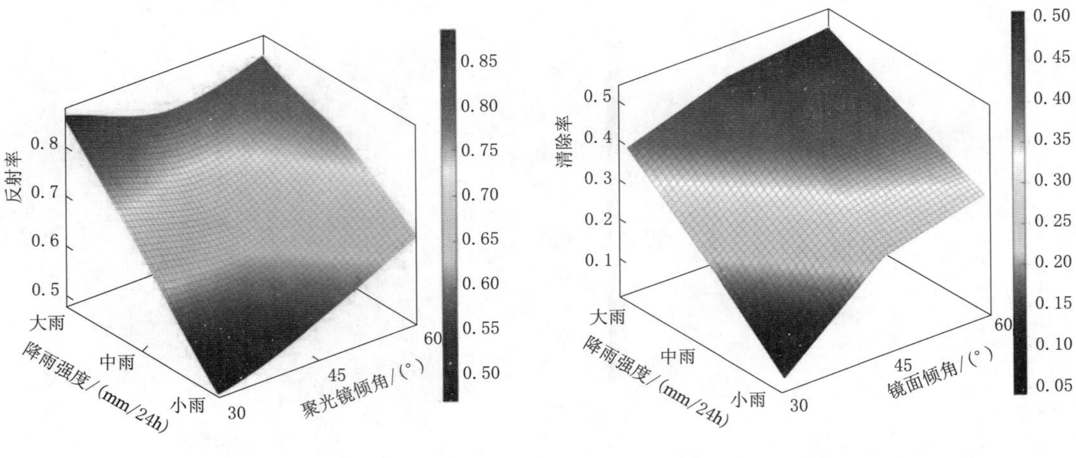

图 8-47 随降雨强度的变化而表现出不同的镜面反射率变化图

图 8-48 在降雨强度、聚光镜倾角共同作用下的镜面清除率变化图

8.3.3 基于PSO优化自然降雨的积尘预测模型

在不同聚光镜倾角及不同规模降雨量情况下研究降雨前后积尘对镜面反射率的影响，由于降雨量影响的特殊性需要考虑复杂的非线性动态过程，因此有必要建立自然降雨条件下的积尘预测模型，可以准确预测积尘对镜面反射率的影响，从而为后续计算清除率及降雨条件下积尘对槽式聚光镜光学性能的影响提供科学依据。

以降雨量、镜面不同区域、聚光镜倾角为多输入因数，当天镜面反射率为输出预测值，将前8组数据作为训练样本，后4组数据作为测试样本，将数据输入模型。粒子群算法采用30个初始粒子，迭代100次，将测试集的预测值与实际值的均方差为适应度值，以此寻找个体最优解和全局最优解，最终训练及测试样本通过数据图后处理统一为整体。

图8-49～图8-51展示了降雨前后反射率及预测结果随降雨量变化的关系。中小规模降雨量且聚光镜倾角为30°的条件下不能有效清洁镜面，反而易加剧灰尘的黏附作用，使聚光镜镜面表面结构复杂化从而产生负面影响，大规模降雨量对镜面的清洁效果最佳；当聚光镜倾角大于45°时，镜面大多数区域呈现清洁的效果，并且随着规模性降雨量的增加可明显改善镜面清洁度，镜面反射率也会随之增加。

倾角30°下不同降雨量降雨前后反射率及预测结果如图8-49所示，其中：2mm降雨量对应的横向区域1处的平均镜面反射率为0.311，平均预测反射率为0.319，计算相对误差为2.57%。雨后横向区域1处的镜面平均反射率为0.284，预测反射率为0.298，相对误差为4.9%，降雨前后预测反射率整体平均相对误差为4.45%，计算平均均方根误差为0.063%；12mm降雨量的雨前纵向区域2积尘分布不均，降雨前后镜面平均反射率为0.533和0.682，平均预测反射率为0.542和0.686，相对误差分别为1.69%和0.59%；降雨前后预测反射率整体平均相对误差为3.5%，平均均方根误差为0.064%；37.1mm降雨量的雨后横向区域2、区域3处的平均镜面反射率为0.892和0.902，平均预测反射率为 0.895 和 0.906，对应相对误差为 0.33%和 0.44%。降雨前后预测反射率整体平均相对误差为 2.3%，平均均方根误差为 0.067%。

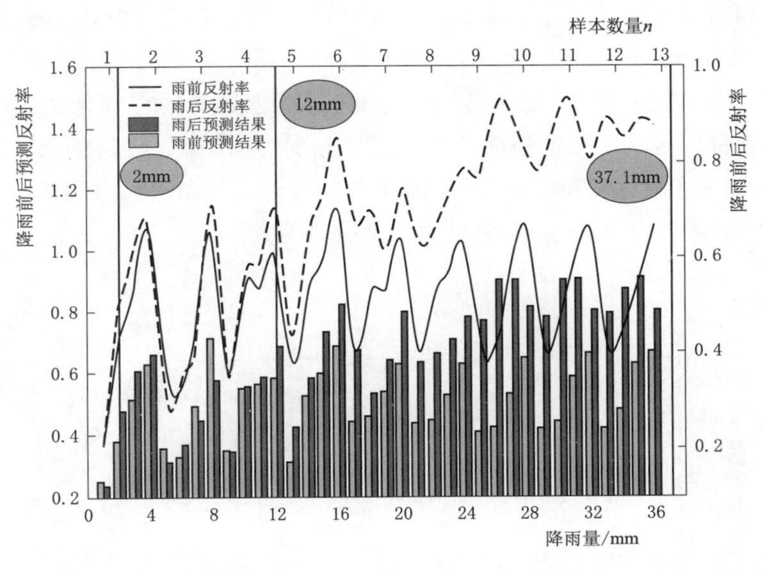

图 8-49 倾角 30°下不同降雨量降雨前后反射率及预测结果图

倾角 45°下不同降雨量降雨前后反射率及预测结果如图 8-50 所示。4.1mm 降雨量的雨前横向区域 2 与纵向区域 2 交汇区域反射率为 0.326，预测反射率为 0.339，相对误差 4%。降雨前后预测反射率整体平均相对误差为 4.4%，平均均方根误差为 0.068%；17.4mm 降雨量的雨前横向区域 2 与纵向区域 1、区域 2 交汇区域反射率分别为 0.284 和 0.301，预测结果分别为 0.285 和 0.307，相对误差分别为 13.7%和

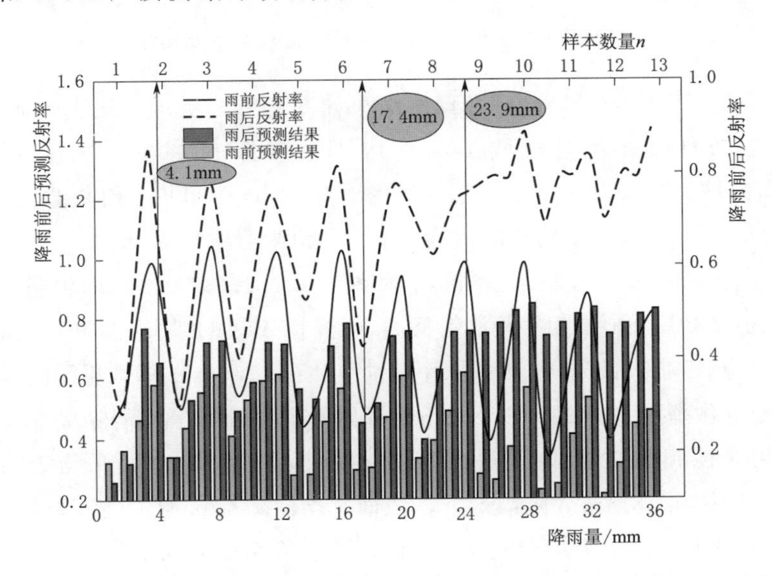

图 8-50 倾角 45°下不同降雨量降雨前后反射率及预测结果图

18.6%。降雨前后预测反射率整体平均相对误差为 3.9%，平均均方根误差为 0.055%；23.9mm 雨前横向区域 2 与纵向区域 1 交汇区域反射率为 0.266，预测反射率为 0.262，相对误差为 1.5%。降雨前后预测反射率整体平均相对误差为 3.65%，平均均方根误差为 0.042%。

倾角 60°下不同降雨量降雨前后反射率及预测结果如图 8-51 所示。三种不同的降雨量下对应的雨前横向区域 1 处的镜面平均反射率分别为 0.502、0.648、0.751，预测反射率分别为 0.498、0.647、0.739，相对误差分别为 0.8%、0.15%、1.6%。基于三种不同降雨量降雨前后预测反射率整体平均相对误差分别为 3%、4.1%、1.75%，均方根误差分别为 0.028%、0.05%、0.026%。

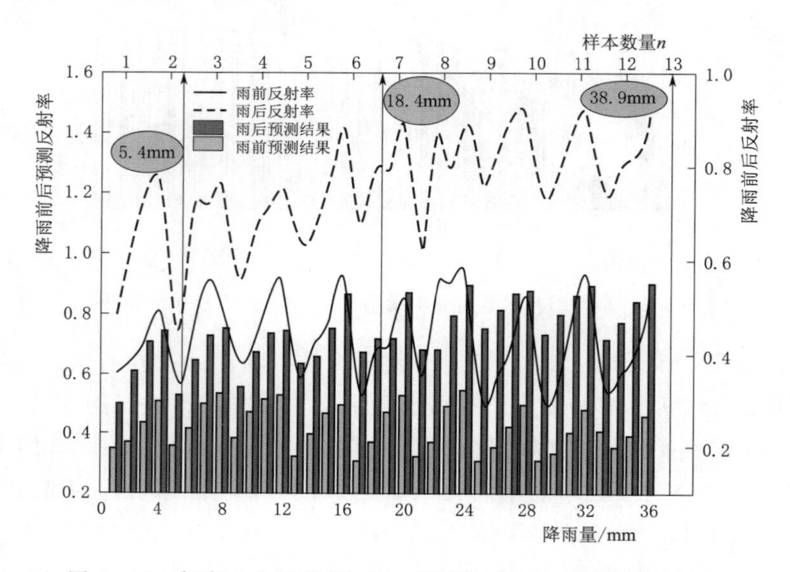

图 8-51 倾角 60°下不同降雨量降雨前后反射率及预测结果图

不同倾角下及不同降雨量清除率及预测结果如图 8-52 所示。聚光镜倾角 30°、降雨量 2mm 的自然条件下，横向区域 1 的平均清除率为 -0.089，预测平均清除率为 -0.088，纵向区域 2 与横向区域 3 交汇区域的清除率为 -0.099，预测清除率为 -0.088，2mm 降雨量对应所有区域的平均清除率为 0.027，预测清除率为 0.024；12mm 降雨量对应所有区域的平均清除率为 0.217，预测清除率为 0.211；37.1mm 降雨量对应所有区域的平均清除率为 0.391，预测清除率为 0.396。聚光镜 45°倾角降雨量在 4.1mm 自然条件下，镜面平均清除率为 0.175，预测清除率 0.174；在 17.4mm 降雨量下，镜面平均清除率 0.375，预测清除率为 0.341；在 23.9mm 降雨量下，镜面平均清除率 0.53，预测清除率为 0.553。聚光镜倾角 60°、降雨量在 5.4mm 自然条件下，镜面平均清除率为 0.319，预测清除率 0.313；在 18.4mm 降雨量下，镜面平均清除率 0.413，预测清除率为 0.408；在 38.9mm 降雨量下，镜面平均清除率 0.514，预测清除率为 0.497。

PSO-BP 神经网络模型预测清除率相对误差及均方根误差分析如图 8-53 所示，基

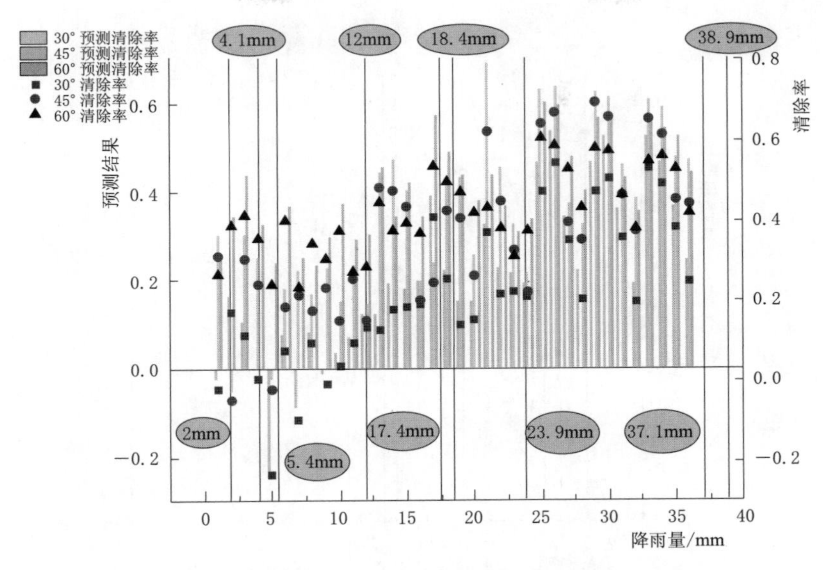

图 8-52 不同倾角下及不同降雨量清除率及预测结果图

于三种不同倾角下预测清除率的相对误差及均方根误差。首先通过所得预测误差结果来看：在聚光镜倾角 30°、降雨量 2mm 条件下，预测最大相对误差 11.1%；当降雨量 4.1mm 条件下均方根误差最大为 0.095%。说明倾角 30°时小降雨量无法满足清洁镜面积尘的要求，降雨前后所计算得到的清除率误差相对较大；在聚光镜倾角 60°、降雨量 5.4mm 条件下，预测最小相对误差 0.19%；当降雨量 38.9mm 条件下均方根误差最小为

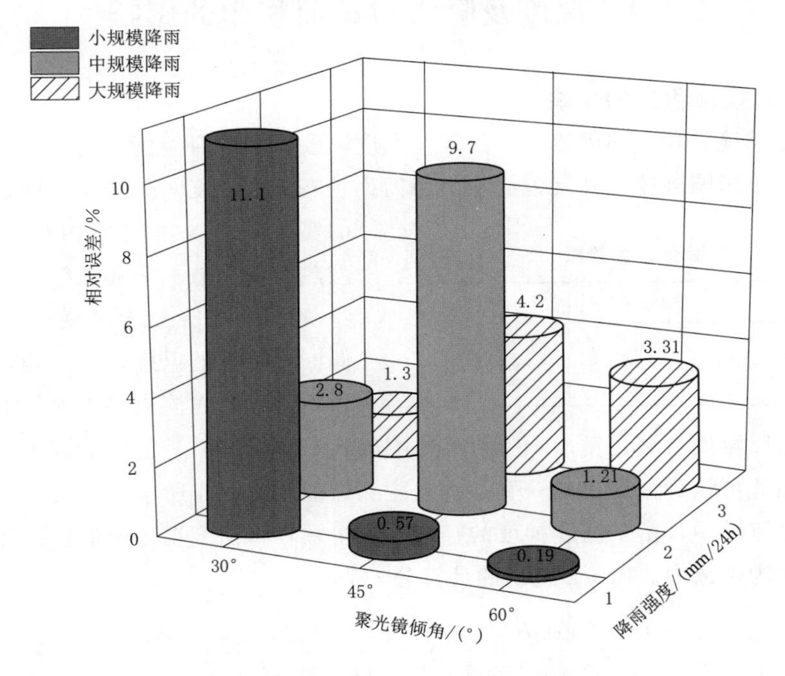

图 8-53（一） PSO-BP 神经网络模型预测清除率相对误差及均方根误差分析

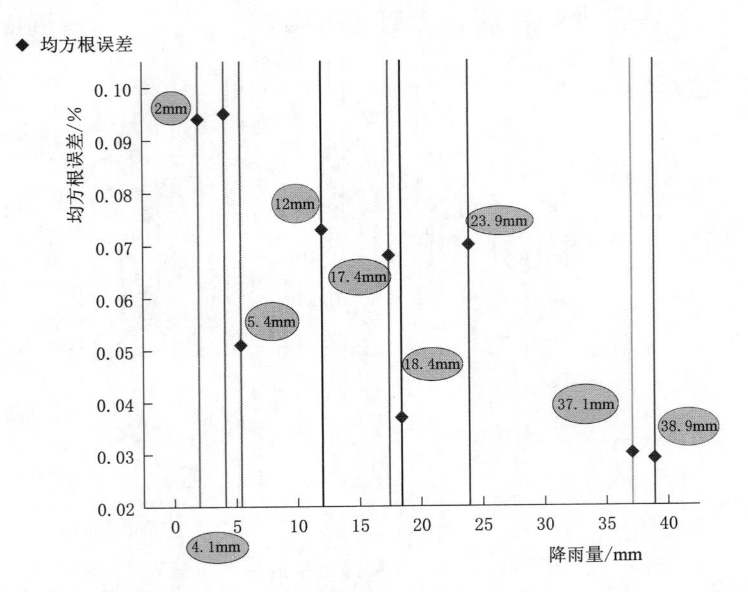

图 8-53（二） PSO-BP 神经网络模型预测清除率相对误差及均方根误差分析

0.029%。说明倾角60°时大降雨量可满足清洁镜面积尘的要求，随着重力和大规模降雨的作用对镜面产生了实质性的清洁效果，降雨前后所计算得到的清除率误差相对较小。基于三种不同倾角下总体平均相对误差为3.82%，平均均方根误差为0.061%。

8.4 温度及降雪对镜面积尘的影响

8.4.1 温度对镜面积尘的影响

温度是影响镜面积尘的因素之一。环境温度以及镜面本身温度都会对镜面积尘产生影响，为了揭示该影响规律，开展镜面清洁和污染状态下的温度对聚光镜表面积尘分布影响的实验研究。本实验由槽式聚光镜、K型热电偶、数据采集仪组成，其参数见表8-11。在聚光镜上的横向区域布置热电偶测量镜面的温度，同步测量该位置的反射率，通过对测点多次测量求平均提高测量精度。在研究温度对聚光镜面积尘清洁影响的实验过程中，其他影响因子保持在相对稳定的状态，因此可认为温度是单一变量。温度测试如图8-54所示。

表 8-11　　实验仪器参数表

仪器名称	型号	精度
热电偶	K	0.75%
数据采集仪	TP700	0.2%

在不等温流动中，由于温度梯度的存在，灰尘颗粒将由高温区向低温区迁移，产生这种迁移的力称为热泳力。Brock 提出的计算公式为

$$F_{\mathrm{T}}=\frac{(-12\pi)(\mu r_{\mathrm{p}}^{2})(k_{\mathrm{g}}/k_{\mathrm{p}}+C_{\mathrm{t}}l/r_{\mathrm{p}})(C_{\mathrm{m}}l/r_{\mathrm{p}})}{1+2k_{\mathrm{R}}/k_{\mathrm{p}}+C_{\mathrm{t}}l/r_{\mathrm{p}}(1+3C_{\mathrm{m}}l/r_{\mathrm{p}})}\mathrm{d}T/\mathrm{d}x \tag{8.16}$$

式中 $\frac{dT}{dx}$——温度梯度；

C_m——动量系数；

l——流体分子自由程；

C_t——温度系数；

k_g——流体传热系数；

k_p——粒子传热系数；

l/r_p——Knudsem 数；

k_R——系统的传热系数；

r_p——系统的长度尺度。

积尘会导致聚光镜镜面洁净度降低，从而影响系统光学特性。为了更好地评价该影响，通过清洁系数 CF 对温度影响下的镜面积尘进行量化，即

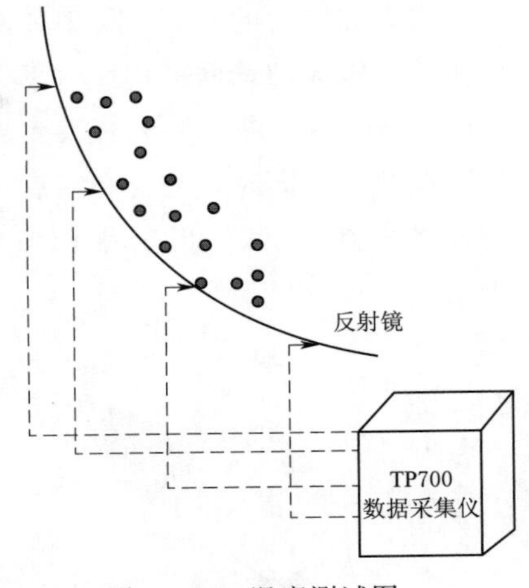

图 8-54　温度测试图

$$CF=\frac{\rho_i}{\rho_0} \tag{8.17}$$

式中 ρ_i——温度影响下的镜面反射率；

ρ_0——镜面原始反射率。

8.4.1.1　镜面温度和环境温度对镜面积尘的影响

课题研究位于呼和浩特地处内蒙古中部，全年四季分明温差较大，夏季气温高，冬季气温低。通过实验测量了冬季聚光镜倾角 45°时的镜面温度，雪天和雪后的镜面温度变化图如图 8-55 所示。考虑到实验开展的可行性以及设备测量的准确性，选取 2021 年 11 月冬季飘雪的时机进行测量。从图 8-56 可以发现：雪天实验终了的镜面区域温度从横向区域 1 到区域 4 下降；雪后实验终了的镜面区域温度从横向区域 1 到区域 4 上升。可见在同样的环境温度下镜面表面不同区域存在温度的变化。

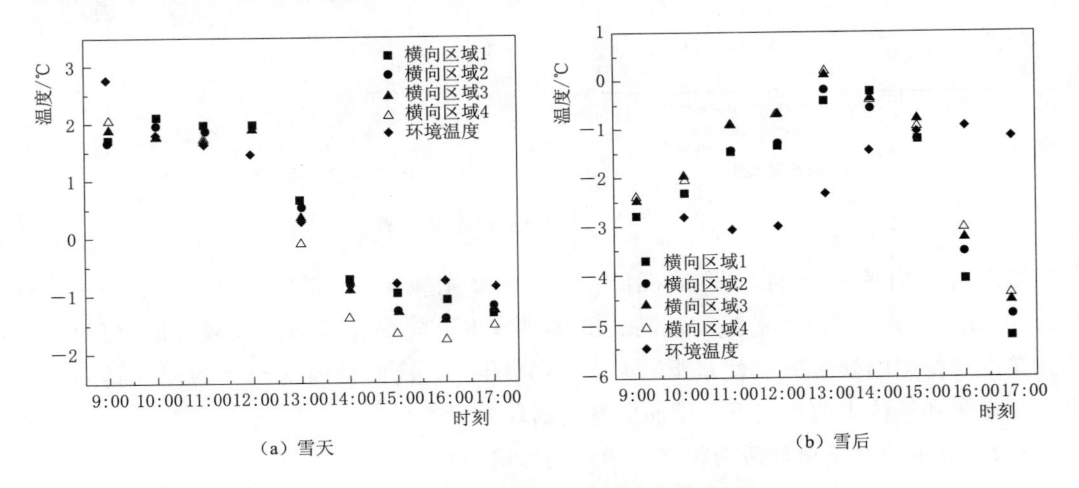

图 8-55　雪天和雪后的镜面温度变化图

雪天和雪后的镜面反射率如图 8-56 所示。对雪天和雪后的聚光镜的镜面反射率进行了比较，雪天的镜面平均反射率为 0.475，低于雪后的 0.509。这是因为雪天在热泳力的作用下环境中的灰尘颗粒迁移到聚光镜表面，而雪后的镜面温度高于环境温度导致镜面灰尘颗粒减少。同时，雪天和雪后在聚光镜倾角和温度的影响下在横向区域 2 的反射率分别为 0.272 和 0.305。反射率较低的原因是该区域的聚光镜倾角较小，灰尘颗粒更容易积聚。

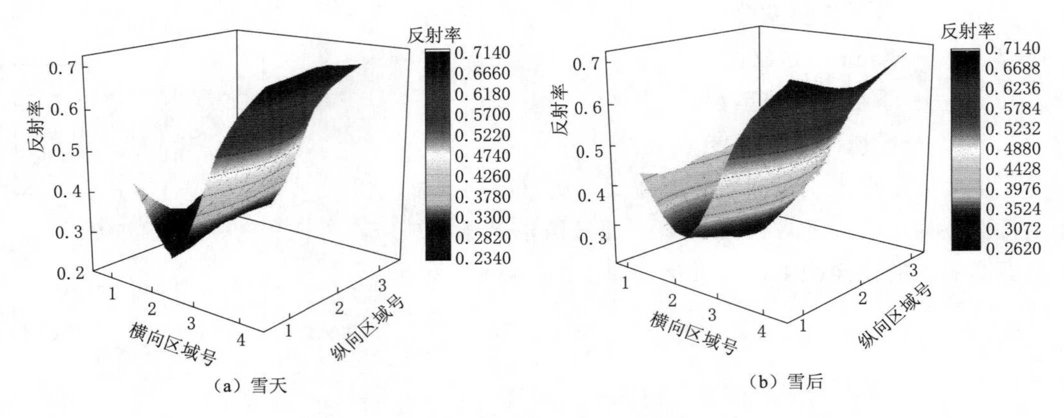

(a) 雪天　　(b) 雪后

图 8-56　雪天和雪后的镜面反射率图

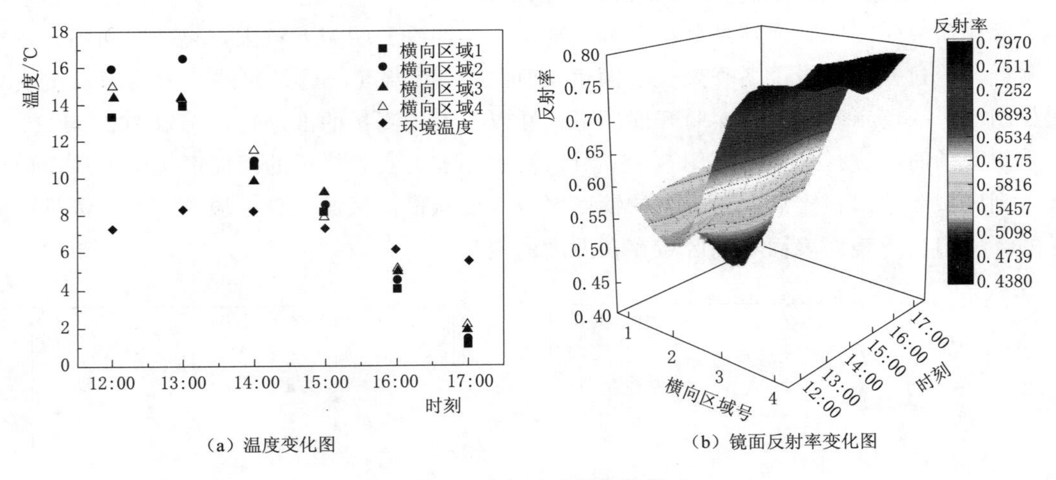

(a) 温度变化图　　(b) 镜面反射率变化图

图 8-57　温度对反射率的影响

温度对反射率的影响如图 8-57 所示。在聚光镜倾角 45°的情况下，在 12：00—13：00 期间，横向区域 2 的温度最高。虽然热泳力可能提高了横向区域 2 的反射率，但聚光镜倾角的影响导致其仍然最低。从 14：00 开始，镜面横向区域 4 的温度达到最高，聚光镜倾角和热泳力的作用下，横向区域 4 的反射率最高。

8.4.1.2　夏季镜面干净与污染状态对积尘的影响

在 2021 年 6 月对镜面干净与污染状态下的镜面温度变化进行了实验研究，干净和污染镜面的温度变化如图 8－58 所示。镜面温度呈现分层状态，随着环境温度的升高而逐渐升高。其中，干净镜面在 13：00 前的温度高于环境温度，13：00 后则低于环境温度；而污染镜面在 17：00 后完全低于环境温度。镜面温度降低是由于镜面与空气的热传导介质不同，而镜面覆盖的积尘颗粒也会对热量传递产生影响。

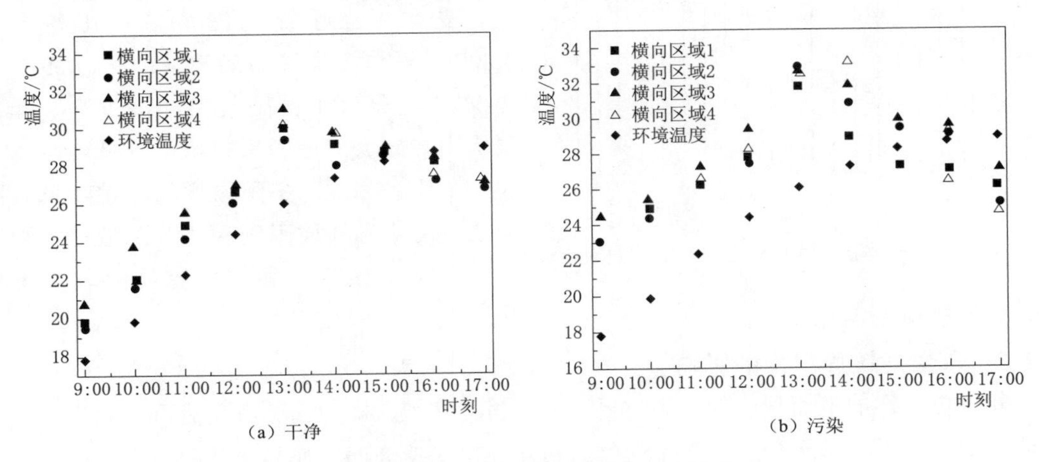

(a) 干净　(b) 污染

图 8－58　干净和污染镜面的温度变化图

镜面反射率随时间的变化如图 8－59 所示。镜面温度的变化导致颗粒的迁移，进一步引起镜面颗粒迁移区域的反射率变化。在 13：00 时，各区域反射率比较高，干净镜面和污染镜面平均反射率分别为 0.918 和 0.764。因温度升高时镜面颗粒脱附导致反射率上升，反之颗粒出现吸附现象，反射率减小。

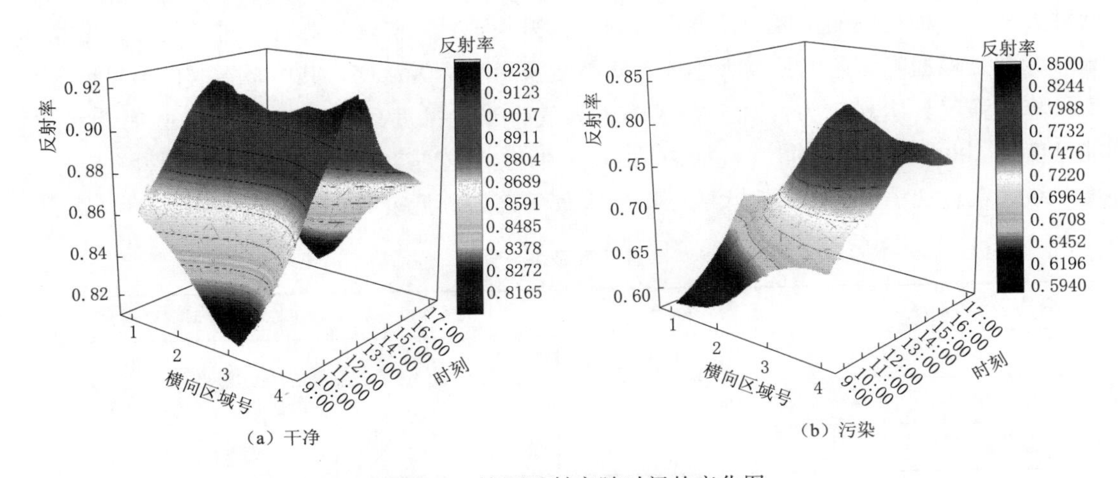

(a) 干净　(b) 污染

图 8－59　镜面反射率随时间的变化图

8.4.1.3　冬夏季节镜面积尘的清洁系数

冬夏季节镜面积尘的清洁系数对比，如图 8－60 所示。在聚光镜倾角为 45°时，冬夏两季干净和污染镜面的清洁系数存在差异，镜面的横向区域 2 受聚光镜倾角和温度的影

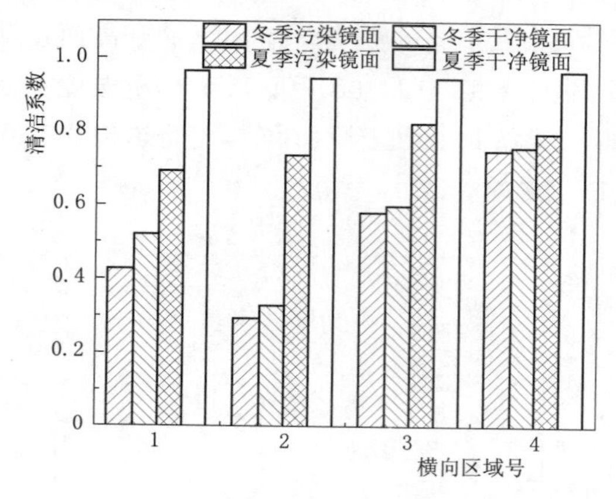

图 8-60 冬夏季节镜面积尘的清洁系数对比

响，导致该区域的反射率和清洁系数较低。干净镜面的清洁系数高于污染镜面，夏季干净和污染镜面的平均清洁系数分别为 0.953 和 0.762，冬季为 0.551 和 0.509。不同季节下，夏季干净镜面的清洁系数比冬季高 0.325，夏季污染镜面的清洁系数比冬季高 0.247。这是由于夏季气温和湿度高，降雨量大，导致大气中的颗粒浓度降低，减少了镜面积尘。相反，冬季温度低且湿度低，同时受到雾霾等环境因素和建筑工地等人为因素的影响，使灰尘颗粒更容易附着在镜面上，导致镜面更容易积尘。

8.4.2 降雪对镜面积尘的影响

降雪也是影响镜面积尘的一个重要因素。虽然雪覆盖在镜面上融化后可以起到一定的清洁作用，但雪中的水分和大气颗粒物会附着在聚光镜表面，使得镜面积尘。即使降雪停止，残留的水滴和水痕也会导致镜面污染加剧。这些污渍可能难以清除，因此需要及时清洁聚光镜以保证其聚光效果，仅考虑雪融化对聚光镜表面积尘的影响，不考虑积雪本身特性导致的聚光损失。

8.4.2.1 降雪等级划分

降雪天气的等级划分是从降雪强度的角度进行考虑，降雪强度的划分标准采用通用的两种方法，一种是以能见度为标准进行划分；另一种是以降雪量为标准进行划分。常用的划分标准是根据降雪的能见度大小或者降雪量来衡量降雪强度，其中降雪时的能见度大小衡量降雪强度具体规定为：对于雪或阵雪天气，当能见度达到或超过 1000m 时为小雪，能见度在 500～1000m 之间（包括 500m）为中雪，能见度不足 500m 时为大雪。降雪强度等级通常包括小雪、中雪和大雪。降雪天气等级划分见表 8-12。

表 8-12 降雪天气等级划分表

降雪天气等级水平	能见度/m	积雪深度/cm	24 小时内降雪量/mm
小雪	≥1000	≤3	0.1～2.4
中雪	500～1000	3～5	2.5～4.9
大雪	<500	≥5	5.0～9.9

8.4.2.2 雪后镜面反射率的变化

呼和浩特市 2021 年 12 月降雪期间的气象参数如图 8-61 所示。BSRN3000 气象数据监测系统收集风速、温度、相对湿度等。在试验期间平均相对湿度为 46.31%，平均风速为 0.93m/s，其中环境温度较低，从而导致聚光镜表面温度的变化有限。

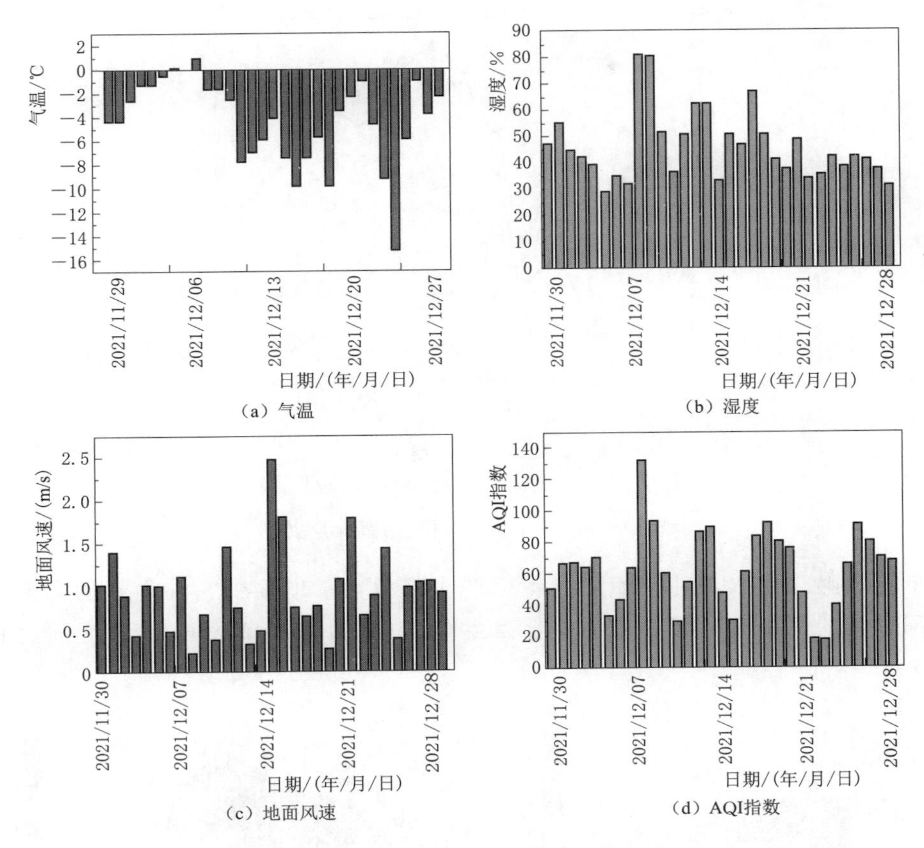

图 8-61　2021 年 12 月降雪期间气象参数图

实验所在地在 2021 年 12 月降雪期间气象参数如图 8-62 所示。由左边第一个圆圈标记为降雪后镜面反射率的变化情况可知，聚光镜镜面在雪后的两天内，镜面为污染状态，其平均清除率为−0.075。在图中标记的左边第二个的圆圈表示在 12 月 8 日有降雪，导致镜面的反射率下降至 0.469，反射率下降期间的清除率均小于 0，其平均清除率为−0.101，然后随着时间的推移受到气候因素的影响，反射率又开始上升至 0.726。由此可知，雪后的几天内，镜面反射率会下降，原因在于雪融化后水分增加，导致镜面表面黏附力加强，因此容易沉淀和吸附空气中的灰尘和颗粒物质，从而影响镜面的反射效果。自 12 月 22 日开始，相对湿度上升、大气中颗粒物浓度的下降、小雨的情况导致镜面反射率开始下降，降至 0.54。

8.4.2.3　不同降雪量对积尘的影响

实验中，聚光镜倾角 30°、降雪量 0.04mm 降雪前后的镜面反射率如图 8-63 所示。雪前雪后横向区域 1—横向区域 4 的镜面反射率递增。同时，纵向区域 2 的积尘分布不均匀。横向区域 1 在雪前和雪后都表现出明显的污染，平均反射率为 0.659 和 0.44。这是因为聚光镜倾角 30°时，横向区域 1 上的灰尘受到重力的作用聚集。在降雪后，雪落

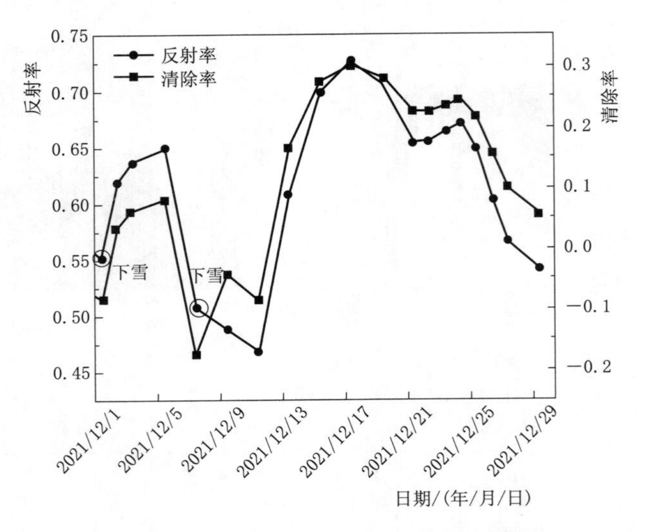

图 8-62 2021 年 12 月雪后镜面反射率

在镜面上迅速融化成水，并使积尘与镜面产生液桥力，增强了它们之间的黏附力。同时，不同种类的积尘在时间的推移中会发生化学反应，从而增强与镜面之间的胶体物质黏附力。

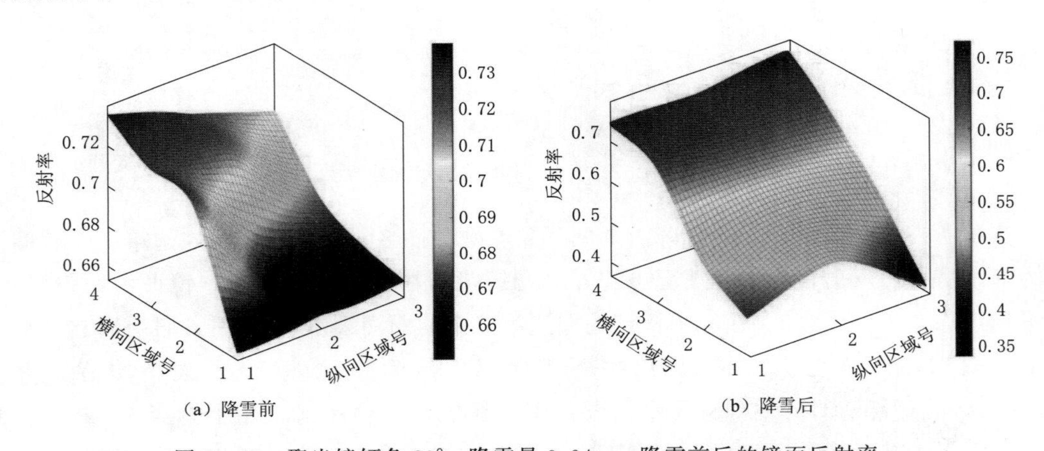

图 8-63 聚光镜倾角 30°、降雪量 0.04mm 降雪前后的镜面反射率

通过对聚光镜倾角 30°、降雪量 0.04mm 降雪前后的反射率作对比，得到的清除率如图 8-64 所示。仅有横向区域 4 以及纵向区域 2、区域 3 保持清洁状态，其清除率分别为 0.007 和 0.069。其他区域在降雪量 0.04mm 时表现出较高的污染程度，其中镜面平均清除率为－0.203。主要原因是在降雪过程中，大气颗粒物随着降雪附着在聚光镜表面，导致镜面积尘和污染。

在聚光镜倾角 45°、降雪量 0.7mm 的情况下的镜面反射率，如图 8-65 所示。在雪前雪后，横向区域 2 和纵向区域的积尘污染程度较高，其中雪前横向区域 2 的平均反射率为 0.305。这是由于倾角 45°使得灰尘受到重力影响而向横向区域 2 聚集。雪后，横向区域 2

的平均反射率降至 0.272，原因是湿度增加影响了灰尘颗粒的黏附力。若持续降雪，低反射率区域会形成冰，使镜面表面更光滑，黏附在其表面的污染物物质更难滑落，从而容易形成镜面污染。

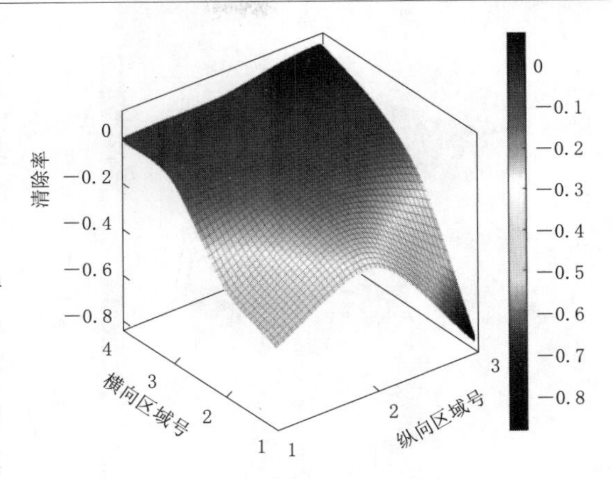

图 8-64　聚光镜倾角 30°下 0.04mm 降雪量降雪前后的清除率

通过对聚光镜倾角 45°、降雪量 0.7mm 的雪前雪后的反射率作对比，得到的清除率如图 8-66 所示。只有横向区域 4 的平均清洁率达到了 0.033，而其他区域的清洁率均低于 0，说明只有镜面的横向区域 4 有一定的清洁作用，而其他区域是污染作用。说明在实际应用中需要加强对其他横向区域的清洁，以提高镜面反射率。

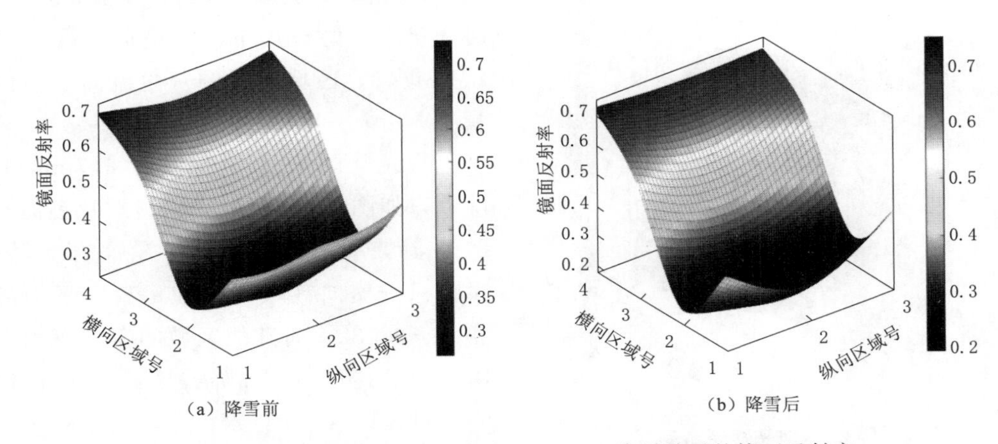

图 8-65　聚光镜倾角 45°、降雪量 0.7mm 降雪前后的镜面反射率

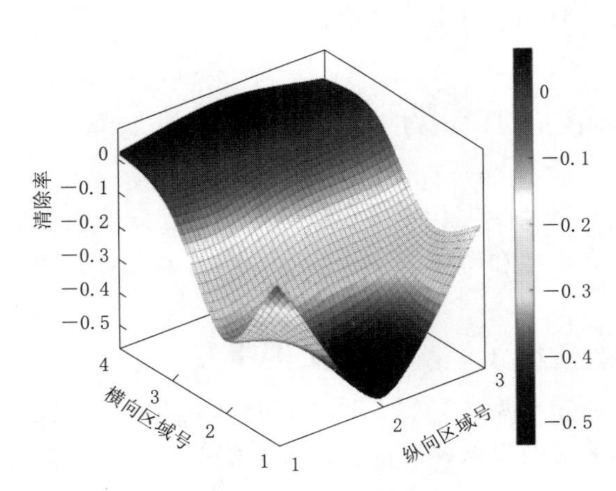

图 8-66　聚光镜倾角 45°、降雪量 0.7mm 降雪前后的清除率

在聚光镜倾角 60°、降雪量 4.7mm 的情况的镜面反射率，如图 8-67 所示，测试雪前雪后横向区域反射率，并发现横向区域 1—区域 4 的反射率呈递增趋势。雪前纵向区域 2 这一列镜面上的积尘分布不均匀，雪前和雪后的低反射率区域主要分布在横向区域 1，其平均反射率分别为 0.338 和 0.286。雪前低反射率区域的原因是镜面倾角为 60°时，横向区域 2、区域 3、区域 4 处的灰尘受到一定的重力作用而趋于横向区域 1 聚集。雪后低反射率区域的

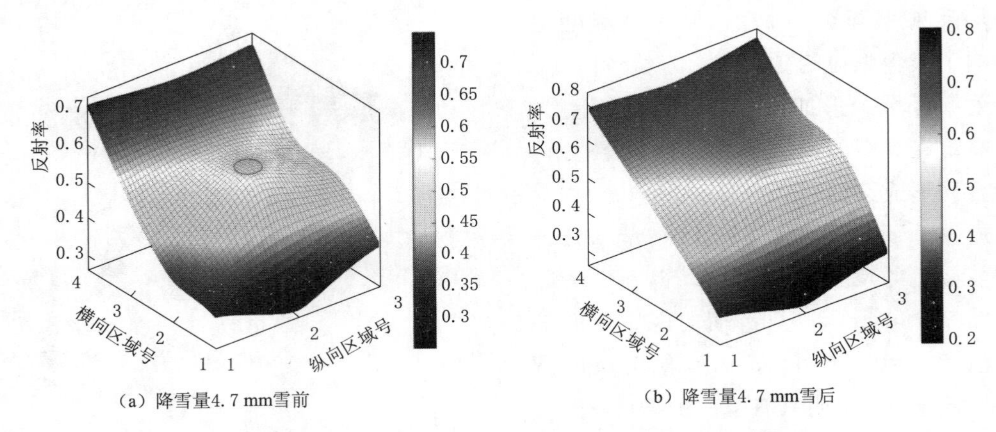

（a）降雪量4.7 mm雪前

（b）降雪量4.7 mm雪后

图 8-67 聚光镜倾角 60°、降雪量 4.7mm 的镜面反射率

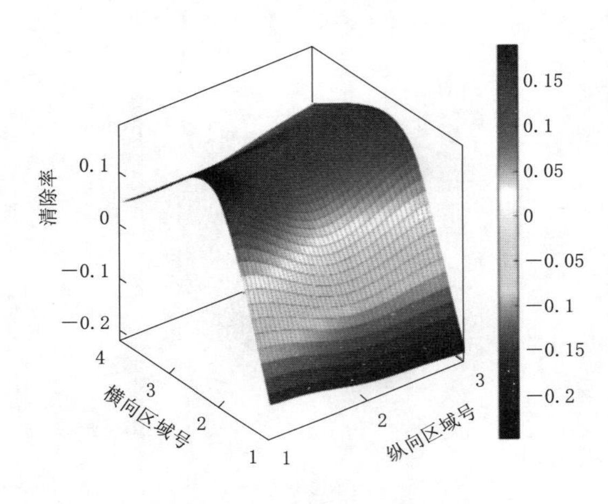

图 8-68 聚光镜倾角 60°、降雪量 4.7mm 的清除率

原因是在聚光镜倾角 60°、降雪量 4.7mm 时融化成水的作用下，将镜面的横向区域 2、区域 3、区域 4 处的灰尘流向了横向区域 1。

聚光镜倾角 60°、降雪量 4.7mm 的清除率，如图 8-68 所示。经过对比镜面倾角 60°、降雪量 4.7mm 雪前雪后的反射率，发现只有横向区域 1 存在污染，平均清除率为−0.182，而其他区域的清除率均大于 0。在镜面倾角 60°和降雪量 4.7mm 的情况下，横向区域 2、区域 3、区域 4 的灰尘被清洁了，但雪融化后的水却无法冲刷横向区域 1，反而导致其积尘。

8.5 本 章 小 结

本章针对地区气候要素影响下的沉降特性以及沙尘、降雨和降雪等典型气候条件下积尘对槽式太阳能聚光镜面光学性能的影响展开模拟和实验研究，从而揭示各因素对聚光镜的正负清洁规律，主要结论如下：

（1）在聚光镜阻挡作用下，气流在聚光镜上缘阻挡点背面形成一个气流低速区，在下缘阻挡点背面形成气流加速区。随着聚光镜倾角的增大，气流低速区增大而加速区减小，但加速效果增加，同时槽式镜面正面的气流速度的降低梯度也会增大，使得气流速度更快降低。随着聚光镜倾角的增加，向着镜面上方运动的颗粒数量减少，同时颗粒向上移动的距离也缩短，沉积率随着倾角的增加而降低。随着粒径的增加，灰尘颗粒在运动过程中下坠逐渐明显，且在镜面上出现了逐渐明显的弹跳，颗粒沉积的主要位置向镜面下部移动，且沉积率逐渐增加。

（2）在沙尘暴天气发生和持续过程中，风速与PM2.5/PM10呈显著负相关，高风速携带的浮尘会引起不同区域反射率下降且差异显著，在扬沙天气下横向区域1反射率在2h内下降26.7%；沙尘天气后，自然风对表面浮尘有积极的清洁作用。在浮尘、扬沙和沙尘暴天气后，风的作用使得各横向区域的清洁系数均大于1，且镜面下方清洁系数高于上方，大风速是清除大颗粒粉尘的重要因素；沙尘天气发生时，风速和颗粒物浓度耦合作用下镜面反射率受风速影响的敏感性更高。

（3）研究所在地的雨季分布在5—10月，降雨日的PM2.5和PM10的平均质量浓度分别为17.51$\mu g/m^3$和42.82$\mu g/m^3$，比无降雨日下降了2.33$\mu g/m^3$和2.41$\mu g/m^3$。降雨强度对大气颗粒物的清除能力存在差异，当日降雨量在10～25mm，对PM2.5和PM10的清除率分别是19.65%和11.45%，正清除率为83.33%，湿沉降作用达到最大值，且清除率趋于稳定，大气颗粒物的浓度会显著降低。降雨周期中持续降雨3天时清除效果最佳，产生了最高的正清除率，当持续降雨天数达4天及以上时，大气颗粒物清除率又出现一定的下降，表明降雨对大气颗粒物的清除效果存在极值。

（4）小规模降雨下，日降雨量越大径流越多，但径流无法冲刷镜面灰尘颗粒导致其沉积在径流停止的地方，并且小规模降雨会导致聚光镜面生成水膜从而降低反射率。聚光镜倾角为30°、45°和60°下，雨后镜面低反射率区域分别在横向区域1、区域2、区域1处。

（5）就清除镜面积尘而言，小规模降雨下，当聚光镜倾角为30°、45°、60°对应的清除率分别为0.027、0.25、0.319，当降雨量低于4.1mm时，镜面生成的水膜会给镜面积尘区域带来负面影响；中等规模降雨下，当聚光镜倾角为30°、45°、60°下对应镜面清除率分别为0.217、0.399、0.413，表明中雨条件对镜面呈现相对清洁效果；大规模降雨下，当聚光镜倾角为30°、45°、60°下对应镜面清除率分别为0.391、0.482、0.514，表明大规模降雨后且聚光镜倾角60°的情况下清洁效果最佳。

（6）基于三种不同倾角及降雨强度，在聚光镜倾角30°、降雨量2mm条件下，预测最大相对误差11.1%；当降雨量4.1mm条件下均方根误差最大为0.095%；在聚光镜倾角60°、降雨量5.4mm条件下，预测最小相对误差0.19%；当降雨量38.9mm条件下均方根误差最小为0.029%。基于三种不同倾角下总体平均相对误差为3.82%，平均均方根误差为0.061%。基于所有实验数据相对误差及均方根误差相对较小，模型预测精度较高，满足预测降雨对聚光镜积尘的相关研究。

（7）对于聚光镜倾角45°的镜面，镜面上的灰尘颗粒受到倾角和温度的影响，镜面温度的变化会导致镜面上颗粒的迁移，镜面上颗粒的迁移会导致镜面颗粒迁移区域的反射率变化。干净镜面的清洁系数要高于污染镜面，夏季干净镜面的清洁系数比污染镜面高0.191，冬季干净镜面的清洁系数比污染镜面高0.042。不同季节下，夏季干净镜面的清洁系数比冬季高0.325，夏季污染镜面的清洁系数比冬季高0.247。

（8）在聚光镜倾角30°、45°和60°的情况下，雪后镜面的低反射率区域将会分别在横向区域1、区域2、区域1处。在聚光镜倾角60°、降雪量4.7mm的雪融化后的作用下，只有镜面横向区域1处呈污染状态，其平均清除率为－0.182，说明降雪量低于4.7mm时对于镜面污染区域只会带来污染效果。此外，除了降雪量和镜面倾角等因素之外，还有其他气候因素会影响镜面的反射率变化。

参 考 文 献

[1] Namdari S, Karimi N, Sorooshian A, et al. Impacts of climate and synoptic fluctuations on dust storm activity over the Middle East [J]. Atmospheric Environment, 2018, 173: 265-276.

[2] Bekele SA, Hangan H. A comparative investigation of the TTU pressure envelope. Numerical versus laboratory and full scale results [J]. Wind And Structures. 2002, 5 (2-4): 337-46.

[3] 康晓波．沙尘在太阳能光伏组件表面的沉降与冲蚀行为研究 [D]. 呼和浩特：内蒙古工业大学，2017.

[4] 辛国伟，程建军，杨印海．铁路沿线挂板式沙障开孔特征与风沙流场的影响研究 [J]. 铁道学报，2016，38 (10)：9.

[5] 赵宁．镜面灰尘沉积特性及其对菲涅尔 HCPVT 系统热电性能影响研究 [D]. 呼和浩特：内蒙古工业大学，2022.

[6] O'Neill M E. A sphere in contact with a plane wall in a slow linear shear flow [J]. Chemical Engineering Science, 1968, 23 (11): 1293-1298.

[7] Ahmadi A. Mechanics of Particle Adhesion and Removal [M]. New York: John Wiley & Sons, 2015.

[8] Ahmadi G, Guo S, Zhang X. Particle adhesion and detachment in turbulent flows including capillary forces [J]. Particulate Science and Technology, 2007, 25: 59-76.

[9] Zhou Z, Wang L, Lin A, et al. Innovative trend analysis of solar radiation in China during 1962-2015 [J]. Renewable Energy, 2018, 119: 675-689.

[10] Shen Y B. Development of the solar energy resource assessment methods in China [J]. Advances in meteorological science and technology, 2017, 7 (1): 77-84.

[11] Gao W, Zhu L, Ma Z, et al. Particulate matter trends and quantification of the spring sand-dust contribution in Hohhot, Inner Mongolia, from 2013 to 2017 [J]. Atmospheric and Oceanic Science Letters, 2021, 14 (2): 83-88.

[12] ZHI Y, LI J. The influence factors research of Hohhot air particulate matter [J] Environmental Monitoring in China, 2014, 30 (3): 26-30.

[13] 何梓年．太阳能热利用 [M]. 合肥：中国科学技术大学出版社，2009.

[14] Chiteka K., Arora R., Sridhara S. N., et al. Influence of irradiance incidence angle and installation configuration on the deposition of dust and dust-shading of a photovoltaic array [J]. Energy, 2021, 216: 119289.

[15] Hamed Y, Mahmood Y, Dust deposition effect on photovoltaic modules performance and optimization of cleaning period: A combined experimental-numerical study [J]. Sustainable Energy Technologies and Assessments, 2022, 51: 101946.

[16] Wang L, Meng R, et al. Influence of dust events on air quality of Shaanxi province from 2016 to 2020 [J]. Journal of Desert Research, 2022, 42 (4): 130-138.

[17] M Q Li, J X Ren, et al. Mechanism and Effect Analysis of Typical Condensation on Dust Particle

Aggregation [J]. Earth and Environmental Science. 2018; 152: 529-539.

[18] 马小龙. 光伏面板积尘特性及高效除尘方法研究 [D]. 杭州: 浙江工业大学, 2015.

[19] 司瑶冰, 王爱英, 谷新波, 等. 呼和浩特城市内涝预报系统研究 [J]. 内蒙古气象, 2007 (4): 3.

[20] 武高峰, 王丽丽, 董洁, 等. 北京城区降水对 PM2.5 和 PM10 清除作用分析 [J]. 中国环境监测, 2021, 37 (3): 10.

[21] 范凡, 陆尔, 葛宝珠, 等. 降水对江浙沪 PM2.5 的清除效率研究 [J]. 气象科学, 2019, 39 (2): 9.

[22] 邹长伟, 黄虹, 杨帆, 等. 大气颗粒物和气态污染物的降雨清除效率及影响因素 [J]. 环境科学与技术, 2017, 40 (1): 133-140.

[23] 徐权. 降雨对风力机翼型气动性能的影响研究 [D]. 兰州: 兰州理工大学, 2021.

[24] Markowitz A H. Raindrop Size Distribution Expressions [J]. Journal of Applied Meteorology, 1976, 15 (9): 1029-1032.

[25] 范东旭. 降雪天气下城市路网动态交通分配研究 [D]. 哈尔滨: 哈尔滨工业大学, 2010.

[26] 李满峰, 李素萍, 范波. 基于遗传神经网络的太阳能集热器仿真研究 [J]. 中国电机工程学报, 2012, 32 (5): 126-130.

第9章

太阳能利用装置除尘技术

9.1 概　　述

随着世界各国能源结构的调整和新能源占比的提升，太阳能在清洁能源领域被广泛推广及应用，基于太阳能辐射资源和规模化应用的土地资源，太阳能利用的选址地通常存在较为严重的沙尘污染和恶劣气候条件，积尘引起的表面污染已成为当前规模化应用太阳能技术中面临的突出问题，因此太阳能利用装置除尘技术成为太阳能高效利用以及运营维护中极为重要的环节。当前针对该领域的除尘方式包括：防污光催化层，静电除尘，毛刷、人工水洗、机械自动除尘等，本章将以固定式和移动式进行分类，总结当前各种除尘技术的特点，为研发匹配地区气候的精准高效除尘技术提供参考。

9.2 固定式除尘技术

9.2.1 水式清洁的除尘技术

此类除尘技术倾向于先使用水对除尘表面进行冲刷，后使用刮板将除尘表面的水连同溶于水或未被冲刷除去的污物一同驱离除尘表面完成除尘工作。

柴浩轩等针对光伏组件的积尘问题发明了一种光伏组件自动除尘装置，该装置结构简单，电机和传动部件密封在矩形边框内部，耐候性强，通过遥控电机工作实施自动控制。利用人工喷水或自然降水，尤其是借助雨水雪水，除尘刮板将太阳能电池板的表面污垢擦洗干净。

罗小林等针对光伏组件的积尘问题设计了一种光伏组件的三重除尘装置，该装置通过循环工作电路来控制水泵、吹风机、吸风机、驱动电机和步进电机的工作状态，实现太阳能光伏板的三重除尘装置定时、循环的工作，采用限位开关控制装置的运动轨迹，并结合人工储水的方式为储水箱蓄水，从而保证该装置能有效地清除太阳能光伏板表面的积灰、鸟粪等污物，避免了光伏组件因热斑效应而损坏的现象，提高了光伏电站的发电效率，该装置具有结构简单、运行可靠、成本低和便于控制等优点。

程辉等针对光伏电站提出了一种除雪除尘装置及其使用方法，除尘装置主要通过胶条和刷条实现，水箱为清理装置提供喷水条件，同时水箱内部具有加热功能，可以对光伏组件上的积雪进行融化处理，使得胶条和刷条清理更加干净，除尘除雪装置具备非常好的除雪、除尘效果，结构简单，使用方便。

李廷贤等提供了一种光伏组件清洗除尘装置，包括感应式空气取水模块、水箱、水泵和清洗模块。该装置采用空气取水技术，即使位于干旱少雨地区的光伏发电场也能实现自产水、自清洁，有效缓解了干旱地区的用水压力，且通过定期清洗有效提升了太阳能电池板的工作效率。通过光敏开关的设置，实现自然光照感应，进行信号的传递和驱动力的控制，即在电机的驱动下实现支撑箱体的打开或闭合过程，实现了自动化，节省了人力，提高了安全性。

9.2.2 气式清洁的除尘技术

仇玉梅等针对光伏组件发明了一种基于压缩气体的除尘除雪的装置。该装置可以实现自动除尘除雪，并根据雪情大小提供两种除雪方法。其中对于大雪采取先融化吹落后烘干的方法，防止光伏组件结冰，保证了清洁效果；并且可以将供风通道隐藏在光伏组件支架中，其喷头设置在光伏组件中间的位置，采用旋转结构，因而喷射面能够全面覆盖光伏组件，保证清理无死角。装置喷头为圆形，其喷嘴为扁平状，能够进一步对空气增压，使水落效果更佳。

9.2.3 气水联合式清洁的除尘技术

此类除尘技术倾向于使用高压水、高压气体及两者结合的方式对除尘表面进行冲击，主要通过高速水气冲击镜面形成的剪切力来去除积尘。

Bagalkote Samir Shriram 等针对连续的光伏组件受到积尘影响的问题提出了一种光伏组件的自动化清洗系统及其方法。该装置通过使用清洁模块驱动单元沿面板的长度方向移动，可提供连续有效的面板清洁，还包括湿式清洗装置，便于去除黏性污垢。该清洗系统通过收集单个面板的发电下降数据，检测并清洁受灰尘影响的面板，而且能够优化电力资源来清洁面板，是能源独立的自动化光伏面板清洁系统。

9.2.4 振动式除尘技术

此类除尘技术倾向于在待除尘载体表面进行高频振动，以使得表面与积尘等污物分离来完成除尘工作。

Abdullah Jamal Hamdi 等发明了一种使用振动与压缩空气为太阳能光伏组件除尘的装置。该装置具有低吸收系数的光滑透明屏蔽体（如塑料片）放置在面板顶部，两个膜振动器（MV）放置在光伏组件的相对两侧，通过振动将灰尘颗粒脱离。由光伏组件供电的压缩机在清洁过程之前能够利用压缩空气吹扫面板，从而去除松散的灰尘并冷却其表面。该装置采用振动与压缩空气联合除尘，有效地节省了水资源，可以应用在沙漠等干旱缺水地区。

Duerr Matthias 等提出了一种针对太阳能聚光镜面除尘的装置，其中聚光镜通过振动发生器振动以除去黏附的灰尘。该清洁装置可通过传输结构将振动耦合传输到聚光镜上，也可以将振动发生器直接连接在聚光镜上，清洁装置工作时，高频电流通过振动发生器被转化为机械振动。振动传输到太阳能反射镜上，振动发生器在超声波范围内工作，振动频率足够高，在绝对小的振幅下实现相应的高加速度，从而将灰尘与反射镜表面进行分离，同时变换反射镜角度，将振动分离的积尘以倾倒的形式脱附于反射镜表面。节约了水资源与传统清洁所要耗费的人力物力，避免了接触式除尘方式对反射器表面的摩擦与伤害。

9.2.5 电吸附式除尘技术

此类除尘技术倾向于通过静电将除尘表面的积尘吸附并转移来达到除尘效果。

Stewart Paul等设计一种装置能有效清洁光伏组件的雪、冰或灰尘。该装置通过使用任一加热清洁装置从受影响的光伏组件上去除雪、冰或灰尘，或提供加热和电磁/静电输出的组合设备。传感器通过识别光伏组件被雪、冰或灰尘影响的程度，从而阻止光伏组件产生正常的电力输出。根据板面影响物的种类和位置，启动选定和加热的清洁装置组以融化冰雪，或者启动选定的电磁/静电清洁装置组以去除灰尘。清洁装置被顺序地激活，直到光伏组件的表面被清洁。该装置能有效地清除极端天气下产生的雪、冰或灰尘，从而保证光伏组件正常工作。

Varanasi Kripa等提出了一种利用电场对光伏组件表面除尘的系统及使用方法。该系统包括一个位于光伏组件表面上的电极和一个太阳能电池板，其表面包括纳米级纹理层和其上方的薄透明导电氧化物（TCO）膜，在电极和光伏组件表面之间施加电位差，从而实现从光伏组件表面除尘。该除尘系统不与光伏组件表面产生接触，可以避免常规清洁方式对电池板表面的损伤，且可以节水。

张杨等基于现有太阳能除尘装置用水量大和耗电等缺陷提出了一种光伏组件电离抑尘装置。当光伏组件表面的灰尘聚积量超过设定值时，光伏板表面上的压力传感器可通过PLC控制器开启静电抑尘装置上的发生器。通电后，放电极管周围的空气会被电离形成大量的正、负离子，光伏组件表面大部分的灰尘被负离子撞击后带负电，沉积于集尘极管上，定时装置会通过PLC控制器控制脉冲阀的启闭。该装置通过光伏组件静电抑尘装置和脉冲清灰装置的配合使用，实现全天候除去光伏板表面灰尘的目的，避免灰尘的大量聚积，保证了光伏组件表面的清洁度，具有安全可靠的特点。

9.2.6 刷式清洁的除尘技术

此类除尘技术倾向于通过各类型的刷子接触式地将积尘与附着表面进行分离，再配合气流吹尘或吸尘的操作达到除尘效果。

刘彦丰等针对光伏组件的积尘问题提出了一种除尘装置。该装置能够利用太阳能光热转换使集热管内产生压力变化，结合气动装置推动除尘刷移动，加装磁环保证了除尘刷能够快速到达终点位，不会影响光伏组件的发电量。该除尘装置实现了自动除尘的功能，既不需要消耗光伏组件自身所发的电能，也不需要额外供给电能。

孟莹等针对西北地区光伏组件性能受到风沙与冬季降雪影响的问题提出了一种由形状记忆合金驱动的太阳能电池板除尘除雪装置，其包括电源、智能控制系统、光伏组件、形状记忆合金、上导轨、下导轨、除尘刷和光照传感器。该装置将材料学与智能控制相结合，利用记忆合金的特性进行电路的连接；同时利用金属棒通电的焦耳效应来融化积雪，很好地结合了地区特性；装置高度智能化，不使用水资源，节约了人力物力。

毕红续等针对光伏组件上积尘导致的效率下降以及当前清洁方式的缺陷，提出了一种光伏组件自动除尘装置。装置工作时，由电机逐级带动滚刷往复运动，同时带动滚刷发生自转，光伏电池板表面的积尘被滚刷扬起，启动风机，通过吸尘口产生负压使得扬起的灰尘被吸尘口吸走，达到除尘效果。该装置结构简单，采用滚刷擦除灰尘联合吸尘装置同时工作，工作效率高，除尘效果好，而且自动化程度高，不需要人为操作，提高了光伏电厂的经济效益。

冯伟伟针对槽式太阳能聚光镜提出了一种日常自动除灰装置。该装置将槽式太阳能聚光镜进行线性排列，然后在整列的槽式太阳能聚光镜一侧地面上安装轨道作为本装置的导向装置。槽式太阳能聚光镜本身能够进行一定角度的转动，通过调整槽式太阳能聚光镜的角度使其与软管的轮廓相一致，随着软管上均有设置的刷毛的转动与基座的行进，可以对该侧的槽式太阳能聚光镜进行稳定的清灰。该装置能够自动的对太阳能聚光镜表面进行除尘，提高太阳能聚光镜的清灰效率。

Patnekar Yatin 等针对清洁光热电站传统方法的缺点提出了一种自动化光伏组件清洗系统。在该系统工作时，可编程微控制器 PLC 操作连接到鼓风机和刷子，用于根据给定位置的灰尘特性控制太阳能模块清洁的操作周期。鼓风机吹走光伏组件表面的灰尘，刷子清洁光伏组件的表面。该装置的清洁系统确保了光伏组件的自动定期清洁。

马燕针对现有光伏组件除尘技术的不足，提出了一种光伏组件除尘装置。该太阳能发电用除尘装置在使用时，电机逐级带动清洗带旋转，清洗带对光伏组件进行除尘，解决了人工清洗导致清洁过程不易控制且清洗效率低的问题。该除尘装置在使用时，清洗带外表面设置有斜橡胶条，光伏组件普遍以倾斜角度放置，能够更好地对外表面的灰尘进行清理，具有节约水资源且除尘效果好的优点。

9.3 移动式除尘技术

9.3.1 移动小车式除尘技术

Carlos Javier Vicente Pena 等提出了一种用于抛物槽式集热器的清洁系统。

该清洁系统由具有移动装置、清洁装置和操作装置的清洁车辆组成。清洁车辆沿整个阵列分布，通过其移动装置和导航装置平行于抛物槽集热器进行定位，操作装置将清洁装置定位在需清洁的抛物槽集热器表面上，通过垂直于抛物槽集热器和清洁车辆方向平面内的驱动装置实现清洁。所使用的清洁车辆具有小而轻的特点，减少对集热器的影响。清洁小车底盘中安装了导航装置，引导和操纵清洁车沿着抛物线集热器移动。装置上至少装有一个清洁臂，清洁装置固定在清洁臂上，使清洁过程得以安全实施。

程智锋针对大型光伏电站所在地域经受风沙、冰霜和雨雪导致积尘与污染的问题提出了一种光伏组件阵列表面除尘系统及方法。运动小车沿着光伏组件阵列排列方向移动，其车体宽度小于两排光伏组件阵列间的垂直距离，将安装在调节机构上的喷射装置朝向电池板表面，根据光伏组件阵列安装角度选取合适的角度，并固定调节机构，高压水经空心管由喷头和喷嘴喷出形成高压水流扫射电池板平面，对表面尘垢产生冲击和剪切作用实现除尘。通过改变高压水泵输出压力以及更换喷嘴型号可提高除尘效能。

赵耀等提供了一种面向抛物面槽式光热发电反射镜的清洗机，包括移动小车、前后支撑杆、肩和肘关节机构、长短臂以及清洗机构。该装置通过长臂伸缩与短臂旋转的复合运动保证短臂末端铰接的清洗机构精准地沿抛物面移动，完成对镜面的清洗作业；带角度清洗机构可完成双向往复清洗作业，提高清洗效率；设置有喷水、喷热蒸汽、软硬毛刷和风刀等多种清洗工具，移动小车做纵向移动，可调节高度和角度的长臂带动清洗机构沿抛物面镜做横向清洗作业和避障运动，可用于不同规格抛物面槽式反射镜。

9.3.2 智能机器人式除尘技术

임인교提出一种光伏组件自动清洁机器人。该发明装置的机器人在光伏组件上通过编程控制路线以橡胶履带进行移动，移动时其下方的清洁装置使用皮带刷或径向电刷进行清洁。传感单元可防止机器人从光伏组件上掉落。该机器人能够在投放后完全自动地进行光伏组件板面清洁或与自身充电，实现高度智能化；同时该机器人清洁过程无需水资源投入，也可实现光伏阵列间的跨越，可扩大单个机器人的工作面积。

Lee Ji Yong 等针对光伏组件性能会受到黄沙与细尘影响的问题提出了一种清洁装置。在该装置的实施过程中，太阳能发电运营服务器用于将每个光伏组件的发电量发送给管理者终端；监控从光伏运营服务器接收到的每个光伏组件的光伏发电量，如果有光伏组件低于设定的参考发电量，则将光伏组件连同低位的位置一起清洗。无人机和终端之间命令交互，用于指导无人机飞行到既定太阳能组件位置，通过向太阳能组件的上表面喷射水压和气压中的一种或多种来实现太阳能组件清洁。同时通过智能化的监测手段灵活安排清洁工作的时间，降低了清洁频次方面的成本。

Xingcai Li 等针对干旱和高山地区发明一种光伏组件的除尘装置。该装置将吸附在太阳能电池板上的灰尘和难以擦拭的物质经超声波振动后由毛刷清除，最后由风扇将毛刷刷过的灰尘吹走。该除尘装置对一组光伏组件进行清洁后，安装在飞机上的机械爪将除尘机器人从彻底清洁的光伏组件运送到未清洁的光伏组件。在输送机器人时，通过摄像头观察除尘机器人上的驱动轮和从动轮是否在轨道上，确认是的情况下，控制机械爪的角度，松开除尘机器人继续工作。该除尘装置可靠性较强，有良好的防沙功能。

9.4 拥有自主知识产权的装置及方法

9.4.1 自主研发的除尘装置

1. 一种用于槽式太阳能聚光镜的智能联合常态化除尘装置结构及原理图

本书充分利用地区丰富的风资源气候特点，同时积累多年对太阳能聚光装置积尘特性以及性能影响规律的研究结论，提出了一种可清洁槽式太阳能聚光镜的智能联合常态化除尘装置，通过多种除尘模式开展常态化智能清除槽式太阳能聚光镜上的灰尘及污渍，装置效率高，投资小，节约能源。槽式太阳能聚光镜的智能联合常态化除尘装置结构及原理图如图 9-1 所示。

除尘装置包括：安装在槽式太阳能聚光镜台架上的轨道系统；安装在轨道上的除尘组

件；安装在槽式太阳能聚光镜台架上的镜面反射率监控检测装置；由泵和水箱组成的移动供水系统；收集自然风并通过管道传输的供气系统；远程智能控制系统。以上装置合理利用了高寒地区的多风特点，将风通过设备收集后常态化地对聚光镜面进行强气流吹扫除尘，在聚光镜面顽固性积尘较多时再启用高压水流、高压气流与刮板结合进行除尘，通过常态化的强气流除尘，降低了水资源与能源的消耗。

装置的工作原理是首先通过反射率检测仪实时监控聚光镜的反射率，然后通过无线传输模块传输到远程控制中心，选取适合的除尘方式并通过控制器来具体实施。具体如下：

（1）当反射率下降较小，只需将除尘组件通过轨道移动到聚光镜最上方，此时不需要启动电机及轨道，只需打开集风装置，收集大量的风并通过管径的逐级变化获得高速风，

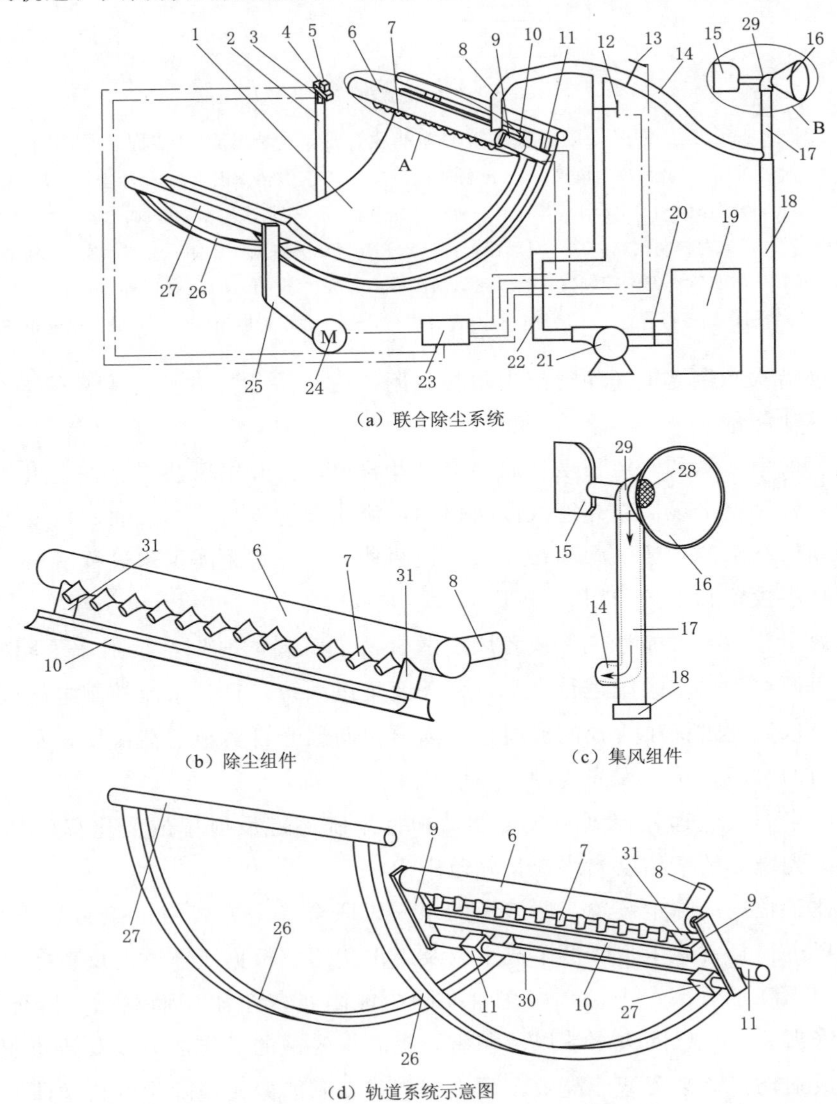

图 9-1（一） 槽式太阳能聚光镜的智能联合常态化除尘装置结构及原理图

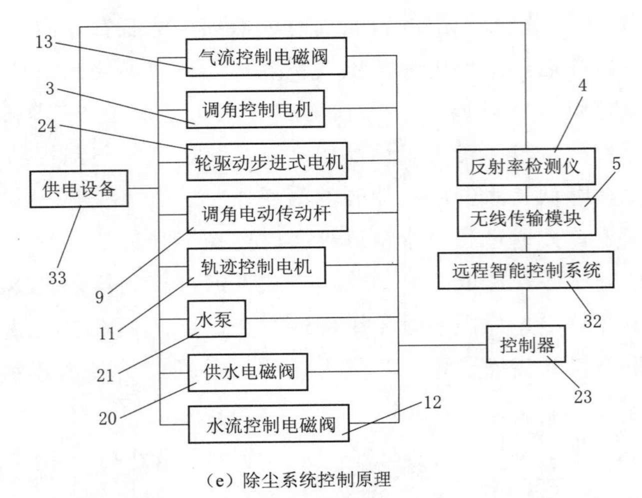

(e) 除尘系统控制原理

图 9-1（二） 槽式太阳能聚光镜的智能联合常态化除尘装置结构及原理图

1—聚光镜；2—监控杆；3—调角控制电机；4—反射率检测仪；5—无线传输模块；6—除尘管；7—流线型管嘴；8—软管；9—调角电动传动杆；10—刮水器；11—轨迹控制电机；12—水流控制电磁阀；13—气流控制电磁阀；14—输气管；15—风向控制尾翼；16—集风器；17—集气管；18—集风杆；19—水箱；20—供水电磁阀；21—水泵；22—输水管；23—控制器；24—轮驱动步进式电机；25—传动杆；26—轨道；27—传动轴；28—滤尘网；29—弯管；30—丝杆；31—弹簧螺栓；32—远程智能控制中心；33—供电设备

经过流线型管嘴吹向聚光镜面使得积尘颗粒脱附，此种除尘方式充分利用了自然风资源，不需要提供其他能量。

(2) 当反射率下降到一定程度，启动电机及轨道，打开集风装置，除尘组件沿着轨道横纵向运动，确保整个镜面被高速气流吹扫到，流线型管嘴与镜面之间的角度可调，并根据情况选用动作刮水器，清洁顽固污渍；上述两种除尘方式无需供水进行清洁，可移走供水装置，以减小投资和维护费用。

(3) 当处于恶劣天气如沙尘暴或者风小适合灰尘沉降的时期，反射率下降幅度较大，该种情况下启用移动供水系统进行供水，并关闭集风系统，打开水流控制电磁阀向除尘管内输水，高压水流通过极小管径的流线型管嘴喷射向聚光镜实施清洁作用，刮水器会随后刮走留在镜面的水渍，保证聚光镜的洁净度。

这三种除尘方式受远程控制系统控制，根据系统测定反射率的变化程度切换除尘模式，以保证聚光镜面的清洁度始终在良好范围内。

装置相比于常规的除尘装置，所涉及的水—风联合除尘方式使得镜面的洁净度更高，利用了自然风进行日常除尘，降低了成本以及维护费用；根据所监测的反射率自动选取不同除尘模式，提高了效率；进行常态化自动除尘能阻止灰尘累积而结垢，降低了除尘难度；下雨或降雪后，可以除去水渍以及积雪，提高聚光镜的工作能力以及防止积雪凝固成冰对镜面造成损伤。该装置智能高效，可用于槽式太阳能聚光镜除尘的科学研究和工程实际应用，有广泛的应用前景。

2. 一种用于太阳能聚光镜的气流联合铲刷除尘装置

在之前的专利设计以及研发中发现高压气流除尘在高寒多风地区具有较好的地区适配性，同时吹扫喷嘴的结构与清洁效果具有较大的相关性，因此课题组提出了一种用于太阳能聚光镜的气流联合铲刷除尘装置，设计了更高效的喷嘴吹尘组件和铲刷清扫组件，进一步优化了除尘装置的性能。具体的结构及原理如图 9-2 所示。

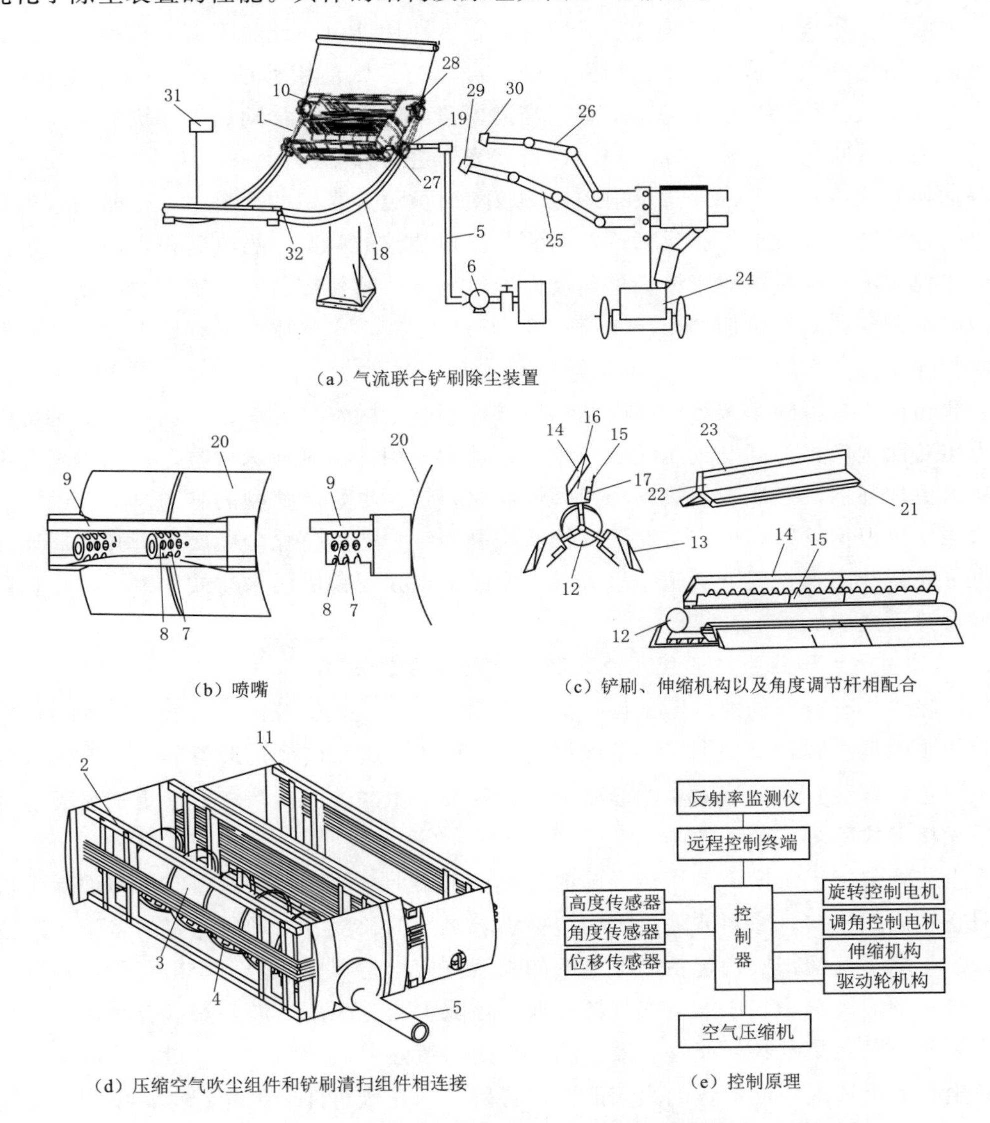

图 9-2 用于太阳能聚光镜的气流联合铲刷除尘装置结构及原理图

1—压缩空气吹尘组件；2—第一框架；3—旋转筒；4—喷气头；5—总气管；6—空气压缩机；7—喷嘴；8—出气孔；9—导流板；10—铲刷清扫组件；11—第二框架；12—角度调节杆；13—铲刷；14—第一清洁部；15—第二清洁部；16—积尘腔；17—黏尘块；18—轨道；19—驱动轮机构；20—弧形板；21—伸缩机构；22—固定部；23—移动部；24—移动小车；25—第一机械臂；26—第二机械臂；27—第一支撑轴；28—第二支撑轴；29—第一套筒；30—第二套筒；31—反射率监测仪；32—位移传感器

除尘装置包括：压缩空气吹尘组件、铲刷清扫组件、轨道和驱动轮机构。其中：压缩空气吹尘组件包括喷嘴，喷嘴远离喷气头的一端设有出气口，且侧壁均匀设置有多个出气孔，喷嘴径向一侧设有导流板；铲刷包括间隔设置的两个清洁部，之间设有积尘腔，腔内设有黏尘块，铲刷为硅橡胶泡沫材质。喷嘴能够分散气流，加上导流板，对镜面的清洁范围更广。

装置的工作原理为：①当镜面有导轨时，正常使用即可，此时不需要移动小车，运行时也可以全镜面的实现清洁；②当镜面无固定导轨时，则使用移动小车外加带动机械臂，移动小车的加入使得除尘设备为移动式，当需要清洁时，通过移动小车和机械臂的配合运动带动压缩空气吹尘组件和铲刷清扫组件沿聚光镜进行移动吹扫。

具体控制流程如下：①通过反射率监测仪实时检测聚光镜的反射率，传递到远程智控终端；②远程智控终端会根据反射率的监测来决定清洁的频次，当收到积尘信号时，铲刷通过调角控制电机控制相对于镜面的角度，通过高度传感器控制距离镜面的高度，通过旋转控制电机调整相对于镜面的出流角度；③调整完毕后，空气压缩机开始工作，实施高压气流吹扫除尘。

装置相比于其他除尘装置，喷嘴结构能够控制吹出的气流方向，导流板的加装可以使得风力覆盖面更广，提高空气压缩吹扫效率；铲刷采用硅橡胶泡沫材质，相比于现有市面上的材料更加环保，轻质、隔热性、回弹性和材料韧性更好。铲刷的结构设置有助于更高效的清洁。可根据反射率的实时监测反馈给控制系统智能调整除尘频次，可开展周期性除尘，也可在特殊雨雪天气下实施，可去除下雨或下雪残留镜面的水渍或积雪，防止积雪凝固成冰对镜面造成的影响。

3. 一种用于太阳能系统的气—声波联合智能除尘装置

气流除尘具有较好的地区匹配性，但遇到雨、雪、沙尘暴等极端天气，镜面会产生难以清除的顽固聚集颗粒，根据以上情况提出了一种用于太阳能利用装置的气—声波联合智能除尘装置，该装置在气流除尘的基础上联合声波除尘的方式，清洁效果更加显著，且全程实现无接触式除尘。具体的结构及原理如图 9-3 所示。

除尘装置包括：①横跨待清洁设施的机架，机架上自前向后依次设有的声波除尘机构和压缩空气清扫机构；②声波除尘机构包括沿着机架的长度方向均匀布置的若干个声波除尘器；③压缩空气清扫机构包括沿着机架的长度方向均匀布置的若干个出气管，声波除尘器、出气管的输入端均与压缩空气气源连通。该除尘装置采用声波共振耦合高压气流的方法去除镜面顽固聚集颗粒，能够有效去除灰尘及污渍。

除尘装置可适配不同形式的太阳能发电装置，如光伏组件、聚光镜等，以槽式聚光镜为例，该装置的工作原理为：

（1）利用电机驱动的传送带配合轨道使用，应用被编程好的电机驱动传送带进行镜面除尘作业，如需往复运动清洁，设定两个极限开关点，装置启动时若不在极限处，则固定向镜末移动。

（2）前后依次设有声波除尘机构和压缩空气清扫机构，声波除尘机构和压缩空气清扫

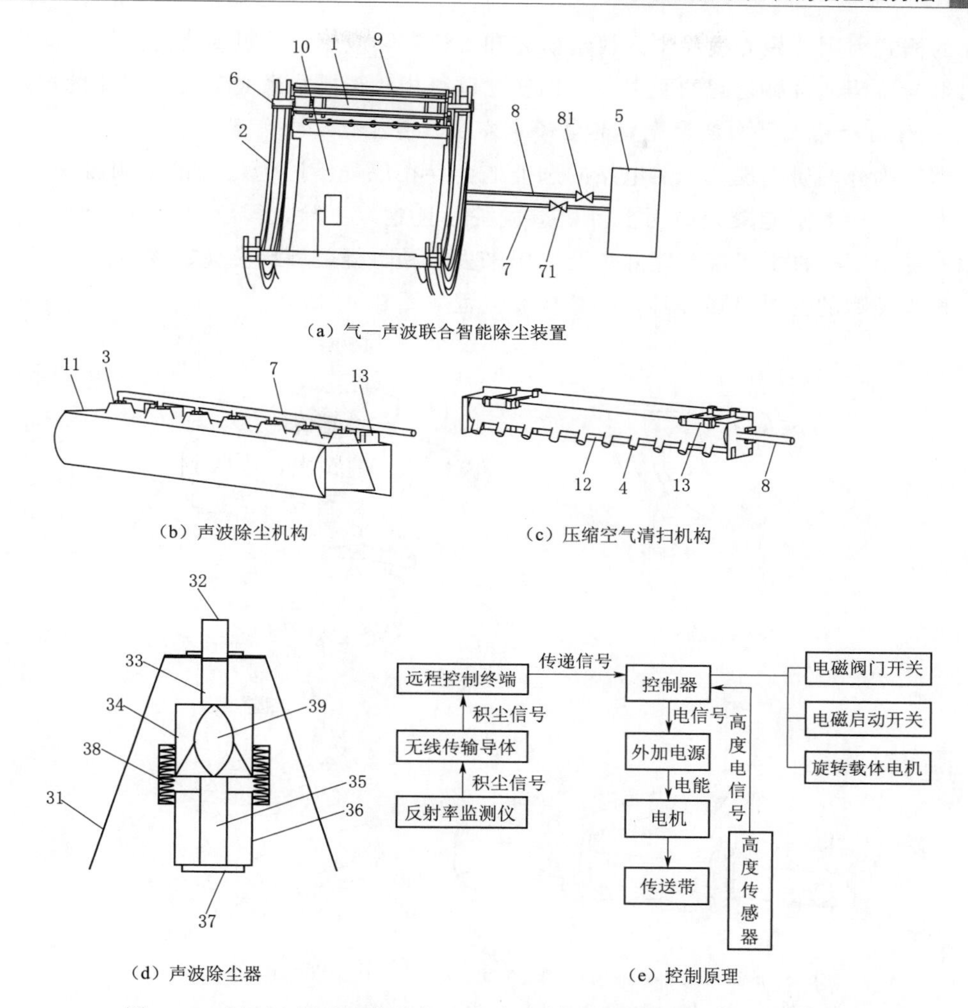

（a）气—声波联合智能除尘装置

（b）声波除尘机构

（c）压缩空气清扫机构

（d）声波除尘器

（e）控制原理

图 9-3 用于太阳能系统的气—声波联合智能除尘装置结构及原理图

1—机架；2—轨道；3—声波除尘器；4—出气管；5—压缩空气气源；6—安装座；7—第一进气软管；8—第二进气软管；9—除尘存放框架；10—待清洁设施；11—声波结构安装架；12—出气结构安装架；13—电磁铁；31—振动喇叭；32—进气管；33—排气管；34—引流室；35—滑膛柱；36—受力筒；37—阻挡块；38—复位弹簧；39—导流体；71—第一电磁阀；81—第二电磁阀

机构的长度均大于待清洁设施的宽度，声波除尘机构及压缩空气清扫机构包括沿着机架的长度方向分别均匀布置的若干个声波除尘器和出气管，其输入端均与压缩空气气源连通，出气管的输出端安装有散流扇形喷嘴。

（3）声波除尘器主要负责裂解顽固聚集颗粒，出气管负责裂解后的清扫工作。全程实现了镜面非接触除尘，避免磨损。

装置全程无需水资源，且无需毛刷之类的附加辅助工具，能够降低经济成本，达到保护镜面的目的，高效便捷；针对镜面灰尘积聚结垢最终变成顽固聚集颗粒，采用了声波除尘器除尘，利用气流产生声波振动驱使顽固聚集的颗粒裂解松散，从而达到除尘目的，无需过多的人力物力资源成本；根据监测仪所监测的反射率自动除尘，智能高效，可用于不同尺寸的槽式太阳能聚光镜除尘的科学研究和工程实际应用；通过高度传感器检测排气管的输出端与待清洁设施之间的距离，可以任意调整相对于槽式聚光镜镜面出流的角度。

4．一种用于槽式太阳能聚光镜的电子束发生器智能化除尘装置

根据国内外调研发现，光热电站的选址地会存在以气溶胶为代表的黏附凝聚型积尘，该种形态积尘在太阳能聚光镜面上沉积造成脏污且难以去除，需要更有针对性的除尘装置，因此提出了一种电子束智能除尘装置用来去除黏附凝聚型颗粒簇，该种方式资源利用率高，积尘类型的针对性强。具体的结构及流程如图 9－4 所示。

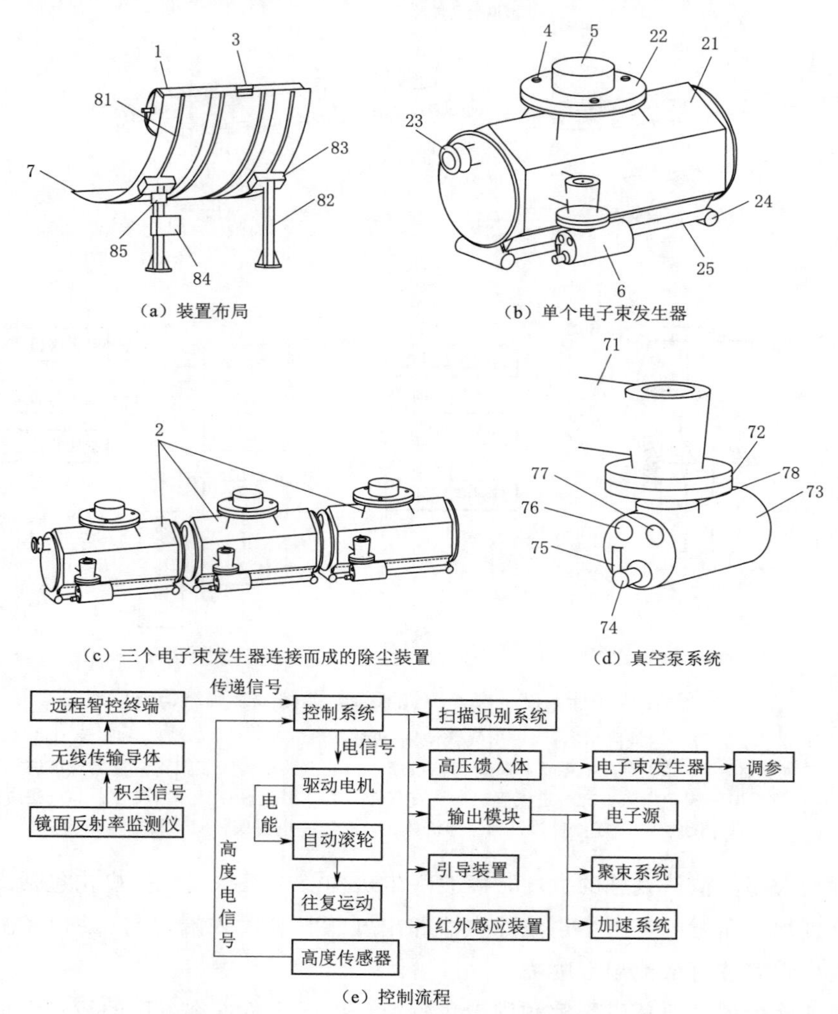

图 9－4 槽式太阳能聚光镜的电子束发生器除尘装置结构及流程图

1—保护壳；2—电子束发生器；3—高度传感器；4—高压馈入体；5—悬挂装置；6—真空泵系统；7—槽式太阳能聚光镜；21—真空腔体；22—一级法兰；23—密封环扣；24—电磁线圈；25—电磁透镜；71—气管；72—二级法兰；73—真空泵仓；74—压力泵；75—红外感应装置；76—压力检测装置；77—真空度检测装置；78—密封圈；81—拱形支撑结构；82—支撑柱；83—倾斜模块；84—控制电箱；85—LED 显示屏

装置主要由电子源、聚束系统、加速系统和控制系统几个部分所组成。装置针对以气溶胶为代表的黏附凝聚型颗粒在太阳能聚光镜面上沉积造成的脏污以及由此产生的能源利用率降低而研发。装置中的电子束发生器内置的光感传感器可以根据镜子上不同区域的积尘分布区域进行调整以实现精准定位除尘大大提高了除尘效率，减少了能量消耗率。

装置的运行原理为：当反射率低于规定的一定范围值时，说明此位置镜面积尘严重，电子束发生器本身具有高精密扫描识别系统的光源传感器，每运行到镜面同一横向区域时，通过扫描镜面工况，可识别反射率较低的镜面位置，除尘装置只会清除反射率低于规定值范围的位置。在清洁表面两侧装有轨道，通过电机以及滚轮等实现除尘装置在某方向的运行，并通过清洁表面所达到的反射率的检测值智能控制除尘装置的工作。该除尘装置可根据工作需要放置在特定位置，或将其移动离开镜面，不影响系统光热转换效率。该除尘装置针对黏附凝聚型颗粒簇设计，电子束发生器可以将电子束聚焦到黏附凝聚型颗粒簇上，通过与颗粒相互作用，激发气溶胶颗粒发生脱附并使其离开镜面，从而将凝聚型颗粒簇灰尘清除。

装置与常规的除尘装置相比，电子束具有高能量和高速度，可以迅速清除镜面表面的积尘，并且能够深入到微小的缝隙和凹凸面，彻底去除污垢，提供更好的清洁效果；所采用的电子束清洁是一种非接触性的清洁方法，全程无需毛刷之类的附加辅助工具，保护镜面，减少对镜面的机械应力和摩擦，降低了潜在的划伤和损伤风险；采用了电子束清洁，全程无需水资源，也不需要使用化学溶剂或清洁剂，因此避免了化学物质对环境和镜面材料的影响；可以根据扫描识别系统的反射率监测仪所监测的反射率信号自动除尘，可实现远程智能操作，并且可根据不同型号不同尺寸定制此类槽式太阳能聚光镜除尘装置，适配性高；可以调整电子束参数保护镜面，可以通过调整电子束的功率、能量和射线角度等参数以及保持与镜面适当的距离来控制电子束的能量密度，从而减少对镜面的损伤风险；装置所采用的组成部件运行所耗功率较小，采购及后期维护成本较低。装置在太阳能利用装置的除尘方面有特殊的优势，具有较好的市场应用前景。

5. 一种太阳能系统智能吹吸一体化除尘装置及使用方法

气流除尘过程中存在扬尘回落对聚光镜造成二次污染等问题，为了使性能进一步完善，提出了一种太阳能系统智能吹吸一体化除尘装置。该装置利用压缩空气吹扫除尘与吸尘相结合的方式，提高了清洁效率，并结合实时气象预报能够做出清洁周期的调整且为移动式操作。该装置结构及原理如图 9-5 所示。

除尘装置包括：行走车体；除尘组件，包括空气压缩机和除尘机械臂，空气压缩机连接有压缩空气储能罐，除尘机械臂末端设有喷嘴角度调节转轴，其上设置多个喷嘴以及距离传感器，压缩空气储能罐连接有除尘气管；吸尘组件，包括集尘室和吸尘机械臂，集尘室连接有抽风机，除尘机械臂末端设有吸尘斗角度调节转轴以及吸尘斗，抽风机连接有吸尘气管；远程控制终端。

除尘装置的操作原理如下：

(1) 远程控制终端通过 GPS 定位模块获取行走车体所在位置，并根据卫星地图规划

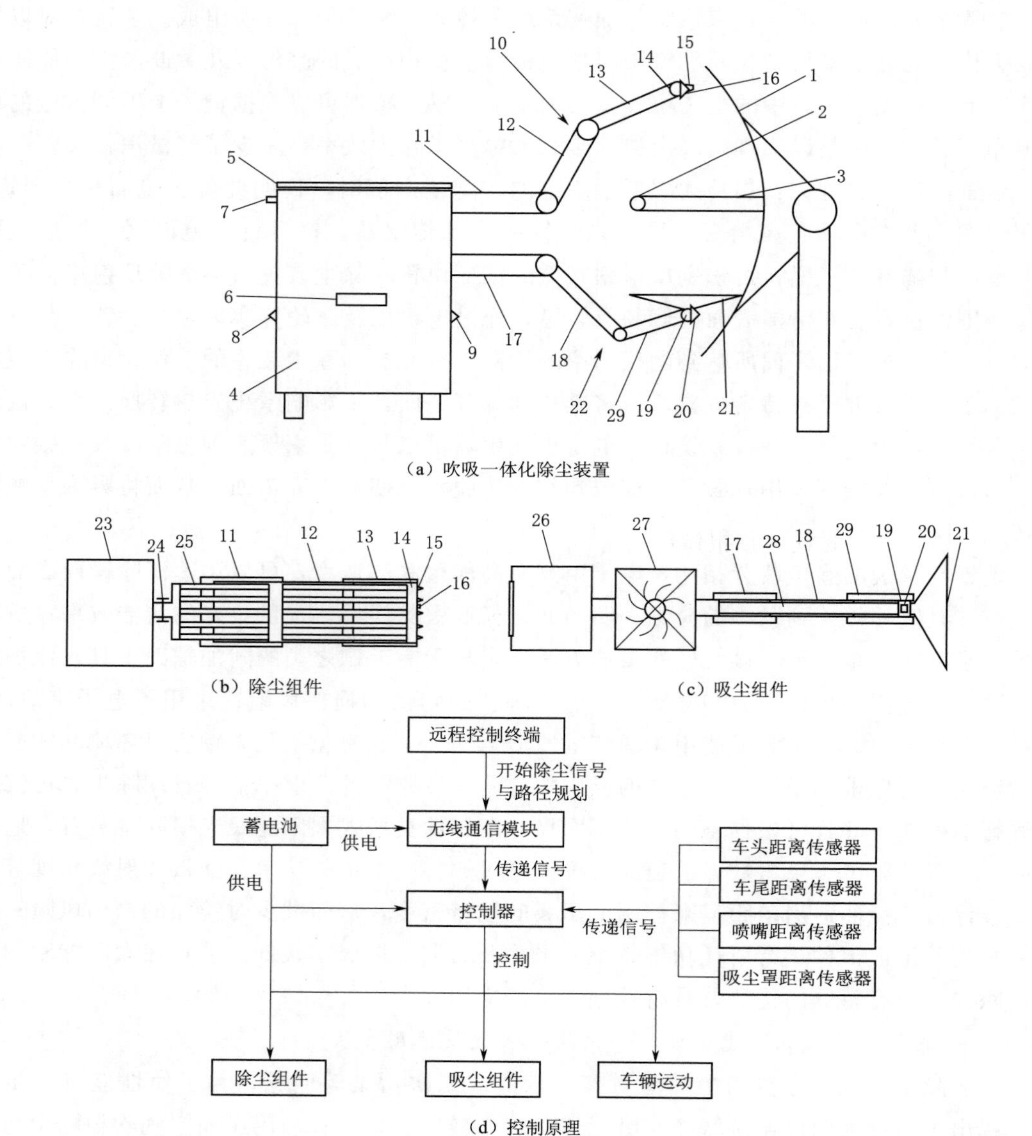

图 9-5 太阳能系统智能吹吸一体化除尘装置结构及原理图

1—反射镜；2—集热管；3—集热管支撑结构；4—行走车体；5—光伏板；6—无线通信模块；7—GPS定位模块；8—车头距离传感器；9—车尾距离传感器；10—除尘机械臂；11—第一除尘臂；12—第二除尘臂；13—第三除尘臂；14—喷嘴角度调节转轴；15—喷嘴；16—喷嘴距离传感器；17—第一吸尘臂；18—第二吸尘臂；19—吸尘斗角度调节转轴；20—吸尘斗距离传感器；21—吸尘斗；22—吸尘机械臂；23—压缩空气储能罐；24—电磁阀；25—除尘气管；26—集尘室；27—抽风机；28—吸尘气管；29—第三吸尘臂

路线，通过控制器向镜场行进，当车头距离传感器检测到行走车体进入镜场时，控制车体调整与镜场横向距离并准备停车，当车尾距离传感器检测到行走车体进入镜场时，控制车体停车，完成准备工作。

（2）除尘机械臂伸展至集热管上方，同时喷嘴角度调节转轴旋转，当喷嘴距离传感器检测到喷嘴靠近反射镜顶端时，控制除尘机械臂悬停在合适位置，作为除尘初始位。

（3）吸尘机械臂伸展至集热管下方，同时吸尘斗角度调节转轴旋转，当吸尘斗距离传感器检测到吸尘斗靠近反射镜底端时，控制吸尘机械臂悬停在合适位置，作为吸尘固定位。

（4）电磁阀和抽风机开启，喷嘴喷出高压气流对反射镜进行除尘，吸尘斗产生吸力将吹下的灰尘吸入。

（5）一块反射镜清洁完成后，除尘机械臂和吸尘机械臂收回，行走车体行进至下一块反射镜，重复操作直到全部反射镜清洁完毕。

装置通过压缩空气吹扫除尘与吸尘相结合的除尘方式，在对镜面积尘进行有效去除的同时，吸尘组件的存在避免了扬尘会落造成的二次污染；同时该除尘装置智能化程度较高，能够较好地适应曲面。远程控制终端可提前通过地区历年气象数据与电站电能输出大数据得到积尘对太阳能利用装置性能影响的预测模型，从而获得不同季度的镜面清洁时间和频次，并结合实时气象预报做出清洁周期的调整。如遇特殊气象情况，例如当监测到天气预报中存在小降雨量的天气时，结合大数据预测的除尘周期，如果降雨事件与预定除尘周期接近，则需在降雨事件前进行镜场清洁，以防止降小雨后在镜面形成顽固污染层。当监测到沙尘暴等高浮尘密度天气时，应在此类天气后立即进行镜场清洁，以达到最好的除尘效果。

6. 一种用于曲面型聚光镜的吹刷一体除尘除雪装置

我国西北高寒地区是太阳能利用的良好选址地，但所处地域具有典型的冬季积雪以及积尘的问题，基于此课题组提出了一种适用于曲面型聚光镜的吹刷一体除尘除雪装置。该装置可以较好地解决冬季除雪、除冰以及除尘等问题，并且具有投资小和高效等特点，装置的具体结构图如图 9-6 所示。

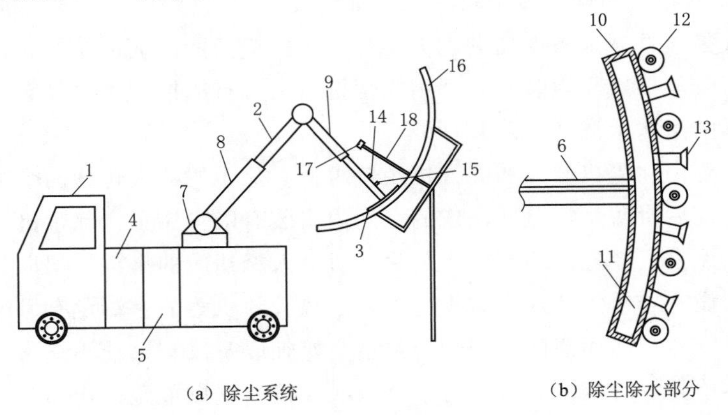

（a）除尘系统　　（b）除尘除水部分

图 9-6　曲面型聚光镜的吹刷一体除尘除雪装置结构图

1—行走车体；2—除尘除雪机械臂；3—除尘除雪头；4—空气压缩机；5—热风机；6—输气软管；7—基座；8—第一节臂；9—第二节臂；10—弧形板；11—气流通道；12—毛刷辊；13—喷嘴；14—障碍物探测器；15—激光雪深传感器；16—槽式太阳能反射镜；17—集热管；18—支撑结构

装置包括机械臂等在内的除雪装置、毛刷辊等除水装置、喷嘴等除尘装置、障碍物探测仪器以及激光雪深传感器等探测装置以及远端控制系统。机械臂带动除尘除雪设备实现除雪、除尘。空气压缩机负责输送高压气流到喷嘴，弧形板的凸面上设有喷嘴距离传感器，并与控制系统连接。毛刷辊可擦干镜面的水渍和积水，湿积尘或以及镜面粘结力较强的顽固性积尘，共同合作完成镜面的除尘、除雪。

装置的工作原理为：机械臂带动除尘除雪设备对曲面聚光镜进行除尘除雪工作，机械臂的多节设为伸缩臂，匹配不同规格的聚光镜和所需清洁的区域；机械臂第二节臂上设有障碍物探测器与激光雪深传感器，障碍物探测器保证机械臂不会与镜面上方的集热管及其支撑结构发生碰撞；激光雪深传感器能够检测镜面的积雪厚度，并通过控制系统开展除雪工作。除尘或除雪工作开始时，除尘除雪机械臂展开，通过控制系统根据聚光镜目标除尘区域选择机械臂悬停某位置，控制系统通过喷嘴距离传感器控制喷嘴与清洁镜面的间距；不工作时，除尘机械臂可折叠在行走车体顶部。进行除尘工作时，通过控制系统启动空气压缩机，压缩空气通过输气软管输送并从喷嘴中喷出，吹落镜面表面的浮尘；当进行除雪工作时，通过控制系统同时启动空气压缩机和热风机，加热后的空气通过输气软管输送到除尘除雪设备并从喷嘴中喷出，吹落积雪，热气使得黏附在镜面上的冰雪融化。与此同时，毛刷辊从聚光镜上部到聚光镜下部进行往复性工作，擦除镜面的湿积尘或与镜面黏结力较强的顽固性积尘以及可能存在的水渍和积水，防止二次结冰。

吹刷一体除尘除雪装置相比于常规的除尘装置，一是在行走车体上设有导航系统，自动设置和记忆行驶路线，方便快捷，提高工作效率；二是能够满足不同情况下的除尘需求，针对降雪后的除雪除冰工作也同样适用，能够实现除尘、除雪、除冰以及擦干等多项工作，清洁效果良好，节省了人力和物力。装置在寒冷地区用于太阳能利用装置的曲面表面除尘除雪具有较好的市场前景。

7. 一种无人机搭载的转向履带轮槽式除尘装置

除尘机器人是该领域未来发展的趋势，针对槽式镜面的曲面型结构，提出了一种无人机搭载的转向履带轮槽式除尘装置，利用除尘机器人进行周期性除尘，智能化程度高，使用范围广。具体的结构示意如图 9－7 所示。

除尘装置主要由除尘机器人和无人机装置组成。除尘机器人包括两个吸盘履带轮，之间的前后端设有前后机盖，机盖所围成的空间内安装有吸尘装置，除尘机器人的前端设有曲面清洁毛刷；无人机装置的底部设有与除尘机器人相适应的搭载支架以及其顶部的叶片机盖，环形阵列设有若干个叶片搭载飞行器，远离叶片机盖的一端设有风叶固定支架并在上面安装有风叶叶片。曲面清洁毛刷骨架包括支撑轴以及以支撑轴心线为中心环形阵列布置的若干个骨架单元，骨架单元包括若干个依次铰接的支撑单元，相邻两个支撑单元的顶部设有伸缩杆进行连接，骨架单元可弯曲，从而适应任何曲率的弧形镜面的清洁。除尘装置可通过检测镜面光学性能智能化控制并实施除尘模式。

这种无人机搭载的转向履带轮槽式除尘装置的工作原理为：通过智能识别功能定位并降落在镜面较为平缓的边缘地带，除尘机器人启动并与无人机装置脱离，利用吸盘履带轮

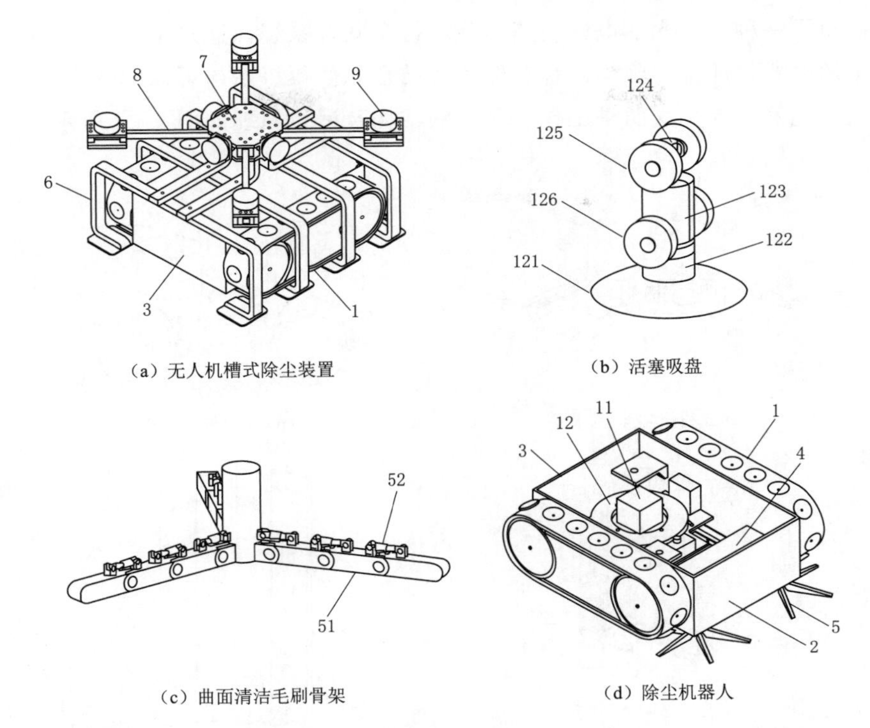

(a) 无人机槽式除尘装置

(b) 活塞吸盘

(c) 曲面清洁毛刷骨架

(d) 除尘机器人

图 9-7 无人机搭载的转向履带轮槽式除尘装置结构示意图

1—吸盘履带轮；2—前机盖；3—后机盖；4—吸尘装置；5—曲面清洁毛刷；6—搭载支架；7—叶片机盖；8—叶片搭载飞行器；9—风叶固定支架；11—转向装置；12—转向盘；51—支撑单元；52—伸缩杆；121—橡胶吸盘；122—吸盘卡柱；123—活塞外壳；124—活塞杆；125—第一滑轮；126—第二滑轮

吸附在槽式聚光镜表面，启动吸尘装置和曲面清洁毛刷并通过程序控制使除尘机器人按照设定路线行动，除尘机器人利用自身的转向装置控制移动方向，实现机器人对镜面的全方位除尘。当除尘机器人完成镜面的清扫工作之后回到无人机装置的搭载支架上，无人机装置搭载除尘机器人离开已清洁完毕的聚光镜，并继续实施其他清洁任务。当灰尘达到一定量时，除尘机器人会在本次清洁完毕后返回搭载无人机中，搭载无人机装置会降落至地面将除尘机器人中储存的灰尘倒掉。

所设计的除尘机器人适配于槽式太阳能聚光镜的曲面结构，并设计了用于曲面倾斜结构的履带轮和转向装置；针对当前槽式太阳能聚光镜清洗成本高、用水量大等问题除尘机器人采用了清洁效果较为理想的扫吸一体干式除尘法，通过曲面清洁毛刷进行清扫，再利用吸尘装置吸尘；针对槽式太阳能聚光镜面的特殊结构为除尘机器人设计了适应该结构的曲面清洁毛刷，提高了除尘机器人的清洁能力；将无人机技术应用于槽式太阳能除尘领域，协助除尘机器人在不同聚光镜面进行除尘工作，实现除尘机器人的全自动化除尘。

8. 一种用于光热电站的巡检除尘机车联合系统

光热电站的镜场除了表面除尘的需求外还存在日常巡检的问题，基于此在除尘机器人的基础上提出了一种用于光热电站的巡检除尘机车联合系统，通过全景巡检无人机搭载除尘机器小车的方式将巡检与除尘两种功能进行结合，使得该系统可以同时完成电站巡检和槽式太阳能聚光镜面除尘这两种工作。具体的结构及运行原理如图 9-8 所示。

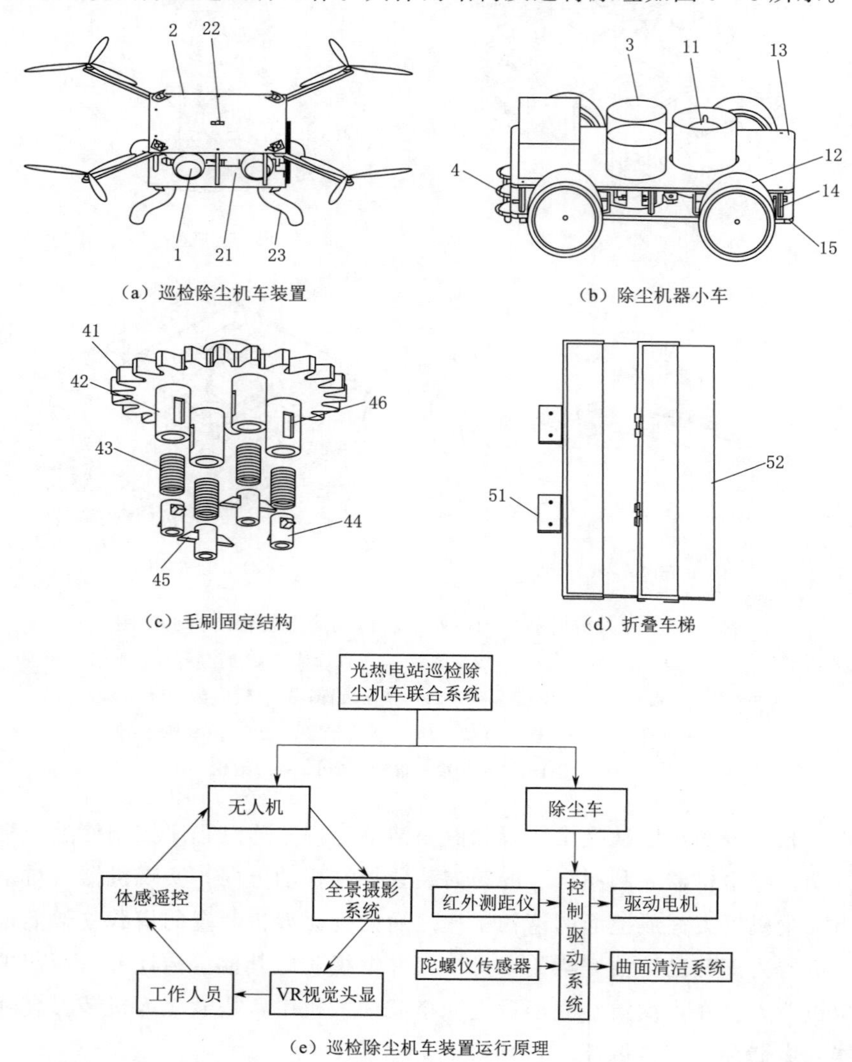

(a) 巡检除尘机车装置

(b) 除尘机器小车

(c) 毛刷固定结构

(d) 折叠车梯

(e) 巡检除尘机车装置运行原理

图 9-8 用于光热电站的巡检除尘机车联合系统装置结构及运行原理图

1—除尘机器小车；2—全景巡检无人机；3—离心吸尘器；4—曲面清扫装置；11—涵道；12—车轮；13—顶板；14—第一支撑柱；15—底板；21—车舱；22—摄像机；23—起落架；41—清扫齿轮；42—安装筒；43—弹簧；44—毛刷固定件；45—梯形销钉；46—销孔；51—合页；52—折叠板

巡检除尘机车联合系统包括除尘机器小车、全景巡检无人机、体感遥控手柄、VR 头显设备。除尘机器小车上设有控制驱动系统—涵道吸附装置和曲面清洁系统；全景巡检无人机上设有用于存放除尘机器小车的车舱；体感遥控手柄内置有陀螺仪传感器。

装置为光热电站的巡检除尘机车联合系统，其中全景巡检无人机工作原理为：当巡检人员需要巡检时，可在佩戴好 VR 头显设备和体感遥控手柄后启动全景巡检无人机，将上述巡检除尘机车联合系统驾驶到巡检工作位置。在工作开始时，巡检人员可将机车联合系统降落至某一待清洁镜面，启动除尘机器小车，使其按预定行进路线进行除尘工作；投放完除尘机器小车后，全景巡检无人机离开镜面，并从上一次巡检结束位置或者巡检初始位置开始巡检工作，当上述全景巡检无人机电量过低时，通过定位系统导航返回至除尘机器小车所在镜面，回收除尘机器小车并返回，完成单次巡检除尘工作。除尘机器小车的工作模式如下：除尘机器小车以 STM32F103ZET6 为核心处理器，通过 MDK 编写小车运行算法，使其完成自主路线规划，实现除尘任务。当除尘机器小车从全景巡检无人机中移动到聚光镜镜面上时，优先启动曲面清扫装置、离心吸尘器和涵道风机，并继续启动运动装置和边缘检测装置，优先寻找聚光镜的边缘位置帮助小车完成定位。在移动过程中控制驱动系统中的陀螺仪时刻监控小车的运动状态并在小车偏离预定轨道时及时将其修正到正确位置。通过控制系统按需求实现镜面清洁并返回等待全景巡检无人机回收。

发明所设计的装置可同时实现电站巡检和聚光镜面除尘两种功能，与常规相比解决了巡检人员工作繁重、除尘成本高等行业存在的问题。全景巡检无人机采用了全景摄影、VR 视觉、体感遥控相结合的摄影控制方式，使无人机驾驶人员在控制全景巡检无人机飞行的过程当中具有较大的视觉广度，更加容易发现并躲避飞行中的障碍物；除尘机器小车利用涵道风机产生负压的方式增加小车与聚光镜面之间的压力，提高除尘小车运行工作的稳定性；小车安装了能够自适应的曲面清扫装置和较高流速的离心吸尘器，提高了除尘小车的清洁能力。

9.4.2 槽式太阳能系统的其他知识产权装置及方法

1. 一种表征太阳能聚光装置性能参数的测试装置

太阳能光热利用行业中，镜面反射率是聚光镜面性能参数的重要表征。针对聚光装置户外放置导致镜面灰尘沉积影响聚光装置光热转换性能的问题，提出一种可进行户外检测聚光镜面性能参数以及表征镜面性能相对变化程度的方法和装置，基于太阳光和电脑控制系统来进行操作检测，精度较高，投资小，应用范围广，可参照性强。具体的结构及控制原理如图 9-9 所示。

测试装置主要包括：移动并支撑装置的支架系统；测量反射光线的检测腔及其内部组件；太阳角测量系统及组件；反射光线测量系统及组件；导光腔系统及其组件；电脑智能处理和控制系统。其中调节座上设置有角度调节杆和角度驱动装置，角度调节杆远离调节座一端设置检测腔，检测腔包括反射检测腔和测定腔，反射检测腔底部设置反射孔，中部设置光感应板、光感应板处理器和光度计，顶部通过角度调节装置调节光度计的角度。测定腔顶部设置光孔，腔内和腔底部分别设置光感应板和光感应板处理器，检测腔前侧设置导光装置，导光装置与检测腔之间设置角度与位置调节器，反射检测腔和与测定腔对应的导光腔顶面上均开设一尺寸位置相同导光孔。调节座包括支架、液压伸缩杆和安装台。

装置的工作流程是当测定镜面相对反射率时，移动设备移动至聚光镜旁边，通过液压

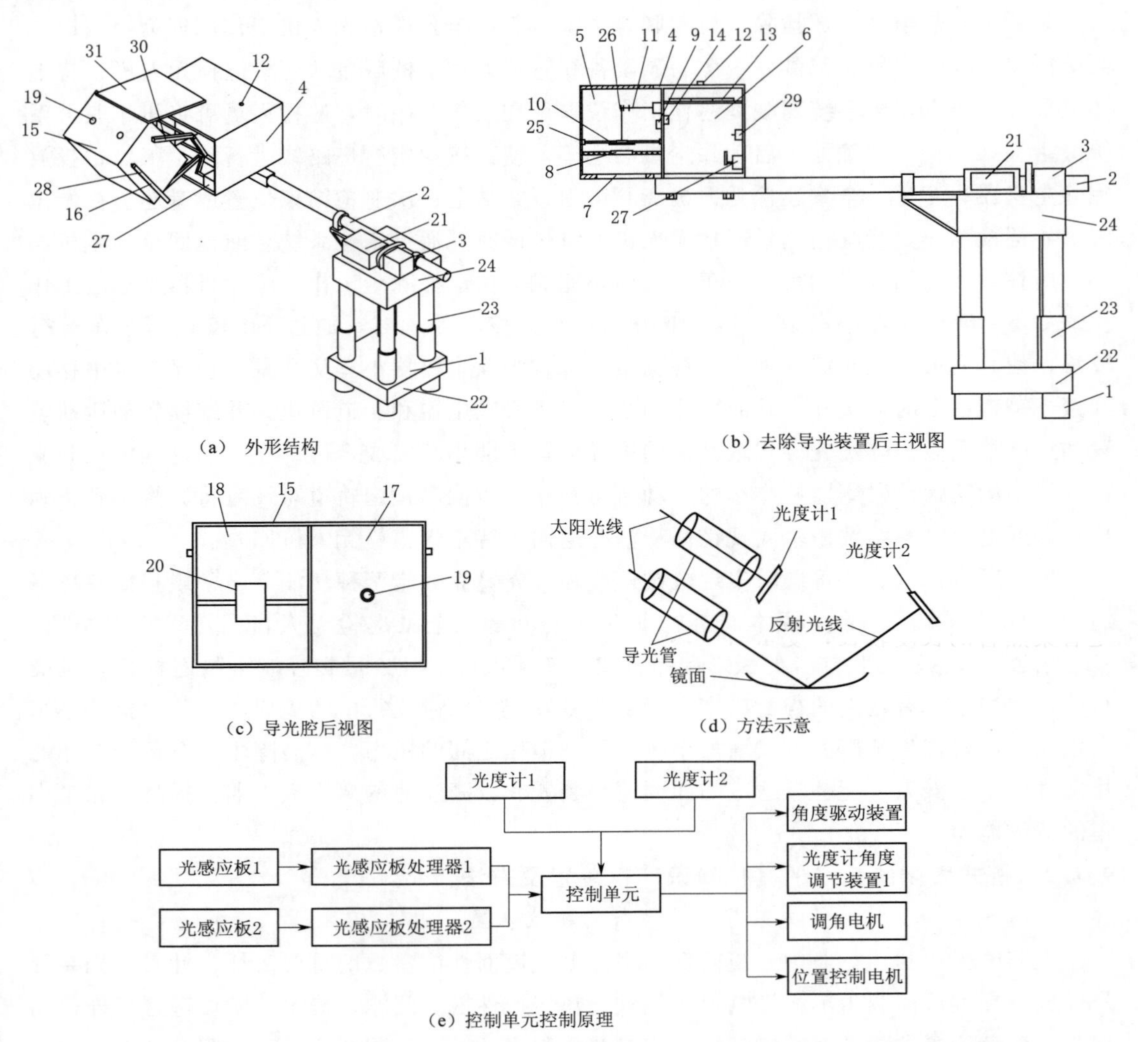

图 9-9 一种表征太阳能聚光装置性能参数的测试装置结构及控制原理图

1—调节座；2—角度调节杆；3—角度驱动装置；4—检测腔；5—反射检测腔；6—测定腔；7—反射孔；8—第一光感应板；9—第一光感应板处理器；10—第二光度计；11—第二光度计角度调节装置；12—光孔；13—第二光感应板；14—第二光感应板处理器；15—导光装置；16—角度与位置调节器；17—第二导光腔；18—第一导光腔；19—导光孔；20—第一光度计；21—控制单元；22—支架；23—液压伸缩杆；24—安装台；25—转动杆；26—卷扬盘；27—调角电机；28—四杆机构；29—位置控制电机；30—位置控制摆动臂；31—遮光板

式伸缩杆调整高度，将导光腔和检测腔移动至镜面上方，太阳光会通过光孔照射在光感应板阵列的某位置处，光感应板阵列处理器会计算出对应的相对太阳角，并传输给电脑控制系统。太阳光通过导光腔上的两个导光管射入，其中一束光线垂直照射在光度计上，另一束光线照射在镜面上形成反射，通过光度计读出的相应参数反馈给电脑控制系统，电脑控制系统通过初始光强度以及反射后的光强度给出光损失和相对反射率。

装置主要采用微元法和对比法。参照图 9－9（d）的控制框图，光度计 1 测出入射光强的值为 A，光度计 2 测出反射光强的值为 B，则相对反射率为 $\lambda = B/A$，相对光损失为 $C = A - B$。当被测聚光镜表面清洁度非理想状态时进行测量，此时光度计 1 测出入射光强的值为 $A1$，光度计 2 测出反射光强的值为 $B1$，则相对反射率为 $\lambda 1 = B1/A1$，相对光损失为 $C1 = A1 - B1$；当被测聚光镜表面清洁度理想状态时进行测量，此时光度计 1 测出入射光强的值为 $A2$，光度计 2 测出反射光强的值为 $B2$，则相对反射率为 $\lambda 2 = B2/A2$，相对光损失为 $C2 = A2 - B2$。

装置基于太阳光在户外聚光镜面工作时进行测量，得出的结果更加有参考意义；装置结构相对简单，可移动性较强，可适用于各种平面或曲面型聚光镜；测量设备即光度计可替换为能流密度计、光伏板或其他光学测量仪器，使得该装置可测量的镜面性能参数更多，应用性更强；全自动化的调整方式更为快捷准确。

2. 一种槽式太阳能集热管形变检测方法及装置

随着双碳政策以及国家能源转型，槽式太阳能光热技术可在未来扩展到更多的应用领域。在槽式太阳能热利用中，集热管是重要的光热耦合载体，工程应用中大规模的使用决定着集热管的长度较长，受重力—热应力—外界风载以及时间因素的影响，集热管会出现形变对系统光热性能造成较大的影响。因此集热管形变的检测对于实际应用具有重要意义。

目前的检测方法多通过光电信号转变进行处理分析，转变环节较多容易产生一定的误差，对检测装置的精度要求较大，受外界环境影响比较大。基于以上问题，课题组研发了一种槽式太阳能集热管形变检测方法及装置，基于自然环境中太阳光在槽式太阳能系统运行过程中开展检测，通过红外热成像仪对集热管表面直接拍摄，可同时进行多点检测，使用温度进行表征，可观察到槽式集热管表面真实的温度分布，并通过对比法进行计算得到集热管形变量，减少误差，具体的结构如图 9－10 所示。

该槽式太阳能集热管形变检测装置包括：检测台，上面设有红外热成像仪以及用于调整红外热成像仪位置的直线运动机构；移动控制平台，用于调整检测台的位置；检测台位置检测装置，用于确定红外热成像仪的位置，设有激光发射器；太阳角检测仪；控制处理中心，以上所述红外热成像仪、直线运动机构、移动控制平台、检测台位置检测装置、太阳角检测仪均与控制处理中心信号连接。其中移动控制平台包括移动车、太阳角检测仪，控制处理中心均安装在移动车上，移动车的后端设有升降装置、水平推拉装置以及调角连接杆和角度调节伸缩装置。红外热成像仪的数量为多个，每个红外热成像仪均对应一个直线运动机构。

该装置的工作原理为：采用太阳角检测仪测定槽式聚光镜处的实时太阳高度角，并将红外热成像仪的拍摄角度调整至对应角度；将红外热成像仪移动至槽式聚光镜的中心，并且正向拍摄集热管；将红外热成像仪调整至设定位置，对一根集热管上的多个点进行拍摄检测，对集热管表面不同点的温度分布情况分别表示为 $N_1 \sim N_n$；分别对比 N_1 到 N_n 的

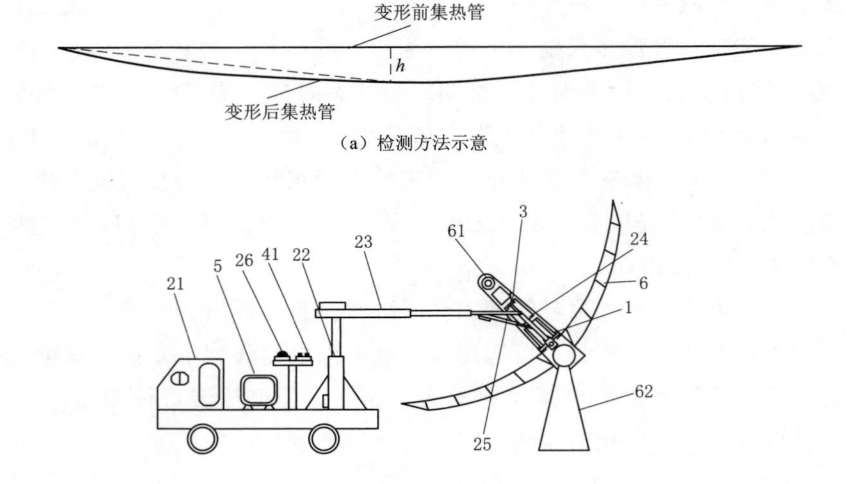

（a）检测方法示意

（b）检测装置的整体

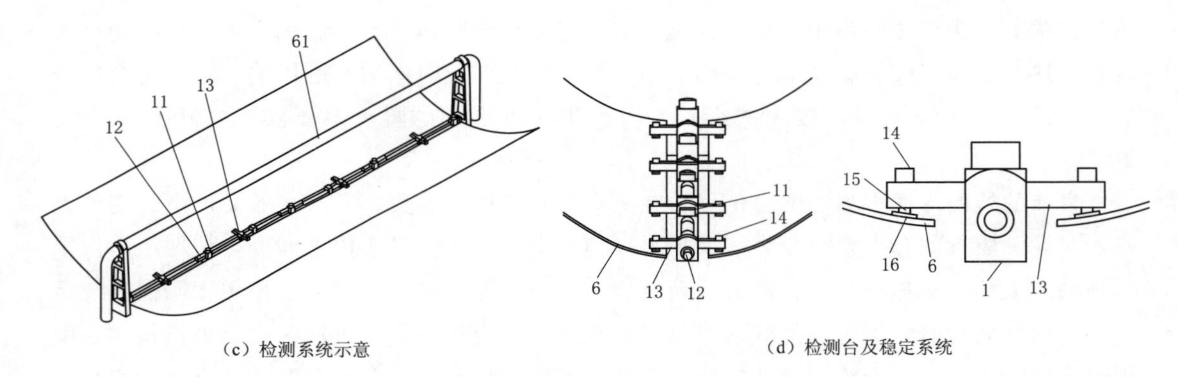

（c）检测系统示意

（d）检测台及稳定系统

图 9-10 槽式太阳能集热管形变检测方法及装置结构图

1—检测台；3—检测台位置检测装置；5—控制处理中心；6—槽式聚光镜；11—红外热成像仪；
12—第一直线运动机构；13—安装座；14—压力传感器；15—活动螺栓；16—橡胶垫；
21—移动车；22—升降装置；23—水平推拉装置；24—调角连接杆；
25—角度调节伸缩装置；26—辐照；41—太阳角检测仪；
61—集热管；62—槽式聚光镜支撑架

值，当 N_1 到 N_n 都相同时，表明集热管未发生形变；若 N_1 到 N_n 不相同，当 N_1 到 N_n 逐渐增大或逐渐减小，说明集热管安装产生误差；当集热管中间部分的温度分布情况变化较大，两头几乎相同，说明集热管中间产生形变；将形变部分的温度分布情况用 N_i 表示，此时形变程度 ξ 可表示为 $\xi_i = N_i / N_1$。其中，$|1-\xi_i|$ 的值越大，说明该点的形变越大。

本发明基于太阳光和红外热成像仪来进行检测，对检测仪器精度要求不高；可在槽式太阳能系统工作时进行检测，不需要系统停机以及聚光镜摆放至特定角度，更加便捷；通过红外热成像仪同时进行多点检测，使用温度进行表征，通过对比法计算可得到集热管具体形变量，有助于后期针对具体问题的优化或解决方案的设计和实施；无需安装在槽式太阳能系统上，可减少物料、人工和时间成本，投资小，可参照性强。

3. *一种槽式聚光焦面的能流密度测量装置*

焦面能流密度分布是聚光型太阳能利用装置中重要的光学性能表征，对接收器的结构和系统的光热转化效率均有直接的影响。在焦面能流密度的测量方法中，间接测量法会受到CCD相机、滤光片、反射面特性以及测试环境诸多因素的影响而产生误差，且成本较高；直接测量法由于能流密度计的探头具有一定面积，无法对槽式聚光焦面进行连续检测，测试结果为不连续的离散点，结果的精度较低，且对安装和操作的要求较高。为解决现有技术的不足，课题组提出了一种槽式聚光焦面的能流密度测量装置，该装置结构简单操作更方便。具体的结构如图9-11所示。

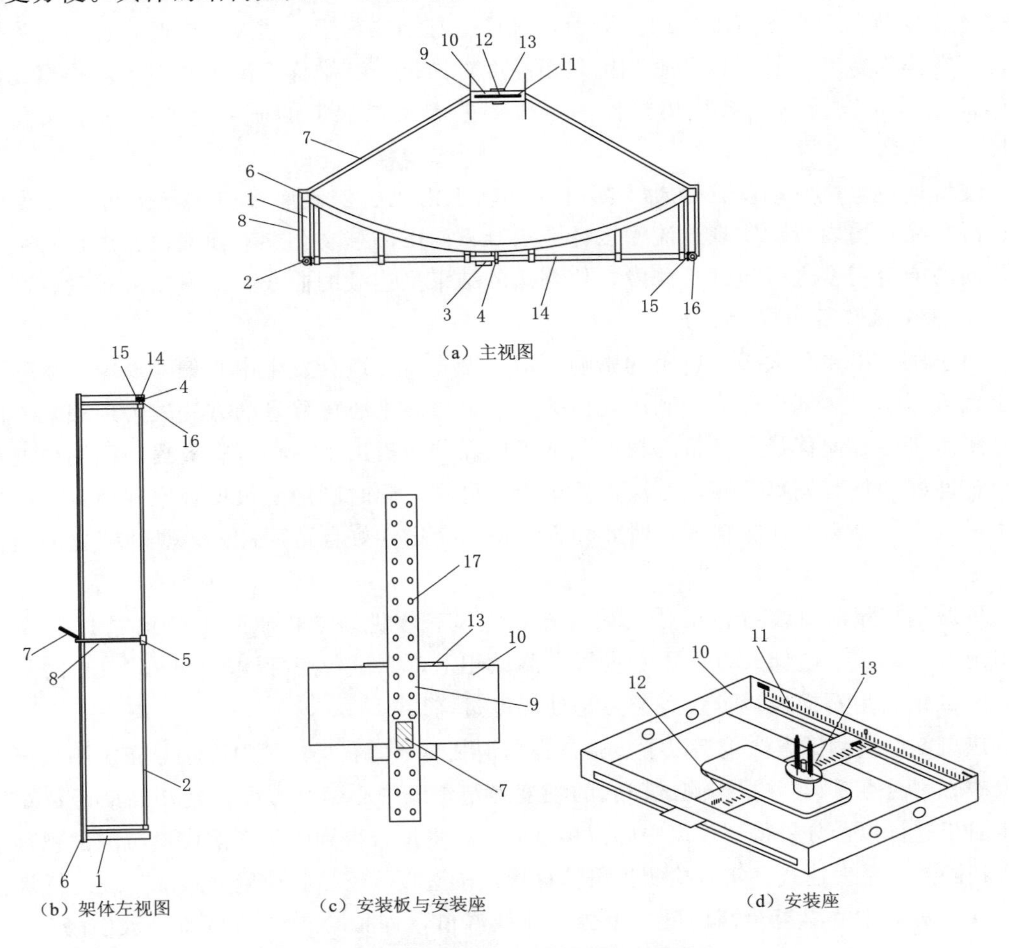

图9-11 槽式聚光焦面的能流密度测量装置结构图

1—架体；2—丝杠；3—电机；4—传动装置；5—丝杠套筒；6—导轨；7—支架杆；8—连杆；9—安装板；10—安装座；11—开槽；12—滑尺；13—能流密度计；14—传动轴；15—主动锥齿轮；16—从动锥齿轮；17—排孔

能流密度测量装置包括与槽式集热器相适应的架体，架体底部两侧均设置丝杠，并设置电机以及传动装置，架体顶部两侧均设置导轨，之间设置支架杆，支架杆顶部设置安装板，上面设置安装座并开槽，开槽侧边设置刻度，槽内设置滑尺，滑尺上安装能流密度计。安装座可以在安装板上沿垂直方向调节高度进行安装，以适应不同聚焦高度的槽式集热器。

装置的工作原理为：架体底部两侧的丝杠与架体轴承连接，电机可以通过传动装置带动丝杠转动，架体顶部两侧的导轨与丝杠对应，支架杆位于槽式集热器上方，丝杠套筒可以通过连杆带动支架杆在槽式集热器上方运行。支架杆顶部安装座可以在安装板上沿垂直方向调节高度，以适应不同聚焦高度的槽式集热器。安装座上的开槽侧边有第一刻度，开槽内的滑尺与开槽滑动连接，滑尺上通过能流密度计滑动测试焦面能流密度。滑尺可以在开槽宽度方向和垂直于宽度方向上滑动，滑尺上有第二刻度。通过以上配合使得能流密度计可以在焦面宽度、长度以及聚光镜焦距高度方向进行三维移动测试，对于获得聚光焦面上的能量分布以及槽式系统集热器的定位误差和跟踪误差的研究有重要的意义和数据支撑。

装置通过电机驱动丝杠带动支架杆在导轨上滑动、安装座在安装板上可调高度的安装、滑尺在开槽内滑动实现能流密度计在三维方向下的移动，能够使能流密度计对槽式聚光焦面的能流密度进行连续的测量，使测量的结果呈连续的曲线，测量结果精度较高。

4. 焦斑偏移量测试方法

由于跟踪误差及太阳入射角的影响，槽式聚光器焦斑会发生中心偏移现象，偏移量的大小直接影响光热耦合能力。利用几何关系求解焦斑中心偏移量的方法较为烦琐，不能实时监测焦斑中心偏移量，且精度较低。基于此课题组提出了一种可有效提高检测精度且使有稳定性好的焦斑偏移量测试方法，使用稳定可靠，同时利用函数拟合原理确定焦斑中心偏移量大小，提高了计算精度，时效性强，使用稳定性好且适用性强。具体装置的结构如图 9-12 所示。

焦斑偏移量测试装置包括槽式聚光器、测试靶、铠装热电偶、TP700 数据传输系统和固定架。铠装热电偶成直线固定设置在测试靶上，测试靶底标注－60～60mm 的刻度标尺。测试靶底为石棉板，可以防止焦斑处温度过高。

焦斑偏移量测试方法包括以下步骤：根据铠装热电偶获得焦斑温度场分布实测数据，其中最中心测温点 T_0，并根据测试靶底的刻度确定焦斑中心偏移方向；使用高斯函数对温度分布曲线进行拟合分析得到焦斑中心偏移量大小；将拟合得到的焦斑偏移量与测试靶移动距离得到函数关系表达式；实时检测焦斑偏移量，调整吸热器接收位置并跟踪系统运行状态。

其中焦斑中心具有最高温度，是分布曲线峰值，即拟合得到的高斯函数中峰位 x_c 作为焦斑中心，大小代表焦斑偏移量，负值代表焦斑发生中心向左偏移，正值则反之。x 为垂直方向的移动距离，y 为焦斑水平面上的偏移量，则得到的函数表达式为

$$y=0.42597-0.00211x+0.05932x^2+0.0036x^3$$

焦斑中心偏移量的方法所涉及的测试靶结构简单、使用稳定可靠，同时利用一种数学

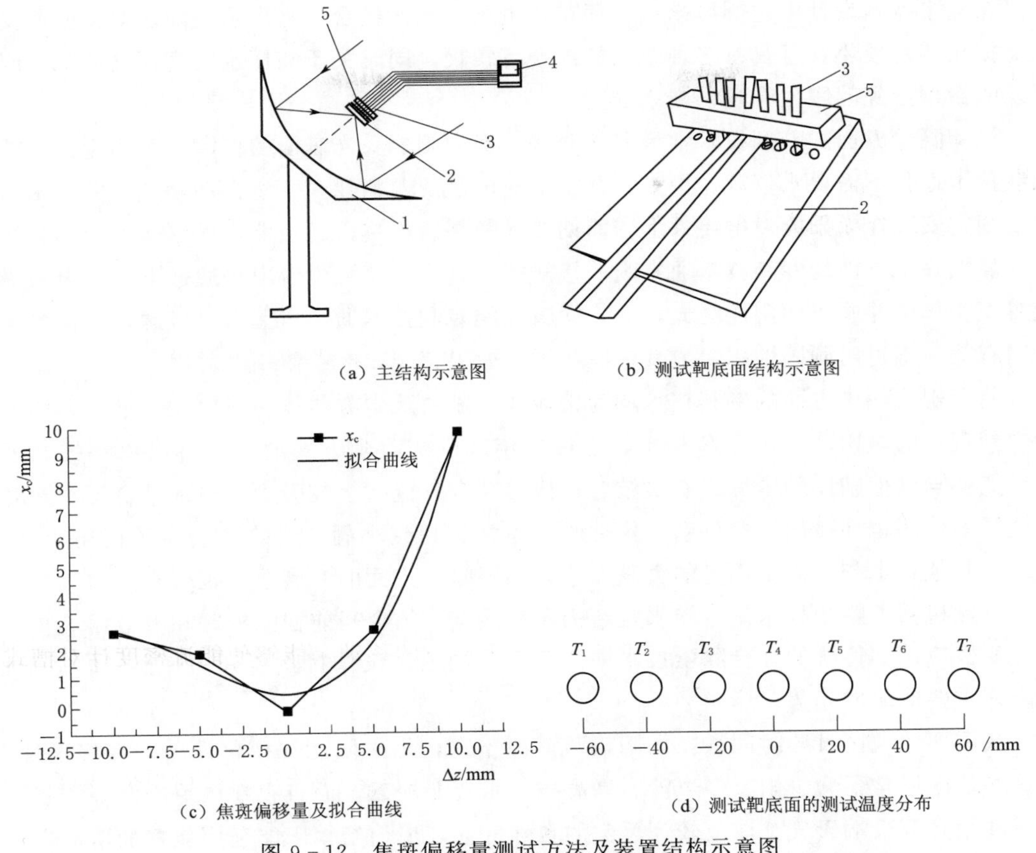

图 9-12 焦斑偏移量测试方法及装置结构示意图

1—槽式聚光器；2—测试靶；3—热电偶；4—数据传输系统；5—固定支架

方法进行数据拟合从而确定焦斑中心偏移量大小，实施的案例仅为说明焦斑偏移量测试涉及的方法，在上述说明的基础上还可以做出其他不同形式的变化或变动，是一种适用于工程实际应用的较为实用的方法，适用范围广。

9.5 整体技术评价与未来发展趋势

近些年关于太阳能除尘领域的专利中，偏向高压水气式除尘和刷式除尘的技术研究较多，而气式除尘、振动除尘以及静电除尘方面技术的研究相对较少。

水与刮板组合的除尘技术属于接触式除尘范畴，通常来说清洁设备会设计成固定式，与框架导轨等结合。这一方向的技术需要较多水资源的支持，同时固定式台架安装不适合大规模应用，因为前期投入太多，并且长期使用刮板会磨损太阳能设备受光表面，导致太阳能发电效率下降，还要考虑到刮板的选材、清洁与损耗问题，此技术较为常规，需在未来做出一定的改进和创新。

高压气水式除尘方面的专利技术可以设计成固定式或移动式，较为灵活；高压水与高压气在除尘技术设计中，既可以单独存在，也可以相互耦合。高压水气除尘对太阳能受光表面损伤相对较小，且具有多种新颖的组合可实现，同时关于高压水与高压气的除尘时机以及能量耦合等问题也有可创新之处。

振动除尘方面的专利技术常为非接触式，对太阳能受光表面的伤害几乎为零，且此类专利技术通常不需要水资源，极大节约了清洁的水资源消耗。不过振动除尘相关技术通常需要固定安装在太阳能发电组件上，前期投入较高。

静电除尘方面的专利技术通常为非接触式，其通过使积尘带电再通过电场或电极吸引使得积尘集中并脱离太阳能受光表面，同时此类专利技术通常也无需水资源，对浮尘清洁极为有效，不过对顽固性积尘或其他脏污清洁效果存疑，存在使用条件限制。

使用刷式除尘方面的专利技术均为接触式，刷式除尘方式较为成熟，从最初始的人工除尘到现在的电刷除尘等一脉相承，不过近年来刷式除尘方式通常不再以单一的刷子出现，能够与其他辅助除尘方式有机结合，比如结合气流吹尘或吸尘，与水结合等。同时关于刷子的使用也在做出诸多创新，这种改变通常是为减小刷子对除尘表面的损伤所设计。从结合其他技术与对刷子本身的突破而论，刷式除尘方面的专利技术也较有潜力。

智能机器人除尘技术是近年来较新的研究热点，结合当前智能控制和大数据等知识背景，积极应用到传统的综合除尘技术中，且多协同地区气候特点展开，有很好的适配性，是未来重要的研发趋势。

我国西北地区日照时间长，太阳辐照资源丰富，是太阳能规模化发展的良好选址地，但这些地区通常干燥少雨、多风沙、高海拔、水资源缺乏，而且存在冬季严寒降雪多以及春季沙尘暴等极端天气。以上较为恶劣的自然气候环境，给太阳能利用装置的清洁带来很大困难。显然除尘装置不再具有普适性，而是需要协同地区气候环境特点来研发。本课题组结合当前各种太阳能除尘技术，并针对高寒地区太阳能利用装置运行和清洁中存在的专有和独特性问题，开展匹配的设计和研究，联合多种功能耦合创新，意图解决行业发展的实际瓶颈问题。授权的该领域较为完善的自主知识产权技术将为典型地区槽式聚光镜低耗能节水高效除尘的研究提供科学依据，研究成果转化也将具有重要的工程应用价值。

参 考 文 献

[1] 柴浩轩，邵宇铭，柴建伯，等．一种太阳能电池板自动除尘装置：201620497050.X [P]．2016-12-07.

[2] 罗小林，李冬梅，邓艳．一种太阳能光伏板的三重除尘装置：201610017277.4 [P]．2016-09-24.

[3] 程辉，徐新，黄振，等．太阳能光伏电站除雪除尘装置及其使用方法：202110593010.0 [P]．2021-09-03.

[4] 李廷贤，许嘉兴，霍香岩．一种太阳能电池板清洗除尘装置：202111326921.0 [P]．2021-12-24.

[5] 仇玉梅．基于压缩气体的太阳能电池板除尘除雪的装置及方法：201711190139.7 [P]．2019-05-04.

[6] Bagalkote Samir Shriram. Automated System for Cleaning of Solar Photovoltaic Panels in Solar Array and Method Thereof：IN2019050363 [P]．2019-05-09 [2019-11-14].

[7] Abdullah Jamal Hamdi. Smart dust-cleaner and cooler for solar PV panels：US201514699754 [P]. 2015-04-29 [2019-02-20].

[8] Duerr Matthias，Meixner Josef. Method for mirror dust removal in solar power plants，involves bringing one or more reflectors into vibration by one or more vibration generators for detachment of adhered dust：DE20111017922 [P]. 2011-04-29 [2012-10-31].

[9] Stewart Paul A.. Cleaning Methods for Solar Panels：EP21967379 [P]. 2021-09-01 [2023-07-19].

[10] Varanasi Kripa，Panat Sreedath. Systems and Methods for Removing Dust from Solar Panel Surfaces Using An Electric Field：EP20750524 [P]. 2020-06-09 [2022-04-13].

[11] 张杨，韩军，陈德会，陈立功，宋刚，党理，崔英杰，杨海艳. 太阳能光伏板电离式抑尘装置：201710966799.6 [P]. 2020-07-07.

[12] 刘彦丰，钟俊，李仕平，孙凯，乔元雪，陈红，王荣. 一种太阳能电池板的除尘装置：201220167904.X [P]. 2012-11-07.

[13] 孟莹，姜曙光，段琪，周鹏忠，赵晓杰，杨婷婷，吴振宏，查栋财. 一种由形状记忆合金驱动的太阳能电池板除尘除雪系统：201521077606.1 [P]. 2016-06-29.

[14] 毕红续，李文迪. 光伏电池板自动除尘装置：201620613004.1 [P]. 2016-11-09.

[15] 冯伟伟. 一种槽式太阳能聚光镜日常自动除灰装置：2021104415155 [P]. 2021-09-27.

[16] Patnekar Yatin，Kadolkar Ajay. Automated Solar Module Cleaning System for Solar Plant：WO2019207600 [P]. 2019-10-31.

[17] 马燕. 一种太阳能发电用除尘装置：202022606513.0 [P]. 2021-07-13.

[18] Carlos Javier Vicente Pena，Francesc Massabe Munoz，Jose Ramon Villa Navarro，Soledad Garrido Ortiz. Cleaning System for Cleaning Parabolic Trough Collector Plants and Cleaning Method Using Said System：US2013294207 [P]. 2013-10-31.

[19] 程智锋. 一种太阳能电池板阵列表面除尘系统及方法：201110297199.3 [P]. 2012-05-09.

[20] 赵耀，张世伟，张志军，等. 一种抛物面槽式光热发电反射镜的清洗机：201910992013.7 [P]. 2021-06-09.

[21] 임인교. Automatic Cleaning Robot for Solar Panel：KR102156916B1 [P]. 2020-09-16.

[22] Lee Ji Yong. Solar Module Cleaning System Using Internet of Things and Drone：KR2019005732 [P]. 2019-05-13 [2019-11-21].

[23] Xingcai Li，Guoqing Su，Cai Kang，Juan Wang. Dust Removal Device for Solar Panel：US202017093277 [P]. 2020-10-29 [2021-05-13].

[24] 王志敏，产文武，田瑞，等. 一种用于槽式太阳能聚光镜的智能联合常态化除尘装置：2019100649977 [P]. 2019-09-17.

[25] 王志敏，孔繁策，边港兴，等. 一种用于太阳能聚光镜的气流联合铲刷除尘装置：202310352177.7 [P]. 2023-07-25.

[26] 王志敏，孔繁策，邓天锐，等. 一种用于太阳能系统的气-声波联合智能除尘装置：202310406949.6 [P]. 2023-07-11.

[27] 王志敏，孔繁策，邓天锐，等. 一种用于太阳能聚光镜的电子束发生器除尘装置：202311076594.6 [P]. 2023-11-17.

[28] 王志敏，邓天锐，孔繁策，等. 一种太阳能系统智能吹吸一体化除尘装置及使用方法：202211427295.9 [P]. 2023-01-31.

[29] 王志敏，边港兴，孔繁策，等，一种用于曲面型聚光镜的吹刷一体除尘除雪装置：202320490395.2 [P]. 2023-09-19.

[30] 张学伟，王志敏，褚艳超，等. 一种无人机搭载的转向履带轮槽式除尘装置：202021730607.2

[P]. 2021-03-23.
[31] 褚艳超，王志敏，王志超，等. 一种用于光热电站的巡检除尘机车联合系统：202022567776.5 [P]. 2021-06-04.
[32] 王志敏，产文武，田瑞，等. 一种表征太阳能聚光装置性能参数的测试装置：201910404736.9 [P]. 2023-11-29.
[33] 王志敏，产文武，苏擘，等. 一种槽式太阳能集热管形变检测方法及装置：202110669396.7 [P]. 2022-10-29.
[34] 王志敏，韩晓飞，田瑞，等. 一种槽式聚光焦面的能流密度测量装置：201920909195.4 [P]. 2019-12-07.
[35] 王志敏，田瑞，赵明智，等. 焦斑偏移量测试方法：201710372177.9 [P]. 2019-12-21.